高等院校本科数学教材

线性代数

杨晓叶　主编

郑庆云　宋一杰　孙国卿　丁　纺　副主编

天津大学出版社
TIANJIN UNIVERSITY PRESS

内容提要

本书为高等院校公共基础课教材，共6章，主要介绍了线性代数理论的经典内容，包括行列式、矩阵、n维向量及向量空间、线性方程组、矩阵的特征值与特征向量及二次型，并在各章末给出了本章内容的相关简史和应用实例，有利于读者掌握线性代数各章的知识. 各章均有习题，书末附习题参考答案.

本书参考学时48学时.

本书可作为高等院校本科生教材和教学参考书，也可供相关人员参考使用.

图书在版编目(CIP)数据

线性代数/杨晓叶主编. —天津：天津大学出版社，2018.1(2021.9重印)

ISBN 978-7-5618-6069-4

Ⅰ.①线… Ⅱ.①杨… Ⅲ.①线性代数-高等学校-教材 Ⅳ.①O151.2

中国版本图书馆CIP数据核字(2018)第020617号

出版发行	天津大学出版社
地　　址	天津市卫津路92号天津大学内(邮编:300072)
电　　话	发行部:022-27403647
网　　址	www.tjupress.com.cn
印　　刷	天津泰宇印务有限公司
经　　销	全国各地新华书店
开　　本	185mm×260mm
印　　张	15
字　　数	372千
版　　次	2018年1月第1版
印　　次	2021年9月第5次
定　　价	38.00元

前 言

线性代数是普通高等院校理工类和经管类专业的一门重要的基础数学课程,具有较强的逻辑性、抽象性,在自然科学、工程技术和管理科学等诸多领域中有着广泛的应用.

本书依据教育部高等学校大学数学课程教学指导委员会最新修订的《大学数学课程教学基本要求》(2014 年版)编写而成,以有利于满足高校应用型人才培养为目标,以深化教学改革、提高教学质量为前提,同时结合了编者多年教学工作中积累的体会和经验.本书可作为普通高等学校非数学专业、高等职业教育、成人高等教育线性代数课程教材使用,也可供专业科技人员阅读和参考.

针对本书面向的应用型本科学生,考虑到各专业教学的特点和基本要求,我们在编写过程中力图使本教材体现以下主要特点.

1. 在保证科学性的前提下,充分考虑到高等教育大众化的新形势,按照由浅入深、循序渐进的原则,以矩阵为主线展开全部内容,在熟练掌握矩阵的各种运算和性质后,利用矩阵这一有利工具对后面各章中的问题进行讨论.

2. 突出线性代数的基本理论、基本概念和基本方法,在重要概念引入时尽可能做到简明、自然和浅显.对线性代数课程中比较抽象的内容,不作过高的要求,并省略了部分较难的定理证明过程.书中标"*"号的内容可供学有余力者作为课外阅读和复习提高之用.这部分内容可以不讲.

3. 注重培养学生的实际应用能力.每一章均设数学简史和应用实例,让读者充分了解线性代数的发展史,并通过应用实例让读者了解线性代数作为一门基础学科在各个领域中的广泛应用.

4. 考虑到硕士研究生入学考试对线性代数的要求,本书每一章的习题均分为两部分,A 组题为基本要求题型,B 组题为近 10 年考研试题.书后附有习题参考答案.

本书由杨晓叶主编并负责统筹定稿,其中第 1 章由孙国卿执笔,第 2 章和第 6 章由杨晓叶执笔,第 3 章由郑庆云执笔,第 4 章由丁纺执笔,第 5 章由宋一杰执笔.

在本书的编写过程中,得到天津大学仁爱学院数学部领导的大力支持,同时也得到数学部同人的热情帮助,各位同人对本书的编写提出了宝贵的意见和建议,在此,谨向他们表示诚挚的感谢.同时也对辛勤编辑此书的天津大学出版社的编辑及关心支持本书出版的有关同志致以深深的谢意.

由于编者水平有限,错误和不妥之处在所难免,恳请广大读者和各位同行批评指正.

编者

2017年8月

线性代数总观

目　　录

第1章
教学要求

第1章　行列式

行列式概念的建立源于求解线性方程组，它作为一个重要的数学基本工具，在数学学科及其他众多科学领域，如经济、管理、信息系统等都有着广泛的应用. 本章主要介绍行列式的定义、性质、计算方法以及用行列式解线性方程组的克拉默法则.

1.1　二阶、三阶行列式

1.1.1　二阶行列式

在中学数学中，利用消元法可以求解二元一次线性方程组

$$\begin{cases} a_{11}x_1 + a_{12}x_2 = b_1, \\ a_{21}x_1 + a_{22}x_2 = b_2. \end{cases} \tag{1}$$

为消去未知数 x_2，以 a_{22} 与 a_{12} 分别乘方程组(1)中两个方程式的两端，然后两个方程式相减，得

$$(a_{11}a_{22} - a_{12}a_{21})x_1 = b_1a_{22} - a_{12}b_2,$$

类似地，消去 x_1，得

$$(a_{11}a_{22} - a_{12}a_{21})x_2 = a_{11}b_2 - b_1a_{21}.$$

设 $a_{11}a_{22} - a_{12}a_{21} \neq 0$，则求得方程组(1)的解为

$$x_1 = \frac{b_1a_{22} - a_{12}b_2}{a_{11}a_{22} - a_{12}a_{21}},$$

$$x_2 = \frac{a_{11}b_2 - b_1a_{21}}{a_{11}a_{22} - a_{12}a_{21}}.$$

这个形式的解不好记忆，应用时也不方便. 因此，引入新的符号来表示这个结果，这就是行列式的起源.

定义 1.1　由4个数排成两行两列的数表

$$\begin{matrix} a_{11} & a_{12} \\ a_{21} & a_{22} \end{matrix} \tag{2}$$

称表达式 $a_{11}a_{22} - a_{12}a_{21}$ 为由数表(2)所确定的二阶行列式，记为

$$\begin{vmatrix} a_{11} & a_{12} \\ a_{21} & a_{22} \end{vmatrix},$$

即

$$\begin{vmatrix} a_{11} & a_{12} \\ a_{21} & a_{22} \end{vmatrix} = a_{11}a_{22} - a_{12}a_{21},$$

其中数 $a_{ij}(i=1,2;\ j=1,2)$称为行列式的元素，i 称为行标，j 称为列标，表示 a_{ij}位于第 i 行第 j 列. 从行列式的左上角到右下角的连线称为行列式的主对角线；从右上角到左下角的连线称为行列式的副对角线.

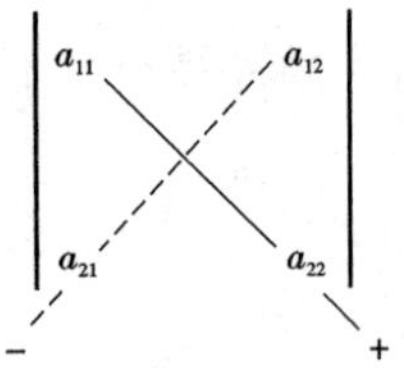

图 1-1

从上述定义可知，二阶行列式是这样两项的代数和：一项是主对角线上两个元素的乘积，取正号；另一项是副对角线上两个元素的乘积，取负号. 二阶行列式的上述计算方法称为对角线法则（如图 1-1 所示）.

根据定义，容易得知方程组(1)的解中的两个分子可分别写成

$$b_1a_{22} - a_{12}b_2 = \begin{vmatrix} b_1 & a_{12} \\ b_2 & a_{22} \end{vmatrix},\ a_{11}b_2 - b_1a_{21} = \begin{vmatrix} a_{11} & b_1 \\ a_{21} & b_2 \end{vmatrix},$$

若记

$$D = \begin{vmatrix} a_{11} & a_{12} \\ a_{21} & a_{22} \end{vmatrix},\ D_1 = \begin{vmatrix} b_1 & a_{12} \\ b_2 & a_{22} \end{vmatrix},\ D_2 = \begin{vmatrix} a_{11} & b_1 \\ a_{21} & b_2 \end{vmatrix},$$

则当 $D\neq0$ 时，方程组(1)的解可用下述公式表示

$$x_1 = \frac{D_1}{D} = \frac{\begin{vmatrix} b_1 & a_{12} \\ b_2 & a_{22} \end{vmatrix}}{\begin{vmatrix} a_{11} & a_{12} \\ a_{21} & a_{22} \end{vmatrix}},\ x_2 = \frac{D_2}{D} = \frac{\begin{vmatrix} a_{11} & b_1 \\ a_{21} & b_2 \end{vmatrix}}{\begin{vmatrix} a_{11} & a_{12} \\ a_{21} & a_{22} \end{vmatrix}}.$$

分析线性方程组所引出的二阶行列式可以发现，行列式 D 是由方程组(1)未知量的系数所构成的，故此行列式又称为方程组(1)的系数行列式. 而 D_1，D_2是由常数项 b_1，b_2排成的列分别替换系数行列式 D 的第 1 列和第 2 列所得的行列式.

例 1　解线性方程组

$$\begin{cases} x_1 + x_2 = 5, \\ 3x_1 - x_2 = 3. \end{cases}$$

解

$$D = \begin{vmatrix} 1 & 1 \\ 3 & -1 \end{vmatrix} = 1\times(-1) - 1\times3 = -4\neq0,$$

$$D_1 = \begin{vmatrix} 5 & 1 \\ 3 & -1 \end{vmatrix} = 5\times(-1) - 1\times3 = -8,\ D_2 = \begin{vmatrix} 1 & 5 \\ 3 & 3 \end{vmatrix} = 1\times3 - 5\times3 = -12,$$

因此，方程组的解是

$$x_1 = \frac{D_1}{D} = \frac{-8}{-4} = 2,\ x_2 = \frac{D_2}{D} = \frac{-12}{-4} = 3.$$

1.1.2 三阶行列式

与解二元线性方程组类似,考虑三元线性方程组

$$\begin{cases} a_{11}x_1 + a_{12}x_2 + a_{13}x_3 = b_1, \\ a_{21}x_1 + a_{22}x_2 + a_{23}x_3 = b_2, \\ a_{31}x_1 + a_{32}x_2 + a_{33}x_3 = b_3 \end{cases} \tag{3}$$

的解,给出三阶行列式的定义.

定义 1.2 设由 9 个数排成 3 行 3 列的数表

$$\begin{matrix} a_{11} & a_{12} & a_{13} \\ a_{21} & a_{22} & a_{23} \\ a_{31} & a_{32} & a_{33} \end{matrix} \tag{4}$$

称

$$\begin{vmatrix} a_{11} & a_{12} & a_{13} \\ a_{21} & a_{22} & a_{23} \\ a_{31} & a_{32} & a_{33} \end{vmatrix} = a_{11}a_{22}a_{33} + a_{12}a_{23}a_{31} + a_{13}a_{21}a_{32} - a_{11}a_{23}a_{32} - a_{12}a_{21}a_{33} - a_{13}a_{22}a_{31}$$

为数表(4)所确定的三阶行列式.

上述定义表明三阶行列式含 6 项,每项均为取自不同行不同列的 3 个元素的乘积再冠以正负号,图 1-2 给出计算三阶行列式的对角线法则. 图中有三条实线和三条虚线,每条实线所连的三个元素的乘积取正号,每条虚线所连的三个元素的乘积取负号.

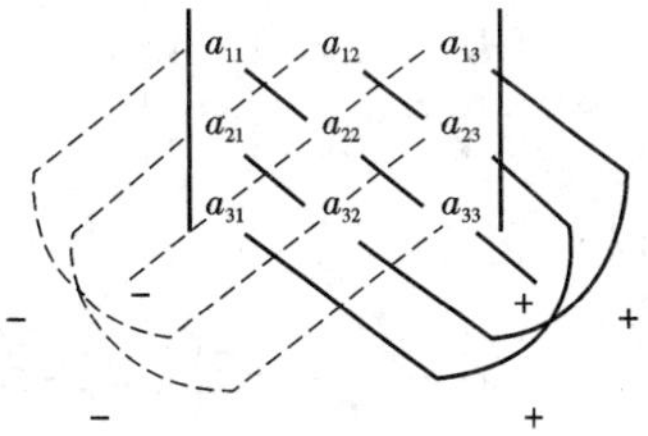

图 1-2

注 行列式的对角线法则只适用于二、三阶行列式.

类似于解二元线性方程组(1),若记

$$D = \begin{vmatrix} a_{11} & a_{12} & a_{13} \\ a_{21} & a_{22} & a_{23} \\ a_{31} & a_{32} & a_{33} \end{vmatrix},\ D_1 = \begin{vmatrix} b_1 & a_{12} & a_{13} \\ b_2 & a_{22} & a_{23} \\ b_3 & a_{32} & a_{33} \end{vmatrix},$$

$$D_2 = \begin{vmatrix} a_{11} & b_1 & a_{13} \\ a_{21} & b_2 & a_{23} \\ a_{31} & b_3 & a_{33} \end{vmatrix},\ D_3 = \begin{vmatrix} a_{11} & a_{12} & b_1 \\ a_{21} & a_{22} & b_2 \\ a_{31} & a_{32} & b_3 \end{vmatrix},$$

当 $D \neq 0$ 时,方程组(3)的解可简单地表示为

$$x_1 = \frac{D_1}{D},\ x_2 = \frac{D_2}{D},\ x_3 = \frac{D_3}{D}.$$

例 2 计算三阶行列式

$$\begin{vmatrix} 2 & 1 & 1 \\ 0 & 1 & 4 \\ -1 & 0 & 2 \end{vmatrix}.$$

解 由对角线法则得

$$\begin{vmatrix} 2 & 1 & 1 \\ 0 & 1 & 4 \\ -1 & 0 & 2 \end{vmatrix} = 2\times1\times2 + 1\times4\times(-1) + 1\times0\times0 -$$

$$2\times4\times0 - 1\times0\times2 - 1\times1\times(-1) = 1.$$

例 3 求解线性方程组

$$\begin{cases} x_1 + 2x_2 + x_3 = 1, \\ 3x_1 + 4x_3 = 1, \\ 2x_1 + x_2 + 3x_3 = 4. \end{cases}$$

解

$$D = \begin{vmatrix} 1 & 2 & 1 \\ 3 & 0 & 4 \\ 2 & 1 & 3 \end{vmatrix} = -3 \neq 0, \quad D_1 = \begin{vmatrix} 1 & 2 & 1 \\ 1 & 0 & 4 \\ 4 & 1 & 3 \end{vmatrix} = 23,$$

$$D_2 = \begin{vmatrix} 1 & 1 & 1 \\ 3 & 1 & 4 \\ 2 & 4 & 3 \end{vmatrix} = -4, \quad D_3 = \begin{vmatrix} 1 & 2 & 1 \\ 3 & 0 & 1 \\ 2 & 1 & 4 \end{vmatrix} = -18.$$

所以

$$x_1 = \frac{D_1}{D} = -\frac{23}{3},\ x_2 = \frac{D_2}{D} = \frac{4}{3},\ x_3 = \frac{D_3}{D} = 6.$$

例 4 求解方程

$$f(x) = \begin{vmatrix} 3 & 1 & x \\ 4 & x & 0 \\ 1 & 0 & x \end{vmatrix} = 0.$$

解

$$\begin{vmatrix} 3 & 1 & x \\ 4 & x & 0 \\ 1 & 0 & x \end{vmatrix} = 3x^2 - x^2 - 4x = 2x^2 - 4x = 2x(x-2) = 0,$$

所以方程的解为 $x_1 = 0, x_2 = 2$.

1.2 *n* 阶行列式

为了引入 n 阶行列式的概念,先介绍排列和逆序数的有关知识.

1.2.1 排列及逆序数

定义 1.3 由 n 个不同的自然数 $1,2,\cdots,n$ 组成的有序数组,称为一个 n 级排列,记为 $i_1 i_2 \cdots i_n$.

例如,4312 是一个 4 级排列,54321 是一个 5 级排列.

所有 3 级排列为 123,132,213,231,312,321,共 $3!=6$ 个,不难看出 n 级排列共有 $n\times(n-1)\times\cdots\times 2\times 1=n!$ 个.

排列 $12\cdots n$ 是按数字由小到大的自然顺序组成的一个排列,称其为自然排列或标准排列.

定义 1.4 在一个 n 级排列中,如果一个较大的数排在一个较小的数前面,则称这两个数构成一个逆序,即在排列 $i_1 i_2 \cdots i_j \cdots i_k \cdots i_n$ 中,若 $j<k$,而 $i_j>i_k$,则称 i_j 与 i_k 构成一个逆序. 一个排列逆序的总数称为这个排列的逆序数,记作 $\tau(i_1 i_2 \cdots i_n)$. 逆序数为偶数的排列称为偶排列,逆序数为奇数的排列称为奇排列.

例 1 确定下列排列的逆序数:

(1) 34251; (2) $n(n-1)\cdots 21$.

解 (1) $\tau(34251)=4+0+2+0=6$;

(2) $\tau(n(n-1)\cdots 21)=(n-1)+(n-2)+\cdots+1=\dfrac{n(n-1)}{2}$.

容易看出,自然排列的逆序数为 0,为偶排列. 而在所有的 n 级排列中,奇偶排列各占一半.

1.2.2 排列的性质

定义 1.5 将一个排列中某两个数的位置互换,而其余数不动,就得到另一个排列,这样的变换称为一次对换.

例如,排列 15432 经过 1,2 两个数对换变成排列 25431,而 $\tau(15432)=6$,$\tau(25431)=7$,这表明偶排列 15432 经过一次对换后得到奇排列 25431. 此结果具有一般性.

定理 1.1 排列经过一次对换后必改变其奇偶性.

定理 1.1

证 (1) 先证明相邻对换的情形.

设排列

$$i_1 \cdots i_k i_{k+1} \cdots i_n,$$

经过 i_k, i_{k+1} 对换后变成排列

$$i_1 \cdots i_{k+1} i_k \cdots i_n.$$

显然在对换前后的两个排列中,i_k, i_{k+1} 与其他数以及其他数之间构成的逆序数不变,当 $i_k<i_{k+1}$ 时,对换后逆序数增加 1,而当 $i_k>i_{k+1}$ 时,对换后逆序数减少 1. 所以对换排列中两个相邻的数,排列的奇偶性改变.

(2) 再证明一般情形. 对换的两个数 i_k 和 i_j 之间有 s 个数,即设排列为

$$i_1 i_2 \cdots i_k i_{k+1} \cdots i_{k+s} i_j \cdots i_n, \tag{1}$$

经过 i_k 与 i_j 对换,变为排列

$$i_1 i_2 \cdots i_j i_{k+1} \cdots i_{k+s} i_k \cdots i_n. \tag{2}$$

从排列(1)变成排列(2)可通过一系列相邻对换实现,先将排列(1)中的 i_j 与左边 $s+1$ 个数 $i_{k+s}, i_{k+s-1}, \cdots, i_{k+1}, i_k$ 进行对换. 排列(1)变成排列

$$i_1 i_2 \cdots i_j i_k i_{k+1} \cdots i_{k+s} \cdots i_n. \tag{3}$$

再将排列(3)中的 i_k 依次与右边的 s 个数 $i_{k+1}, i_{k+2}, \cdots, i_{k+s}$ 进行对换,排列(3)变成排列(2),于是 i_k 与 i_j 的对换可通过 $2s+1$ 次相邻对换来实现,而每经过一次相邻对换都改变排列的奇偶性,奇数次相邻对换必改变排列的奇偶性.

定理 1.2 任一 n 级排列 $i_1 i_2 \cdots i_n$ 均可通过有限次对换变为自然排列,且所作对换次数与排列 $i_1 i_2 \cdots i_n$ 具有相同的奇偶性.

* **证** 用数学归纳法证明.

定理结论对 1 级排列显然成立.

假设定理结论对 $n-1$ 级排列成立,现在证明结论对 n 级排列也成立.

若 $i_n = n$,则根据假设 $n-1$ 级排列 $i_1 i_2 \cdots i_{n-1}$ 可通过一系列对换变成自然排列 $12\cdots(n-1)$,这等同于将 $i_1 i_2 \cdots i_n$ 变成 $12\cdots n$.

若 $i_n \neq n$,则先将 $i_1 i_2 \cdots i_n$ 中的 i_n 与 n 进行对换,于是将问题归结为上面讨论的情形,在此情形下命题亦成立.

同样 $12\cdots n$ 也可以通过一系列对换变成 $i_1 i_2 \cdots i_n$. 因为 $12\cdots n$ 是偶排列,根据定理 1.2,所作对换的次数与 $i_1 i_2 \cdots i_n$ 具有相同的奇偶性.

1.2.3 n 阶行列式

明确了排列和逆序数的概念,下面来总结三阶行列式的特征,进而给出 n 阶行列式的定义.

三阶行列式定义式为

$$\begin{vmatrix} a_{11} & a_{12} & a_{13} \\ a_{21} & a_{22} & a_{23} \\ a_{31} & a_{32} & a_{33} \end{vmatrix} = a_{11}a_{22}a_{33} + a_{12}a_{23}a_{31} + a_{13}a_{21}a_{32} - a_{11}a_{23}a_{32} - a_{12}a_{21}a_{33} - a_{13}a_{22}a_{31}.$$

可以从中发现以下规律:①三阶行列式是 3! 项的代数和;每一项都是取自行列式不同行不同列的三个元素的乘积;②当代数和中每一项的行标所组成的排列是自然排列时,每一项的正负号由列标所组成排列的奇偶性决定,偶排列取正号,奇排列取负号.

因此三阶行列式可定义为

$$\begin{vmatrix} a_{11} & a_{12} & a_{13} \\ a_{21} & a_{22} & a_{23} \\ a_{31} & a_{32} & a_{33} \end{vmatrix} = \sum_{j_1 j_2 j_3} (-1)^{\tau(j_1 j_2 j_3)} a_{1j_1} a_{2j_2} a_{3j_3},$$

其中$\sum\limits_{j_1j_2j_3}$表示对所有三级排列求和.

将上述定义推广到 n 阶行列式的情形，就得到 n 阶行列式的定义.

定义 1.6 由 n^2个元素 $a_{ij}(i,j=1,2,\cdots,n)$组成的记号

$$\begin{vmatrix} a_{11} & a_{12} & \cdots & a_{1n} \\ a_{21} & a_{22} & \cdots & a_{2n} \\ \vdots & \vdots & & \vdots \\ a_{n1} & a_{n2} & \cdots & a_{nn} \end{vmatrix}$$

称为 n 阶行列式. 它表示 $n!$项的代数和，其中每一项都是取自不同行和不同列的 n 个元素的乘积 $a_{1j_1}a_{2j_2}\cdots a_{nj_n}$($j_1j_2\cdots j_n$为任意 n 级排列)，各项的符号是$(-1)^{\tau(j_1j_2\cdots j_n)}$.

n 阶行列式简记为 $\det(a_{ij})$或 D，于是得

$$D=\begin{vmatrix} a_{11} & a_{12} & \cdots & a_{1n} \\ a_{21} & a_{22} & \cdots & a_{2n} \\ \vdots & \vdots & & \vdots \\ a_{n1} & a_{n2} & \cdots & a_{nn} \end{vmatrix}=\sum_{j_1j_2\cdots j_n}(-1)^{\tau(j_1j_2\cdots j_n)}a_{1j_1}a_{2j_2}\cdots a_{nj_n},$$

这里$\sum\limits_{j_1j_2\cdots j_n}$表示对所有的 n 级排列求和.

当 $n=1$ 时，规定$|a|=a$；当 $n=2,3$ 时，就是前述二、三阶行列式的定义.

例 2 在五阶行列式中，$a_{12}a_{23}a_{34}a_{41}a_{55}$这一项应取什么符号？

解 这一项各元素的行标是按自然顺序排列的，而列标的排列为 23415. 因为 $\tau(23415)=3$，故这一项应取负号.

例 3 写出四阶行列式

$$\begin{vmatrix} a_{11} & a_{12} & a_{13} & a_{14} \\ a_{21} & a_{22} & a_{23} & a_{24} \\ a_{31} & a_{32} & a_{33} & a_{34} \\ a_{41} & a_{42} & a_{43} & a_{44} \end{vmatrix}$$

中带负号且包含因子 $a_{21}a_{34}$的项.

解 包含因子 $a_{21}a_{34}$项的一般形式为

$$(-1)^{\tau(j_1 2 3 j_4)}a_{1j_1}a_{21}a_{34}a_{4j_4},$$

按定义，j_1，j_4可取 2，3 或 3，2，因此包含因子 $a_{21}a_{34}$的项只能是 $a_{12}a_{21}a_{34}a_{43}$或 $a_{13}a_{21}a_{34}a_{42}$，但因 $\tau(2143)=2$ 为偶数，$\tau(3142)=3$ 为奇数，所以此项只能是 $-a_{13}a_{21}a_{34}a_{42}$.

下面利用 n 阶行列式的定义计算一些特殊的行列式.

例 4 计算上三角形行列式(主对角线以下的元素都为 0 的行列式)

$$D=\begin{vmatrix} a_{11} & a_{12} & \cdots & a_{1n} \\ 0 & a_{22} & \cdots & a_{2n} \\ \vdots & \vdots & & \vdots \\ 0 & 0 & \cdots & a_{nn} \end{vmatrix}.$$

解 由 n 阶行列式的定义

$$D=\sum_{j_1j_2\cdots j_n}(-1)^{\tau(j_1j_2\cdots j_n)}a_{1j_1}a_{2j_2}\cdots a_{nj_n},$$

n 阶行列式有 $n!$ 项,但由于 D 中有许多元素为 0,因此只需考虑不为零的项. 第 n 行元素除 a_{nn} 可能不为零外,其余元素均为 0,所以只需考虑 $j_n=n$ 的项;在第 $n-1$ 行中,除 $a_{n-1,n-1}$ 和 $a_{n-1,n}$ 可能不为零外,其余元素均为 0,又由于 $a_{n-1,n}$ 与 a_{nn} 位于同一列,所以只能取 $j_{n-1}=n-1$. 以此类推,不难发现,在展开式中只有 $a_{11}a_{22}\cdots a_{nn}$ 一项可能不为零. 由于 $\tau(12\cdots n)=0$,故此项取正号. 于是

$$D=\begin{vmatrix} a_{11} & a_{12} & \cdots & a_{1n} \\ 0 & a_{22} & \cdots & a_{2n} \\ \vdots & \vdots & & \vdots \\ 0 & 0 & \cdots & a_{nn} \end{vmatrix}=\sum_{12\cdots n}(-1)^{\tau(12\cdots n)}a_{11}a_{22}\cdots a_{nn}=a_{11}a_{22}\cdots a_{nn}.$$

同理可求得下三角形行列式(主对角线以上元素都为 0 的行列式)

$$\begin{vmatrix} a_{11} & 0 & \cdots & 0 \\ a_{21} & a_{22} & \cdots & 0 \\ \vdots & \vdots & & \vdots \\ a_{n1} & a_{n2} & \cdots & a_{nn} \end{vmatrix}=a_{11}a_{22}\cdots a_{nn}.$$

上三角形行列式与下三角形行列式统称为三角形行列式,其值均等于主对角线上各元素的乘积.

特别地,对角形行列式(除主对角线上的元素外,其余元素都为 0 的行列式)

$$\begin{vmatrix} \lambda_1 & 0 & \cdots & 0 \\ 0 & \lambda_2 & \cdots & 0 \\ \vdots & \vdots & & \vdots \\ 0 & 0 & \cdots & \lambda_n \end{vmatrix}=\lambda_1\lambda_2\cdots\lambda_n.$$

显然对角形行列式是特殊的三角形行列式,它可以简记为

$$\begin{vmatrix} \lambda_1 & & & \\ & \lambda_2 & & \\ & & \ddots & \\ & & & \lambda_n \end{vmatrix},$$

这是一种简略写法,其中未写出的元素均为 0.

例 5　计算行列式

$$\begin{vmatrix} & & & \lambda_1 \\ & & \lambda_2 & \\ & \iddots & & \\ \lambda_n & & & \end{vmatrix}.$$

解

$$\begin{vmatrix} & & & \lambda_1 \\ & & \lambda_2 & \\ & \iddots & & \\ \lambda_n & & & \end{vmatrix} = (-1)^{\tau(n(n-1)\cdots 21)} a_{1n}a_{2,n-1}\cdots a_{n1} = (-1)^{\frac{n(n-1)}{2}}\lambda_1\lambda_2\cdots\lambda_n.$$

例 6　已知

$$f(x) = \begin{vmatrix} 2x & x & 1 & 2 \\ 1 & x & 1 & -1 \\ 3 & 2 & x & x \\ 1 & 1 & 2x & 1 \end{vmatrix},$$

求 x^4 的系数.

解　由 n 阶行列式的定义知，$f(x)$ 是一个关于 x 的多项式函数，且最高次幂为 x^4，显然含 x^4 的项只有 $(-1)^{\tau(1243)}a_{11}a_{22}a_{34}a_{43}$ 一项，即

$$(-1)^{\tau(1243)}a_{11}a_{22}a_{34}a_{43} = -2x\cdot x\cdot x\cdot 2x = -4x^4,$$

所以 x^4 的系数为 -4.

例 7　确定四阶行列式中的项 $a_{21}a_{32}a_{43}a_{14}$ 所带的符号.

解　为了确定 $a_{21}a_{32}a_{43}a_{14}$ 的正负号，利用乘法的可交换性，把这 4 个元素的行标排成自然排列，有

$$a_{21}a_{32}a_{43}a_{14} = a_{14}a_{21}a_{32}a_{43},$$

列标构成排列的逆序数为 $\tau(4123)=3$，所以该项带负号.

利用乘法的可交换性，可以把 n 阶行列式定义中任一项的列标构成的排列 $j_1j_2\cdots j_n$ 经过 m 次对换变成自然排列，同时相应的行标构成的自然排列也经过 m 次对换变成排列 $i_1i_2\cdots i_n$. 于是有

$$a_{1j_1}a_{2j_2}\cdots a_{nj_n} = a_{i_11}a_{i_22}\cdots a_{i_nn},$$

根据定理 1.2，$j_1j_2\cdots j_n$ 与 $i_1i_2\cdots i_n$ 具有相同的奇偶性. 于是

$$(-1)^{\tau(j_1j_2\cdots j_n)}a_{1j_1}a_{2j_2}\cdots a_{nj_n} = (-1)^{\tau(i_1i_2\cdots i_n)}a_{i_11}a_{i_22}\cdots a_{i_nn},$$

从而得到行列式的等价定义

$$D = \begin{vmatrix} a_{11} & a_{12} & \cdots & a_{1n} \\ a_{21} & a_{22} & \cdots & a_{2n} \\ \vdots & \vdots & & \vdots \\ a_{n1} & a_{n2} & \cdots & a_{nn} \end{vmatrix} = \sum_{i_1i_2\cdots i_n}(-1)^{\tau(i_1i_2\cdots i_n)}a_{i_11}a_{i_22}\cdots a_{i_nn},$$

这里 $\sum\limits_{i_1i_2\cdots i_n}$ 表示对所有 n 级排列求和.

1.3 行列式的性质

直接利用行列式的定义计算行列式只适用于某些特殊的行列式,当行列式的阶数较高时,计算量是相当大的. 为此,本节将介绍行列式的一些重要性质,利用这些性质不仅能把复杂的行列式转化为较简单的行列式(如三角形行列式等)来计算,而且在理论研究上也相当重要.

1.3.1 转置行列式

定义 1.7 将行列式 D 的行换成同序数的列得到的行列式称为原行列式 D 的转置行列式,记作 D^{T}或 D'. 即若

$$D=\begin{vmatrix} a_{11} & a_{12} & \cdots & a_{1n} \\ a_{21} & a_{22} & \cdots & a_{2n} \\ \vdots & \vdots & & \vdots \\ a_{n1} & a_{n2} & \cdots & a_{nn} \end{vmatrix},\text{则 } D^{\mathrm{T}}=\begin{vmatrix} a_{11} & a_{21} & \cdots & a_{n1} \\ a_{12} & a_{22} & \cdots & a_{n2} \\ \vdots & \vdots & & \vdots \\ a_{1n} & a_{2n} & \cdots & a_{nn} \end{vmatrix}.$$

显然,行列式 D 与转置行列式 D^{T}有以下关系:

(1) D 与 D^{T}主对角线上的元素相同,都是 $a_{11},a_{22},\cdots,a_{nn}$;

(2) D 中第 i 行第 j 列的元素 a_{ij}是 D^{T}中第 j 行第 i 列的元素;

(3) D 与 D^{T}互为转置行列式.

1.3.2 行列式的性质

性质 1 行列式 D 与它的转置行列式 D^{T}相等,即 $D=D^{\mathrm{T}}$.

证 将 D^{T}记为

$$D^{\mathrm{T}}=\begin{vmatrix} b_{11} & b_{12} & \cdots & b_{1n} \\ b_{21} & b_{22} & \cdots & b_{2n} \\ \vdots & \vdots & & \vdots \\ b_{n1} & b_{n2} & \cdots & b_{nn} \end{vmatrix},$$

则 $b_{ij}=a_{ji}(i,j=1,2,\cdots,n)$. 将 D^{T}按行列式定义展开,有

$$\begin{aligned} D^{\mathrm{T}} &= \sum_{j_1j_2\cdots j_n}(-1)^{\tau(j_1j_2\cdots j_n)}b_{1j_1}b_{2j_2}\cdots b_{nj_n} \\ &= \sum_{j_1j_2\cdots j_n}(-1)^{\tau(j_1j_2\cdots j_n)}a_{j_11}a_{j_22}\cdots a_{j_nn} \\ &= D. \end{aligned}$$

此性质表明,行列式中行与列的地位是平等的. 因此下面对行成立的性质,对列也同样

成立;反之亦然. 所以以下性质只就行进行证明.

性质 2 行列式某一行(列)元素的公因子 k 可以提到行列式符号的外面. 即

$$\begin{vmatrix} a_{11} & a_{12} & \cdots & a_{1n} \\ \vdots & \vdots & & \vdots \\ ka_{i1} & ka_{i2} & \cdots & ka_{in} \\ \vdots & \vdots & & \vdots \\ a_{n1} & a_{n2} & \cdots & a_{nn} \end{vmatrix} = k \begin{vmatrix} a_{11} & a_{12} & \cdots & a_{1n} \\ \vdots & \vdots & & \vdots \\ a_{i1} & a_{i2} & \cdots & a_{in} \\ \vdots & \vdots & & \vdots \\ a_{n1} & a_{n2} & \cdots & a_{nn} \end{vmatrix}.$$

证 由行列式定义有

$$\begin{aligned} \begin{vmatrix} a_{11} & a_{12} & \cdots & a_{1n} \\ \vdots & \vdots & & \vdots \\ ka_{i1} & ka_{i2} & \cdots & ka_{in} \\ \vdots & \vdots & & \vdots \\ a_{n1} & a_{n2} & \cdots & a_{nn} \end{vmatrix} &= \sum_{j_1j_2\cdots j_n} (-1)^{\tau(j_1j_2\cdots j_n)} a_{1j_1}a_{2j_2}\cdots(ka_{ij_i})\cdots a_{nj_n} \\ &= k\sum_{j_1j_2\cdots j_n} (-1)^{\tau(j_1j_2\cdots j_n)} a_{1j_1}a_{2j_2}\cdots a_{ij_i}\cdots a_{nj_n} \\ &= k \begin{vmatrix} a_{11} & a_{12} & \cdots & a_{1n} \\ \vdots & \vdots & & \vdots \\ a_{i1} & a_{i2} & \cdots & a_{in} \\ \vdots & \vdots & & \vdots \\ a_{n1} & a_{n2} & \cdots & a_{nn} \end{vmatrix}. \end{aligned}$$

此性质也可表述为:用数 k 乘行列式的某一行(列)各元素,等于用数 k 乘此行列式.

推论 若行列式某行(列)元素全为零,则行列式等于零.

证 此推论即为性质 2 中 $k=0$ 的情形.

性质 3 互换行列式的任意两行(列),行列式变号.

证 设行列式

$$D = \begin{vmatrix} a_{11} & a_{12} & \cdots & a_{1n} \\ \vdots & \vdots & & \vdots \\ a_{i1} & a_{i2} & \cdots & a_{in} \\ \vdots & \vdots & & \vdots \\ a_{k1} & a_{k2} & \cdots & a_{kn} \\ \vdots & \vdots & & \vdots \\ a_{n1} & a_{n2} & \cdots & a_{nn} \end{vmatrix},$$

交换 D 的第 i 行与第 k 行元素后得到行列式

$$D_1 = \begin{vmatrix} a_{11} & a_{12} & \cdots & a_{1n} \\ \vdots & \vdots & & \vdots \\ a_{k1} & a_{k2} & \cdots & a_{kn} \\ \vdots & \vdots & & \vdots \\ a_{i1} & a_{i2} & \cdots & a_{in} \\ \vdots & \vdots & & \vdots \\ a_{n1} & a_{n2} & \cdots & a_{nn} \end{vmatrix} \begin{matrix} \\ \\ 第\, i\, 行 \\ \\ 第\, k\, 行 \\ \\ \\ \end{matrix}.$$

下面证明 $D = -D_1$，有

$$\begin{aligned} D &= \sum_{j_1j_2\cdots j_n}(-1)^{\tau(j_1j_2\cdots j_i\cdots j_k\cdots j_n)}a_{1j_1}a_{2j_2}\cdots a_{ij_i}\cdots a_{kj_k}\cdots a_{nj_n} \\ &= -\sum_{j_1j_2\cdots j_n}(-1)^{\tau(j_1j_2\cdots j_k\cdots j_i\cdots j_n)}a_{1j_1}a_{2j_2}\cdots a_{kj_k}\cdots a_{ij_i}\cdots a_{nj_n} \\ &= -D_1. \end{aligned}$$

性质 4　若行列式中某两行(列)的对应元素相同，则行列式等于零.

证　不妨假设 D 的第 i 行与第 k 行元素相同，将行列式 D 的第 i 行与第 k 行对应元素互换所得的行列式仍为 D，但由性质 3，有 $D = -D$，故 $D = 0$.

性质 5　若行列式中某两行(列)的元素对应成比例，则行列式等于零.

***证**　设行列式 D 的第 j 行是第 i 行对应元素的 k 倍($i \neq j$)，并设 $i < j$，由性质 2 和性质 4 有

$$D = \begin{vmatrix} a_{11} & a_{12} & \cdots & a_{1n} \\ \vdots & \vdots & & \vdots \\ a_{i1} & a_{i2} & \cdots & a_{in} \\ \vdots & \vdots & & \vdots \\ a_{j1} & a_{j2} & \cdots & a_{jn} \\ \vdots & \vdots & & \vdots \\ a_{n1} & a_{n2} & \cdots & a_{nn} \end{vmatrix} = \begin{vmatrix} a_{11} & a_{12} & \cdots & a_{1n} \\ \vdots & \vdots & & \vdots \\ a_{i1} & a_{i2} & \cdots & a_{in} \\ \vdots & \vdots & & \vdots \\ ka_{i1} & ka_{i2} & \cdots & ka_{in} \\ \vdots & \vdots & & \vdots \\ a_{n1} & a_{n2} & \cdots & a_{nn} \end{vmatrix}$$

$$= k\begin{vmatrix} a_{11} & a_{12} & \cdots & a_{1n} \\ \vdots & \vdots & & \vdots \\ a_{i1} & a_{i2} & \cdots & a_{in} \\ \vdots & \vdots & & \vdots \\ a_{i1} & a_{i2} & \cdots & a_{in} \\ \vdots & \vdots & & \vdots \\ a_{n1} & a_{n2} & \cdots & a_{nn} \end{vmatrix} = k \times 0 = 0.$$

性质 6　若行列式的某一行(列)的各元素都是两个数的和，则行列式可按此行(列)拆成两个行列式之和. 即

$$D=\begin{vmatrix} a_{11} & a_{12} & \cdots & a_{1n} \\ \vdots & \vdots & & \vdots \\ b_{i1}+c_{i1} & b_{i2}+c_{i2} & \cdots & b_{in}+c_{in} \\ \vdots & \vdots & & \vdots \\ a_{n1} & a_{n2} & \cdots & a_{nn} \end{vmatrix}$$

$$=\begin{vmatrix} a_{11} & a_{12} & \cdots & a_{1n} \\ \vdots & \vdots & & \vdots \\ b_{i1} & b_{i2} & \cdots & b_{in} \\ \vdots & \vdots & & \vdots \\ a_{n1} & a_{n2} & \cdots & a_{nn} \end{vmatrix}+\begin{vmatrix} a_{11} & a_{12} & \cdots & a_{1n} \\ \vdots & \vdots & & \vdots \\ c_{i1} & c_{i2} & \cdots & c_{in} \\ \vdots & \vdots & & \vdots \\ a_{n1} & a_{n2} & \cdots & a_{nn} \end{vmatrix}.$$

证　由行列式定义，有

$$\begin{aligned} D &= \sum_{j_1j_2\cdots j_n}(-1)^{\tau(j_1j_2\cdots j_n)}a_{1j_1}a_{2j_2}\cdots a_{i-1,j_{i-1}}a_{ij_i}a_{i+1,j_{i+1}}\cdots a_{nj_n} \\ &= \sum_{j_1j_2\cdots j_n}(-1)^{\tau(j_1j_2\cdots j_n)}a_{1j_1}a_{2j_2}\cdots a_{i-1,j_{i-1}}(b_{ij_i}+c_{ij_i})a_{i+1,j_{i+1}}\cdots a_{nj_n} \\ &= \sum_{j_1j_2\cdots j_n}(-1)^{\tau(j_1j_2\cdots j_n)}a_{1j_1}a_{2j_2}\cdots a_{i-1,j_{i-1}}b_{ij_i}a_{i+1,j_{i+1}}\cdots a_{nj_n}+ \\ &\quad \sum_{j_1j_2\cdots j_n}(-1)^{\tau(j_1j_2\cdots j_n)}a_{1j_1}a_{2j_2}\cdots a_{i-1,j_{i-1}}c_{ij_i}a_{i+1,j_{i+1}}\cdots a_{nj_n} \\ &= \begin{vmatrix} a_{11} & a_{12} & \cdots & a_{1n} \\ \vdots & \vdots & & \vdots \\ b_{i1} & b_{i2} & \cdots & b_{in} \\ \vdots & \vdots & & \vdots \\ a_{n1} & a_{n2} & \cdots & a_{nn} \end{vmatrix}+\begin{vmatrix} a_{11} & a_{12} & \cdots & a_{1n} \\ \vdots & \vdots & & \vdots \\ c_{i1} & c_{i2} & \cdots & c_{in} \\ \vdots & \vdots & & \vdots \\ a_{n1} & a_{n2} & \cdots & a_{nn} \end{vmatrix}. \end{aligned}$$

性质 7　将行列式的某一行(列)所有元素加上另一行(列)的对应元素的 k 倍，行列式的值不变. 即

$$\begin{vmatrix} a_{11} & a_{12} & \cdots & a_{1n} \\ \vdots & \vdots & & \vdots \\ a_{i1} & a_{i2} & \cdots & a_{in} \\ \vdots & \vdots & & \vdots \\ a_{j1} & a_{j2} & \cdots & a_{jn} \\ \vdots & \vdots & & \vdots \\ a_{n1} & a_{n2} & \cdots & a_{nn} \end{vmatrix}=\begin{vmatrix} a_{11} & a_{12} & \cdots & a_{1n} \\ \vdots & \vdots & & \vdots \\ a_{i1}+ka_{j1} & a_{i2}+ka_{j2} & \cdots & a_{in}+ka_{jn} \\ \vdots & \vdots & & \vdots \\ a_{j1} & a_{j2} & \cdots & a_{jn} \\ \vdots & \vdots & & \vdots \\ a_{n1} & a_{n2} & \cdots & a_{nn} \end{vmatrix}.$$

证　假设将行列式 D 的第 i 行元素加上第 j 行对应元素的 k 倍 $(i\neq j)$，并设 $i<j$，由性质 6 及性质 5 有

$$
右端=\begin{vmatrix} a_{11} & a_{12} & \cdots & a_{1n} \\ \vdots & \vdots & & \vdots \\ a_{i1} & a_{i2} & \cdots & a_{in} \\ \vdots & \vdots & & \vdots \\ a_{j1} & a_{j2} & \cdots & a_{jn} \\ \vdots & \vdots & & \vdots \\ a_{n1} & a_{n2} & \cdots & a_{nn} \end{vmatrix} + \begin{vmatrix} a_{11} & a_{12} & \cdots & a_{1n} \\ \vdots & \vdots & & \vdots \\ ka_{j1} & ka_{j2} & \cdots & ka_{jn} \\ \vdots & \vdots & & \vdots \\ a_{j1} & a_{j2} & \cdots & a_{jn} \\ \vdots & \vdots & & \vdots \\ a_{n1} & a_{n2} & \cdots & a_{nn} \end{vmatrix}
$$

$$
=\begin{vmatrix} a_{11} & a_{12} & \cdots & a_{1n} \\ \vdots & \vdots & & \vdots \\ a_{i1} & a_{i2} & \cdots & a_{in} \\ \vdots & \vdots & & \vdots \\ a_{j1} & a_{j2} & \cdots & a_{jn} \\ \vdots & \vdots & & \vdots \\ a_{n1} & a_{n2} & \cdots & a_{nn} \end{vmatrix} +0=左端.
$$

在计算行列式时，为了使计算过程更清晰，约定如下记号：

(1)交换第 i,j 两行(列)，记作 $r_i \leftrightarrow r_j (c_i \leftrightarrow c_j)$；

(2)用 $k \neq 0$ 乘以第 i 行(列)，记作 $kr_i (kc_i)$；

(3)第 i 行(列)元素加上第 j 行(列)对应元素的 k 倍，记作 $r_i + kr_j (c_i + kc_j)$.

利用行列式的性质将行列式化为三角形行列式或对角形行列式，从而达到简化行列式计算的目的，是行列式计算中最基本且较常用的方法之一，常称这一方法为化三角形法. 下面举例来说明.

例 1 计算三阶行列式

$$
D=\begin{vmatrix} 2 & 3 & 1 \\ 5 & 9 & 2 \\ 2 & 4 & 6 \end{vmatrix}.
$$

解 注意到第 3 行元素有公因子 2，于是先将其提出，再利用行列式性质计算得

$$
D=\begin{vmatrix} 2 & 3 & 1 \\ 5 & 9 & 2 \\ 2 & 4 & 6 \end{vmatrix} =2\begin{vmatrix} 2 & 3 & 1 \\ 5 & 9 & 2 \\ 1 & 2 & 3 \end{vmatrix} \xlongequal{r_1 \leftrightarrow r_3} -2\begin{vmatrix} 1 & 2 & 3 \\ 5 & 9 & 2 \\ 2 & 3 & 1 \end{vmatrix}
$$

$$
\xlongequal[r_3-2r_1]{r_2-5r_1} -2\begin{vmatrix} 1 & 2 & 3 \\ 0 & -1 & -13 \\ 0 & -1 & -5 \end{vmatrix} \xlongequal{r_3-r_2} -2\begin{vmatrix} 1 & 2 & 3 \\ 0 & -1 & -13 \\ 0 & 0 & 8 \end{vmatrix} =16.
$$

例 2 计算四阶行列式

$$D=\begin{vmatrix}1&-1&1&-2\\3&2&-1&0\\2&1&0&4\\7&2&0&2\end{vmatrix}.$$

解

$$D\xlongequal{c_1\leftrightarrow c_3}-\begin{vmatrix}1&-1&1&-2\\-1&2&3&0\\0&1&2&4\\0&2&7&2\end{vmatrix}\xlongequal{r_2+r_1}-\begin{vmatrix}1&-1&1&-2\\0&1&4&-2\\0&1&2&4\\0&2&7&2\end{vmatrix}$$

$$\xlongequal[r_4-2r_2]{r_3-r_2}-\begin{vmatrix}1&-1&1&-2\\0&1&4&-2\\0&0&-2&6\\0&0&-1&6\end{vmatrix}\xlongequal[r_3\leftrightarrow r_4]{r_3-2r_4}\begin{vmatrix}1&-1&1&-2\\0&1&4&-2\\0&0&-1&6\\0&0&0&-6\end{vmatrix}=6.$$

例 3 计算四阶行列式

$$D=\begin{vmatrix}3&1&1&1\\1&3&1&1\\1&1&3&1\\1&1&1&3\end{vmatrix}.$$

解

$$D\xlongequal{r_1+r_2+r_3+r_4}\begin{vmatrix}6&6&6&6\\1&3&1&1\\1&1&3&1\\1&1&1&3\end{vmatrix}=6\begin{vmatrix}1&1&1&1\\1&3&1&1\\1&1&3&1\\1&1&1&3\end{vmatrix}$$

$$\xlongequal[(i=2,3,4)]{r_i-r_1}6\begin{vmatrix}1&1&1&1\\0&2&0&0\\0&0&2&0\\0&0&0&2\end{vmatrix}=6\times2^3=48.$$

注 若行列式的各行(列)元素之和相等,可将所有列(行)加到第一列(行),然后提取公因子,再利用行列式性质将其化为三角形行列式计算.

例 4 计算行列式

$$D=\begin{vmatrix}1+a&1&1&1\\1&1-a&1&1\\1&1&1+b&1\\1&1&1&1-b\end{vmatrix}\ (a,b\neq0).$$

解

$$D\xlongequal[(i=2,3,4)]{r_i-r_1}\begin{vmatrix}1+a & 1 & 1 & 1\\ -a & -a & 0 & 0\\ -a & 0 & b & 0\\ -a & 0 & 0 & -b\end{vmatrix}$$

$$\xlongequal[c_1-\frac{a}{b}c_4]{\substack{c_1-c_2\\ c_1+\frac{a}{b}c_3}}\begin{vmatrix}a & 1 & 1 & 1\\ 0 & -a & 0 & 0\\ 0 & 0 & b & 0\\ 0 & 0 & 0 & -b\end{vmatrix}=a^2b^2.$$

例 5 证明

$$\begin{vmatrix}y+z & z+x & x+y\\ x+y & y+z & z+x\\ z+x & x+y & y+z\end{vmatrix}=2\begin{vmatrix}x & y & z\\ z & x & y\\ y & z & x\end{vmatrix}.$$

证

$$\begin{vmatrix}y+z & z+x & x+y\\ x+y & y+z & z+x\\ z+x & x+y & y+z\end{vmatrix}\xlongequal{c_1+c_2+c_3}\begin{vmatrix}2(x+y+z) & z+x & x+y\\ 2(x+y+z) & y+z & z+x\\ 2(x+y+z) & x+y & y+z\end{vmatrix}$$

$$=2\begin{vmatrix}x+y+z & z+x & x+y\\ x+y+z & y+z & z+x\\ x+y+z & x+y & y+z\end{vmatrix}\xlongequal{c_1-c_2}2\begin{vmatrix}y & z+x & x+y\\ x & y+z & z+x\\ z & x+y & y+z\end{vmatrix}$$

$$\xlongequal{c_3-c_1}2\begin{vmatrix}y & z+x & x\\ x & y+z & z\\ z & x+y & y\end{vmatrix}\xlongequal{c_2-c_3}2\begin{vmatrix}y & z & x\\ x & y & z\\ z & x & y\end{vmatrix}$$

$$\xlongequal{\substack{r_1\leftrightarrow r_2\\ r_2\leftrightarrow r_3}}2\begin{vmatrix}x & y & z\\ z & x & y\\ y & z & x\end{vmatrix}.$$

例 6 试证奇数阶反对称行列式

$$D=\begin{vmatrix}0 & a_{12} & a_{13} & \cdots & a_{1n}\\ -a_{12} & 0 & a_{23} & \cdots & a_{2n}\\ -a_{13} & -a_{23} & 0 & \cdots & a_{3n}\\ \vdots & \vdots & \vdots & & \vdots\\ -a_{1n} & -a_{2n} & -a_{3n} & \cdots & 0\end{vmatrix}=0.$$

证 由性质1与性质2有

$$D = D^{\mathrm{T}} = \begin{vmatrix} 0 & -a_{12} & -a_{13} & \cdots & -a_{1n} \\ a_{12} & 0 & -a_{23} & \cdots & -a_{2n} \\ a_{13} & a_{23} & 0 & \cdots & -a_{3n} \\ \vdots & \vdots & \vdots & & \vdots \\ a_{1n} & a_{2n} & a_{3n} & \cdots & 0 \end{vmatrix}$$

$$= (-1)^n \begin{vmatrix} 0 & a_{12} & a_{13} & \cdots & a_{1n} \\ -a_{12} & 0 & a_{23} & \cdots & a_{2n} \\ -a_{13} & -a_{23} & 0 & \cdots & a_{3n} \\ \vdots & \vdots & \vdots & & \vdots \\ -a_{1n} & -a_{2n} & -a_{3n} & \cdots & 0 \end{vmatrix} = (-1)^n D,$$

当 n 为奇数时,得 $D=-D$,因而 $D=0$.

1.4 行列式按行(列)展开

本节将介绍计算行列式的另一重要方法:行列式按行(列)展开法,它是把高阶行列式化为低阶行列式计算的重要工具.

1.4.1 余子式及代数余子式

定义 1.8 在 n 阶行列式 D 中,将元素 a_{ij} 所在的第 i 行与第 j 列划去,余下的元素按原来的顺序排成的 $n-1$ 阶行列式叫作元素 a_{ij} 的余子式,记作 M_{ij}. 称

$$A_{ij} = (-1)^{i+j} M_{ij}$$

为元素 a_{ij} 的代数余子式.

例如,在三阶行列式

$$D = \begin{vmatrix} a_{11} & a_{12} & a_{13} \\ a_{21} & a_{22} & a_{23} \\ a_{31} & a_{32} & a_{33} \end{vmatrix}$$

中,元素 a_{12} 的余子式为

$$M_{12} = \begin{vmatrix} a_{21} & a_{23} \\ a_{31} & a_{33} \end{vmatrix},$$

代数余子式为

$$A_{12} = (-1)^{1+2} M_{12} = -\begin{vmatrix} a_{21} & a_{23} \\ a_{31} & a_{33} \end{vmatrix}.$$

例 1 设四阶行列式

$$D=\begin{vmatrix}3&2&1&-1\\2&4&5&-2\\-1&4&3&1\\0&1&3&-2\end{vmatrix},$$

求元素 a_{32} 的余子式及代数余子式.

解 元素 a_{32} 的余子式和代数余子式分别为

$$M_{32}=\begin{vmatrix}3&1&-1\\2&5&-2\\0&3&-2\end{vmatrix}=-14,$$

$$A_{32}=(-1)^{3+2}M_{32}=-\begin{vmatrix}3&1&-1\\2&5&-2\\0&3&-2\end{vmatrix}=14.$$

引理 若 n 阶行列式 D 中第 i 行(或第 j 列)除元素 a_{ij} 外,其余元素均为零,则此行列式等于 a_{ij} 与它的代数余子式的乘积,即

$$D=a_{ij}A_{ij}.$$

证 只对行的情形进行证明.

(1)当 $a_{ij}=a_{11}$ 时,

$$D=\begin{vmatrix}a_{11}&0&\cdots&0\\a_{21}&a_{22}&\cdots&a_{2n}\\\vdots&\vdots&&\vdots\\a_{n1}&a_{n2}&\cdots&a_{nn}\end{vmatrix},$$

根据行列式的定义,第一行只能选取非零元素 a_{11},从而有

$$D=\sum_{1j_2\cdots j_n}(-1)^{\tau(1j_2\cdots j_n)}a_{11}a_{2j_2}\cdots a_{nj_n}=a_{11}\sum_{j_2\cdots j_n}(-1)^{\tau(j_2\cdots j_n)}a_{2j_2}\cdots a_{nj_n},$$

$$D=a_{11}\begin{vmatrix}a_{22}&a_{23}&\cdots&a_{2n}\\a_{32}&a_{33}&\cdots&a_{3n}\\\vdots&\vdots&&\vdots\\a_{n2}&a_{n3}&\cdots&a_{nn}\end{vmatrix}=a_{11}M_{11},$$

而

$$A_{11}=(-1)^{1+1}M_{11}=M_{11},$$

因此

$$D=a_{11}A_{11}.$$

(2)当 $a_{ij}\neq a_{11}$ 时,

$$D=\begin{vmatrix} a_{11} & \cdots & a_{1,j-1} & a_{1j} & a_{1,j+1} & \cdots & a_{1n} \\ \vdots & & \vdots & \vdots & \vdots & & \vdots \\ a_{i-1,1} & \cdots & a_{i-1,j-1} & a_{i-1,j} & a_{i-1,j+1} & \cdots & a_{i-1,n} \\ 0 & \cdots & 0 & a_{ij} & 0 & \cdots & 0 \\ a_{i+1,1} & \cdots & a_{i+1,j-1} & a_{i+1,j} & a_{i+1,j+1} & \cdots & a_{i+1,n} \\ \vdots & & \vdots & \vdots & \vdots & & \vdots \\ a_{n1} & \cdots & a_{n,j-1} & a_{nj} & a_{n,j+1} & \cdots & a_{nn} \end{vmatrix},$$

将 a_{ij} 通过行列互换,换到 a_{11} 的位置. 首先把 D 的第 i 行依次与第 $i-1$ 行、第 $i-2$ 行、…、第 1 行对换,将 a_{ij} 所在的行换到第 1 行的位置上,共对换 $i-1$ 次,得

$$D=(-1)^{i-1}\begin{vmatrix} 0 & \cdots & 0 & a_{ij} & 0 & \cdots & 0 \\ a_{11} & \cdots & a_{1,j-1} & a_{1j} & a_{1,j+1} & \cdots & a_{1n} \\ \vdots & & \vdots & \vdots & \vdots & & \vdots \\ a_{i-1,1} & \cdots & a_{i-1,j-1} & a_{i-1,j} & a_{i-1,j+1} & \cdots & a_{i-1,n} \\ a_{i+1,1} & \cdots & a_{i+1,j-1} & a_{i+1,j} & a_{i+1,j+1} & \cdots & a_{i+1,n} \\ \vdots & & \vdots & \vdots & \vdots & & \vdots \\ a_{n1} & \cdots & a_{n,j-1} & a_{nj} & a_{n,j+1} & \cdots & a_{nn} \end{vmatrix},$$

再把 D 的第 j 列依次与第 $j-1$ 列、第 $j-2$ 列、…、第 1 列对换,将 a_{ij} 所在的列换到第 1 列的位置上,共对换 $j-1$ 次,得

$$D=(-1)^{i-1}(-1)^{j-1}\begin{vmatrix} a_{ij} & 0 & \cdots & 0 & 0 & \cdots & 0 \\ a_{1j} & a_{11} & \cdots & a_{1,j-1} & a_{1,j+1} & \cdots & a_{1n} \\ \vdots & \vdots & & \vdots & \vdots & & \vdots \\ a_{i-1,j} & a_{i-1,1} & \cdots & a_{i-1,j-1} & a_{i-1,j+1} & \cdots & a_{i-1,n} \\ a_{i+1,j} & a_{i+1,1} & \cdots & a_{i+1,j-1} & a_{i+1,j+1} & \cdots & a_{i+1,n} \\ \vdots & \vdots & & \vdots & \vdots & & \vdots \\ a_{nj} & a_{n1} & \cdots & a_{n,j-1} & a_{n,j+1} & \cdots & a_{nn} \end{vmatrix}.$$

此时,共经过 $i+j-2$ 次对换,将 a_{ij} 换到 a_{11} 的位置,而 a_{ij} 在原行列式与变换后行列式中的余子式不变,仍为 M_{ij},于是利用(1)的结果,得

$$D=(-1)^{i+j-2}a_{ij}M_{ij}=a_{ij}(-1)^{i+j}M_{ij}=a_{ij}A_{ij}.$$

1.4.2 行列式按某行(列)展开

定理 1.3 行列式等于它的任意一行(列)的各元素与其对应的代数余子式的乘积之和,即

$$D=a_{i1}A_{i1}+a_{i2}A_{i2}+\cdots+a_{in}A_{in}=\sum_{k=1}^{n}a_{ik}A_{ik}\ (i=1,2,\cdots,n),$$

或

$$D=a_{1j}A_{1j}+a_{2j}A_{2j}+\cdots+a_{nj}A_{nj}=\sum_{k=1}^{n}a_{kj}A_{kj}\ \ (j=1,2,\cdots,n).$$

证 只证明按行展开的情形,按列展开的情形同理可证.

$$D=\begin{vmatrix} a_{11} & a_{12} & \cdots & a_{1n} \\ \vdots & \vdots & & \vdots \\ a_{i1} & a_{i2} & \cdots & a_{in} \\ \vdots & \vdots & & \vdots \\ a_{n1} & a_{n2} & \cdots & a_{nn} \end{vmatrix}$$

$$=\begin{vmatrix} a_{11} & a_{12} & \cdots & a_{1n} \\ \vdots & \vdots & & \vdots \\ a_{i1}+0+0+\cdots+0 & 0+a_{i2}+0+\cdots+0 & \cdots & 0+0+0+\cdots+a_{in} \\ \vdots & \vdots & & \vdots \\ a_{n1} & a_{n2} & \cdots & a_{nn} \end{vmatrix}$$

$$=\begin{vmatrix} a_{11} & a_{12} & \cdots & a_{1n} \\ \vdots & \vdots & & \vdots \\ a_{i1} & 0 & \cdots & 0 \\ \vdots & \vdots & & \vdots \\ a_{n1} & a_{n2} & \cdots & a_{nn} \end{vmatrix}+\begin{vmatrix} a_{11} & a_{12} & \cdots & a_{1n} \\ \vdots & \vdots & & \vdots \\ 0 & a_{i2} & \cdots & 0 \\ \vdots & \vdots & & \vdots \\ a_{n1} & a_{n2} & \cdots & a_{nn} \end{vmatrix}+\cdots+\begin{vmatrix} a_{11} & a_{12} & \cdots & a_{1n} \\ \vdots & \vdots & & \vdots \\ 0 & 0 & \cdots & a_{in} \\ \vdots & \vdots & & \vdots \\ a_{n1} & a_{n2} & \cdots & a_{nn} \end{vmatrix},$$

由引理有

$$D=a_{i1}A_{i1}+a_{i2}A_{i2}+\cdots+a_{in}A_{in}=\sum_{k=1}^{n}a_{ik}A_{ik}\ \ (i=1,2,\cdots,n).$$

类似地,按列展开有

$$D=a_{1j}A_{1j}+a_{2j}A_{2j}+\cdots+a_{nj}A_{nj}=\sum_{k=1}^{n}a_{kj}A_{kj}\ \ (j=1,2,\cdots,n).$$

推论

推论 n 阶行列式 D 中某一行(列)的各元素与另一行(列)对应元素的代数余子式的乘积之和等于零,即

$$a_{i1}A_{j1}+a_{i2}A_{j2}+\cdots+a_{in}A_{jn}=0\ \ (i\neq j,i,j=1,2,\cdots,n),$$

或 $$a_{1i}A_{1j}+a_{2i}A_{2j}+\cdots+a_{ni}A_{nj}=0\ \ (i\neq j,i,j=1,2,\cdots,n).$$

***证** 只证行的情形,列的情形同理可证. 假设 D_1 的第 i 行与第 j 行对应元素相同,即

$$D_1=\begin{vmatrix} a_{11} & a_{12} & \cdots & a_{1n} \\ \vdots & \vdots & & \vdots \\ a_{i1} & a_{i2} & \cdots & a_{in} \\ \vdots & \vdots & & \vdots \\ a_{i1} & a_{i2} & \cdots & a_{in} \\ \vdots & \vdots & & \vdots \\ a_{n1} & a_{n2} & \cdots & a_{nn} \end{vmatrix}\begin{matrix} \\ \\ 第\,i\,行 \\ \\ 第\,j\,行 \\ \\ \\ \end{matrix},$$

根据行列式性质 4，$D_1=0$，由定理 1.3 将 D_1 按第 j 行展开，有

$$D_1=a_{i1}A_{j1}+a_{i2}A_{j2}+\cdots+a_{in}A_{jn}=0.$$

D_1 的代数余子式与 D 的代数余子式相同，因此上述表达式即为 D 的第 i 行元素与第 j 行对应元素的代数余子式的乘积之和，于是有

$$a_{i1}A_{j1}+a_{i2}A_{j2}+\cdots+a_{in}A_{jn}=\sum_{k=1}^{n}a_{ik}A_{jk}=0\ (i\neq j,i,j=1,2,\cdots,n),$$

同理可得

$$a_{1i}A_{1j}+a_{2i}A_{2j}+\cdots+a_{ni}A_{nj}=\sum_{k=1}^{n}a_{ki}A_{kj}=0\ (i\neq j,i,j=1,2,\cdots,n).$$

综合定理 1.3 及其推论，得到关于代数余子式的重要性质：

$$a_{i1}A_{j1}+a_{i2}A_{j2}+\cdots+a_{in}A_{jn}=\sum_{k=1}^{n}a_{ik}A_{jk}=\begin{cases}D, & i=j,\\ 0, & i\neq j.\end{cases} \tag{1}$$

$$a_{1i}A_{1j}+a_{2i}A_{2j}+\cdots+a_{ni}A_{nj}=\sum_{k=1}^{n}a_{ki}A_{kj}=\begin{cases}D, & i=j,\\ 0, & i\neq j.\end{cases} \tag{2}$$

定理 1.3 又称为行列式按行（列）展开法则，在计算行列式时，利用此定理可将任何一个高阶行列式降阶为低阶行列式，在实际计算中，若能同时利用行列式的性质将行列式某行（列）大部分元素化为零，再降阶，则可大大简化计算，下面举例说明.

例 2 计算行列式

$$D=\begin{vmatrix} 1 & 2 & 1 & 4 \\ 1 & 3 & 0 & 2 \\ 2 & -1 & -1 & 0 \\ 1 & 2 & 0 & 5 \end{vmatrix}.$$

解法 1 利用行列式按行（列）展开法求解行列式时，首先考虑按零元素比较多的行（列）展开行列式，因此将 D 按第 3 列展开，得

$$D=a_{13}A_{13}+a_{23}A_{23}+a_{33}A_{33}+a_{43}A_{43}=A_{13}-A_{33},$$

$$A_{13}=(-1)^{1+3}M_{13}=\begin{vmatrix} 1 & 3 & 2 \\ 2 & -1 & 0 \\ 1 & 2 & 5 \end{vmatrix}=-25,$$

$$A_{33}=(-1)^{3+3}M_{33}=\begin{vmatrix}1&2&4\\1&3&2\\1&2&5\end{vmatrix}=1.$$

于是 $D=-26$.

解法 2 先利用行列式性质将 D 的第 3 列化为只有 a_{13} 非零的形式,再利用引理展开,得

$$D\xlongequal{r_3+r_1}\begin{vmatrix}1&2&1&4\\1&3&0&2\\3&1&0&4\\1&2&0&5\end{vmatrix}=\begin{vmatrix}1&3&2\\3&1&4\\1&2&5\end{vmatrix}\xlongequal[r_3-r_1]{r_2-3r_1}\begin{vmatrix}1&3&2\\0&-8&-2\\0&-1&3\end{vmatrix}=\begin{vmatrix}-8&-2\\-1&3\end{vmatrix}=-26.$$

例 3 计算 n 阶行列式

$$D=\begin{vmatrix}x&y&0&\cdots&0&0\\0&x&y&\cdots&0&0\\\vdots&\vdots&\vdots&&\vdots&\vdots\\0&0&0&\cdots&x&y\\y&0&0&\cdots&0&x\end{vmatrix}\quad(n\geqslant 2).$$

解 将 D 按第 1 列展开,得

$$D=x\begin{vmatrix}x&y&\cdots&0&0\\0&x&\cdots&0&0\\\vdots&\vdots&&\vdots&\vdots\\0&0&\cdots&x&y\\0&0&\cdots&0&x\end{vmatrix}_{n-1}+(-1)^{n+1}y\begin{vmatrix}y&0&\cdots&0&0\\x&y&\cdots&0&0\\\vdots&\vdots&&\vdots&\vdots\\0&0&\cdots&y&0\\0&0&\cdots&x&y\end{vmatrix}_{n-1}$$

$$=x^n+(-1)^{n+1}y^n.$$

例 4 计算行列式

$$D=\begin{vmatrix}x-a&x-b&x-c\\y-a&y-b&y-c\\z-a&z-b&z-c\end{vmatrix}.$$

解 将三阶行列式"加边"变成一个四阶行列式,

$$D=\begin{vmatrix}x-a&x-b&x-c\\y-a&y-b&y-c\\z-a&z-b&z-c\end{vmatrix}=\begin{vmatrix}1&a&b&c\\0&x-a&x-b&x-c\\0&y-a&y-b&y-c\\0&z-a&z-b&z-c\end{vmatrix}\xlongequal[(i=2,3,4)]{r_i+r_1}\begin{vmatrix}1&a&b&c\\1&x&x&x\\1&y&y&y\\1&z&z&z\end{vmatrix}$$

$$\xlongequal{c_4-c_2}\begin{vmatrix}1&a&b&c-a\\1&x&x&0\\1&y&y&0\\1&z&z&0\end{vmatrix}=(-1)^{1+4}(c-a)\begin{vmatrix}1&x&x\\1&y&y\\1&z&z\end{vmatrix}=0.$$

例 5 已知 n 阶行列式

$$D_n=\begin{vmatrix}5&3&&&&\\2&5&3&&&\\&2&5&3&&\\&&\ddots&\ddots&\ddots&\\&&&2&5&3\\&&&&2&5\end{vmatrix}$$

证明 $D_n=3^{n+1}-2^{n+1}$.

证 用递推法证明.

将 D_n 按第 1 列展开,有

$$D_n=5\begin{vmatrix}5&3&&&\\2&5&3&&\\&\ddots&\ddots&\ddots&\\&&2&5&3\\&&&2&5\end{vmatrix}_{n-1}+(-1)^{1+2}2\begin{vmatrix}3&&&&\\2&5&3&&\\&\ddots&\ddots&\ddots&\\&&2&5&3\\&&&2&5\end{vmatrix}_{n-1}$$

$$=5D_{n-1}-2\cdot 3\begin{vmatrix}5&3&&&\\2&5&3&&\\&\ddots&\ddots&\ddots&\\&&2&5&3\\&&&2&5\end{vmatrix}_{n-2}$$

$$=5D_{n-1}-6D_{n-2},$$

于是得递推公式

$$D_n=5D_{n-1}-6D_{n-2},$$

将此递推公式变形为

$$D_n-2D_{n-1}=3D_{n-1}-6D_{n-2}=3(D_{n-1}-2D_{n-2}),$$

并以此类推得到

$$D_n-2D_{n-1}=3^2(D_{n-2}-2D_{n-3})=\cdots=3^{n-2}(D_2-2D_1)=3^{n-2}(19-10)=3^n, \quad (1)$$

上述递推公式还可以变形为

$$D_n-3D_{n-1}=2^2(D_{n-2}-3D_{n-3})=\cdots=2^{n-2}(D_2-3D_1)=2^{n-2}(19-15)=2^n. \quad (2)$$

于是,由(1),(2)两式可得

$$D_n=3^{n+1}-2^{n+1}.$$

例 6 已知

$$D=\begin{vmatrix}2&5&3&1\\1&1&0&5\\-1&3&1&3\\2&-4&-1&3\end{vmatrix},$$

求(1)$A_{11}+A_{12}+A_{13}+A_{14}$;(2)$M_{12}+M_{22}+M_{32}+M_{42}$.

解 (1)令

$$D_1=\begin{vmatrix}1&1&1&1\\1&1&0&5\\-1&3&1&3\\2&-4&-1&3\end{vmatrix},$$

$$A_{11}+A_{12}+A_{13}+A_{14}=a_{11}A_{11}+a_{12}A_{12}+a_{13}A_{13}+a_{14}A_{14}=D_1,$$

而

$$D_1\xlongequal[r_4+r_1]{r_3-r_1}\begin{vmatrix}1&1&1&1\\1&1&0&5\\-2&2&0&2\\3&-3&0&4\end{vmatrix}=\begin{vmatrix}1&1&5\\-2&2&2\\3&-3&4\end{vmatrix}$$

$$\xlongequal{c_1+c_2}\begin{vmatrix}2&1&5\\0&2&2\\0&-3&4\end{vmatrix}=2\begin{vmatrix}2&2\\-3&4\end{vmatrix}=28,$$

所以 $A_{11}+A_{12}+A_{13}+A_{14}=28$.

(2)因为

$$M_{12}+M_{22}+M_{32}+M_{42}=-A_{12}+A_{22}-A_{32}+A_{42},$$

于是令

$$D_2=\begin{vmatrix}2&-1&3&1\\1&1&0&5\\-1&-1&1&3\\2&1&-1&3\end{vmatrix},$$

而

$$D_2\xlongequal[r_4+r_3]{r_1-3r_3}\begin{vmatrix}5&2&0&-8\\1&1&0&5\\-1&-1&1&3\\1&0&0&6\end{vmatrix}=\begin{vmatrix}5&2&-8\\1&1&5\\1&0&6\end{vmatrix}$$

$$\xlongequal{c_3-6c_1}\begin{vmatrix}5&2&-38\\1&1&-1\\1&0&0\end{vmatrix}=\begin{vmatrix}2&-38\\1&-1\end{vmatrix}=36,$$

所以

$$M_{12}+M_{22}+M_{32}+M_{42}=36.$$

例 7 行列式

$$D_n=\begin{vmatrix}1 & 1 & 1 & \cdots & 1\\ a_1 & a_2 & a_3 & \cdots & a_n\\ a_1^2 & a_2^2 & a_3^2 & \cdots & a_n^2\\ \vdots & \vdots & \vdots & & \vdots\\ a_1^{n-1} & a_2^{n-1} & a_3^{n-1} & \cdots & a_n^{n-1}\end{vmatrix}$$

称为 n 阶范德蒙德(Vandermonde)行列式. 证明

$$D_n=\prod_{1\leqslant j<i\leqslant n}(a_i-a_j).$$

证 用数学归纳法证明.

(1)当 $n=2$ 时,计算 2 阶范德蒙德行列式的值

$$D_2=\begin{vmatrix}1 & 1\\ a_1 & a_2\end{vmatrix}=a_2-a_1,$$

可见 $n=2$ 时,结论成立.

(2)假设对于 $n-1$ 阶范德蒙德行列式结论成立,即

$$D_{n-1}=\begin{vmatrix}1 & 1 & 1 & \cdots & 1\\ a_1 & a_2 & a_3 & \cdots & a_{n-1}\\ a_1^2 & a_2^2 & a_3^2 & \cdots & a_{n-1}^2\\ \vdots & \vdots & \vdots & & \vdots\\ a_1^{n-2} & a_2^{n-2} & a_3^{n-2} & \cdots & a_{n-1}^{n-2}\end{vmatrix}=\prod_{1\leqslant j<i\leqslant n-1}(a_i-a_j).$$

下面来证明 n 阶范德蒙德行列式的情形,将第 n 行加上第 $n-1$ 行的 $-a_1$倍,再将第 $n-1$ 行加上第 $n-2$ 行的 $-a_1$倍,以此类推,直到把第 2 行加上第 1 行的 $-a_1$倍,得到

$$D_n=\begin{vmatrix}1 & 1 & 1 & \cdots & 1\\ 0 & a_2-a_1 & a_3-a_1 & \cdots & a_n-a_1\\ 0 & a_2^2-a_1a_2 & a_3^2-a_1a_3 & \cdots & a_n^2-a_1a_n\\ \vdots & \vdots & \vdots & & \vdots\\ 0 & a_2^{n-1}-a_1a_2^{n-2} & a_3^{n-1}-a_1a_3^{n-2} & \cdots & a_n^{n-1}-a_1a_n^{n-2}\end{vmatrix}$$

$$=\begin{vmatrix}a_2-a_1 & a_3-a_1 & \cdots & a_n-a_1\\ a_2(a_2-a_1) & a_3(a_3-a_1) & \cdots & a_n(a_n-a_1)\\ \vdots & \vdots & & \vdots\\ a_2^{n-2}(a_2-a_1) & a_3^{n-2}(a_3-a_1) & \cdots & a_n^{n-2}(a_n-a_1)\end{vmatrix}$$

$$=(a_2-a_1)(a_3-a_1)\cdots(a_n-a_1)\begin{vmatrix}1&1&\cdots&1\\a_2&a_3&\cdots&a_n\\\vdots&\vdots&&\vdots\\a_2^{n-2}&a_3^{n-2}&\cdots&a_n^{n-2}\end{vmatrix},$$

由归纳假设得

$$D_n=(a_2-a_1)(a_3-a_1)\cdots(a_n-a_1)\prod_{2\leqslant j<i\leqslant n}(a_i-a_j)=\prod_{1\leqslant j<i\leqslant n}(a_i-a_j).$$

综上所述，对一切 $n\geqslant 2$，命题成立.

由此结果可知，范德蒙德行列式为零的充分必要条件是 $a_1,a_2,\cdots,a_n$ 这 n 个数中至少有两个数相等.

例 8 利用范德蒙德行列式计算四阶行列式

$$D=\begin{vmatrix}1&1&1&1\\4&6&8&10\\4&9&16&25\\8&27&64&125\end{vmatrix}.$$

解

$$D=2\begin{vmatrix}1&1&1&1\\2&3&4&5\\4&9&16&25\\8&27&64&125\end{vmatrix}=2\begin{vmatrix}1&1&1&1\\2&3&4&5\\2^2&3^2&4^2&5^2\\2^3&3^3&4^3&5^3\end{vmatrix}$$

$$=2(5-2)(4-2)(3-2)(5-3)(4-3)(5-4)=24.$$

1.4.3 行列式按 k 行(列)展开

定义 1.9 在 n 阶行列式 D 中，任意取定 k 行 $i_1i_2\cdots i_k$ 及 k 列 $j_1j_2\cdots j_k$，位于 k 行 k 列相交处的元素按原来的相对位置排成一个 k 阶行列式 N，称 N 为行列式 D 的一个 k 阶子式.

将 N 所在的行、列划去，剩下元素按原来的相对位置构成一个 $n-k$ 阶行列式 M，称 M 为 N 的余子式，反之 N 也是 M 的余子式，N 与 M 是一对互余的子式. 称

$$A=(-1)^{(i_1+i_2+\cdots+i_k)+(j_1+j_2+\cdots+j_k)}M$$

为 N 的代数余子式.

例如，在四阶行列式

$$D=\begin{vmatrix}2&1&4&3\\3&5&2&2\\0&1&0&2\\0&0&5&1\end{vmatrix}$$

中取定第 1,3 行，第 2,3 列，得到 D 的一个 2 阶子式为

$$N=\begin{vmatrix}1&4\\1&0\end{vmatrix},$$

N 的余子式为

$$M=\begin{vmatrix}3&2\\0&1\end{vmatrix},$$

N 的代数余子式为

$$A=(-1)^{(1+3)+(2+3)}M=-\begin{vmatrix}3&2\\0&1\end{vmatrix}.$$

定理 1.4(拉普拉斯(Laplace)定理)　若在 n 阶行列式 D 中,任意选取 k 行(列),则由这 k 行(列)元素组成的所有 D 的 k 阶子式与其对应的代数余子式乘积之和等于行列式 D 的值.

证明从略.

例 9　证明

$$D=\begin{vmatrix}a_{11}&a_{12}&c_{11}&c_{12}\\a_{21}&a_{22}&c_{21}&c_{22}\\0&0&b_{11}&b_{12}\\0&0&b_{21}&b_{22}\end{vmatrix}=\begin{vmatrix}a_{11}&a_{12}\\a_{21}&a_{22}\end{vmatrix}\cdot\begin{vmatrix}b_{11}&b_{12}\\b_{21}&b_{22}\end{vmatrix}.$$

证法 1　D 的第 3,4 行中除去子式 $\begin{vmatrix}b_{11}&b_{12}\\b_{21}&b_{22}\end{vmatrix}$ 外,其他二阶子式均为 0,且该子式的代数余子式为

$$(-1)^{3+4+3+4}\begin{vmatrix}a_{11}&a_{12}\\a_{21}&a_{22}\end{vmatrix}=\begin{vmatrix}a_{11}&a_{12}\\a_{21}&a_{22}\end{vmatrix},$$

故由拉普拉斯定理,有

$$D=\begin{vmatrix}a_{11}&a_{12}\\a_{21}&a_{22}\end{vmatrix}\cdot\begin{vmatrix}b_{11}&b_{12}\\b_{21}&b_{22}\end{vmatrix}.$$

证法 2　将 D 按第一列展开得

$$D=a_{11}\cdot\begin{vmatrix}a_{22}&c_{21}&c_{22}\\0&b_{11}&b_{12}\\0&b_{21}&b_{22}\end{vmatrix}-a_{21}\cdot\begin{vmatrix}a_{12}&c_{11}&c_{12}\\0&b_{11}&b_{12}\\0&b_{21}&b_{22}\end{vmatrix}$$

$$=a_{11}a_{22}\cdot\begin{vmatrix}b_{11}&b_{12}\\b_{21}&b_{22}\end{vmatrix}-a_{12}a_{21}\cdot\begin{vmatrix}b_{11}&b_{12}\\b_{21}&b_{22}\end{vmatrix}$$

$$=\begin{vmatrix}a_{11}&a_{12}\\a_{21}&a_{22}\end{vmatrix}\cdot\begin{vmatrix}b_{11}&b_{12}\\b_{21}&b_{22}\end{vmatrix}.$$

例 10 计算行列式

$$D=\begin{vmatrix}a&0&0&c\\0&a&c&0\\0&d&b&0\\d&0&0&b\end{vmatrix}.$$

解 D 的第 2,3 行中除去二阶子式 $\begin{vmatrix}a&c\\d&b\end{vmatrix}$ 外,其他二阶子式均为 0,且该子式的代数余子式为

$$(-1)^{2+3+2+3}\begin{vmatrix}a&c\\d&b\end{vmatrix}=\begin{vmatrix}a&c\\d&b\end{vmatrix},$$

故由拉普拉斯定理,有

$$D=\begin{vmatrix}a&c\\d&b\end{vmatrix}\cdot\begin{vmatrix}a&c\\d&b\end{vmatrix}=(ab-cd)^2.$$

1.5 克拉默法则

现在利用 n 阶行列式的概念以及行列式按行(列)展开的有关定理,讨论如何求解含有 n 个方程的 n 元线性方程组,并给出解线性方程组的克拉默(Cramer)法则.

定理 1.5(克拉默法则) 如果线性方程组

$$\begin{cases}a_{11}x_1+a_{12}x_2+\cdots+a_{1n}x_n=b_1,\\a_{21}x_1+a_{22}x_2+\cdots+a_{2n}x_n=b_2,\\\qquad\cdots\cdots\\a_{n1}x_1+a_{n2}x_2+\cdots+a_{nn}x_n=b_n\end{cases}\tag{1}$$

的系数行列式

$$D=\begin{vmatrix}a_{11}&a_{12}&\cdots&a_{1n}\\a_{21}&a_{22}&\cdots&a_{2n}\\\vdots&\vdots&&\vdots\\a_{n1}&a_{n2}&\cdots&a_{nn}\end{vmatrix}\neq0,$$

则方程组(1)有唯一解:

$$x_1=\frac{D_1}{D},\ x_2=\frac{D_2}{D},\ \cdots,x_n=\frac{D_n}{D},\tag{2}$$

其中 $D_j(j=1,2,\cdots,n)$ 是把系数行列式 D 中第 j 列用常数项 $b_1,b_2,\cdots,b_n$ 替换所得的 n 阶行列式,即

$$D_j=\begin{vmatrix} a_{11} & \cdots & a_{1,j-1} & b_1 & a_{1,j+1} & \cdots & a_{1n} \\ a_{21} & \cdots & a_{2,j-1} & b_2 & a_{2,j+1} & \cdots & a_{2n} \\ \vdots & & \vdots & \vdots & \vdots & & \vdots \\ a_{n1} & \cdots & a_{n,j-1} & b_n & a_{n,j+1} & \cdots & a_{nn} \end{vmatrix}.$$

证明从略.

推论 线性方程组(1)无解或有无穷多解的充要条件是系数行列式 $D=0$.

用克拉默法则可求解多元线性方程组,但求解时需满足:

(1)方程个数与未知量个数相等;

(2)线性方程组系数行列式不为零.

例 1 解线性方程组

$$\begin{cases} x_1+3x_2-2x_3+\ x_4=1, \\ 2x_1+5x_2-3x_3+2x_4=3, \\ -3x_1+4x_2+8x_3-2x_4=4, \\ 6x_1-\ x_2-6x_3+4x_4=2. \end{cases}$$

解 因为

$$D=\begin{vmatrix} 1 & 3 & -2 & 1 \\ 2 & 5 & -3 & 2 \\ -3 & 4 & 8 & -2 \\ 6 & -1 & -6 & 4 \end{vmatrix}=\begin{vmatrix} 1 & 3 & -2 & 1 \\ 0 & -1 & 1 & 0 \\ 0 & 13 & 2 & 1 \\ 0 & -19 & 6 & -2 \end{vmatrix}=\begin{vmatrix} 1 & 3 & -2 & 1 \\ 0 & -1 & 1 & 0 \\ 0 & 0 & 15 & 1 \\ 0 & 0 & -13 & -2 \end{vmatrix}=17\neq 0,$$

所以方程组有唯一解,又

$$D_1=\begin{vmatrix} 1 & 3 & -2 & 1 \\ 3 & 5 & -3 & 2 \\ 4 & 4 & 8 & -2 \\ 2 & -1 & -6 & 4 \end{vmatrix}=-34,\quad D_2=\begin{vmatrix} 1 & 1 & -2 & 1 \\ 2 & 3 & -3 & 2 \\ -3 & 4 & 8 & -2 \\ 6 & 2 & -6 & 4 \end{vmatrix}=0,$$

$$D_3=\begin{vmatrix} 1 & 3 & 1 & 1 \\ 2 & 5 & 3 & 2 \\ -3 & 4 & 4 & -2 \\ 6 & -1 & 2 & 4 \end{vmatrix}=17,\quad D_4=\begin{vmatrix} 1 & 3 & -2 & 1 \\ 2 & 5 & -3 & 3 \\ -3 & 4 & 8 & 4 \\ 6 & -1 & -6 & 2 \end{vmatrix}=85.$$

故得唯一解:$x_1=-\dfrac{34}{17}=-2, x_2=\dfrac{0}{17}=0, x_3=\dfrac{17}{17}=1, x_4=\dfrac{85}{17}=5.$

当方程组(1)的右端常数项 $b_1, b_2, \cdots, b_n$ 全为零时,即

$$\begin{cases} a_{11}x_1+a_{12}x_2+\cdots+a_{1n}x_n=0, \\ a_{21}x_1+a_{22}x_2+\cdots+a_{2n}x_n=0, \\ \qquad\cdots\cdots \\ a_{n1}x_1+a_{n2}x_2+\cdots+a_{nn}x_n=0, \end{cases} \tag{3}$$

称方程组(3)为齐次线性方程组. 齐次线性方程组(3)总是有解 $x_1=0,x_2=0,\cdots,x_n=0$. 这组解称为齐次线性方程组的零解,如果有一组不全为零的数是齐次线性方程组(3)的解,则称其为非零解.

定理 1.6 若齐次线性方程组(3)的系数行列式 $D\neq 0$,则方程组(3)仅有零解.

推论 若齐次线性方程组(3)有非零解,则它的系数行列式 $D=0$.

例 2 当 λ 为何值时,齐次线性方程组

$$\begin{cases}(\lambda+1)x_1+x_2+2x_3=0,\\ \lambda x_1+x_3=0,\\ 2\lambda x_2+(\lambda+2)x_3=0\end{cases}$$

有非零解?

解 该齐次线性方程组的系数行列式为

$$D=\begin{vmatrix}\lambda+1 & 1 & 2\\ \lambda & 0 & 1\\ 0 & 2\lambda & \lambda+2\end{vmatrix}=\lambda(\lambda-4),$$

因为方程组有非零解,所以 $D=\lambda(\lambda-4)=0$,故 $\lambda=0$ 或 $\lambda=4$.

行列式简史

行列式简史

行列式起源于线性方程组的求解,它最早是一种速记的表达式,现在已经是数学中一种非常有用的工具. 1693 年 4 月,莱布尼茨在写给洛比达的一封信中使用了行列式,并给出方程组的系数行列式为 0 的条件. 同时代的日本数学家关孝和在其著作《解伏题之法》中也提出了行列式的概念与算法.

1750 年,瑞士数学家克拉默(G. Cramer,1704—1752 年)在其著作《线性代数分析导言》中,对行列式的定义和展开法则给出了比较完整、明确的阐述,并给出了解线性方程组的克拉默法则. 之后,数学家贝祖(E. Bezout,1730—1783 年)将确定行列式每一项符号的方法进行了系统化,给出利用系数行列式的概念判断一个齐次线性方程组有非零解的方法.

总之,在很长一段时间内,行列式只是作为解线性方程组的一种工具使用,并没有人意识到它可以独立于线性方程组之外,单独形成一门理论.

在行列式的发展史上,法国数学家范德蒙德(A-T. Vandermonde,1735—1796 年)是第一个对行列式理论作出连贯的逻辑的阐述,即把行列式理论与线性方程组求解相分离的人. 范德蒙德自幼在父亲的指导下学习音乐,但对数学有浓厚的兴趣,后来终于成为法兰西科学院院士. 特别地,他给出了用二阶子式和它们的余子式来展开行列式的法则. 1772 年,拉普拉斯(Pierre-Simon marquis de Laplace,1749—1827 年)在一篇论文中证明了范德蒙德提出的一些规则,推广了行列式展开的方法.

继范德蒙德之后,在行列式的理论方面,又一位作出突出贡献的是法国大数学家柯西(Augustin-Louis Cauchy,1789—1857 年). 1812 年,柯西给出了用行列式计算四面体和平行

六面体体积的公式;1815 年,他在一篇论文中给出了行列式系统的、几乎是近代的理论,其中主要结果之一是行列式的乘法定理. 另外,他第一个把行列式的元素排成方阵,采用双足标记法,改进了拉普拉斯的行列式展开定理.

继柯西之后,在行列式理论方面最多产的人就是德国数学家雅可比(J. Jacobi,1804—1851 年),他引进了函数行列式,即雅可比行列式,指出函数行列式在多重积分的变量替换中的作用,给出了函数行列式的导数公式. 雅可比的著名论文《论行列式的形成和性质》标志着行列式理论的形成. 行列式在数学分析、几何学、线性方程组理论、二次型理论等多方面的应用,促使行列式理论自身在 19 世纪得到了很大发展. 整个 19 世纪都有行列式的新成果. 除了一般行列式的大量定理之外,还有许多有关特殊行列式的其他定理都相继得到推理.

从柯西发现行列式在解析几何中的应用后,行列式持续了近百年的鼎盛时期. 如今,虽然行列式的数值意义已经不大,但是它仍在线性代数的一些应用中起着非常重要的作用.

应用实例

应用案例选讲

1. 二、三阶行列式的几何意义

(1)二阶行列式的几何意义.

二阶行列式

$$D=\begin{vmatrix} a_1 & b_1 \\ a_2 & b_2 \end{vmatrix}$$

的几何意义是 xOy 平面上以行向量 $\boldsymbol{a}=(a_1,a_2)$,$\boldsymbol{b}=(b_1,b_2)$ 为邻边的平行四边形的面积 S(如图 1-3 所示),即

$$S=\left\|\begin{matrix} a_1 & b_1 \\ a_2 & b_2 \end{matrix}\right\|.$$

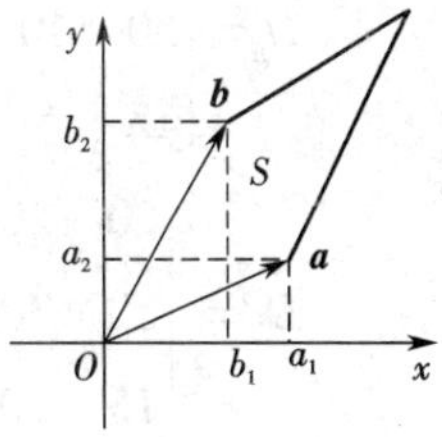

图 1-3

(2)三阶行列式的几何意义.

三阶行列式

$$D=\begin{vmatrix} a_1 & b_1 & c_1 \\ a_2 & b_2 & c_2 \\ a_3 & b_3 & c_3 \end{vmatrix}$$

的几何意义是空间直角坐标系 $Oxyz$ 内以向量 $\boldsymbol{a}=(a_1,a_2,a_3)$,$\boldsymbol{b}=(b_1,b_2,b_3)$,$\boldsymbol{c}=(c_1,c_2,c_3)$ 为邻边的平行六面体的体积 V(如图 1-4 所示),即

$$V=\left\|\begin{matrix} a_1 & a_2 & a_3 \\ b_1 & b_2 & b_3 \\ c_1 & c_2 & c_3 \end{matrix}\right\|.$$

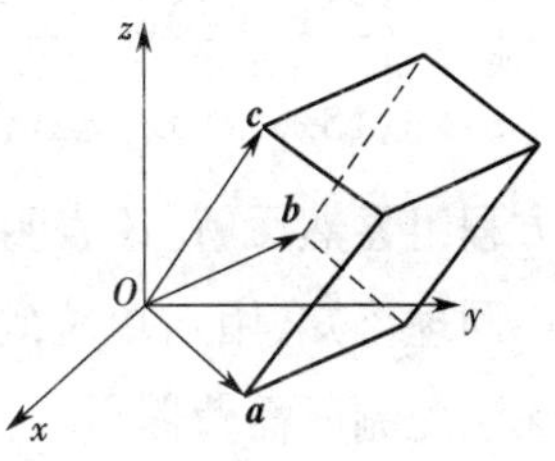

图 1-4

2. 营养配方问题

营养师要用三种食物配制一份营养餐,提供一定量的维生素 C、钙和镁. 这些食物中每单位的营养含量(单位:mg)以及营养餐所需要的营养(单位:mg)如表 1-1 所示.

表 1-1

	食物 1	食物 2	食物 3	需要的营养总量
维生素 C	20	40	40	200
钙	50	40	10	300
镁	15	5	20	100

(1)配制这种营养餐需要 3 种食物各多少单位?

(2)用这 3 种食物中的两种能配制该营养餐吗?

解 (1)假设配制营养餐对食物 1、食物 2、食物 3 的需要量依次为 x_1, x_2, x_3,则由题意得到线性方程组:

$$\begin{cases} 20x_1 + 40x_2 + 40x_3 = 200, \\ 50x_1 + 40x_2 + 10x_3 = 300, \\ 15x_1 + 5x_2 + 20x_3 = 100. \end{cases}$$

$$D = \begin{vmatrix} 20 & 40 & 40 \\ 50 & 40 & 10 \\ 15 & 5 & 20 \end{vmatrix} = -33\,000 \neq 0, \quad D_1 = \begin{vmatrix} 200 & 40 & 40 \\ 300 & 40 & 10 \\ 100 & 5 & 20 \end{vmatrix} = -150\,000,$$

$$D_2 = \begin{vmatrix} 20 & 200 & 40 \\ 50 & 300 & 10 \\ 15 & 100 & 20 \end{vmatrix} = -50\,000, \quad D_3 = \begin{vmatrix} 20 & 40 & 200 \\ 50 & 40 & 300 \\ 15 & 5 & 100 \end{vmatrix} = -40\,000.$$

即配制这种营养餐需要食物 1、食物 2、食物 3 分别为$\frac{150}{33}$单位, $\frac{50}{33}$单位, $\frac{40}{33}$单位.

(2)如果用 x_1单位的食物 1,x_2单位的食物 2 配制营养餐,则得

$$\begin{cases} 20x_1 + 40x_2 = 200, \\ 50x_1 + 40x_2 = 300, \\ 15x_1 + 5x_2 = 100, \end{cases}$$

该方程组显然无解. 这表明用 x_1单位的食物 1,x_2单位的食物 2 无法配制所需营养餐.

同理可知,用 x_1单位的食物 1,x_3单位的食物 3 或者用 x_2单位的食物 2,x_3单位的食物 3 均无法配制所需营养餐.

3. 斐波那契(Fibonacci)数

1202 年,意大利数学家斐波那契(Leonardo Pisano, Fibonacci, Leonardo Bigollo, 1175—1250 年)提出了有趣的古典数学问题:有一对兔子,从出生后的第 3 个月起每个月都生一对

兔子.小兔子长到第 3 个月又生一对兔子.如果生下的所有兔子都能成活,且所有的兔子都不会因年龄大而老死,第 n 个月后兔子的对数 $F(n)$ 称为斐波那契数.由于它在算法分析和优化理论中起着重要的作用,又具有非常奇特的性质,从而引起了人们的关注.

(1)求斐波那契数的递推关系式;

(2)证明斐波那契数可表示为

$$F(n)=\begin{vmatrix} 1 & -1 & 0 & \cdots & 0 & 0 \\ 1 & 1 & -1 & \cdots & 0 & 0 \\ \vdots & \vdots & \vdots & & \vdots & \vdots \\ 0 & 0 & 0 & \cdots & 1 & -1 \\ 0 & 0 & 0 & \cdots & 1 & 1 \end{vmatrix};$$

(3)求斐波那契数的通项公式.

解 (1)第 1 个月后兔子的对数是 1,第 2 个月后兔子的对数是 2,第 3 个月后兔子的对数等于第 2 个月后的两对兔子,再加上第 1 个月后的一对大兔生的一对小兔,共 3 对. n 个月后兔子的对数 $F(n)$ 等于第 $n-1$ 个月后的 $F(n-1)$ 对兔子,再加上第 $n-2$ 个月后的 $F(n-2)$ 对大兔新生的 $F(n-2)$ 对小兔,从而

$$F(n)=F(n-1)+F(n-2)\ (n\geqslant 3),$$
$$F(1)=1,F(2)=2.$$

得到的数列为

$$1,2,3,5,8,13,21,34,\cdots$$

(2)记上述 n 阶行列式为 D_n,将其按第一行展开,得

$$D_n=D_{n-1}+(-1)^{1+2}(-1)D_{n-2}=D_{n-1}+D_{n-2}\ (n\geqslant 3).$$

并且 $D_1=1,D_2=2$,因此 $F(n)=D_n$.

(3)令 $a+b=1,ab=-1$,则 a,b 是一元二次方程

$$x^2-x-1=0$$

的两个根:

$$a=\frac{1+\sqrt{5}}{2},b=\frac{1-\sqrt{5}}{2}.$$

于是

$$F(n)=\begin{vmatrix} a+b & ab & 0 & \cdots & 0 & 0 \\ 1 & a+b & ab & \cdots & 0 & 0 \\ \vdots & \vdots & \vdots & & \vdots & \vdots \\ 0 & 0 & 0 & \cdots & a+b & ab \\ 0 & 0 & 0 & \cdots & 1 & a+b \end{vmatrix}$$

$$=\frac{a^{n+1}-b^{n+1}}{a-b}=\frac{1}{\sqrt{5}}\left[\left(\frac{1+\sqrt{5}}{2}\right)^{n+1}-\left(\frac{1-\sqrt{5}}{2}\right)^{n+1}\right].$$

习　题　1

(A)

1. 计算下列二阶行列式.

(1) $\begin{vmatrix} 1 & 3 \\ 2 & 4 \end{vmatrix}$;　　(2) $\begin{vmatrix} \cos\alpha & -\sin\alpha \\ \sin\alpha & \cos\alpha \end{vmatrix}$;

(3) $\begin{vmatrix} a^2 & ab \\ ab & b^2 \end{vmatrix}$;　　(4) $\begin{vmatrix} x-1 & x \\ x^2 & x^2+x+1 \end{vmatrix}$.

2. 计算下列三阶行列式.

(1) $\begin{vmatrix} 1 & 2 & -1 \\ 3 & 0 & 4 \\ 2 & 3 & -1 \end{vmatrix}$;　　(2) $\begin{vmatrix} 7 & 6 & 2 \\ 5 & -1 & 0 \\ 8 & 3 & 1 \end{vmatrix}$;

(3) $\begin{vmatrix} 0 & a & b \\ -a & 0 & -c \\ -b & c & 0 \end{vmatrix}$;　　(4) $\begin{vmatrix} 0 & a & 0 \\ b & 0 & c \\ 0 & d & 0 \end{vmatrix}$.

3. 求解下列方程.

(1) $\begin{vmatrix} x & 3 & 4 \\ -1 & x & 0 \\ 0 & x & 1 \end{vmatrix}=0$;　　(2) $\begin{vmatrix} x & 0 & 1 \\ 5 & x & 2x \\ 0 & 1 & -3 \end{vmatrix}=0$.

4. 若

$$\begin{vmatrix} a & 1 & 1 \\ 0 & -1 & 0 \\ 4 & a & a \end{vmatrix}<0,$$

求 a 的取值范围.

5. 求下列排列的逆序数.

(1)4132;　(2)31452;　(3)241536;　(4)2546137.

6. 写出四阶行列式

$$\begin{vmatrix} a_{11} & a_{12} & a_{13} & a_{14} \\ a_{21} & a_{22} & a_{23} & a_{24} \\ a_{31} & a_{32} & a_{33} & a_{34} \\ a_{41} & a_{42} & a_{43} & a_{44} \end{vmatrix}$$

中含 $a_{21}a_{14}$ 且带负号的项.

7. 判断下列各项是否为五阶行列式中的一项,若是,判断其符号.

(1) $a_{21}a_{32}a_{54}a_{45}a_{13}$;　　(2) $a_{12}a_{21}a_{34}a_{43}a_{55}$;

(3) $a_{41}a_{22}a_{34}a_{13}a_{54}$;　　(4) $a_{31}a_{42}a_{53}a_{24}a_{15}$.

8. 利用定义计算下列行列式.

(1) $\begin{vmatrix} 0 & 2 & 0 & 0 \\ 1 & 0 & 0 & 0 \\ 0 & 0 & 3 & 0 \\ 0 & 0 & 0 & 4 \end{vmatrix}$;　　(2) $\begin{vmatrix} 0 & 1 & 2 & 0 \\ 1 & 1 & 0 & 0 \\ 0 & 3 & 3 & 0 \\ 0 & 0 & 3 & 4 \end{vmatrix}$;

(3) $\begin{vmatrix} 0 & 0 & 0 & 1 & 1 \\ 0 & 0 & 2 & 2 & 0 \\ 0 & 3 & 3 & 0 & 0 \\ 4 & 4 & 0 & 0 & 0 \\ 5 & 0 & 0 & 0 & 5 \end{vmatrix}$;　　(4) $\begin{vmatrix} 0 & 0 & \cdots & 0 & 1 \\ 0 & 0 & \cdots & 2 & 0 \\ \vdots & \vdots & & \vdots & \vdots \\ 0 & n-1 & \cdots & 0 & 0 \\ n & 0 & \cdots & 0 & 0 \end{vmatrix}$.

9. 计算下列行列式.

(1) $\begin{vmatrix} 1 & 2 & 1 & 3 \\ 3 & 2 & 2 & 5 \\ -2 & 0 & 3 & 1 \\ -1 & 2 & 0 & 3 \end{vmatrix}$;　　(2) $\begin{vmatrix} 1 & 2 & 3 & 4 \\ 2 & 3 & 4 & 1 \\ 3 & 4 & 1 & 2 \\ 4 & 1 & 2 & 3 \end{vmatrix}$;

(3) $\begin{vmatrix} a & 1 & 0 & 0 \\ 1 & a & 1 & 0 \\ 0 & 1 & a & 1 \\ 0 & 0 & 1 & a \end{vmatrix}$;　　(4) $\begin{vmatrix} x & y & 0 & 0 \\ 0 & x & y & 0 \\ 0 & 0 & x & y \\ y & 0 & 0 & x \end{vmatrix}$;

(5) $\begin{vmatrix} 1+x_1 & 1 & 1 & 1 \\ 1 & 1+x_2 & 1 & 1 \\ 1 & 1 & 1+x_3 & 1 \\ 1 & 1 & 1 & 1+x_4 \end{vmatrix}(x_1x_2x_3x_4\neq 0)$;

(6) $D=\begin{vmatrix} a & b & c & d \\ a & a+b & a+b+c & a+b+c+d \\ a & 2a+b & 3a+2b+c & 4a+3b+2c+d \\ a & 3a+b & 6a+3b+c & 10a+6b+3c+d \end{vmatrix}$.

10. 计算下列 n 阶行列式.

(1) $\begin{vmatrix} x & 1 & \cdots & 1 \\ 1 & x & \cdots & 1 \\ \vdots & \vdots & & \vdots \\ 1 & 1 & \cdots & x \end{vmatrix}$;　　(2) $\begin{vmatrix} a & 0 & \cdots & 0 & 1 \\ 0 & a & \cdots & 0 & 0 \\ \vdots & \vdots & & \vdots & \vdots \\ 0 & 0 & \cdots & a & 0 \\ 1 & 0 & \cdots & 0 & a \end{vmatrix}$;

(3) $\begin{vmatrix} -1 & 1 & 0 & \cdots & 0 & 0 \\ 0 & -1 & 1 & \cdots & 0 & 0 \\ \vdots & \vdots & \vdots & & \vdots & \vdots \\ 0 & 0 & 0 & \cdots & -1 & 1 \\ 1 & 1 & 1 & \cdots & 1 & 1 \end{vmatrix}$;　　(4) $\begin{vmatrix} 7 & 4 & & & & \\ 3 & 7 & 4 & & & \\ & 3 & 7 & 4 & & \\ & & \ddots & \ddots & \ddots & \\ & & & 3 & 7 & 4 \\ & & & & 3 & 7 \end{vmatrix}$.

11. 求解下列方程.

(1) $\begin{vmatrix} x+1 & 2 & -1 \\ 2 & x+1 & 1 \\ -1 & 1 & x+1 \end{vmatrix}=0$;　　(2) $\begin{vmatrix} 1 & 1 & 1 & 1 \\ 1 & -1 & 2 & x \\ 1 & 1 & 4 & x^2 \\ 1 & -1 & 8 & x^3 \end{vmatrix}=0$.

12. 已知

$$D=\begin{vmatrix} 1 & 0 & 1 & 2 \\ 0 & 2 & 0 & 4 \\ -1 & 3 & 2 & 0 \\ -2 & -1 & 4 & 5 \end{vmatrix},$$

求(1)$A_{11}+A_{12}+A_{13}+A_{14}$;(2)$M_{12}+M_{22}+M_{32}+M_{42}$.

13. 证明

(1) $\begin{vmatrix} -a_{11}-ka_{12} & -a_{13} & -a_{12} \\ a_{21}+ka_{22} & a_{23} & a_{22} \\ a_{31}+ka_{32} & a_{33} & a_{32} \end{vmatrix}=\begin{vmatrix} a_{11} & a_{12} & a_{13} \\ a_{21} & a_{22} & a_{23} \\ a_{31} & a_{32} & a_{33} \end{vmatrix}$;

(2) $\begin{vmatrix} a & b & c \\ a^2 & b^2 & c^2 \\ b+c & a+c & a+b \end{vmatrix}=(c-a)(c-b)(b-a)(a+b+c)$;

(3) $\begin{vmatrix} a & 0 & b & 0 \\ 0 & c & 0 & d \\ y & 0 & x & 0 \\ 0 & w & 0 & z \end{vmatrix}=\begin{vmatrix} a & b \\ y & x \end{vmatrix}\begin{vmatrix} c & d \\ w & z \end{vmatrix}$;

(4) $\begin{vmatrix} ax+by & ay+bz & az+bx \\ ay+bz & az+bx & ax+by \\ az+bx & ax+by & ay+bz \end{vmatrix}=(a^3+b^3)\begin{vmatrix} x & y & z \\ y & z & x \\ z & x & y \end{vmatrix}$.

14. 利用克拉默法则解下列线性方程组.

(1) $\begin{cases} -4x_1+3x_2=5, \\ -x_1+5x_2=4; \end{cases}$　　(2) $\begin{cases} x_1+x_2+4x_3=2, \\ 5x_1+x_2+2x_3=7, \\ 2x_1+2x_2+4x_3=8; \end{cases}$

(3) $\begin{cases} x_1 - 4x_2 + 2x_3 = 1, \\ 3x_1 - 2x_2 + 7x_3 = 2, \\ 2x_1 - 3x_2 + 4x_3 = 4; \end{cases}$　　(4) $\begin{cases} x_1 + x_2 + x_3 + x_4 = 1, \\ 2x_1 + x_2 - x_3 + x_4 = 1, \\ x_2 + 2x_3 + 3x_4 = 3, \\ x_1 + 2x_2 - x_3 + x_4 = 2. \end{cases}$

15. 当 λ 为何值时,齐次线性方程组

$$\begin{cases} \lambda x_1 + 3x_2 + 4x_3 = 0, \\ -x_1 + \lambda x_2 = 0, \\ \lambda x_2 + x_3 = 0 \end{cases}$$

(1)仅有零解;(2)有非零解.

16. 当 k 为何值时,齐次线性方程组

$$\begin{cases} x_1 + kx_2 + x_3 = 0, \\ 2x_1 - x_2 - kx_3 = 0, \\ 3x_1 + kx_2 + x_3 = 0 \end{cases}$$

仅有零解.

自测题

(B)

1. 填空题.

(1)已知 $\begin{vmatrix} a_{11} & a_{12} & a_{13} \\ a_{21} & a_{22} & a_{23} \\ a_{31} & a_{32} & a_{33} \end{vmatrix} = 2$,则 $\begin{vmatrix} 2a_{11} & 2a_{12} & -2a_{13} \\ a_{21} & a_{22} & -a_{23} \\ 3a_{31} & 3a_{32} & -3a_{33} \end{vmatrix} =$ __________.

(2) $\begin{vmatrix} a & -1 & -1 \\ -1 & a & -1 \\ -1 & -1 & a \end{vmatrix} = \begin{vmatrix} 1 & 1 & 0 \\ 0 & -1 & 1 \\ 1 & 0 & 1 \end{vmatrix}$,则 $a =$ __________.

(3) $\begin{vmatrix} \lambda & -1 & 0 & 0 \\ 0 & \lambda & -1 & 0 \\ 0 & 0 & \lambda & -1 \\ 4 & 3 & 2 & \lambda+1 \end{vmatrix} =$ __________.

(4)四阶行列式

$$\begin{vmatrix} 3 & 0 & 4 & 0 \\ 2 & 2 & 2 & 2 \\ 0 & -7 & 0 & 0 \\ 5 & 3 & -2 & 2 \end{vmatrix}$$

的第 4 行各元素余子式之和为__________.

(5)n 阶行列式

$$\begin{vmatrix} 0 & 1 & 1 & \cdots & 1 & 1 \\ 1 & 0 & 1 & \cdots & 1 & 1 \\ 1 & 1 & 0 & \cdots & 1 & 1 \\ \vdots & \vdots & \vdots & & \vdots & \vdots \\ 1 & 1 & 1 & \cdots & 0 & 1 \\ 1 & 1 & 1 & \cdots & 1 & 0 \end{vmatrix}$$

的值为__________.

2. 单项选择题.

(1) $\begin{vmatrix} 0 & a & b & 0 \\ a & 0 & 0 & b \\ 0 & c & d & 0 \\ c & 0 & 0 & d \end{vmatrix} = (\quad)$.

(A)$(ad-bc)^2$　　(B)$-(ad-bc)^2$

(C)$a^2d^2-b^2c^2$　　(D)$b^2c^2-a^2d^2$

(2)设四阶行列式第2行的元素为1,3,a,4,而第4行元素的余子式为2,0,1,1,则 $a=$ (　　).

(A)2　　(B)-2　　(C)4　　(D)-4

(3)设行列式 $\begin{vmatrix} x-2 & x-1 & x-2 & x-3 \\ 2x-2 & 2x-1 & 2x-2 & 2x-3 \\ 3x-3 & 3x-2 & 4x-5 & 3x-5 \\ 4x & 4x-3 & 5x-7 & 4x-3 \end{vmatrix}$

为 $f(x)$,则方程 $f(x)=0$ 的根的个数为(　　).

(A)1　　(B)2　　(C)3　　(D)4

(4)设 α,β,γ 是三次方程 $x^3+px+q=0$ 的3个实根,则行列式 $\begin{vmatrix} \alpha & \beta & \gamma \\ \gamma & \alpha & \beta \\ \beta & \gamma & \alpha \end{vmatrix} = (\quad)$.

(A)$\alpha+\beta+\gamma$　　(B)$p+q$　　(C)0　　(D)$\alpha\beta\gamma$

(5)方程组 $\begin{cases} \lambda x_1 + x_2 + x_3 = 1, \\ x_1 + \lambda x_2 + x_3 = \lambda, \\ x_1 + x_2 + \lambda x_3 = \lambda^2 \end{cases}$ 有唯一解,则 λ 应满足(　　).

(A)$\lambda\neq-1,\lambda\neq2$　　(B)$\lambda\neq1,\lambda\neq2$

(C)$\lambda\neq1,\lambda\neq-2$　　(D)$\lambda\neq-1,\lambda\neq-2$

(6)设$\begin{cases} kx_1+2x_2+x_3=0, \\ 2x_1+kx_2 \quad =0, \\ x_1-x_2+x_3=0 \end{cases}$ 有非零解,则 k 应满足(　　).

(A)$k=2$　　　　(B)$k=3$ 或 $k=-2$

(C)$k=3$　　　　(D)$k\neq 3$ 且 $k\neq -2$

3. 计算下列行列式.

(1)$\begin{vmatrix} x & y & x+y \\ y & x+y & x \\ x+y & x & y \end{vmatrix}$;

(2)$\begin{vmatrix} 1 & 1 & 1 & 1+x \\ 1 & 1 & 1-x & 1 \\ 1 & 1+y & 1 & 1 \\ 1-y & 1 & 1 & 1 \end{vmatrix}$ $(xy\neq 0)$;

(3)$D_n=\begin{vmatrix} 2 & 0 & \cdots & 0 & 2 \\ -1 & 2 & \cdots & 0 & 2 \\ \vdots & \vdots & & \vdots & \vdots \\ 0 & 0 & \cdots & 2 & 2 \\ 0 & 0 & \cdots & -1 & 2 \end{vmatrix}$;

(4)$D_n=\begin{vmatrix} 1 & 2 & \cdots & 2 & 2 \\ 2 & 2 & \cdots & 2 & 2 \\ \vdots & \vdots & & \vdots & \vdots \\ 2 & 2 & \cdots & n-1 & 2 \\ 2 & 2 & \cdots & 2 & n \end{vmatrix}$.

4. 证明题.

(1)$\begin{vmatrix} a^2 & ab & b^2 \\ 2a & a+b & 2b \\ 1 & 1 & 1 \end{vmatrix}=(a-b)^3$;

(2)$\begin{vmatrix} a_3 & 0 & 0 & 0 & 0 & b_3 \\ 0 & a_2 & 0 & 0 & b_2 & 0 \\ 0 & 0 & a_1 & b_1 & 0 & 0 \\ 0 & 0 & c_1 & d_1 & 0 & 0 \\ 0 & c_2 & 0 & 0 & d_2 & 0 \\ c_3 & 0 & 0 & 0 & 0 & d_3 \end{vmatrix}=\prod_{i=1}^{3}(a_id_i-b_ic_i)$;

(3)$\begin{vmatrix} 2a & 1 & & & & \\ a^2 & 2a & 1 & & & \\ & a^2 & 2a & 1 & & \\ & & \ddots & \ddots & \ddots & \\ & & & a^2 & 2a & 1 \\ & & & & a^2 & 2a \end{vmatrix}=(n+1)a^n$.

5. 求三次多项式$f(x)=a_0+a_1x+a_2x^2+a_3x^3$,使得$f(-1)=0, f(1)=4, f(2)=33, f(3)=96$.

6. 求当 λ,μ 满足什么条件时，齐次线性方程组

$$\begin{cases}\lambda x_1 + x_2 + x_3 = 0, \\ x_1 + \mu x_2 + x_3 = 0, \\ x_1 + 2\mu x_2 + x_3 = 0\end{cases}$$

有非零解.

B 答案
详解

第 2 章　矩　阵

第 2 章
教学要求

矩阵是数学中一个重要的基本概念，它不仅是代数学中的一个主要研究对象，也是数学研究及应用的一个重要的数学工具，它在物理学、控制论、工程技术、经济管理等许多领域有着广泛的应用.

本章将从线性方程组和一些实例引出矩阵的概念，然后系统地介绍矩阵的运算、逆矩阵、分块矩阵，最后着重讨论矩阵的初等变换以及矩阵的秩等内容.

2.1　矩阵的概念

2.1.1　矩阵的概念

矩阵的概念来源于线性方程组并且与现实生活密切相关.

例 1　对于 n 元线性方程组

$$\begin{cases} a_{11}x_1 + a_{12}x_2 + \cdots + a_{1n}x_n = b_1, \\ a_{21}x_1 + a_{22}x_2 + \cdots + a_{2n}x_n = b_2, \\ \cdots\cdots \\ a_{m1}x_1 + a_{m2}x_2 + \cdots + a_{mn}x_n = b_m, \end{cases}$$

它的每一个变量的系数及常数按原来的相对位置可以排成一个 m 行、$n+1$ 列的矩形数表

$$\begin{bmatrix} a_{11} & a_{12} & \cdots & a_{1n} & b_1 \\ a_{21} & a_{22} & \cdots & a_{2n} & b_2 \\ \vdots & \vdots & & \vdots & \vdots \\ a_{m1} & a_{m2} & \cdots & a_{mn} & b_m \end{bmatrix}.$$

例 2　某航空公司在 A,B,C,D 4 个城市间开辟了若干航线，如图 2-1 所示，表示了 4 个城市间的航班图，如果从 A 到 B 有航班，则用带箭头的线连接 A 和 B.

那么 4 个城市之间的航班图情况常用表 2-1 来表示.

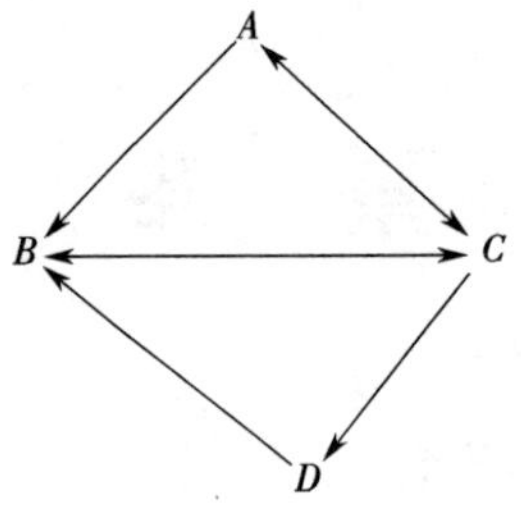

图 2-1

表 2-1

到站 发站	A	B	C	D
A		√	√	
B			√	
C	√	√		√
D		√		

其中√表示有航班.

若用 1 表示√,用 0 表示空白,则图 2-1 可以表示为一个 4 行 4 列的矩形数表

$$\begin{bmatrix} 0 & 1 & 1 & 0 \\ 0 & 0 & 1 & 0 \\ 1 & 1 & 0 & 1 \\ 0 & 1 & 0 & 0 \end{bmatrix}.$$

例 3　某品牌护肤品的 3 个分店中,4 种商品的第一季度的销售量(单位:百件)如表2-2所示。

表 2-2

	日霜	夜霜	眼霜	面霜
广州	16	18	2	29
上海	15	19	3	28
北京	17	17	2	27

3 个分店 4 种商品的第一季度销售情况可以表示为一个 3 行 4 列的矩形数表

$$\begin{bmatrix} 16 & 18 & 2 & 29 \\ 15 & 19 & 3 & 28 \\ 17 & 17 & 2 & 27 \end{bmatrix}.$$

下面我们给矩形数表赋予一个新的数学名词——矩阵.

定义 2.1 由 $m\times n$ 个数 $a_{ij}(i=1,2,\cdots,m;\ j=1,2,\cdots,n)$ 排成 m 行 n 列的数表

$$\begin{bmatrix} a_{11} & a_{12} & \cdots & a_{1n} \\ a_{21} & a_{22} & \cdots & a_{2n} \\ \vdots & \vdots & & \vdots \\ a_{m1} & a_{m2} & \cdots & a_{mn} \end{bmatrix},$$

称为 m 行 n 列矩阵,简称 $m\times n$ 矩阵. 这 $m\times n$ 个数称为矩阵的元素,简称元,a_{ij}称为矩阵的第 i 行第 j 列的元素.

矩阵一般用大写的英文字母 $\boldsymbol{A},\boldsymbol{B},\boldsymbol{C},\cdots$或用$(a_{ij}),(b_{ij}),(c_{ij}),\cdots$来表示,如果需要说明矩阵的行数和列数时,则可把 $m\times n$ 矩阵写成 $\boldsymbol{A}_{m\times n},\boldsymbol{B}_{m\times n},\cdots$或$(a_{ij})_{m\times n},(b_{ij})_{m\times n},\cdots$

元素都是实数的矩阵称为实矩阵,元素中含有复数的矩阵称为复矩阵.

2.1.2 矩阵相等

如果两个矩阵的行数相等,列数相等,则称它们是同型矩阵.

如果 $\boldsymbol{A}=(a_{ij}),\boldsymbol{B}=(b_{ij})$是同型矩阵且对应元素相等,即 $a_{ij}=b_{ij}(i=1,2,\cdots,m;\ j=1,2,\cdots,n)$,则称矩阵 $\boldsymbol{A}$ 与矩阵 $\boldsymbol{B}$ 相等,记作 $\boldsymbol{A}=\boldsymbol{B}$.

例 4 设 $\boldsymbol{A}=\begin{bmatrix}1&2&3\\3&1&2\end{bmatrix},\boldsymbol{B}=\begin{bmatrix}1&x&3\\y&1&z\end{bmatrix}$,已知 $\boldsymbol{A}=\boldsymbol{B}$,求 x,y,z.

解 因为 $\boldsymbol{A}=\boldsymbol{B}$,所以对应元素相等,即 $x=2,y=3,z=2$.

2.1.3 几种常见的特殊形式的矩阵

(1)行矩阵. 只有一行的矩阵称为行矩阵或行向量,记作

$$\boldsymbol{A}=(a_1a_2\cdots a_n)\text{或}\boldsymbol{A}=(a_1,a_2,\cdots,a_n).$$

(2)列矩阵. 只有一列的矩阵称为列矩阵或列向量,记作

$$\boldsymbol{A}=\begin{bmatrix}b_1\\b_2\\\vdots\\b_n\end{bmatrix}.$$

(3)零矩阵. 所有元素都是零的矩阵,称为零矩阵,记作 $\boldsymbol{O}$.

注 不同型的零矩阵不相等. 例如

$$\begin{bmatrix}0&0&0\\0&0&0\\0&0&0\end{bmatrix}\neq(0,0,0).$$

(4)方阵. 行数与列数相同的矩阵

$$\begin{bmatrix} a_{11} & a_{12} & \cdots & a_{1n} \\ a_{21} & a_{22} & \cdots & a_{2n} \\ \vdots & \vdots & & \vdots \\ a_{n1} & a_{n2} & \cdots & a_{nn} \end{bmatrix},$$

称为 n 阶方阵 $\boldsymbol{A}$,一个方阵的左上角与右下角之间的连线称为它的主对角线,并称 $a_{11},a_{22},\cdots,a_{nn}$为方阵 $\boldsymbol{A}$ 的主对角线上的元素,称 $\boldsymbol{A}$ 的主对角线上元素 $a_{11},a_{22},\cdots,a_{nn}$之和为方阵 $\boldsymbol{A}$ 的迹,记作 $\mathrm{tr}(\boldsymbol{A})$,即

$$\mathrm{tr}(\boldsymbol{A}) = \sum_{i=1}^{n} a_{ii}.$$

(5)上三角形矩阵. 形如

$$\begin{bmatrix} a_{11} & a_{12} & \cdots & a_{1n} \\ 0 & a_{22} & \cdots & a_{2n} \\ \vdots & \vdots & & \vdots \\ 0 & 0 & \cdots & a_{nn} \end{bmatrix}$$

的方阵称为上三角形矩阵.

(6)下三角形矩阵. 形如

$$\begin{bmatrix} a_{11} & 0 & \cdots & 0 \\ a_{21} & a_{22} & \cdots & 0 \\ \vdots & \vdots & & \vdots \\ a_{n1} & a_{n2} & \cdots & a_{nn} \end{bmatrix}$$

的方阵称为下三角形矩阵.

上三角形矩阵和下三角形矩阵统称为三角形矩阵.

(7)对角形矩阵. 形如

$$\begin{bmatrix} \lambda_1 & & & \\ & \lambda_2 & & \\ & & \ddots & \\ & & & \lambda_n \end{bmatrix}$$

的 n 阶方阵称为对角形矩阵,记作 $\boldsymbol{\Lambda} = \mathrm{diag}(\lambda_1,\lambda_2,\cdots,\lambda_n)$.

注 空白处的元素均为 0,后面将不再一一标注.

(8)数量矩阵. 形如

$$\begin{bmatrix} k & & & \\ & k & & \\ & & \ddots & \\ & & & k \end{bmatrix}$$

的 n 阶方阵称为数量矩阵.

(9)单位矩阵. 形如

$$\begin{bmatrix} 1 & & & \\ & 1 & & \\ & & \ddots & \\ & & & 1 \end{bmatrix}$$

的方阵称为 n 阶单位矩阵,记作 $\boldsymbol{E}$ 或 $\boldsymbol{E}_n$.

2.2 矩阵的运算

2.2.1 矩阵的加法

在 2.1 节例 3 中,假设 3 家分店 4 种商品第一季度、第二季度的销售量(单位:百件)分别用 $\boldsymbol{A},\boldsymbol{B}$ 两个矩阵表示为

$$\boldsymbol{A}=\begin{bmatrix} 16 & 18 & 2 & 29 \\ 15 & 19 & 3 & 28 \\ 17 & 17 & 2 & 27 \end{bmatrix},\ \boldsymbol{B}=\begin{bmatrix} 15 & 16 & 1 & 25 \\ 17 & 18 & 2 & 23 \\ 16 & 16 & 2 & 28 \end{bmatrix},$$

则这 3 家店两个季度的销售总量也可以用一个 3×4 矩阵表示为

$$\boldsymbol{C}=\begin{bmatrix} 16+15 & 18+16 & 2+1 & 29+25 \\ 15+17 & 19+18 & 3+2 & 28+23 \\ 17+16 & 17+16 & 2+2 & 27+28 \end{bmatrix}=\begin{bmatrix} 31 & 34 & 3 & 54 \\ 32 & 37 & 5 & 51 \\ 33 & 33 & 4 & 55 \end{bmatrix}.$$

$\boldsymbol{C}$ 中的每个元素恰好为 $\boldsymbol{A},\boldsymbol{B}$ 对应元素之和.

定义 2.2 设两个 $m\times n$ 矩阵

$$\boldsymbol{A}=\begin{bmatrix} a_{11} & a_{12} & \cdots & a_{1n} \\ a_{21} & a_{22} & \cdots & a_{2n} \\ \vdots & \vdots & & \vdots \\ a_{m1} & a_{m2} & \cdots & a_{mn} \end{bmatrix},\ \boldsymbol{B}=\begin{bmatrix} b_{11} & b_{12} & \cdots & b_{1n} \\ b_{21} & b_{22} & \cdots & b_{2n} \\ \vdots & \vdots & & \vdots \\ b_{m1} & b_{m2} & \cdots & b_{mn} \end{bmatrix},$$

则矩阵

$$\boldsymbol{C}=\begin{bmatrix} a_{11}+b_{11} & a_{12}+b_{12} & \cdots & a_{1n}+b_{1n} \\ a_{21}+b_{21} & a_{22}+b_{22} & \cdots & a_{2n}+b_{2n} \\ \vdots & \vdots & & \vdots \\ a_{m1}+b_{m1} & a_{m2}+b_{m2} & \cdots & a_{mn}+b_{mn} \end{bmatrix}$$

称为矩阵 $\boldsymbol{A}$ 与矩阵 $\boldsymbol{B}$ 的和,记作 $\boldsymbol{C}=\boldsymbol{A}+\boldsymbol{B}$.

注 只有当两个矩阵是同型矩阵时才能进行加法计算.

定义矩阵 $\boldsymbol{A}$ 的负矩阵为

$$\begin{bmatrix} -a_{11} & -a_{12} & \cdots & -a_{1n} \\ -a_{21} & -a_{22} & \cdots & -a_{2n} \\ \vdots & \vdots & & \vdots \\ -a_{m1} & -a_{m2} & \cdots & -a_{mn} \end{bmatrix},$$

记为 $-\boldsymbol{A}$,从而规定矩阵 $\boldsymbol{A}$ 与 $\boldsymbol{B}$ 的差为 $\boldsymbol{A}-\boldsymbol{B}=\boldsymbol{A}+(-\boldsymbol{B})$.

由于矩阵的加法运算实际上是其对应元素的加法运算,而数的加法满足交换律、结合律,易证矩阵的加法运算满足下列运算规律:

(1) $\boldsymbol{A}+\boldsymbol{B}=\boldsymbol{B}+\boldsymbol{A}$;

(2) $(\boldsymbol{A}+\boldsymbol{B})+\boldsymbol{C}=\boldsymbol{A}+(\boldsymbol{B}+\boldsymbol{C})$;

(3) $\boldsymbol{A}+\boldsymbol{O}=\boldsymbol{O}+\boldsymbol{A}=\boldsymbol{A}$;

(4) $\boldsymbol{A}+(-\boldsymbol{A})=(-\boldsymbol{A})+\boldsymbol{A}=\boldsymbol{O}$.

2.2.2 矩阵的数乘

在 2.1 节例 3 中,如果第三季度每种商品的销售量为第二季度的 2 倍,则第三季度的销售量可以用矩阵表示为

$$\begin{bmatrix} 15\times2 & 16\times2 & 1\times2 & 25\times2 \\ 17\times2 & 18\times2 & 2\times2 & 23\times2 \\ 16\times2 & 16\times2 & 2\times2 & 28\times2 \end{bmatrix}=\begin{bmatrix} 30 & 32 & 2 & 50 \\ 34 & 36 & 4 & 46 \\ 32 & 32 & 4 & 56 \end{bmatrix}.$$

更一般地,可对数与矩阵的乘积作如下定义.

定义 2.3 设 k 是一个数,$\boldsymbol{A}$ 是一个 $m\times n$ 矩阵,称矩阵

$$\begin{bmatrix} ka_{11} & ka_{12} & \cdots & ka_{1n} \\ ka_{21} & ka_{22} & \cdots & ka_{2n} \\ \vdots & \vdots & & \vdots \\ ka_{m1} & ka_{m2} & \cdots & ka_{mn} \end{bmatrix}$$

为矩阵 $\boldsymbol{A}$ 与数 k 的乘积,简称数乘,记作 $k\boldsymbol{A}$.

易证数与矩阵的乘法满足下列运算规律:

(1) $1\cdot\boldsymbol{A}=\boldsymbol{A}$;

(2) $k(l\boldsymbol{A})=(kl)\boldsymbol{A}=l(k\boldsymbol{A})$;

(3) $(k+l)\boldsymbol{A}=k\boldsymbol{A}+l\boldsymbol{A}$;

(4) $k(\boldsymbol{A}+\boldsymbol{B})=k\boldsymbol{A}+k\boldsymbol{B}$;

(5) 若 $k\boldsymbol{A}=\boldsymbol{O}$,则 $k=0$ 或 $\boldsymbol{A}=\boldsymbol{O}$.

例 1 设 $\boldsymbol{A}=\begin{bmatrix} 3 & -1 & 5 \\ 2 & 3 & 6 \end{bmatrix}$,$\boldsymbol{B}=\begin{bmatrix} 0 & 7 & 3 \\ -3 & 2 & 2 \end{bmatrix}$,$\boldsymbol{C}=\begin{bmatrix} 5 & 6 \\ 4 & 2 \end{bmatrix}$,求 $2\boldsymbol{A}-3\boldsymbol{B}$,$2\boldsymbol{A}+3\boldsymbol{C}$.

解 $2\boldsymbol{A}=\begin{bmatrix} 6 & -2 & 10 \\ 4 & 6 & 12 \end{bmatrix}$, $3\boldsymbol{B}=\begin{bmatrix} 0 & 21 & 9 \\ -9 & 6 & 6 \end{bmatrix}$, $3\boldsymbol{C}=\begin{bmatrix} 15 & 18 \\ 12 & 6 \end{bmatrix}$,

$$2\boldsymbol{A}-3\boldsymbol{B}=\begin{bmatrix}6 & -23 & 1\\ 13 & 0 & 6\end{bmatrix}$$，而 $2\boldsymbol{A}+3\boldsymbol{C}$ 无意义.

2.2.3 矩阵与矩阵的乘法

例 2 某品牌 4 种化妆品在广州、上海、北京 3 家分店日均销量（单位：百件）可用矩阵表示为

$$\boldsymbol{A}=\begin{bmatrix}20 & 20 & 2 & 18\\ 24 & 16 & 1 & 27\\ 21 & 19 & 3 & 22\end{bmatrix},$$

而 4 种商品的单价和利润（单位：万元）为

$$\boldsymbol{B}=\begin{bmatrix}10 & 1.2\\ 12 & 1.3\\ 30 & 1.5\\ 20 & 2\end{bmatrix}.$$

第 1 列为 4 种商品的单价，第 2 列为 4 种商品的利润. 问这 3 家分店 4 种商品的日收入和利润分别为多少？

解 广州、上海、北京 3 家分店 4 种商品日均收入分别为

$$20\times10+20\times12+2\times30+18\times20=860;$$
$$24\times10+16\times12+1\times30+27\times20=1\ 002;$$
$$21\times10+19\times12+3\times30+22\times20=968.$$

广州、上海、北京 3 家分店 4 种商品日均利润分别为

$$20\times1.2+20\times1.3+2\times1.5+18\times2.0=89;$$
$$24\times1.2+16\times1.3+1\times1.5+27\times2.0=105.1;$$
$$21\times1.2+19\times1.3+3\times1.5+22\times2.0=98.4.$$

根据上面的计算，3 家分店 4 种商品日均收入和利润可以用一个 3 行 2 列的矩阵表示为

$$\boldsymbol{C}=\begin{bmatrix}860 & 89\\ 1\ 002 & 105.1\\ 968 & 98.4\end{bmatrix}.$$

其中矩阵 $\boldsymbol{C}$ 的 (i,j) 元是矩阵 $\boldsymbol{A}$ 的第 i 行各元素与 $\boldsymbol{B}$ 的第 j 列各元素对应乘积之和，称 $\boldsymbol{C}$ 为矩阵 $\boldsymbol{A}$ 与 $\boldsymbol{B}$ 的乘积.

定义 2.4 设矩阵 $\boldsymbol{A}=(a_{ij})_{m\times n}$，$\boldsymbol{B}=(b_{ij})_{n\times s}$，即

$$A=\begin{bmatrix} a_{11} & a_{12} & \cdots & a_{1n} \\ \vdots & \vdots & & \vdots \\ a_{i1} & a_{i2} & \cdots & a_{in} \\ \vdots & \vdots & & \vdots \\ a_{m1} & a_{m2} & \cdots & a_{mn} \end{bmatrix}, B=\begin{bmatrix} b_{11} & \cdots & b_{1j} & \cdots & b_{1s} \\ b_{21} & \cdots & b_{2j} & \cdots & b_{2s} \\ \vdots & & \vdots & & \vdots \\ b_{n1} & \cdots & b_{nj} & \cdots & b_{ns} \end{bmatrix}$$

则矩阵 A 与 B 的乘积是一个矩阵 $C=(c_{ij})_{m\times s}$,其中

$$c_{ij}=a_{i1}b_{1j}+a_{i2}b_{2j}+\cdots+a_{in}b_{nj}(i=1,2,\cdots,m;\ j=1,2,\cdots,s),$$

记作 $C_{m\times s}=A_{m\times n}B_{n\times s}$.

由定义可知:两个矩阵相乘,左乘矩阵 A 的列数必须等于右乘矩阵 B 的行数;C 的行数等于左乘矩阵 A 的行数,C 的列数等于右乘矩阵 B 的列数.

例 3 设 $A=\begin{bmatrix} 3 & 2 & -1 \\ 2 & 7 & 5 \end{bmatrix}, B=\begin{bmatrix} 1 & 2 \\ 3 & -4 \\ 0 & 1 \end{bmatrix}$,求 AB.

解

$$\begin{aligned} AB &= \begin{bmatrix} 3 & 2 & -1 \\ 2 & 7 & 5 \end{bmatrix}\begin{bmatrix} 1 & 2 \\ 3 & -4 \\ 0 & 1 \end{bmatrix} \\ &= \begin{bmatrix} 3\times1+2\times3+(-1)\times0 & 3\times2+2\times(-4)+(-1)\times1 \\ 2\times1+7\times3+5\times0 & 2\times2+7\times(-4)+5\times1 \end{bmatrix} \\ &= \begin{bmatrix} 9 & -3 \\ 23 & -19 \end{bmatrix}. \end{aligned}$$

例 4 设 $A=\begin{bmatrix} -2 & 4 \\ 1 & -2 \end{bmatrix}, B=\begin{bmatrix} 2 & 4 \\ -3 & -6 \end{bmatrix}, C=\begin{bmatrix} -2 & 0 \\ -5 & -8 \end{bmatrix}$,求 AB,BA,AC.

解

$$AB=\begin{bmatrix} -2 & 4 \\ 1 & -2 \end{bmatrix}\begin{bmatrix} 2 & 4 \\ -3 & -6 \end{bmatrix}=\begin{bmatrix} -16 & -32 \\ 8 & 16 \end{bmatrix};$$

$$BA=\begin{bmatrix} 2 & 4 \\ -3 & -6 \end{bmatrix}\begin{bmatrix} -2 & 4 \\ 1 & -2 \end{bmatrix}=\begin{bmatrix} 0 & 0 \\ 0 & 0 \end{bmatrix};$$

$$AC=\begin{bmatrix} -2 & 4 \\ 1 & -2 \end{bmatrix}\begin{bmatrix} -2 & 0 \\ -5 & -8 \end{bmatrix}=\begin{bmatrix} -16 & -32 \\ 8 & 16 \end{bmatrix}.$$

由例 4 可知:

(1)矩阵乘法不满足交换律.

若两个矩阵 A 与 B 满足 $AB=BA$,则称矩阵 A 与 B 可交换.

例如设 $A=\begin{bmatrix} 2 & 0 \\ 0 & 2 \end{bmatrix}, B=\begin{bmatrix} 1 & -1 \\ -1 & 1 \end{bmatrix}$,则有

$$\boldsymbol{AB}=\begin{bmatrix}2&0\\0&2\end{bmatrix}\begin{bmatrix}1&-1\\-1&1\end{bmatrix}=\begin{bmatrix}2&-2\\-2&2\end{bmatrix};$$

$$\boldsymbol{BA}=\begin{bmatrix}1&-1\\-1&1\end{bmatrix}\begin{bmatrix}2&0\\0&2\end{bmatrix}=\begin{bmatrix}2&-2\\-2&2\end{bmatrix}.$$

从而 $\boldsymbol{AB}=\boldsymbol{BA}$,矩阵 $\boldsymbol{A}$ 与 $\boldsymbol{B}$ 可交换.

(2)两个非零矩阵的乘积可能是零矩阵,即由 $\boldsymbol{AB}=\boldsymbol{O}$,一般不能推出 $\boldsymbol{A}=\boldsymbol{O}$ 或 $\boldsymbol{B}=\boldsymbol{O}$.

(3)矩阵的乘法不满足消去律,即若 $\boldsymbol{AB}=\boldsymbol{AC}$,$\boldsymbol{A}\neq\boldsymbol{O}$,一般不能在等式的两边消去 $\boldsymbol{A}$,得 $\boldsymbol{B}=\boldsymbol{C}$.

例 5 设 $\boldsymbol{A}=(a_1,a_2,\cdots,a_n)$,$\boldsymbol{B}=\begin{bmatrix}b_1\\b_2\\\vdots\\b_n\end{bmatrix}$,求 $\boldsymbol{AB}$,$\boldsymbol{BA}$.

解

$$\boldsymbol{AB}=(a_1,a_2,\cdots,a_n)\begin{bmatrix}b_1\\b_2\\\vdots\\b_n\end{bmatrix}=(a_1b_1+a_2b_2+\cdots+a_nb_n);$$

$$\boldsymbol{BA}=\begin{bmatrix}b_1\\b_2\\\vdots\\b_n\end{bmatrix}(a_1,a_2,\cdots,a_n)=\begin{bmatrix}b_1a_1&b_1a_2&\cdots&b_1a_n\\b_2a_1&b_2a_2&\cdots&b_2a_n\\\vdots&\vdots&&\vdots\\b_na_1&b_na_2&\cdots&b_na_n\end{bmatrix}.$$

例 6 设线性方程组

$$\begin{cases}a_{11}x_1+a_{12}x_2+\cdots+a_{1n}x_n=b_1,\\a_{21}x_1+a_{22}x_2+\cdots+a_{2n}x_n=b_2,\\\quad\cdots\cdots\\a_{m1}x_1+a_{m2}x_2+\cdots+a_{mn}x_n=b_m.\end{cases}$$

其系数矩阵记为

$$\boldsymbol{A}=\begin{bmatrix}a_{11}&a_{12}&\cdots&a_{1n}\\a_{21}&a_{22}&\cdots&a_{2n}\\\vdots&\vdots&&\vdots\\a_{m1}&a_{m2}&\cdots&a_{mn}\end{bmatrix},$$

并记

$$X=\begin{bmatrix}x_1\\x_2\\\vdots\\x_n\end{bmatrix},\ B=\begin{bmatrix}b_1\\b_2\\\vdots\\b_m\end{bmatrix},$$

则此线性方程组的矩阵形式为 $AX=B$.

矩阵的乘法满足以下规律：

(1) $A(BC)=(AB)C$（结合律）；

(2) $A(B+C)=AB+AC$（左分配律），

$(B+C)A=BA+CA$（右分配律）；

(3) $\lambda(AB)=(\lambda A)B=A(\lambda B)$，$\lambda$ 为任意常数；

(4) 对于 $m\times n$ 矩阵 A，有 $E_mA=AE_n=A$.

证 只对性质(1)作证明. 性质(2)，(3)，(4)有兴趣的读者自行证明.

设 $A=(a_{ij})_{m\times n}$，$B=(b_{ij})_{n\times s}$，$C=(c_{ij})_{s\times r}$，由矩阵的乘法定义可知，$(AB)C$ 和 $A(BC)$ 是同型矩阵，都是 $m\times r$ 矩阵. 下面来证明它们的对应元素相等.

令 $AB=P=(p_{ik})_{m\times s}$，$BC=Q=(q_{jl})_{n\times r}$，由矩阵的乘法知

$$p_{ik}=\sum_{j=1}^{n}a_{ij}b_{jk},\ q_{jl}=\sum_{k=1}^{s}b_{jk}c_{kl},$$

由此 $(AB)C=PC$ 的第 i 行第 l 列的元素是

$$\sum_{k=1}^{s}\left(\sum_{j=1}^{n}a_{ij}b_{jk}\right)c_{kl}=\sum_{k=1}^{s}\sum_{j=1}^{n}a_{ij}b_{jk}c_{kl}.$$

类似地，$A(BC)=AQ$ 的第 i 行第 l 列的元素是

$$\sum_{j=1}^{n}a_{ij}\left(\sum_{k=1}^{s}b_{jk}c_{kl}\right)=\sum_{j=1}^{n}\sum_{k=1}^{s}a_{ij}b_{jk}c_{kl}=\sum_{k=1}^{s}\sum_{j=1}^{n}a_{ij}b_{jk}c_{kl}.$$

由此可知 $(AB)C$ 和 $A(BC)$ 对应元素相等.

综上，由矩阵相等定义可知(1)中等式成立.

2.2.4 方阵的乘幂与多项式

定义 2.5 设 A 是 n 阶方阵，规定

$$A^0=E,\ A^1=A,\ A^{k+1}=A^k\cdot A\ (k\text{ 为正整数}),$$

由定义可知，方阵的乘幂具有下列性质

$$A^kA^l=A^{k+l},\ (A^k)^l=A^{kl}\ (k,l\text{ 为正整数}).$$

注 由于矩阵乘法一般不满足交换律，所以对于 n 阶方阵 A，B，一般地

$(AB)^k\neq A^kB^k$（k 为正整数）.

例 7 已知 $A=\begin{bmatrix}1\\2\\3\end{bmatrix}$，$B=\left(1,\frac{1}{2},\frac{1}{3}\right)$，设 $C=AB$，求 C^n.

解 由于

$$BA=\left(1,\frac{1}{2},\frac{1}{3}\right)\begin{bmatrix}1\\2\\3\end{bmatrix}=3,$$

所以

$$C^n=ABAB\cdots AB=A(BA)(BA)\cdots(BA)B$$

$$=\begin{bmatrix}1\\2\\3\end{bmatrix}3^{n-1}\left(1,\frac{1}{2},\frac{1}{3}\right)=3^{n-1}\begin{bmatrix}1&\frac{1}{2}&\frac{1}{3}\\2&1&\frac{2}{3}\\3&\frac{3}{2}&1\end{bmatrix}.$$

例 8 设 $A=\begin{bmatrix}\lambda&1&0\\0&\lambda&1\\0&0&\lambda\end{bmatrix}$,求 A^k.

例子另解

解 由

$$A^2=\begin{bmatrix}\lambda&1&0\\0&\lambda&1\\0&0&\lambda\end{bmatrix}\begin{bmatrix}\lambda&1&0\\0&\lambda&1\\0&0&\lambda\end{bmatrix}=\begin{bmatrix}\lambda^2&2\lambda&1\\0&\lambda^2&2\lambda\\0&0&\lambda^2\end{bmatrix},$$

$$A^3=\begin{bmatrix}\lambda^2&2\lambda&1\\0&\lambda^2&2\lambda\\0&0&\lambda^2\end{bmatrix}\begin{bmatrix}\lambda&1&0\\0&\lambda&1\\0&0&\lambda\end{bmatrix}=\begin{bmatrix}\lambda^3&3\lambda^2&3\lambda\\0&\lambda^3&3\lambda^2\\0&0&\lambda^3\end{bmatrix},$$

归纳出

$$A^k=\begin{bmatrix}\lambda^k&k\lambda^{k-1}&\frac{k(k-1)}{2}\lambda^{k-2}\\0&\lambda^k&k\lambda^{k-1}\\0&0&\lambda^k\end{bmatrix}.$$

下面用数学归纳法证明.

当 $k=2$ 时,显然成立.

假设 $k=n$ 时成立,则 $k=n+1$ 时,

$$A^{n+1}=A^nA=\begin{bmatrix}\lambda^n&n\lambda^{n-1}&\frac{n(n-1)}{2}\lambda^{n-2}\\0&\lambda^n&n\lambda^{n-1}\\0&0&\lambda^n\end{bmatrix}\begin{bmatrix}\lambda&1&0\\0&\lambda&1\\0&0&\lambda\end{bmatrix}$$

$$=\begin{bmatrix} \lambda^{n+1} & (n+1)\lambda^n & \frac{(n+1)n}{2}\lambda^{n-1} \\ 0 & \lambda^{n+1} & (n+1)\lambda^n \\ 0 & 0 & \lambda^{n+1} \end{bmatrix}.$$

所以对任意的 k 都有

$$\boldsymbol{A}^k=\begin{bmatrix} \lambda^k & k\lambda^{k-1} & \frac{k(k-1)}{2}\lambda^{k-2} \\ 0 & \lambda^k & k\lambda^{k-1} \\ 0 & 0 & \lambda^k \end{bmatrix}.$$

设有 n 阶方阵 $\boldsymbol{A}$ 和多项式

$$f(x)=a_nx^n+a_{n-1}x^{n-1}+\cdots+a_1x+a_0,$$

则 $a_n\boldsymbol{A}^n+a_{n-1}\boldsymbol{A}^{n-1}+\cdots+a_1\boldsymbol{A}+a_0\boldsymbol{E}$ 有确定的意义,记作 $f(\boldsymbol{A})$,即

$$f(\boldsymbol{A})=a_n\boldsymbol{A}^n+a_{n-1}\boldsymbol{A}^{n-1}+\cdots+a_1\boldsymbol{A}+a_0\boldsymbol{E},$$

称为方阵 $\boldsymbol{A}$ 的多项式,可以看出 $\boldsymbol{n}$ 阶方阵 $\boldsymbol{A}$ 的多项式 $f(\boldsymbol{A})$ 仍是一个 n 阶方阵.

例 9 设 $f(x)=x^2-3x+2$,$\boldsymbol{A}=\begin{bmatrix} 1 & 2 \\ -1 & 1 \end{bmatrix}$,求矩阵多项式 $f(\boldsymbol{A})$.

解 $f(\boldsymbol{A})=\boldsymbol{A}^2-3\boldsymbol{A}+2\boldsymbol{E}$

$$=\begin{bmatrix} 1 & 2 \\ -1 & 1 \end{bmatrix}\begin{bmatrix} 1 & 2 \\ -1 & 1 \end{bmatrix}-3\begin{bmatrix} 1 & 2 \\ -1 & 1 \end{bmatrix}+2\begin{bmatrix} 1 & 0 \\ 0 & 1 \end{bmatrix}$$

$$=\begin{bmatrix} -1 & 4 \\ -2 & -1 \end{bmatrix}-\begin{bmatrix} 3 & 6 \\ -3 & 3 \end{bmatrix}+\begin{bmatrix} 2 & 0 \\ 0 & 2 \end{bmatrix}$$

$$=\begin{bmatrix} -2 & -2 \\ 1 & -2 \end{bmatrix}.$$

2.2.5 矩阵的转置

定义 2.6 设 $m\times n$ 矩阵

$$\boldsymbol{A}=\begin{bmatrix} a_{11} & a_{12} & \cdots & a_{1n} \\ a_{21} & a_{22} & \cdots & a_{2n} \\ \vdots & \vdots & & \vdots \\ a_{m1} & a_{m2} & \cdots & a_{mn} \end{bmatrix},$$

把 $\boldsymbol{A}$ 的行变成同号数的列,得到 $n\times m$ 矩阵

$$\boldsymbol{A}^{\mathrm{T}}=\begin{bmatrix} a_{11} & a_{21} & \cdots & a_{m1} \\ a_{12} & a_{22} & \cdots & a_{m2} \\ \vdots & \vdots & & \vdots \\ a_{1n} & a_{2n} & \cdots & a_{mn} \end{bmatrix},$$

称其为 $\boldsymbol{A}$ 的转置矩阵，记作 $\boldsymbol{A}^{\mathrm{T}}$.

例如

$$\boldsymbol{A}=\begin{bmatrix}1&2&3\\0&2&4\end{bmatrix},\ \boldsymbol{B}=\begin{bmatrix}1\\2\\3\\4\end{bmatrix},$$

则

$$\boldsymbol{A}^{\mathrm{T}}=\begin{bmatrix}1&0\\2&2\\3&4\end{bmatrix},\ \boldsymbol{B}^{\mathrm{T}}=(1,2,3,4).$$

显然，$\boldsymbol{A}$ 与 $\boldsymbol{A}^{\mathrm{T}}$ 之间具有如下关系：

(1) $\boldsymbol{A}$ 的第 i 行(列)是 $\boldsymbol{A}^{\mathrm{T}}$ 的第 i 列(行)；

(2) $\boldsymbol{A}$ 的第 i 行第 j 列元素是 $\boldsymbol{A}^{\mathrm{T}}$ 的第 j 行第 i 列元素.

矩阵的转置也是一种运算，且满足下列运算规律：

(1) $(\boldsymbol{A}^{\mathrm{T}})^{\mathrm{T}}=\boldsymbol{A}$；

(2) $(\boldsymbol{A}+\boldsymbol{B})^{\mathrm{T}}=\boldsymbol{A}^{\mathrm{T}}+\boldsymbol{B}^{\mathrm{T}}$；

(3) $(k\boldsymbol{A})^{\mathrm{T}}=k\boldsymbol{A}^{\mathrm{T}}$；

(4) $(\boldsymbol{AB})^{\mathrm{T}}=\boldsymbol{B}^{\mathrm{T}}\boldsymbol{A}^{\mathrm{T}}$.

证 这里仅证明(4). 设 $\boldsymbol{A}=(a_{ij})_{m\times s}$，$\boldsymbol{B}=(b_{ij})_{s\times n}$，首先，易知 $(\boldsymbol{AB})^{\mathrm{T}}$ 与 $\boldsymbol{B}^{\mathrm{T}}\boldsymbol{A}^{\mathrm{T}}$ 是 $n\times m$ 矩阵. 其次，$(\boldsymbol{AB})^{\mathrm{T}}$ 第 i 行第 j 列元素是 $\boldsymbol{AB}$ 的第 j 行第 i 列元素，由矩阵乘法的定义，有

$$a_{j1}b_{1i}+a_{j2}b_{2i}+\cdots+a_{js}b_{si}=\sum_{k=1}^{s}a_{jk}b_{ki},\tag{1}$$

而 $\boldsymbol{B}^{\mathrm{T}}\boldsymbol{A}^{\mathrm{T}}$ 的第 i 行第 j 列元素是 $\boldsymbol{B}^{\mathrm{T}}$ 的第 i 行元素与 $\boldsymbol{A}^{\mathrm{T}}$ 的第 j 列元素乘积之和，即

$$b_{1i}a_{j1}+b_{2i}a_{j2}+\cdots+b_{si}a_{js}=\sum_{k=1}^{s}b_{ki}a_{jk},\tag{2}$$

显然(1)式和(2)式相等，因此 $(\boldsymbol{AB})^{\mathrm{T}}=\boldsymbol{B}^{\mathrm{T}}\boldsymbol{A}^{\mathrm{T}}$.

例 10 设

$$\boldsymbol{A}=\begin{bmatrix}2&4\\-3&1\end{bmatrix},\ \boldsymbol{B}=\begin{bmatrix}-2&4\\1&-2\end{bmatrix},$$

求 $(\boldsymbol{AB})^{\mathrm{T}}$ 和 $\boldsymbol{A}^{\mathrm{T}}\boldsymbol{B}^{\mathrm{T}}$.

解 $$(\boldsymbol{AB})^{\mathrm{T}}=\boldsymbol{B}^{\mathrm{T}}\boldsymbol{A}^{\mathrm{T}}=\begin{bmatrix}-2&1\\4&-2\end{bmatrix}\begin{bmatrix}2&-3\\4&1\end{bmatrix}=\begin{bmatrix}0&7\\0&-14\end{bmatrix};$$

$$\boldsymbol{A}^{\mathrm{T}}\boldsymbol{B}^{\mathrm{T}}=\begin{bmatrix}2&-3\\4&1\end{bmatrix}\begin{bmatrix}-2&1\\4&-2\end{bmatrix}=\begin{bmatrix}-16&8\\-4&2\end{bmatrix},$$

此例说明，一般情况下，$(\boldsymbol{AB})^{\mathrm{T}}\neq\boldsymbol{A}^{\mathrm{T}}\boldsymbol{B}^{\mathrm{T}}$.

定义 2.7 若 n 阶方阵 $\boldsymbol{A}$ 满足 $\boldsymbol{A}^{\mathrm{T}}=\boldsymbol{A}$,则称 $\boldsymbol{A}$ 为对称矩阵.

例如

$$\boldsymbol{A}=\begin{bmatrix}1 & 3\\3 & 2\end{bmatrix},\ \boldsymbol{B}=\begin{bmatrix}1 & 2 & -1\\2 & 3 & 4\\-1 & 4 & 2\end{bmatrix}$$

都是对称矩阵.

显然,在 n 阶对称矩阵 $\boldsymbol{A}=(a_{ij})$ 中有 $a_{ij}=a_{ji}(i,j=1,2,\cdots,n)$.

若 $\boldsymbol{A},\boldsymbol{B}$ 为 n 阶对称矩阵,k 为常数,则对称矩阵具有如下性质:

(1) $(\boldsymbol{A}\pm\boldsymbol{B})^{\mathrm{T}}=\boldsymbol{A}^{\mathrm{T}}\pm\boldsymbol{B}^{\mathrm{T}}=\boldsymbol{A}\pm\boldsymbol{B}$;

(2) $(k\boldsymbol{A})^{\mathrm{T}}=k\boldsymbol{A}^{\mathrm{T}}=k\boldsymbol{A}$;

(3) 若 $\boldsymbol{AB}=\boldsymbol{BA}$,则 $\boldsymbol{AB}$ 也是对称矩阵,反之也成立.

事实上,当 $\boldsymbol{AB}=\boldsymbol{BA}$ 时,$(\boldsymbol{AB})^{\mathrm{T}}=\boldsymbol{B}^{\mathrm{T}}\boldsymbol{A}^{\mathrm{T}}=\boldsymbol{BA}=\boldsymbol{AB}$. 反之若 $\boldsymbol{AB}$ 是对称矩阵,则

$$\boldsymbol{AB}=(\boldsymbol{AB})^{\mathrm{T}}=\boldsymbol{B}^{\mathrm{T}}\boldsymbol{A}^{\mathrm{T}}=\boldsymbol{BA}.$$

定义 2.8 若 n 阶方阵 $\boldsymbol{A}$ 满足 $\boldsymbol{A}^{\mathrm{T}}=-\boldsymbol{A}$,则称 $\boldsymbol{A}$ 为反对称矩阵.

例如

$$\boldsymbol{A}=\begin{bmatrix}0 & 1\\-1 & 0\end{bmatrix},\ \boldsymbol{B}=\begin{bmatrix}0 & 2 & 3\\-2 & 0 & -1\\-3 & 1 & 0\end{bmatrix}$$

是反对称矩阵.

显然,在 n 阶反对称矩阵 $\boldsymbol{A}=(a_{ij})$ 中有 $a_{ij}=-a_{ji}(i,j=1,2,\cdots,n)$. 由于 $a_{ii}=-a_{ii}$,所以 $a_{ii}=0(i=1,2,\cdots,n)$.

例 11 证明任何一个 n 阶方阵都可以表示成一个对称矩阵与一个反对称矩阵的和.

证 设 n 阶方阵 $\boldsymbol{A}=\boldsymbol{B}+\boldsymbol{C}$,其中 $\boldsymbol{B}$ 为对称矩阵,$\boldsymbol{C}$ 为反对称矩阵. 因为 $\boldsymbol{A}=\boldsymbol{B}+\boldsymbol{C}$,所以 $\boldsymbol{A}^{\mathrm{T}}=(\boldsymbol{B}+\boldsymbol{C})^{\mathrm{T}}=\boldsymbol{B}^{\mathrm{T}}+\boldsymbol{C}^{\mathrm{T}}=\boldsymbol{B}-\boldsymbol{C}$,由线性方程组

$$\begin{cases}\boldsymbol{A}=\boldsymbol{B}+\boldsymbol{C},\\\boldsymbol{A}=\boldsymbol{B}-\boldsymbol{C},\end{cases}$$

得

$$\boldsymbol{B}=\frac{\boldsymbol{A}+\boldsymbol{A}^{\mathrm{T}}}{2},\boldsymbol{C}=\frac{\boldsymbol{A}-\boldsymbol{A}^{\mathrm{T}}}{2}.$$

且 $$\boldsymbol{B}^{\mathrm{T}}=\left(\frac{\boldsymbol{A}+\boldsymbol{A}^{\mathrm{T}}}{2}\right)^{\mathrm{T}}=\frac{\boldsymbol{A}^{\mathrm{T}}+\boldsymbol{A}}{2}=\boldsymbol{B},\ \boldsymbol{C}^{\mathrm{T}}=\left(\frac{\boldsymbol{A}-\boldsymbol{A}^{\mathrm{T}}}{2}\right)^{\mathrm{T}}=\frac{\boldsymbol{A}^{T}-\boldsymbol{A}}{2}=-\boldsymbol{C}.$$

故 $\boldsymbol{B}$ 为对称矩阵,$\boldsymbol{C}$ 为反对称矩阵.

所以任一 n 阶方阵 $\boldsymbol{A}$ 都可以表示成一个对称矩阵 $\frac{\boldsymbol{A}+\boldsymbol{A}^{\mathrm{T}}}{2}$ 和一个反对称矩阵 $\frac{\boldsymbol{A}-\boldsymbol{A}^{\mathrm{T}}}{2}$ 的和.

2.2.6 方阵的行列式

设 n 阶方阵

$$A=\begin{bmatrix}a_{11}&a_{12}&\cdots&a_{1n}\\a_{21}&a_{22}&\cdots&a_{2n}\\\vdots&\vdots&&\vdots\\a_{n1}&a_{n2}&\cdots&a_{nn}\end{bmatrix},$$

则称 n 阶行列式

$$\begin{vmatrix}a_{11}&a_{12}&\cdots&a_{1n}\\a_{21}&a_{22}&\cdots&a_{2n}\\\vdots&\vdots&&\vdots\\a_{n1}&a_{n2}&\cdots&a_{nn}\end{vmatrix}$$

为 n 阶方阵 A 的行列式,记作 $|A|$ 或 $\det A$.

若 $|A|=0$,则称方阵 A 是奇异的或退化的;若 $|A|\neq0$,则称方阵 A 是非奇异的或非退化的.

定理 2.1 n 阶方阵 A 的行列式 $|A|$ 具有以下性质:

(1) $|A^{\mathrm{T}}|=|A|$;

(2) $|\lambda A|=\lambda^n|A|$(λ 为常数);

(3) 设 A,B 为 n 阶方阵,则 $|AB|=|A||B|$.

证明从略.

注 由(3)可知,对于 n 阶矩阵 A,B,有

$$|AB|=|A||B|=|B||A|=|BA|.$$

即一般来说 $AB\neq BA$,但总有 $|AB|=|BA|$.

2.3 分块矩阵

对于某些阶数较高的矩阵 A,常常采用如下做法:在 $A_{m\times n}$ 矩阵中的行、列之间加上若干条横线或竖线把 A 形式上分成若干个小块,每个小块矩阵都称为 A 的子块,以这些子块为元素构成的矩阵,称为 A 的分块矩阵. 将矩阵分割成分块矩阵的方法称为矩阵的分块法.

例如,矩阵

$$A=\left[\begin{array}{c:cc}1&2&4\\0&-1&0\\\hdashline 0&1&0\\0&0&1\end{array}\right]=\begin{bmatrix}A_1&A_2\\O&E_2\end{bmatrix}.$$

其中$\boldsymbol{E}_2$为二阶单位矩阵,$\boldsymbol{A}_1=\begin{bmatrix}1\\0\end{bmatrix}$,$\boldsymbol{A}_2=\begin{bmatrix}2&4\\-1&0\end{bmatrix}$,$\boldsymbol{O}=\begin{bmatrix}0\\0\end{bmatrix}$.

对于给定的矩阵$\boldsymbol{A}$,可以根据不同的需要采取不同的方法进行分块.

2.3.1 分块矩阵的运算

分块矩阵的运算与普通矩阵的运算类似,而且其运算规律也类似.

1. 分块矩阵的加法

设矩阵$\boldsymbol{A},\boldsymbol{B}$是$m\times n$矩阵,对它们采用相同的分块法,得到分块矩阵

$$\boldsymbol{A}=\begin{bmatrix}\boldsymbol{A}_{11}&\boldsymbol{A}_{12}&\cdots&\boldsymbol{A}_{1s}\\\boldsymbol{A}_{21}&\boldsymbol{A}_{22}&\cdots&\boldsymbol{A}_{2s}\\\vdots&\vdots&&\vdots\\\boldsymbol{A}_{t1}&\boldsymbol{A}_{t2}&\cdots&\boldsymbol{A}_{ts}\end{bmatrix},\quad \boldsymbol{B}=\begin{bmatrix}\boldsymbol{B}_{11}&\boldsymbol{B}_{12}&\cdots&\boldsymbol{B}_{1s}\\\boldsymbol{B}_{21}&\boldsymbol{B}_{22}&\cdots&\boldsymbol{B}_{2s}\\\vdots&\vdots&&\vdots\\\boldsymbol{B}_{t1}&\boldsymbol{B}_{t2}&\cdots&\boldsymbol{B}_{ts}\end{bmatrix},$$

则有

$$\boldsymbol{A}+\boldsymbol{B}=\begin{bmatrix}\boldsymbol{A}_{11}+\boldsymbol{B}_{11}&\boldsymbol{A}_{12}+\boldsymbol{B}_{12}&\cdots&\boldsymbol{A}_{1s}+\boldsymbol{B}_{1s}\\\boldsymbol{A}_{21}+\boldsymbol{B}_{21}&\boldsymbol{A}_{22}+\boldsymbol{B}_{22}&\cdots&\boldsymbol{A}_{2s}+\boldsymbol{B}_{2s}\\\vdots&\vdots&&\vdots\\\boldsymbol{A}_{t1}+\boldsymbol{B}_{t1}&\boldsymbol{A}_{t2}+\boldsymbol{B}_{t2}&\cdots&\boldsymbol{A}_{ts}+\boldsymbol{B}_{ts}\end{bmatrix}.$$

若两个$m\times n$矩阵$\boldsymbol{A},\boldsymbol{B}$具有相同的分块方式,则$\boldsymbol{A},\boldsymbol{B}$相加(减)时,只需对应子块相加(减).

2. 分块矩阵的数乘

设k为常数,分块矩阵

$$\boldsymbol{A}=\begin{bmatrix}\boldsymbol{A}_{11}&\boldsymbol{A}_{12}&\cdots&\boldsymbol{A}_{1s}\\\boldsymbol{A}_{21}&\boldsymbol{A}_{22}&\cdots&\boldsymbol{A}_{2s}\\\vdots&\vdots&&\vdots\\\boldsymbol{A}_{t1}&\boldsymbol{A}_{t2}&\cdots&\boldsymbol{A}_{ts}\end{bmatrix},$$

则

$$k\boldsymbol{A}=\begin{bmatrix}k\boldsymbol{A}_{11}&k\boldsymbol{A}_{12}&\cdots&k\boldsymbol{A}_{1s}\\k\boldsymbol{A}_{21}&k\boldsymbol{A}_{22}&\cdots&k\boldsymbol{A}_{2s}\\\vdots&\vdots&&\vdots\\k\boldsymbol{A}_{t1}&k\boldsymbol{A}_{t2}&\cdots&k\boldsymbol{A}_{ts}\end{bmatrix}.$$

用数k乘一个分块矩阵,只需用k乘每一个子块.

3. 分块矩阵的乘法

设$\boldsymbol{A}$是$m\times s$矩阵,$\boldsymbol{B}$是$s\times n$矩阵,对$\boldsymbol{A}$的列与$\boldsymbol{B}$的行采用完全相同的分块方法,得

$$\boldsymbol{A}=\begin{bmatrix}\boldsymbol{A}_{11} & \boldsymbol{A}_{12} & \cdots & \boldsymbol{A}_{1t}\\ \boldsymbol{A}_{21} & \boldsymbol{A}_{22} & \cdots & \boldsymbol{A}_{2t}\\ \vdots & \vdots & & \vdots\\ \boldsymbol{A}_{r1} & \boldsymbol{A}_{r2} & \cdots & \boldsymbol{A}_{rt}\end{bmatrix},\boldsymbol{B}=\begin{bmatrix}\boldsymbol{B}_{11} & \boldsymbol{B}_{12} & \cdots & \boldsymbol{B}_{1l}\\ \boldsymbol{B}_{21} & \boldsymbol{B}_{22} & \cdots & \boldsymbol{B}_{2l}\\ \vdots & \vdots & & \vdots\\ \boldsymbol{B}_{t1} & \boldsymbol{B}_{t2} & \cdots & \boldsymbol{B}_{tl}\end{bmatrix},$$

则

$$\boldsymbol{C}=\boldsymbol{AB}=\begin{bmatrix}\boldsymbol{C}_{11} & \boldsymbol{C}_{12} & \cdots & \boldsymbol{C}_{1l}\\ \boldsymbol{C}_{21} & \boldsymbol{C}_{22} & \cdots & \boldsymbol{C}_{2l}\\ \vdots & \vdots & & \vdots\\ \boldsymbol{C}_{r1} & \boldsymbol{C}_{r2} & \cdots & \boldsymbol{C}_{rl}\end{bmatrix}.$$

这里

$$\boldsymbol{C}_{ij}=\boldsymbol{A}_{i1}\boldsymbol{B}_{1j}+\boldsymbol{A}_{i2}\boldsymbol{B}_{2j}+\cdots+\boldsymbol{A}_{it}\boldsymbol{B}_{tj}\ (i=1,2,\cdots,r;\ j=1,2,\cdots,l).$$

分块矩阵 $\boldsymbol{A}$ 与 $\boldsymbol{B}$ 的乘积 $\boldsymbol{AB}$ 可以按照通常的矩阵乘法法则进行，但必须注意：

(1)保证 $\boldsymbol{AB}$ 有意义，即 $\boldsymbol{A}$ 的列数等于 $\boldsymbol{B}$ 的行数；

(2)保证 $\boldsymbol{A}_{ik}\boldsymbol{B}_{kj}$ 有意义，即 $\boldsymbol{A}$ 的列的分法必须与 $\boldsymbol{B}$ 的行的分法相同.

例 1 设

$$\boldsymbol{A}=\begin{bmatrix}1 & 0 & 0 & 0\\ 0 & 1 & 0 & 0\\ -1 & 2 & 1 & 0\\ 1 & 1 & 0 & 1\end{bmatrix},\ \boldsymbol{B}=\begin{bmatrix}1 & 0 & 3 & 2\\ -1 & 2 & 0 & 1\\ 1 & 0 & 4 & 1\\ -1 & -1 & 2 & 0\end{bmatrix},$$

用分块矩阵的方法求 $\boldsymbol{AB}$.

解 将 $\boldsymbol{A},\boldsymbol{B}$ 作如下分块：

$$\boldsymbol{A}=\left[\begin{array}{cc:cc}1 & 0 & 0 & 0\\ 0 & 1 & 0 & 0\\ \hdashline -1 & 2 & 1 & 0\\ 1 & 1 & 0 & 1\end{array}\right]=\begin{bmatrix}\boldsymbol{E} & \boldsymbol{O}\\ \boldsymbol{A}_1 & \boldsymbol{E}\end{bmatrix},$$

$$\boldsymbol{B}=\left[\begin{array}{cc:cc}1 & 0 & 3 & 2\\ -1 & 2 & 0 & 1\\ \hdashline 1 & 0 & 4 & 1\\ -1 & -1 & 2 & 0\end{array}\right]=\begin{bmatrix}\boldsymbol{B}_1 & \boldsymbol{B}_2\\ \boldsymbol{B}_3 & \boldsymbol{B}_4\end{bmatrix},$$

则

$$\boldsymbol{AB}=\begin{bmatrix}\boldsymbol{E} & \boldsymbol{O}\\ \boldsymbol{A}_1 & \boldsymbol{E}\end{bmatrix}\begin{bmatrix}\boldsymbol{B}_1 & \boldsymbol{B}_2\\ \boldsymbol{B}_3 & \boldsymbol{B}_4\end{bmatrix}=\begin{bmatrix}\boldsymbol{B}_1 & \boldsymbol{B}_2\\ \boldsymbol{A}_1\boldsymbol{B}_1+\boldsymbol{B}_3 & \boldsymbol{A}_1\boldsymbol{B}_2+\boldsymbol{B}_4\end{bmatrix},$$

$$\boldsymbol{A}_1\boldsymbol{B}_1+\boldsymbol{B}_3=\begin{bmatrix}-1 & 2\\ 1 & 1\end{bmatrix}\begin{bmatrix}1 & 0\\ -1 & 2\end{bmatrix}+\begin{bmatrix}1 & 0\\ -1 & -1\end{bmatrix}=\begin{bmatrix}-2 & 4\\ -1 & 1\end{bmatrix},$$

$$A_1B_2+B_4=\begin{bmatrix}-1&2\\1&1\end{bmatrix}\begin{bmatrix}3&2\\0&1\end{bmatrix}+\begin{bmatrix}4&1\\2&0\end{bmatrix}=\begin{bmatrix}1&1\\5&3\end{bmatrix}.$$

因此

$$AB=\begin{bmatrix}1&0&3&2\\-1&2&0&1\\-2&4&1&1\\-1&1&5&3\end{bmatrix}.$$

如果直接计算 A 与 B 的乘积,有

$$AB=\begin{bmatrix}1&0&0&0\\0&1&0&0\\-1&2&1&0\\1&1&0&1\end{bmatrix}\begin{bmatrix}1&0&3&2\\-1&2&0&1\\1&0&4&1\\-1&-1&2&0\end{bmatrix}=\begin{bmatrix}1&0&3&2\\-1&2&0&1\\-2&4&1&1\\-1&1&5&3\end{bmatrix}.$$

显然两种方法得到的结果是一样的.

4. **分块矩阵的转置**

设分块矩阵

$$A=\begin{bmatrix}A_{11}&A_{12}&\cdots&A_{1t}\\A_{21}&A_{22}&\cdots&A_{2t}\\\vdots&\vdots&&\vdots\\A_{s1}&A_{s2}&\cdots&A_{st}\end{bmatrix},$$

则

$$A^{\mathrm T}=\begin{bmatrix}A_{11}^{\mathrm T}&A_{21}^{\mathrm T}&\cdots&A_{s1}^{\mathrm T}\\A_{12}^{\mathrm T}&A_{22}^{\mathrm T}&\cdots&A_{s2}^{\mathrm T}\\\vdots&\vdots&&\vdots\\A_{1t}^{\mathrm T}&A_{2t}^{\mathrm T}&\cdots&A_{st}^{\mathrm T}\end{bmatrix}.$$

计算分块矩阵的转置时,不仅要把行变为同序号的列,而且每一个子块也必须转置.

2.3.2 准对角矩阵

定义 2.9 设 $A_i(i=1,2,\cdots,t)$ 是 n_i 阶的方阵,则称形如

$$\begin{bmatrix}A_1&&&\\&A_2&&\\&&\ddots&\\&&&A_t\end{bmatrix}$$

的矩阵为准对角形矩阵(空白处为零子块).

设

$$\boldsymbol{A}=\begin{bmatrix}\boldsymbol{A}_1 & & & \\ & \boldsymbol{A}_2 & & \\ & & \ddots & \\ & & & \boldsymbol{A}_t\end{bmatrix},\ \boldsymbol{B}=\begin{bmatrix}\boldsymbol{B}_1 & & & \\ & \boldsymbol{B}_2 & & \\ & & \ddots & \\ & & & \boldsymbol{B}_t\end{bmatrix}$$

都是准对角形矩阵,且 $\boldsymbol{A}_i$ 与 $\boldsymbol{B}_i(i=1,2,\cdots,t)$ 是同阶方阵,则由分块矩阵的运算法有

$$\boldsymbol{A}\pm\boldsymbol{B}=\begin{bmatrix}\boldsymbol{A}_1\pm\boldsymbol{B}_1 & & & \\ & \boldsymbol{A}_2\pm\boldsymbol{B}_2 & & \\ & & \ddots & \\ & & & \boldsymbol{A}_t\pm\boldsymbol{B}_t\end{bmatrix};$$

$$k\boldsymbol{A}=\begin{bmatrix}k\boldsymbol{A}_1 & & & \\ & k\boldsymbol{A}_2 & & \\ & & \ddots & \\ & & & k\boldsymbol{A}_t\end{bmatrix};$$

$$\boldsymbol{AB}=\begin{bmatrix}\boldsymbol{A}_1\boldsymbol{B}_1 & & & \\ & \boldsymbol{A}_2\boldsymbol{B}_2 & & \\ & & \ddots & \\ & & & \boldsymbol{A}_t\boldsymbol{B}_t\end{bmatrix};$$

$$\boldsymbol{A}^{\mathrm{T}}=\begin{bmatrix}\boldsymbol{A}_1^{\mathrm{T}} & & & \\ & \boldsymbol{A}_2^{\mathrm{T}} & & \\ & & \ddots & \\ & & & \boldsymbol{A}_t^{\mathrm{T}}\end{bmatrix}.$$

$$|A|=|A_1||A_2|\cdots|A_n|$$

显然,对角形矩阵是准对角形矩阵的一种特殊形式.

例 2 设 $\boldsymbol{A}=\begin{bmatrix}1&2&0&0\\2&3&0&0\\0&0&1&3\\0&0&1&2\end{bmatrix}$, 求 $2\boldsymbol{A},\boldsymbol{A}^{\mathrm{T}}$.

解 将 $\boldsymbol{A}$ 进行分块

$$\boldsymbol{A}=\left[\begin{array}{cc:cc}1&2&0&0\\2&3&0&0\\ \hdashline 0&0&1&3\\0&0&1&2\end{array}\right]=\begin{bmatrix}\boldsymbol{A}_{11}&\boldsymbol{O}\\\boldsymbol{O}&\boldsymbol{A}_{22}\end{bmatrix},$$

其中 $\boldsymbol{A}_{11}=\begin{bmatrix}1&2\\2&3\end{bmatrix},\boldsymbol{A}_{22}=\begin{bmatrix}1&3\\1&2\end{bmatrix}$,则

$$2A=\begin{bmatrix}2A_{11} & O\\ O & 2A_{22}\end{bmatrix}=\begin{bmatrix}2&4&0&0\\4&6&0&0\\0&0&2&6\\0&0&2&4\end{bmatrix},\ A^{\mathrm{T}}=\begin{bmatrix}A_{11}^{\mathrm{T}} & \\ & A_{22}^{\mathrm{T}}\end{bmatrix}=\begin{bmatrix}1&2&0&0\\2&3&0&0\\0&0&1&1\\0&0&3&2\end{bmatrix}.$$

2.4 逆矩阵

2.4.1 可逆矩阵的概念

在数的运算中，乘法的逆运算是除法，而矩阵的乘法却没有逆运算，其原因是矩阵的乘法不满足交换律，所以矩阵不能定义除法运算.

在数的运算中，若 $a\neq 0$，总有唯一的数 $a^{-1}=\dfrac{1}{a}$，使得

$$aa^{-1}=a^{-1}a=1.$$

称 a^{-1} 为 a 的逆. 在矩阵的乘法中，单位矩阵 $\boldsymbol{E}$ 具有与数 1 在数的乘法中类似的性质，那么对于一个方阵 $\boldsymbol{A}$，能不能找到一个与 a^{-1} 地位相当的矩阵 $\boldsymbol{B}$，使得 $\boldsymbol{AB}=\boldsymbol{E}$? 这样的 $\boldsymbol{B}$ 就是本节要讨论的逆矩阵.

定义 2.10 对于 n 阶方阵 $\boldsymbol{A}$，若存在 n 阶方阵 $\boldsymbol{B}$，使得

$$\boldsymbol{AB}=\boldsymbol{BA}=\boldsymbol{E},$$

则称方阵 $\boldsymbol{A}$ 为可逆矩阵，或称 $\boldsymbol{A}$ 是可逆的，并称 $\boldsymbol{B}$ 是 $\boldsymbol{A}$ 的逆矩阵，记作:$\boldsymbol{A}^{-1}$.

例如

$$\boldsymbol{A}=\begin{bmatrix}2&5\\1&3\end{bmatrix},\boldsymbol{B}=\begin{bmatrix}3&-5\\-1&2\end{bmatrix},$$

因为

$$\boldsymbol{AB}=\begin{bmatrix}2&5\\1&3\end{bmatrix}\begin{bmatrix}3&-5\\-1&2\end{bmatrix}=\begin{bmatrix}1&0\\0&1\end{bmatrix},$$

$$\boldsymbol{BA}=\begin{bmatrix}3&-5\\-1&2\end{bmatrix}\begin{bmatrix}2&5\\1&3\end{bmatrix}=\begin{bmatrix}1&0\\0&1\end{bmatrix}.$$

即有 $\boldsymbol{AB}=\boldsymbol{BA}=\boldsymbol{E}$，故 $\boldsymbol{B}$ 是 $\boldsymbol{A}$ 的逆矩阵.

在定义 2.10 中，矩阵 $\boldsymbol{A}$ 与 $\boldsymbol{B}$ 的地位是相同的，$\boldsymbol{B}$ 是 $\boldsymbol{A}$ 的逆矩阵，反过来 $\boldsymbol{A}$ 也是 $\boldsymbol{B}$ 的逆矩阵，也就是说 $\boldsymbol{A}$ 与 $\boldsymbol{B}$ 是互逆的.

定理 2.2 (1)若 $\boldsymbol{A}$ 是可逆的，则 $\boldsymbol{A}$ 的逆矩阵是唯一的；

(2)可逆矩阵 $\boldsymbol{A}$ 的逆矩阵 $\boldsymbol{A}^{-1}$ 也是可逆的，且 $(\boldsymbol{A}^{-1})^{-1}=\boldsymbol{A}$；

(3)两个同阶可逆矩阵 $\boldsymbol{A},\boldsymbol{B}$ 的乘积 $\boldsymbol{AB}$ 也可逆，且 $(\boldsymbol{AB})^{-1}=\boldsymbol{B}^{-1}\boldsymbol{A}^{-1}$；

(4)若 $\boldsymbol{A}$ 是可逆的，则 $\boldsymbol{A}^{\mathrm{T}}$ 也可逆，且 $(\boldsymbol{A}^{\mathrm{T}})^{-1}=(\boldsymbol{A}^{-1})^{\mathrm{T}}$；

(5)若 A 是可逆的，k 是非零常数，则 kA 也可逆，且 $(kA)^{-1}=\frac{1}{k}A^{-1}$.

证 (1)设 B_1,B_2 都是 A 的逆矩阵，下面证明 $B_1=B_2$.

因为 B_1,B_2 都是 A 的逆矩阵，所以

$$AB_1=B_1A=E,\ AB_2=B_2A=E,$$

$$B_1=B_1E=B_1(AB_2)=(B_1A)B_2=B_2.$$

可见，若 A 可逆，则 A 的逆矩阵是唯一的，并记 A 的逆矩阵为 A^{-1}，即

$$AA^{-1}=A^{-1}A=E.$$

(2)根据逆矩阵定义，显然 A 与 A^{-1} 互为逆矩阵，因此 $(A^{-1})^{-1}=A$.

(3)因为 $(AB)(B^{-1}A^{-1})=ABB^{-1}A^{-1}=AEA^{-1}=AA^{-1}=E$;

$(B^{-1}A^{-1})(AB)=B^{-1}A^{-1}AB=B^{-1}EB=B^{-1}B=E.$

所以 AB 是可逆的，又由逆矩阵的唯一性，有 $(AB)^{-1}=B^{-1}A^{-1}$.

(4)由矩阵转置的运算规律，有

$$(A^{-1})^{\mathrm{T}}A^{\mathrm{T}}=(AA^{-1})^{\mathrm{T}}=E^{\mathrm{T}}=E;$$

$$A^{\mathrm{T}}(A^{-1})^{\mathrm{T}}=(A^{-1}A)^{\mathrm{T}}=E^{\mathrm{T}}=E.$$

由定义及逆矩阵的唯一性，有 $(A^{\mathrm{T}})^{-1}=(A^{-1})^{\mathrm{T}}$.

(5)由于 $(kA)\left(\frac{1}{k}A^{-1}\right)=k\frac{1}{k}AA^{-1}=E$,

$$\left(\frac{1}{k}A^{-1}\right)(kA)=\frac{1}{k}kA^{-1}A=E,$$

由定义及逆矩阵的唯一性，有

$$(kA)^{-1}=\frac{1}{k}A^{-1}.$$

注 性质(3)可推广到多个可逆矩阵的情形.

设 $A_1,A_2,\cdots A_t$ 均为 n 阶可逆方阵，则 $A_1A_2\cdots A_t$ 也可逆，且

$$(A_1A_2\cdots A_t)^{-1}=A_t^{-1}\cdots A_2^{-1}A_1^{-1}.$$

2.4.2 逆矩阵存在的充要条件及求法

由定义 2.10，我们知道了可逆矩阵的概念，然而对于给定的方阵，如何判断 A 是否可逆？如果可逆，其逆矩阵 A^{-1} 如何求？为解决这个问题，下面先介绍伴随矩阵.

定义 2.11 设 n 阶方阵

$$A=\begin{bmatrix} a_{11} & a_{12} & \cdots & a_{1n} \\ a_{21} & a_{22} & \cdots & a_{2n} \\ \vdots & \vdots & & \vdots \\ a_{n1} & a_{n2} & \cdots & a_{nn} \end{bmatrix},$$

称

$$
A^* = \begin{bmatrix} A_{11} & A_{21} & \cdots & A_{n1} \\ A_{12} & A_{22} & \cdots & A_{n2} \\ \vdots & \vdots & & \vdots \\ A_{1n} & A_{2n} & \cdots & A_{nn} \end{bmatrix}
$$

为矩阵 $\boldsymbol{A}$ 的伴随矩阵,其中 A_{ij} 是方阵 $\boldsymbol{A}$ 的行列式 $|\boldsymbol{A}|$ 中元素 a_{ij} 的代数余子式.

定理 2.3 对于任意的 n 阶方阵 $\boldsymbol{A}$,都有 $\boldsymbol{A}\boldsymbol{A}^* = \boldsymbol{A}^*\boldsymbol{A} = |\boldsymbol{A}|\boldsymbol{E}$.

证 设

$$
\boldsymbol{A} = \begin{bmatrix} a_{11} & a_{12} & \cdots & a_{1n} \\ a_{21} & a_{22} & \cdots & a_{2n} \\ \vdots & \vdots & & \vdots \\ a_{n1} & a_{n2} & \cdots & a_{nn} \end{bmatrix}, \quad \boldsymbol{A}^* = \begin{bmatrix} A_{11} & A_{21} & \cdots & A_{n1} \\ A_{12} & A_{22} & \cdots & A_{n2} \\ \vdots & \vdots & & \vdots \\ A_{1n} & A_{2n} & \cdots & A_{nn} \end{bmatrix},
$$

则有

$$
\boldsymbol{A}\boldsymbol{A}^* = \begin{bmatrix} a_{11} & a_{12} & \cdots & a_{1n} \\ a_{21} & a_{22} & \cdots & a_{2n} \\ \vdots & \vdots & & \vdots \\ a_{n1} & a_{n2} & \cdots & a_{nn} \end{bmatrix} \begin{bmatrix} A_{11} & A_{21} & \cdots & A_{n1} \\ A_{12} & A_{22} & \cdots & A_{n2} \\ \vdots & \vdots & & \vdots \\ A_{1n} & A_{2n} & \cdots & A_{nn} \end{bmatrix}
$$

$$
= \begin{bmatrix} \sum_{k=1}^{n} a_{1k}A_{1k} & \sum_{k=1}^{n} a_{1k}A_{2k} & \cdots & \sum_{k=1}^{n} a_{1k}A_{nk} \\ \sum_{k=1}^{n} a_{2k}A_{1k} & \sum_{k=1}^{n} a_{2k}A_{2k} & \cdots & \sum_{k=1}^{n} a_{2k}A_{nk} \\ \vdots & \vdots & & \vdots \\ \sum_{k=1}^{n} a_{nk}A_{1k} & \sum_{k=1}^{n} a_{nk}A_{2k} & \cdots & \sum_{k=1}^{n} a_{nk}A_{nk} \end{bmatrix}
$$

$$
= \begin{bmatrix} |\boldsymbol{A}| & & & \\ & |\boldsymbol{A}| & & \\ & & \ddots & \\ & & & |\boldsymbol{A}| \end{bmatrix} = |\boldsymbol{A}|\boldsymbol{E}.
$$

同理可证 $\boldsymbol{A}^*\boldsymbol{A} = |\boldsymbol{A}|\boldsymbol{E}$.

综上,$\boldsymbol{A}\boldsymbol{A}^* = \boldsymbol{A}^*\boldsymbol{A} = |\boldsymbol{A}|\boldsymbol{E}$.

定理 2.4 n 阶方阵 $\boldsymbol{A}$ 可逆的充要条件是 $|\boldsymbol{A}| \neq 0$. 若 $\boldsymbol{A}$ 可逆,则 $\boldsymbol{A}^{-1} = \dfrac{1}{|\boldsymbol{A}|}\boldsymbol{A}^*$.

证 必要性. 设 $\boldsymbol{A}$ 是 n 阶可逆矩阵,则存在 $\boldsymbol{A}^{-1}$ 使得

$$
\boldsymbol{A}\boldsymbol{A}^{-1} = \boldsymbol{A}^{-1}\boldsymbol{A} = \boldsymbol{E},
$$

对等式两边取行列式,得

$$|AA^{-1}| = |A||A^{-1}| = |E| = 1.$$

所以$|A| \neq 0$.

充分性. 对于 n 阶矩阵 A,由定理 2.3 得

$$AA^* = A^*A = |A|E,$$

因为$|A| \neq 0$,所以有

$$A\left(\frac{1}{|A|}A^*\right) = \left(\frac{1}{|A|}A^*\right)A = E,$$

由逆矩阵的定义及唯一性可知,A 可逆,且

$$A^{-1} = \frac{1}{|A|}A^*.$$

推论 设 A,B 都是 n 阶方阵,若 $AB = E$(或 $BA = E$),则 A 与 B 均可逆,且

$$B = A^{-1},\ A = B^{-1}.$$

证 因为 $AB = E$,所以有$|AB| = |A||B| = |E| = 1$,即$|A| \neq 0$,所以 A 可逆,A^{-1}存在.于是

$$B = EB = (A^{-1}A)B = A^{-1}(AB) = A^{-1}E = A^{-1}.$$

同理可证 B 可逆,且 $B^{-1} = A$.

注 (1)定理 2.4 不但给出了矩阵可逆的充要条件,同时也给出了求逆矩阵的公式

$$A^{-1} = \frac{1}{|A|}A^*.$$

(2)当$|A| \neq 0$ 时,$|A^{-1}| = \frac{1}{|A|}|E| = \frac{1}{|A|} = |A|^{-1}$.

例 1 设 $a_{11}a_{22} - a_{12}a_{21} \neq 0$,证明矩阵 $A = \begin{bmatrix} a_{11} & a_{12} \\ a_{21} & a_{22} \end{bmatrix}$可逆,并求 A 的逆矩阵.

证 因为

$$|A| = \begin{vmatrix} a_{11} & a_{12} \\ a_{21} & a_{22} \end{vmatrix} = a_{11}a_{22} - a_{12}a_{21} \neq 0,$$

所以 A 可逆,并由

$$A_{11} = a_{22},\ A_{12} = -a_{21},\ A_{21} = -a_{12},\ A_{22} = a_{11},$$

得

$$A^* = \begin{bmatrix} A_{11} & A_{21} \\ A_{12} & A_{22} \end{bmatrix} = \begin{bmatrix} a_{22} & -a_{12} \\ -a_{21} & a_{11} \end{bmatrix},$$

所以

$$A^{-1} = \frac{1}{|A|}A^* = \frac{1}{a_{11}a_{22} - a_{12}a_{21}}\begin{bmatrix} a_{22} & -a_{12} \\ -a_{21} & a_{11} \end{bmatrix}.$$

例 2 设 $\boldsymbol{A}=\begin{bmatrix}-1 & 0 & 3\\ 0 & -2 & -5\\ 2 & 2 & 0\end{bmatrix}$,判断 $\boldsymbol{A}$ 是否可逆. 若可逆,求其逆矩阵.

解 因为

$$|\boldsymbol{A}|=\begin{vmatrix}-1 & 0 & 3\\ 0 & -2 & -5\\ 2 & 2 & 0\end{vmatrix}=\begin{vmatrix}-1 & 0 & 3\\ 0 & -2 & -5\\ 0 & 2 & 6\end{vmatrix}=2\neq 0,$$

所以 $\boldsymbol{A}$ 可逆,且由

$$A_{11}=\begin{vmatrix}-2 & -5\\ 2 & 0\end{vmatrix}=10,\ A_{21}=-\begin{vmatrix}0 & 3\\ 2 & 0\end{vmatrix}=6,\ A_{31}=\begin{vmatrix}0 & 3\\ -2 & -5\end{vmatrix}=6,$$

$$A_{12}=-\begin{vmatrix}0 & -5\\ 2 & 0\end{vmatrix}=-10,\ A_{22}=\begin{vmatrix}-1 & 3\\ 2 & 0\end{vmatrix}=-6,\ A_{32}=-\begin{vmatrix}-1 & 3\\ 0 & -5\end{vmatrix}=-5,$$

$$A_{13}=\begin{vmatrix}0 & -2\\ 2 & 2\end{vmatrix}=4,\ A_{23}=-\begin{vmatrix}-1 & 0\\ 2 & 2\end{vmatrix}=2,\ A_{33}=\begin{vmatrix}-1 & 0\\ 0 & -2\end{vmatrix}=2,$$

得

$$\boldsymbol{A}^*=\begin{bmatrix}A_{11} & A_{21} & A_{31}\\ A_{12} & A_{22} & A_{32}\\ A_{13} & A_{23} & A_{33}\end{bmatrix}=\begin{bmatrix}10 & 6 & 6\\ -10 & -6 & -5\\ 4 & 2 & 2\end{bmatrix},$$

所以

$$\boldsymbol{A}^{-1}=\frac{1}{|\boldsymbol{A}|}\boldsymbol{A}^*=\frac{1}{2}\begin{bmatrix}10 & 6 & 6\\ -10 & -6 & -5\\ 4 & 2 & 2\end{bmatrix}=\begin{bmatrix}5 & 3 & 3\\ -5 & -3 & -\frac{5}{2}\\ 2 & 1 & 1\end{bmatrix}.$$

例 3 设 n 阶方阵

$$\boldsymbol{P}=\begin{bmatrix}\boldsymbol{A} & \boldsymbol{C}\\ \boldsymbol{O} & \boldsymbol{B}\end{bmatrix},$$

且 $\boldsymbol{A},\boldsymbol{B}$ 分别是 r 阶和 s 阶可逆矩阵($r+s=n$),证明 $\boldsymbol{P}$ 可逆,并求 $\boldsymbol{P}^{-1}$.

证 由拉普拉斯定理有

$$|\boldsymbol{P}|=\begin{vmatrix}\boldsymbol{A} & \boldsymbol{C}\\ \boldsymbol{O} & \boldsymbol{B}\end{vmatrix}=|\boldsymbol{A}||\boldsymbol{B}|,$$

由于 $\boldsymbol{A},\boldsymbol{B}$ 可逆,所以 $|\boldsymbol{A}|\neq 0$, $|\boldsymbol{B}|\neq 0$,从而 $|\boldsymbol{P}|\neq 0$. 故 $\boldsymbol{P}$ 可逆.

设 $\boldsymbol{P}$ 的逆矩阵为 $\boldsymbol{P}^{-1}$,并将 $\boldsymbol{P}^{-1}$ 按 $\boldsymbol{P}$ 的分法表示为分块矩阵,

$$\boldsymbol{P}^{-1}=\begin{bmatrix}\boldsymbol{X}_1 & \boldsymbol{X}_2\\ \boldsymbol{X}_3 & \boldsymbol{X}_4\end{bmatrix}$$

则

$$PP^{-1}=\begin{bmatrix}A & C\\ O & B\end{bmatrix}\begin{bmatrix}X_1 & X_2\\ X_3 & X_4\end{bmatrix}=\begin{bmatrix}AX_1+CX_3 & AX_2+CX_4\\ BX_3 & BX_4\end{bmatrix}=\begin{bmatrix}E_r & O\\ O & E_s\end{bmatrix},$$

于是

$$\begin{cases}AX_1+CX_3=E_r, & (1)\\ AX_2+CX_4=O, & (2)\\ BX_3=O, & (3)\\ BX_4=E_s. & (4)\end{cases}$$

因为 B 可逆,用 B^{-1} 分别乘(3),(4)式可得

$$X_3=O,\ X_4=B^{-1},$$

将 $X_3=O$ 代入(1)式,再左乘 A^{-1},便可得

$$X_1=A^{-1},$$

将 $X_4=B^{-1}$ 代入(2)式,得到

$$X_2=-A^{-1}CB^{-1},$$

所以

$$P^{-1}=\begin{bmatrix}A^{-1} & -A^{-1}CB^{-1}\\ O & B^{-1}\end{bmatrix}.$$

特别地,当 $C=O$ 时,有

$$\begin{bmatrix}A & O\\ O & B\end{bmatrix}^{-1}=\begin{bmatrix}A^{-1} & O\\ O & B^{-1}\end{bmatrix}.$$

利用数学归纳法可以证得:当 $A_i(i=1,2,\cdots,t)$ 是 n_i 阶的可逆矩阵时,

$$\begin{bmatrix}A_1 & & & \\ & A_2 & & \\ & & \ddots & \\ & & & A_s\end{bmatrix}^{-1}=\begin{bmatrix}A_1^{-1} & & & \\ & A_2^{-1} & & \\ & & \ddots & \\ & & & A_s^{-1}\end{bmatrix}.$$

而

$$\begin{bmatrix} & & & A_1\\ & & A_2 & \\ & \iddots & & \\ A_s & & & \end{bmatrix}^{-1}=\begin{bmatrix} & & & A_s^{-1}\\ & & \iddots & \\ & A_2^{-1} & & \\ A_1^{-1} & & & \end{bmatrix}.$$

显然,对角形矩阵是其特殊情况,即对于

$$A=\begin{bmatrix}a_1 & & & \\ & a_2 & & \\ & & \ddots & \\ & & & a_n\end{bmatrix},$$

当 $a_1a_2\cdots a_n\neq 0$ 时，对角形矩阵 $\boldsymbol{A}$ 可逆，且

$$\boldsymbol{A}^{-1}=\begin{bmatrix} a_1^{-1} & & & \\ & a_2^{-1} & & \\ & & \ddots & \\ & & & a_n^{-1} \end{bmatrix}.$$

例 4 设 $\boldsymbol{A}=\begin{bmatrix} 3 & 0 & 0 \\ 0 & 1 & 2 \\ 0 & 2 & 3 \end{bmatrix}$，求 $\boldsymbol{A}^{-1}$.

解 $\boldsymbol{A}=\begin{bmatrix} 3 & 0 & 0 \\ 0 & 1 & 2 \\ 0 & 2 & 3 \end{bmatrix}=\begin{bmatrix} \boldsymbol{A}_1 & \\ & \boldsymbol{A}_2 \end{bmatrix}$，其中 $\boldsymbol{A}_1=3$，$\boldsymbol{A}_2=\begin{bmatrix} 1 & 2 \\ 2 & 3 \end{bmatrix}$，

$$\boldsymbol{A}_1^{-1}=\frac{1}{3},\ \boldsymbol{A}_2^{-1}=\frac{1}{|\boldsymbol{A}_2|}\boldsymbol{A}^*=(-1)\cdot\begin{bmatrix} 3 & -2 \\ -2 & 1 \end{bmatrix}=\begin{bmatrix} -3 & 2 \\ 2 & -1 \end{bmatrix},$$

$$\boldsymbol{A}^{-1}=\begin{bmatrix} 3 & 0 & 0 \\ 0 & 1 & 2 \\ 0 & 2 & 3 \end{bmatrix}^{-1}=\begin{bmatrix} \boldsymbol{A}_1^{-1} & \\ & \boldsymbol{A}_2^{-1} \end{bmatrix}=\begin{bmatrix} \frac{1}{3} & 0 & 0 \\ 0 & -3 & 2 \\ 0 & 2 & -1 \end{bmatrix}.$$

例 5 设 n 阶方阵 $\boldsymbol{A}$ 满足 $\boldsymbol{A}^2-3\boldsymbol{A}+\boldsymbol{E}=\boldsymbol{O}$，证明 $\boldsymbol{A}-\boldsymbol{E}$ 可逆，并求其逆矩阵.

证 由 $\boldsymbol{A}^2-3\boldsymbol{A}+\boldsymbol{E}=\boldsymbol{O}$，有

$$(\boldsymbol{A}-\boldsymbol{E})(\boldsymbol{A}-2\boldsymbol{E})=\boldsymbol{E}.$$

由定理 2.4 的推论可知，$\boldsymbol{A}-\boldsymbol{E}$ 可逆，且

$$(\boldsymbol{A}-\boldsymbol{E})^{-1}=\boldsymbol{A}-2\boldsymbol{E}.$$

2.5 矩阵的初等变换

利用公式求可逆矩阵的逆矩阵，必须求出 $|\boldsymbol{A}|$ 及 $\boldsymbol{A}^*$，而求 $\boldsymbol{A}^*$ 又需要求出 n^2 个 $n-1$ 阶行列式，当矩阵 $\boldsymbol{A}$ 的阶数较高时，计算量相当大. 本节将给出利用矩阵的初等变换求逆矩阵的方法，矩阵的初等变换不仅可用于求逆矩阵，而且在求矩阵的秩、解线性方程组等方面都有着广泛的应用.

2.5.1 初等变换与初等矩阵

定义 2.12 矩阵的以下变换称为矩阵的初等行变换：

(1) 交换矩阵的两行（交换 i,j 两行，记作 $r_i\leftrightarrow r_j$）；

(2) 某一行所有元素乘以非零常数 k（第 i 行乘 k，记作 $k\times r_i$，或 kr_i）；

(3) 把某一行所有元素的 k 倍加到另一行对应的元素上去（第 j 行的 k 倍加到第 i 行

上,记作 $r_i + kr_j$).

把定义中的“行”换成“列”,即得到矩阵的初等列变换的定义(记号是把“r”换成“c”).

矩阵的初等行变换与初等列变换统称为矩阵的初等变换.

定义 2.13 由 n 阶单位矩阵 $\boldsymbol{E}$ 经过一次初等变换得到的矩阵称为初等矩阵,由定义可知,对应于 3 种初等变换有 3 种类型的初等矩阵.

(1)互换 $\boldsymbol{E}$ 的 i,j 两行(列)得到的初等矩阵

$$
\begin{array}{c}
\qquad\qquad\qquad\qquad(\text{第 } i \text{ 列})\qquad\qquad\qquad(\text{第 } j \text{ 列})\\
\boldsymbol{E}(i,j)=\begin{bmatrix}
1 & & & \vdots & & & & \vdots & & & \\
 & \ddots & & \vdots & & & & \vdots & & & \\
 & & 1 & \vdots & & & & \vdots & & & \\
 & & & 0 & \cdots & \cdots & \cdots & 1 & \cdots & \cdots & \cdots \\
 & & & \vdots & 1 & & & \vdots & & & \\
 & & & \vdots & & \ddots & & \vdots & & & \\
 & & & \vdots & & & 1 & \vdots & & & \\
 & & & 1 & \cdots & \cdots & \cdots & 0 & \cdots & \cdots & \cdots \\
 & & & & & & & & 1 & & \\
 & & & & & & & & & \ddots & \\
 & & & & & & & & & & 1
\end{bmatrix}
\begin{array}{l}
\\ \\ \\ (\text{第 } i \text{ 行}) \\ \\ \\ \\ (\text{第 } j \text{ 行}) \\ \\ \\ \\
\end{array}.
\end{array}
$$

(2)把 $\boldsymbol{E}$ 的 i 行(列)乘以非零常数 k 得到的初等矩阵

$$
\begin{array}{c}
\qquad\qquad\qquad(\text{第 } i \text{ 列})\\
\boldsymbol{E}((k)i)=\begin{bmatrix}
1 & & & \vdots & & & \\
 & \ddots & & \vdots & & & \\
 & & 1 & \vdots & & & \\
 & & & k & \cdots & \cdots & \cdots \\
 & & & & 1 & & \\
 & & & & & \ddots & \\
 & & & & & & 1
\end{bmatrix}
\begin{array}{l}
\\ \\ \\ (\text{第 } i \text{ 行}). \\ \\ \\ \\
\end{array}
\end{array}
$$

(3)把 $\boldsymbol{E}$ 的第 i 行加上第 j 行的 k 倍(第 j 列加上第 i 列的 k 倍)得到的初等矩阵

$$
\boldsymbol{E}(i+(k)j)=\begin{bmatrix}1 & & \vdots & & \vdots & & & \\ & \ddots & \vdots & & \vdots & & & \\ & & 1 & \cdots & k & \cdots & \cdots & \\ & & & \ddots & \vdots & & & \\ & & & & 1 & \cdots & \cdots & \\ & & & & & \ddots & & \\ & & & & & & & 1\end{bmatrix}\begin{matrix} \\ \\ (\text{第} i \text{行}) \\ \\ (\text{第} j \text{行}) \\ \\ \\ \end{matrix}.
$$

（第 i 列）（第 j 列）

初等矩阵具有以下性质：

(1)初等矩阵都是可逆矩阵. 这是因为

$|\boldsymbol{E}(i,j)| = -1 \neq 0$;

$|\boldsymbol{E}((k)i)| = k \neq 0$;

$|\boldsymbol{E}(i+(k)j)| = 1 \neq 0$.

(2)初等矩阵的逆矩阵仍为初等矩阵. 且

$\boldsymbol{E}^{-1}(i,j) = \boldsymbol{E}(i,j)$;

$\boldsymbol{E}^{-1}((k)i) = \boldsymbol{E}\left(\left(\frac{1}{k}\right)i\right)$;

$\boldsymbol{E}^{-1}(i+(k)j) = \boldsymbol{E}(i+(-k)j)$.

(3)初等矩阵的转置矩阵仍为初等矩阵. 且

$\boldsymbol{E}^{\mathrm{T}}(i,j) = \boldsymbol{E}(i,j)$;

$\boldsymbol{E}^{\mathrm{T}}((k)i) = \boldsymbol{E}((k)i)$;

$\boldsymbol{E}^{\mathrm{T}}(i+(k)j) = \boldsymbol{E}(j+(k)i)$.

例 1 设

$$
\boldsymbol{P}_1=\begin{bmatrix}0&1&0\\1&0&0\\0&0&1\end{bmatrix},\ \boldsymbol{P}_2=\begin{bmatrix}1&0&0\\0&1&0\\0&0&2\end{bmatrix},\ \boldsymbol{P}_3=\begin{bmatrix}1&0&0\\2&1&0\\0&0&1\end{bmatrix},\ \boldsymbol{A}=\begin{bmatrix}a_{11}&a_{12}&a_{13}\\a_{21}&a_{22}&a_{23}\\a_{31}&a_{32}&a_{33}\end{bmatrix},
$$

计算 $\boldsymbol{P}_1\boldsymbol{A},\boldsymbol{P}_2\boldsymbol{A},\boldsymbol{P}_3\boldsymbol{A}$.

解

$$
\boldsymbol{P}_1\boldsymbol{A}=\begin{bmatrix}0&1&0\\1&0&0\\0&0&1\end{bmatrix}\begin{bmatrix}a_{11}&a_{12}&a_{13}\\a_{21}&a_{22}&a_{23}\\a_{31}&a_{32}&a_{33}\end{bmatrix}=\begin{bmatrix}a_{21}&a_{22}&a_{23}\\a_{11}&a_{12}&a_{13}\\a_{31}&a_{32}&a_{33}\end{bmatrix},
$$

$$
\boldsymbol{P}_2\boldsymbol{A}=\begin{bmatrix}1&0&0\\0&1&0\\0&0&2\end{bmatrix}\begin{bmatrix}a_{11}&a_{12}&a_{13}\\a_{21}&a_{22}&a_{23}\\a_{31}&a_{32}&a_{33}\end{bmatrix}=\begin{bmatrix}a_{11}&a_{12}&a_{13}\\a_{21}&a_{22}&a_{23}\\2a_{31}&2a_{32}&2a_{33}\end{bmatrix},
$$

$$P_3A=\begin{bmatrix}1&0&0\\2&1&0\\0&0&1\end{bmatrix}\begin{bmatrix}a_{11}&a_{12}&a_{13}\\a_{21}&a_{22}&a_{23}\\a_{31}&a_{32}&a_{33}\end{bmatrix}=\begin{bmatrix}a_{11}&a_{12}&a_{13}\\a_{21}+2a_{11}&a_{22}+2a_{12}&a_{23}+2a_{13}\\a_{31}&a_{32}&a_{33}\end{bmatrix}.$$

对 $\boldsymbol{A}$ 作第一种初等行变换 $r_1\leftrightarrow r_2$ 可得到 $\boldsymbol{P}_1\boldsymbol{A}$，记作 $\boldsymbol{A}\xrightarrow{r_1\leftrightarrow r_2}\boldsymbol{P}_1\boldsymbol{A}$；对 $\boldsymbol{A}$ 作第二种初等行变换 $2r_3$ 可得到 $\boldsymbol{P}_2\boldsymbol{A}$，记作 $\boldsymbol{A}\xrightarrow{2r_3}\boldsymbol{P}_2\boldsymbol{A}$；对 $\boldsymbol{A}$ 作第三种初等行变换 r_2+2r_1 可得到 $\boldsymbol{P}_3\boldsymbol{A}$，记作 $\boldsymbol{A}\xrightarrow{r_2+2r_1}\boldsymbol{P}_3\boldsymbol{A}$.

定理 2.5 对一个 $m\times n$ 矩阵 $\boldsymbol{A}$ 作一次初等行(列)变换，相当于在 $\boldsymbol{A}$ 的左(右)边乘上一个相应的 m 阶(n 阶)的初等矩阵.

证 这里只证行的情形. 设

$$\boldsymbol{A}=\begin{bmatrix}a_{11}&a_{12}&\cdots&a_{1n}\\a_{21}&a_{22}&\cdots&a_{2n}\\\vdots&\vdots&&\vdots\\a_{m1}&a_{m2}&\cdots&a_{mn}\end{bmatrix}=\begin{bmatrix}\boldsymbol{A}_1\\\boldsymbol{A}_2\\\vdots\\\boldsymbol{A}_m\end{bmatrix},$$

其中 $\boldsymbol{A}_i=(a_{i1},a_{i2},\cdots,a_{in})$ $(i=1,2,\cdots,m)$ 是 $\boldsymbol{A}$ 的第 i 行元素所组成的子块，则

$$\boldsymbol{E}(i,j)=\begin{array}{r}\\\\\\(\text{第}\,i\,\text{行})\\\\\\\\(\text{第}\,j\,\text{行})\\\\\\\\\end{array}\overset{\qquad\qquad\qquad(\text{第}\,i\,\text{列})\qquad\qquad(\text{第}\,j\,\text{列})}{\begin{bmatrix}1&&&\vdots&&&&\vdots&&&\\&\ddots&&\vdots&&&&\vdots&&&\\&&1&\vdots&&&&\vdots&&&\\\cdots&\cdots&\cdots&0&\cdots&\cdots&\cdots&1&&&\\&&&\vdots&1&&&\vdots&&&\\&&&\vdots&&\ddots&&\vdots&&&\\&&&\vdots&&&1&\vdots&&&\\\cdots&\cdots&\cdots&1&\cdots&\cdots&\cdots&0&&&\\&&&&&&&&1&&\\&&&&&&&&&\ddots&\\&&&&&&&&&&1\end{bmatrix}}\begin{bmatrix}\boldsymbol{A}_1\\\vdots\\\vdots\\\boldsymbol{A}_i\\\vdots\\\vdots\\\vdots\\\boldsymbol{A}_j\\\vdots\\\vdots\\\boldsymbol{A}_m\end{bmatrix}=\begin{bmatrix}\boldsymbol{A}_1\\\vdots\\\vdots\\\boldsymbol{A}_j\\\vdots\\\vdots\\\vdots\\\boldsymbol{A}_i\\\vdots\\\vdots\\\boldsymbol{A}_m\end{bmatrix}.$$

$$\boldsymbol{E}((k)i)\boldsymbol{A}=\begin{bmatrix}1 & & & \vdots & & & \\ & \ddots & & \vdots & & & \\ & & 1 & \vdots & & & \\ \cdots & \cdots & \cdots & k & \cdots & \cdots & \cdots \\ & & & & 1 & & \\ & & & & & \ddots & \\ & & & & & & 1\end{bmatrix}\begin{bmatrix}\boldsymbol{A}_1\\ \vdots\\ \vdots\\ \boldsymbol{A}_i\\ \vdots\\ \vdots\\ \boldsymbol{A}_m\end{bmatrix}=\begin{bmatrix}\boldsymbol{A}_1\\ \vdots\\ \vdots\\ k\boldsymbol{A}_i\\ \vdots\\ \vdots\\ \boldsymbol{A}_m\end{bmatrix}.$$

(第 i 列)　(第 i 行)

$$\boldsymbol{E}(i+(k)j)\boldsymbol{A}=\begin{bmatrix}1 & & \vdots & & \vdots & & \\ & \ddots & \vdots & & \vdots & & \\ \cdots & \cdots & 1 & \cdots & k & \cdots & \cdots \\ & & & \ddots & \vdots & & \\ \cdots & \cdots & \cdots & \cdots & 1 & & \\ & & & & & \ddots & \\ & & & & & & 1\end{bmatrix}\begin{bmatrix}\boldsymbol{A}_1\\ \vdots\\ \boldsymbol{A}_i\\ \vdots\\ \boldsymbol{A}_j\\ \vdots\\ \boldsymbol{A}_m\end{bmatrix}=\begin{bmatrix}\boldsymbol{A}_1\\ \vdots\\ \boldsymbol{A}_i+k\boldsymbol{A}_j\\ \vdots\\ \boldsymbol{A}_j\\ \vdots\\ \boldsymbol{A}_m\end{bmatrix}.$$

(第 i 列)(第 j 列)　(第 i 行)(第 j 行)

同理可证明定理对列的情形也成立.

2.5.2 等价矩阵

定义 2.14 矩阵 $\boldsymbol{A}$ 经过有限次的初等变换变成矩阵 $\boldsymbol{B}$,则称矩阵 $\boldsymbol{A}$ 与矩阵 $\boldsymbol{B}$ 等价,记作 $\boldsymbol{A}\cong\boldsymbol{B}$.

显然,等价矩阵是同型矩阵.

等价是矩阵间的一种关系.易证矩阵的等价关系具有以下性质.

(1)反身性.$\boldsymbol{A}\cong\boldsymbol{A}$.

(2)对称性.若 $\boldsymbol{A}\cong\boldsymbol{B}$,则 $\boldsymbol{B}\cong\boldsymbol{A}$.

(3)传递性.若 $\boldsymbol{A}\cong\boldsymbol{B}$,$\boldsymbol{B}\cong\boldsymbol{C}$,则 $\boldsymbol{A}\cong\boldsymbol{C}$.

定义 2.15 满足下面两个条件的矩阵称为行阶梯形矩阵,简称阶梯形矩阵.

(1)零行(元素全为零的行)位于所有非零行(含非零元的行)的下方;

(2)每行左起第一个非零元素(称为首非零元)的下方元素全为 0.

形象地说,可以在该矩阵中画出一条阶梯线,线的下方全为 0;每个阶梯只有一行,阶梯数即是非零行的行数.

例如

$$\begin{bmatrix}1 & 2 & 1 & 2\\ 0 & 1 & 2 & 1\\ 0 & 0 & 0 & 0\end{bmatrix}\text{与}\begin{bmatrix}0 & 1 & 2 & 2 & 1\\ 0 & 0 & 1 & 3 & 1\\ 0 & 0 & 0 & 1 & 2\\ 0 & 0 & 0 & 0 & 0\end{bmatrix}$$

都是阶梯形矩阵.

定理 2.6 任何一个 $m\times n$ 的非零矩阵 $\boldsymbol{A}$ 都可以经过有限次的初等行变换化为阶梯形矩阵.

证明从略.

定理 2.7 任何一个 $m\times n$ 的非零矩阵 $\boldsymbol{A}$,必与形如

$$\boldsymbol{B}=\begin{bmatrix}1&0&\cdots&0&0&\cdots&0\\0&1&\cdots&0&0&\cdots&0\\\vdots&\vdots&&\vdots&\vdots&&\vdots\\0&0&\cdots&1&0&\cdots&0\\0&0&\cdots&0&0&\cdots&0\\\vdots&\vdots&&\vdots&\vdots&&\vdots\\0&0&\cdots&0&0&\cdots&0\end{bmatrix}=\begin{bmatrix}\boldsymbol{E}_r&\boldsymbol{O}\\\boldsymbol{O}&\boldsymbol{O}\end{bmatrix}$$

的矩阵等价,其中 $1\leqslant r\leqslant\min\{m,n\}$,$\boldsymbol{E}_r$ 为 r 阶单位矩阵,并称 $\boldsymbol{B}$ 为 $\boldsymbol{A}$ 的标准形.

这个定理的证明过程就是把矩阵 $\boldsymbol{A}$ 化为标准形的过程.

例 2 设矩阵

$$\boldsymbol{A}=\begin{bmatrix}1&2&-1&0&2\\-2&-4&2&2&-6\\2&-3&0&2&3\end{bmatrix},$$

用初等变换的方法将矩阵化为标准形.

解

$$\boldsymbol{A}=\begin{bmatrix}1&2&-1&0&2\\-2&-4&2&2&-6\\2&-3&0&2&3\end{bmatrix}\xrightarrow[r_3-2r_1]{r_2+2r_1}\begin{bmatrix}1&2&-1&0&2\\0&0&0&2&-2\\0&-7&2&2&-1\end{bmatrix}$$

$$\xrightarrow{r_2\leftrightarrow r_3}\begin{bmatrix}1&2&-1&0&2\\0&-7&2&2&-1\\0&0&0&2&-2\end{bmatrix}\xrightarrow[\frac{1}{2}r_3]{-\frac{1}{7}r_2}\begin{bmatrix}1&2&-1&0&2\\0&1&-\frac{2}{7}&-\frac{2}{7}&\frac{1}{7}\\0&0&0&1&-1\end{bmatrix}$$

$$\xrightarrow[\substack{c_3+c_1\\c_5-2c_1}]{c_2-2c_1}\begin{bmatrix}1&0&0&0&0\\0&1&-\frac{2}{7}&-\frac{2}{7}&\frac{1}{7}\\0&0&0&1&-1\end{bmatrix}\xrightarrow[\substack{c_4+\frac{2}{7}c_2\\c_5-\frac{1}{7}c_2}]{c_3+\frac{2}{7}c_2}\begin{bmatrix}1&0&0&0&0\\0&1&0&0&0\\0&0&0&1&-1\end{bmatrix}$$

$$\xrightarrow[c_3\leftrightarrow c_4]{c_5+c_4}\begin{bmatrix}1&0&0&0&0\\0&1&0&0&0\\0&0&1&0&0\end{bmatrix}.$$

注 当 $r=m$ 时,$\boldsymbol{A}$ 的标准形为$[\boldsymbol{E}_m,\boldsymbol{O}]$;

当 $r=n$ 时,$\boldsymbol{A}$ 的标准形为$\begin{bmatrix}\boldsymbol{E}_n\\ \boldsymbol{O}\end{bmatrix}$;

当 $r=m=n$ 时,$\boldsymbol{A}$ 的标准形就是单位矩阵 $\boldsymbol{E}$.

利用定理 2.5 可将定理 2.7 如下叙述.

推论 1 对于任意的 $m\times n$ 非零矩阵 $\boldsymbol{A}$,必存在 m 阶初等矩阵 $\boldsymbol{P}_1,\boldsymbol{P}_2,\cdots,\boldsymbol{P}_s$及 n 阶初等矩阵 $\boldsymbol{Q}_1,\boldsymbol{Q}_2,\cdots,\boldsymbol{Q}_t$,使得

$$\boldsymbol{P}_s\cdots\boldsymbol{P}_2\boldsymbol{P}_1\boldsymbol{A}\boldsymbol{Q}_1\boldsymbol{Q}_2\cdots\boldsymbol{Q}_t=\begin{bmatrix}\boldsymbol{E}_r & \boldsymbol{O}\\ \boldsymbol{O} & \boldsymbol{O}\end{bmatrix}=\boldsymbol{B}.$$

若记 $\boldsymbol{P}=\boldsymbol{P}_s\cdots\boldsymbol{P}_2\boldsymbol{P}_1,\boldsymbol{Q}=\boldsymbol{Q}_1\boldsymbol{Q}_2\cdots\boldsymbol{Q}_t$,则矩阵 $\boldsymbol{P},\boldsymbol{Q}$ 分别为 m 阶和 n 阶可逆矩阵. 因此定理 2.7 又可作如下叙述.

推论 2 对于任意的 $m\times n$ 非零矩阵 $\boldsymbol{A}$,必存在 m 阶可逆矩阵 $\boldsymbol{P}$ 及 n 阶可逆矩阵 $\boldsymbol{Q}$,使得

$$\boldsymbol{PAQ}=\begin{bmatrix}\boldsymbol{E}_r & \boldsymbol{O}\\ \boldsymbol{O} & \boldsymbol{O}\end{bmatrix}=\boldsymbol{B}.$$

推论 3 若 $\boldsymbol{A}$ 是非零的 n 阶方阵,则必存在 n 阶可逆矩阵 $\boldsymbol{P}$ 及 n 阶可逆矩阵 $\boldsymbol{Q}$,使得

$$\boldsymbol{PAQ}=\begin{bmatrix}\boldsymbol{E}_r & \boldsymbol{O}\\ \boldsymbol{O} & \boldsymbol{O}\end{bmatrix}.$$

特别是当 $\boldsymbol{A}$ 是 n 阶可逆矩阵时,必有 $\boldsymbol{PAQ}=\boldsymbol{E}$.

2.5.3 用初等变换的方法求可逆矩阵的逆矩阵

设 $\boldsymbol{A}$ 是 n 阶可逆矩阵,必存在 n 阶初等矩阵 $\boldsymbol{P}_1,\boldsymbol{P}_2,\cdots,\boldsymbol{P}_s,\boldsymbol{Q}_1,\boldsymbol{Q}_2,\cdots,\boldsymbol{Q}_t$,使得

$$\boldsymbol{P}_s\cdots\boldsymbol{P}_2\boldsymbol{P}_1\boldsymbol{A}\boldsymbol{Q}_1\boldsymbol{Q}_2\cdots\boldsymbol{Q}_t=\boldsymbol{E}.$$

从而有

$$\boldsymbol{A}=(\boldsymbol{P}_s\cdots\boldsymbol{P}_2\boldsymbol{P}_1)^{-1}\boldsymbol{E}(\boldsymbol{Q}_1\boldsymbol{Q}_2\cdots\boldsymbol{Q}_t)^{-1}=\boldsymbol{P}_1^{-1}\boldsymbol{P}_2^{-1}\cdots\boldsymbol{P}_s^{-1}\boldsymbol{Q}_t^{-1}\cdots\boldsymbol{Q}_2^{-1}\boldsymbol{Q}_1^{-1},\tag{1}$$

并且还有

$$\boldsymbol{Q}_1\boldsymbol{Q}_2\cdots\boldsymbol{Q}_t\boldsymbol{P}_s\cdots\boldsymbol{P}_2\boldsymbol{P}_1\boldsymbol{A}=\boldsymbol{E};\tag{2}$$

$$\boldsymbol{Q}_1\boldsymbol{Q}_2\cdots\boldsymbol{Q}_t\boldsymbol{P}_s\cdots\boldsymbol{P}_2\boldsymbol{P}_1\boldsymbol{E}=\boldsymbol{A}^{-1}.\tag{3}$$

(1)式表示可逆矩阵 $\boldsymbol{A}$ 必可表示成一系列初等矩阵的乘积.

(2)式表示任一可逆矩阵 $\boldsymbol{A}$ 只需经过一系列初等行变换便可化为单位矩阵 $\boldsymbol{E}$.

(3)式表示把可逆矩阵 $\boldsymbol{A}$ 用初等行变换化为单位矩阵的同时,按原步骤对单位矩阵 $\boldsymbol{E}$ 进行变换,便可将 $\boldsymbol{E}$ 化为 $\boldsymbol{A}$ 的逆矩阵 $\boldsymbol{A}^{-1}$.

由此给出用初等变换求逆矩阵的方法.

设 $\boldsymbol{A}$ 为可逆的 n 阶方阵,有

$$\boldsymbol{A}=\begin{bmatrix} a_{11} & a_{12} & \cdots & a_{1n} \\ a_{21} & a_{22} & \cdots & a_{2n} \\ \vdots & \vdots & & \vdots \\ a_{n1} & a_{n2} & \cdots & a_{nn} \end{bmatrix},$$

作 $n\times 2n$ 矩阵

$$(\boldsymbol{A}\vdots\boldsymbol{E})=\left[\begin{array}{cccc:cccc} a_{11} & a_{12} & \cdots & a_{1n} & 1 & 0 & \cdots & 0 \\ a_{21} & a_{22} & \cdots & a_{2n} & 0 & 1 & \cdots & 0 \\ \vdots & \vdots & & \vdots & \vdots & \vdots & & \vdots \\ a_{n1} & a_{n2} & \cdots & a_{nn} & 0 & 0 & \cdots & 1 \end{array}\right].$$

对其作初等行变换，将左边的 $\boldsymbol{A}$ 化为单位矩阵 $\boldsymbol{E}$ 的同时，右边的单位矩阵 $\boldsymbol{E}$ 就化为了 $\boldsymbol{A}^{-1}$. 即

$$(\boldsymbol{A}\vdots\boldsymbol{E})\xrightarrow{\text{初等行变换}}(\boldsymbol{E}\vdots\boldsymbol{A}^{-1})$$

用类似上面的方法，逆矩阵也可以通过初等列变换求得. 读者可以自己证明.

$$\begin{bmatrix} \boldsymbol{A} \\ \cdots \\ \boldsymbol{E} \end{bmatrix}\xrightarrow{\text{初等列变换}}\begin{bmatrix} \boldsymbol{E} \\ \cdots \\ \boldsymbol{A}^{-1} \end{bmatrix}$$

例 3 设

$$\boldsymbol{A}=\begin{bmatrix} 1 & 2 & 3 \\ 2 & 3 & 1 \\ 3 & 4 & -2 \end{bmatrix},$$

求逆矩阵 $\boldsymbol{A}^{-1}$.

解

$$(\boldsymbol{A}\vdots\boldsymbol{E})=\left[\begin{array}{ccc:ccc} 1 & 2 & 3 & 1 & 0 & 0 \\ 2 & 3 & 1 & 0 & 1 & 0 \\ 3 & 4 & -2 & 0 & 0 & 1 \end{array}\right]\xrightarrow[r_3-3r_1]{r_2-2r_1}\left[\begin{array}{ccc:ccc} 1 & 2 & 3 & 1 & 0 & 0 \\ 0 & -1 & -5 & -2 & 1 & 0 \\ 0 & -2 & -11 & -3 & 0 & 1 \end{array}\right]$$

$$\xrightarrow{r_3-2r_2}\left[\begin{array}{ccc:ccc} 1 & 2 & 3 & 1 & 0 & 0 \\ 0 & -1 & -5 & -2 & 1 & 0 \\ 0 & 0 & -1 & 1 & -2 & 1 \end{array}\right]\xrightarrow[r_2-5r_3]{\substack{-r_3 \\ -r_2}}\left[\begin{array}{ccc:ccc} 1 & 2 & 3 & 1 & 0 & 0 \\ 0 & 1 & 0 & 7 & -11 & 5 \\ 0 & 0 & 1 & -1 & 2 & -1 \end{array}\right]$$

$$\xrightarrow[r_1-2r_2]{r_1-3r_3}\left[\begin{array}{ccc:ccc} 1 & 0 & 0 & -10 & 16 & -7 \\ 0 & 1 & 0 & 7 & -11 & 5 \\ 0 & 0 & 1 & -1 & 2 & -1 \end{array}\right]=(\boldsymbol{E}\vdots\boldsymbol{A}^{-1}),$$

所以

$$\boldsymbol{A}^{-1}=\begin{bmatrix} -10 & 16 & -7 \\ 7 & -11 & 5 \\ -1 & 2 & -1 \end{bmatrix}.$$

下面介绍用初等变换的方法解矩阵方程.

对于矩阵方程 $\boldsymbol{AX}=\boldsymbol{B}$，当 $\boldsymbol{A}$ 为可逆矩阵时，有 $\boldsymbol{X}=\boldsymbol{A}^{-1}\boldsymbol{B}$. 利用初等行变换把 $\boldsymbol{A}$ 变为单位矩阵 $\boldsymbol{E}$ 时，按原步骤对矩阵 $\boldsymbol{B}$ 进行变换，便可得到 $\boldsymbol{X}=\boldsymbol{A}^{-1}\boldsymbol{B}$. 所以为求矩阵 $\boldsymbol{X}$，可对矩阵 $(\boldsymbol{A}\vdots\boldsymbol{B})$ 作初等行变换，即

$$(\boldsymbol{A}\vdots\boldsymbol{B})\xrightarrow{\text{初等行变换}}(\boldsymbol{E}\vdots\boldsymbol{A}^{-1}\boldsymbol{B})$$

用类似上面的方法，对于矩阵方程 $\boldsymbol{XA}=\boldsymbol{B}$，当 $\boldsymbol{A}$ 可逆时，可对矩阵 $\begin{bmatrix}\boldsymbol{A}\\ \cdots\\ \boldsymbol{B}\end{bmatrix}$ 作初等列变换，即

$$\begin{bmatrix}\boldsymbol{A}\\ \cdots\\ \boldsymbol{B}\end{bmatrix}\xrightarrow{\text{初等列变换}}\begin{bmatrix}\boldsymbol{E}\\ \cdots\\ \boldsymbol{BA}^{-1}\end{bmatrix}$$

例 4 设

$$\boldsymbol{A}=\begin{bmatrix}1 & 2 & -3\\ 3 & 2 & -4\\ 2 & -1 & 0\end{bmatrix},\boldsymbol{B}=\begin{bmatrix}1 & -3\\ 10 & 2\\ 10 & 7\end{bmatrix},$$

求矩阵 $\boldsymbol{X}$，使 $\boldsymbol{AX}=\boldsymbol{B}$.

解 因为

$$|\boldsymbol{A}|=\begin{vmatrix}1 & 2 & -3\\ 3 & 2 & -4\\ 2 & -1 & 0\end{vmatrix}=\begin{vmatrix}1 & 2 & -3\\ 0 & -4 & 5\\ 0 & -5 & 6\end{vmatrix}=1\neq 0,$$

所以 $\boldsymbol{A}$ 为可逆矩阵，$\boldsymbol{X}=\boldsymbol{A}^{-1}\boldsymbol{B}$.

$$(\boldsymbol{A}\vdots\boldsymbol{B})=\left[\begin{array}{ccc:cc}1 & 2 & -3 & 1 & -3\\ 3 & 2 & -4 & 10 & 2\\ 2 & -1 & 0 & 10 & 7\end{array}\right]\to\left[\begin{array}{ccc:cc}1 & 2 & -3 & 1 & -3\\ 0 & -4 & 5 & 7 & 11\\ 0 & -5 & 6 & 8 & 13\end{array}\right]$$

$$\to\left[\begin{array}{ccc:cc}1 & 2 & -3 & 1 & -3\\ 0 & 1 & -1 & -1 & -2\\ 0 & -5 & 6 & 8 & 13\end{array}\right]\to\left[\begin{array}{ccc:cc}1 & 2 & -3 & 1 & -3\\ 0 & 1 & -1 & -1 & -2\\ 0 & 0 & 1 & 3 & 3\end{array}\right]\to\left[\begin{array}{ccc:cc}1 & 0 & 0 & 6 & 4\\ 0 & 1 & 0 & 2 & 1\\ 0 & 0 & 1 & 3 & 3\end{array}\right].$$

即

$$\boldsymbol{X}=\boldsymbol{A}^{-1}\boldsymbol{B}=\begin{bmatrix}6 & 4\\ 2 & 1\\ 3 & 3\end{bmatrix}.$$

例 5 设 $\boldsymbol{A}=\begin{bmatrix}0 & 0 & 0\\ 0 & -1 & 1\\ 0 & 1 & -1\end{bmatrix}$，且 $\boldsymbol{AB}=\boldsymbol{A}-\boldsymbol{B}$. 求矩阵 $\boldsymbol{B}$.

解 由 $\boldsymbol{AB}=\boldsymbol{A}-\boldsymbol{B}$，得 $\boldsymbol{AB}+\boldsymbol{B}=\boldsymbol{A}$，$(\boldsymbol{A}+\boldsymbol{E})\boldsymbol{B}=\boldsymbol{A}$；

因为

$$|\boldsymbol{A}+\boldsymbol{E}|=\begin{vmatrix}1&0&0\\0&0&1\\0&1&0\end{vmatrix}=-1\neq 0,$$

故 $\boldsymbol{A}+\boldsymbol{E}$ 可逆. 所以

$$\boldsymbol{B}=(\boldsymbol{A}+\boldsymbol{E})^{-1}\boldsymbol{A}=\begin{bmatrix}1&0&0\\0&0&1\\0&1&0\end{bmatrix}^{-1}\begin{bmatrix}0&0&0\\0&-1&1\\0&1&-1\end{bmatrix}$$

$$=\begin{bmatrix}1&0&0\\0&0&1\\0&1&0\end{bmatrix}\begin{bmatrix}0&0&0\\0&-1&1\\0&1&-1\end{bmatrix}=\begin{bmatrix}0&0&0\\0&1&-1\\0&-1&1\end{bmatrix}.$$

例 6 设 3 阶方阵 $\boldsymbol{A},\boldsymbol{B}$ 满足 $\boldsymbol{A}^{-1}\boldsymbol{B}\boldsymbol{A}=6\boldsymbol{A}+\boldsymbol{B}\boldsymbol{A}$,且

$$\boldsymbol{A}=\begin{bmatrix}\frac{1}{2}&0&0\\0&\frac{1}{3}&0\\0&0&\frac{1}{4}\end{bmatrix}.$$

求矩阵 $\boldsymbol{B}$.

解 因为

$$|\boldsymbol{A}|=\begin{vmatrix}\frac{1}{2}&0&0\\0&\frac{1}{3}&0\\0&0&\frac{1}{4}\end{vmatrix}=\frac{1}{24}\neq 0,$$

所以 $\boldsymbol{A}$ 可逆,用 $\boldsymbol{A}^{-1}$ 右乘方程 $\boldsymbol{A}^{-1}\boldsymbol{B}\boldsymbol{A}=6\boldsymbol{A}+\boldsymbol{B}\boldsymbol{A}$ 两边,得

$$\boldsymbol{A}^{-1}\boldsymbol{B}=6\boldsymbol{E}+\boldsymbol{B},$$

$$(\boldsymbol{A}^{-1}-\boldsymbol{E})\boldsymbol{B}=6\boldsymbol{E},\ \boldsymbol{B}=6(\boldsymbol{A}^{-1}-\boldsymbol{E})^{-1},$$

$$\boldsymbol{A}^{-1}=\begin{bmatrix}2&&\\&3&\\&&4\end{bmatrix},\ \boldsymbol{A}^{-1}-\boldsymbol{E}=\begin{bmatrix}1&&\\&2&\\&&3\end{bmatrix},$$

$$(\boldsymbol{A}^{-1}-\boldsymbol{E})^{-1}=\begin{bmatrix}1&&\\&\frac{1}{2}&\\&&\frac{1}{3}\end{bmatrix},$$

得

$$B=6(A^{-1}-E)^{-1}=\begin{bmatrix}6&&\\&3&\\&&2\end{bmatrix}.$$

例 7 设矩阵 A 的伴随矩阵

$$A^*=\begin{bmatrix}1&0&0&0\\0&1&0&0\\1&0&1&0\\0&-3&0&8\end{bmatrix},$$

且 $ABA^{-1}=BA^{-1}+4E$,其中 E 是 4 阶单位矩阵,求矩阵 B.

解 由题设条件得

$$(A-E)BA^{-1}=4E,$$

$$B=4(A-E)^{-1}(A^{-1})^{-1}=4[(A^{-1})(A-E)]^{-1}=4(E-A^{-1})^{-1}$$

$$=4\left(E-\frac{A^*}{|A|}\right)^{-1}.$$

因为 $AA^*=|A|E,|A^*|=|A|^{n-1},|A^*|=8$,所以 $|A|=2$,

故 $\quad B=8(2E-A^*)^{-1}$.

由

$$2E-A^*=\begin{bmatrix}1&0&0&0\\0&1&0&0\\-1&0&1&0\\0&3&0&-6\end{bmatrix},\ (2E-A^*)^{-1}=\begin{bmatrix}1&0&0&0\\0&1&0&0\\1&0&1&0\\0&\frac{1}{2}&0&-\frac{1}{6}\end{bmatrix},$$

可得

$$B=\begin{bmatrix}8&0&0&0\\0&8&0&0\\8&0&8&0\\0&4&0&-\frac{4}{3}\end{bmatrix}.$$

2.6 矩阵的秩

定义 2.16 在 $m\times n$ 矩阵 A 中任取 r 行 r 列,位于交叉处的元素按原来的相对位置组成一个 r 阶行列式,称为矩阵 A 的 r 阶子式.

例如

$$A=\begin{bmatrix}2&1&-1&-1\\0&3&-2&0\\2&4&-3&-1\end{bmatrix}.$$

矩阵 $\boldsymbol{A}$ 有 4 个 3 阶子式，分别为

$$\begin{vmatrix}2&1&-1\\0&3&-2\\2&4&-3\end{vmatrix},\begin{vmatrix}2&1&-1\\0&3&0\\2&4&-1\end{vmatrix},\begin{vmatrix}2&-1&-1\\0&-2&0\\2&-3&-1\end{vmatrix},\begin{vmatrix}1&-1&-1\\3&-2&0\\4&-3&-1\end{vmatrix}.$$

定义 2.17 若 $m\times n$ 矩阵 $\boldsymbol{A}$ 中至少有一个 r 阶子式不等于零，而所有的 $r+1$ 阶子式（若有的话）都等于零，则称 r 为矩阵 $\boldsymbol{A}$ 的秩，记为 $r(\boldsymbol{A})$（或 $R(\boldsymbol{A})$ 或秩$(\boldsymbol{A})$）.

对于零矩阵，规定其秩为零. 由定义可知：

(1) 对于 $m\times n$ 矩阵，有 $r(\boldsymbol{A})\leqslant\min(m,n)$；

(2) 由矩阵秩的定义可知 $r(\boldsymbol{A})=r(\boldsymbol{A}^{\mathrm{T}})$；

(3) 若有一个 k 阶子式不等于零，则 $r(\boldsymbol{A})\geqslant k$，若所有的 k 阶子式全为零，则 $r(\boldsymbol{A})<k$.

对于 n 阶方阵 $\boldsymbol{A}$，若 $r(\boldsymbol{A})=n$，则称 $\boldsymbol{A}$ 为满秩矩阵；若 $r(\boldsymbol{A})<n$，则称 $\boldsymbol{A}$ 为降秩矩阵.

显然，对于 n 阶方阵 $\boldsymbol{A}$ 是满秩矩阵的充分必要条件是 $\boldsymbol{A}$ 为可逆矩阵. 即有以下等价关系：

$$\boldsymbol{A}\text{ 为可逆矩阵}\Leftrightarrow|\boldsymbol{A}|\neq0\Leftrightarrow r(\boldsymbol{A})=n\Leftrightarrow\boldsymbol{A}\text{ 是满秩矩阵}.$$

例 1 求矩阵 $\boldsymbol{A}$ 的秩，设

$$A=\begin{bmatrix}1&2&3&-1\\0&2&-3&1\\2&4&-4&-1\end{bmatrix}.$$

解 显然 $\boldsymbol{A}$ 中有不等于 0 的一阶子式，且有 2 阶子式

$$\begin{vmatrix}1&2\\0&2\end{vmatrix}=2\neq0,$$

以及 3 阶子式

$$\begin{vmatrix}1&2&3\\0&2&-3\\2&4&-4\end{vmatrix}=-20\neq0,$$

所以 $r(\boldsymbol{A})=3$.

例 2 求矩阵 $\boldsymbol{A}$ 的秩，设

$$A=\begin{bmatrix}2&1&-1&-1\\0&3&-2&0\\2&4&-3&-1\end{bmatrix}.$$

解 显然 $\boldsymbol{A}$ 中有不等于 0 的 1 阶子式，且有 2 阶子式

$$\begin{vmatrix}2&1\\0&3\end{vmatrix}=6\neq0,$$

$\boldsymbol{A}$ 的 4 个 3 阶子式

$$\begin{vmatrix}2&1&-1\\0&3&-2\\2&4&-3\end{vmatrix}=0,\begin{vmatrix}2&1&-1\\0&3&0\\2&4&-1\end{vmatrix}=0,\begin{vmatrix}2&-1&-1\\0&-2&0\\2&-3&-1\end{vmatrix}=0,\begin{vmatrix}1&-1&-1\\3&-2&0\\4&-3&-1\end{vmatrix}=0.$$

所以 $r(\boldsymbol{A})=2$.

例 3 设行阶梯形矩阵

$$\boldsymbol{A}=\begin{bmatrix}2&5&1&4&3\\0&0&3&2&5\\0&0&0&1&2\\0&0&0&0&0\end{bmatrix},$$

求矩阵 $\boldsymbol{A}$ 的秩.

解 取每一行的第一个非零元素所在的行、列得到一个 3 阶子式

$$\begin{vmatrix}2&1&4\\0&3&2\\0&0&1\end{vmatrix}=6\neq0,$$

而所有的 4 阶子式都为零,所以 $r(\boldsymbol{A})=3$.

根据秩的定义,对一般矩阵求秩,需要计算多个行列式的值,尤其是矩阵的阶数较高时,计算量很大. 由例 3 知道,阶梯形矩阵的秩等于非零行的行数. 定理 2.6 表明任何非零的 $m\times n$ 矩阵都能经过初等变换化为行阶梯形矩阵,能否通过阶梯形矩阵的秩确定一般矩阵的秩,关键在于初等变换对矩阵的秩有没有影响.

定理 2.8 初等变换不改变矩阵的秩.

证 只对初等行变换加以证明.

(1)交换矩阵的两行(列)后,得到的矩阵的子式与原来矩阵中相对应的子式或者相同,或者只差一个符号,故秩不变.

(2)将矩阵某行(列)乘以非零常数 k 后,得到的矩阵的子式与原来矩阵相应的子式或者相同,或者相差 k 倍,故秩不变.

(3)将矩阵 $\boldsymbol{A}$ 的第 i 行加上第 j 行的 k 倍得到矩阵 $\boldsymbol{B}$,设 $r(\boldsymbol{A})=r$,为证明 $r(\boldsymbol{A})=r(\boldsymbol{B})$,先证明 $r(\boldsymbol{A})\geqslant r(\boldsymbol{B})$.

若 $\boldsymbol{B}$ 中没有大于 r 阶的子式,显然 $r(\boldsymbol{A})\geqslant r(\boldsymbol{B})$.

若 $\boldsymbol{B}$ 中有大于 r 阶的子式 D,假设 D 的阶数为 s,则有 3 种可能情形:

1)D 中不含 i 行元素,此时 D 显然也是 $\boldsymbol{A}$ 的一个 s 阶子式,而 $s>r$,所以 $D=0$;

2)D 中既含有 i 行也含有 j 行元素,即

$$D=\begin{vmatrix} \vdots & \vdots & & \vdots \\ a_{is_1}+ka_{js_1} & a_{is_2}+ka_{js_2} & \cdots & a_{is_t}+ka_{js_t} \\ \vdots & \vdots & & \vdots \\ a_{js_1} & a_{js_2} & \cdots & a_{js_t} \\ \vdots & \vdots & & \vdots \end{vmatrix}$$

$$=\begin{vmatrix} \vdots & \vdots & \vdots & \vdots \\ a_{is_1} & a_{is_2} & \cdots & a_{is_t} \\ \vdots & \vdots & & \vdots \\ a_{js_1} & a_{js_2} & \cdots & a_{js_t} \\ \vdots & \vdots & & \vdots \end{vmatrix}=0;$$

3) D 中含有第 i 行元素，不含有第 j 行元素，即

$$D=\begin{vmatrix} \vdots & \vdots & & \vdots \\ a_{is_1}+ka_{js_1} & a_{is_2}+ka_{js_2} & \cdots & a_{is_t}+ka_{js_t} \\ \vdots & \vdots & & \vdots \end{vmatrix}$$

$$=\begin{vmatrix} \vdots & \vdots & & \vdots \\ a_{is_1} & a_{is_2} & \cdots & a_{is_t} \\ \vdots & \vdots & & \vdots \end{vmatrix}+k\begin{vmatrix} \vdots & \vdots & & \vdots \\ a_{js_1} & a_{js_2} & \cdots & a_{js_t} \\ \vdots & \vdots & & \vdots \end{vmatrix}=D_1+kD_2,$$

其中 D_1是矩阵 $\boldsymbol{A}$ 的一个 s 阶子式，而 D_2是矩阵 $\boldsymbol{A}$ 的某个含 j 行的经过行变换后得到的 s 阶行列式，所以两个行列式都等于零.

以上表明矩阵 $\boldsymbol{B}$ 中阶数大于 r 的子式都等于零，所以 $r(\boldsymbol{A})\geqslant r(\boldsymbol{B})$.

同样，矩阵 $\boldsymbol{B}$ 也可以经过第三类初等行变换得到 $\boldsymbol{A}$，从而有 $r(\boldsymbol{A})\leqslant r(\boldsymbol{B})$. 因此

$$r(\boldsymbol{A})=r(\boldsymbol{B}).$$

类似可以证明第三类初等列变换的情形. 这样便证明了定理.

推论 1 设 $\boldsymbol{A}$ 是 $m\times n$ 矩阵，$\boldsymbol{P}$ 与 $\boldsymbol{Q}$ 分别是 m 阶与 n 阶可逆矩阵，则

$$r(\boldsymbol{PAQ})=r(\boldsymbol{PA})=r(\boldsymbol{AQ})=r(\boldsymbol{A}).$$

证 因为 $\boldsymbol{P}$ 可逆，所以存在有限个初等矩阵 $\boldsymbol{P}_1,\boldsymbol{P}_2,\cdots,\boldsymbol{P}_s$，使得 $\boldsymbol{P}=\boldsymbol{P}_s\cdots\boldsymbol{P}_2\boldsymbol{P}_1$，从而 $\boldsymbol{PA}=\boldsymbol{P}_s\cdots\boldsymbol{P}_2\boldsymbol{P}_1\boldsymbol{A}$. 即 $\boldsymbol{PA}$ 为 $\boldsymbol{A}$ 经过有限次初等变换得到的矩阵，于是由定理 2.8 可知

$$r(\boldsymbol{PA})=r(\boldsymbol{A}).$$

同理可证 $r(\boldsymbol{PAQ})=r(\boldsymbol{AQ})=r(\boldsymbol{A})$.

推论 2 同型矩阵 $\boldsymbol{A}$ 与 $\boldsymbol{B}$ 等价的充要条件是 $r(\boldsymbol{A})=r(\boldsymbol{B})$.

例 4 设

$$\boldsymbol{A}=\begin{bmatrix} 1 & 1 & -3 & -1 & 1 \\ 3 & 3 & -3 & 4 & 4 \\ 1 & 1 & -9 & -8 & 0 \\ 2 & 2 & 6 & 12 & 4 \end{bmatrix},$$

求矩阵 $\boldsymbol{A}$ 的秩.

解

$$\boldsymbol{A}\to\begin{bmatrix}1&1&-3&-1&1\\0&0&6&7&1\\0&0&-6&-7&-1\\0&0&12&14&2\end{bmatrix}\to\begin{bmatrix}1&1&-3&-1&1\\0&0&6&7&1\\0&0&0&0&0\\0&0&0&0&0\end{bmatrix},$$

所以 $r(\boldsymbol{A})=2$.

事实上,将矩阵 $\boldsymbol{A}$ 用初等行变换化为行阶梯形矩阵,则行阶梯形矩阵非零行的行数就是 $\boldsymbol{A}$ 的秩.

例 5 设矩阵

$$\boldsymbol{A}=\begin{bmatrix}1&-2&3k&2\\-1&2k&-3&-2\\k&-2&3&2k\end{bmatrix}$$

的秩为 2,求 k 的值.

解

$$\boldsymbol{A}\to\begin{bmatrix}1&-2&3k&2\\-1&2k&-3&-2\\k&-2&3&2k\end{bmatrix}\to\begin{bmatrix}1&-2&3k&2\\0&2k-2&-3+3k&0\\0&2k-2&3(1-k^2)&0\end{bmatrix}$$

$$\to\begin{bmatrix}1&-2&3k&2\\0&2k-2&-3+3k&0\\0&0&-3(k+2)(k-1)&0\end{bmatrix},$$

因为 $r(\boldsymbol{A})=2$,所以 $-3(k+2)(k-1)=0$,得 $k=-2$ 或 $k=1$.

当 $k=1$ 时,$\boldsymbol{A}=\begin{bmatrix}1&-2&3&2\\-1&2&-3&-2\\1&-2&3&2\end{bmatrix}\to\begin{bmatrix}1&-2&3&2\\0&0&0&0\\0&0&0&0\end{bmatrix}$,

$r(\boldsymbol{A})=1$,所以 $k=1$ 舍去. 故当矩阵 $\boldsymbol{A}$ 的秩为 2 时,$k=-2$.

例 6 设矩阵

$$\boldsymbol{A}=\begin{bmatrix}k&1&1&1\\1&k&1&1\\1&1&k&1\\1&1&1&k\end{bmatrix},$$

已知矩阵 $\boldsymbol{A}$ 的秩为 3,求 k 的值.

解 矩阵 $\boldsymbol{A}$ 为 4 阶方阵,且 $r(\boldsymbol{A})=3$,所以 $|\boldsymbol{A}|=0$.

$$|\boldsymbol{A}| = \begin{vmatrix} k & 1 & 1 & 1 \\ 1 & k & 1 & 1 \\ 1 & 1 & k & 1 \\ 1 & 1 & 1 & k \end{vmatrix} = (k+3)(k-1)^3 = 0,$$

可得 $k = -3, k = 1$.

当 $k=1$ 时，$\boldsymbol{A} = \begin{bmatrix} 1 & 1 & 1 & 1 \\ 1 & 1 & 1 & 1 \\ 1 & 1 & 1 & 1 \\ 1 & 1 & 1 & 1 \end{bmatrix} \to \begin{bmatrix} 1 & 1 & 1 & 1 \\ 0 & 0 & 0 & 0 \\ 0 & 0 & 0 & 0 \\ 0 & 0 & 0 & 0 \end{bmatrix}$，$r(\boldsymbol{A})=1$，所以 $k=1$ 舍去.

当 $k=-3$ 时，存在 3 阶子式 $\begin{vmatrix} -3 & 1 & 1 \\ 1 & -3 & 1 \\ 1 & 1 & -3 \end{vmatrix} \neq 0$，由秩的定义可知 $r(\boldsymbol{A})=3$.

综上，当矩阵 $\boldsymbol{A}$ 的秩为 3 时，$k=-3$.

矩阵简史

矩阵简史

世界数学发展史记载，矩阵的概念产生于 19 世纪 50 年代，是为了解线性代数方程组的需要而产生的. 然而，在公元前我国就有了矩阵的萌芽，我国数学家刘徽将《九章算术》中“方程”的定义注为“并列为行，故谓之方程”，是说行列对齐，构成方形阵列. 这里的方形阵列类似于增广矩阵，因此可以说这是矩阵的雏形.

1850 年，英国数学家西尔维斯特（James Joseph Sylvester，1814—1897 年）在研究方程的个数与未知量的个数不同的线性方程组时，由于无法使用行列式，所以引入了矩阵的概念. 在历史上，行列式的出现早于矩阵，并且矩阵的许多基本性质也是在行列式的发展中建立起来的.

1855 年，英国数学家凯莱（Arthur Cayley，1821—1895 年）在研究线性变换下的不变量时，为了简洁、方便，引入了矩阵的概念. 1858 年，凯莱在《矩阵论的研究报告》中，定义了矩阵的相等、相加以及数与矩阵的数乘等运算和运算规律；同时，定义了零矩阵、单位矩阵等特殊矩阵，更重要的是在该文中，他提出了矩阵相乘、矩阵可逆等概念，以及利用伴随矩阵求逆矩阵的方法，证明了有关的运算规律，如矩阵乘法有结合律，没有交换律，两个非零矩阵的乘积可以为零矩阵等结论，定义了转置阵、对称阵、反对称阵等.

1878 年，德国数学家弗罗伯纽斯（Ferdinand Geory Frobenius，1849—1917 年）在他的论文中引入了 λ 矩阵的行列式因子、不变因子和初等因子等概念，证明了两个 λ 矩阵等价当且仅当它们有相同的不变因子和初等因子，同时给出了正交矩阵的定义，1879 年，他又在自己的论文中介绍了矩阵秩的概念. 至此矩阵的理论体系才基本构建起来.

矩阵本身所具有的性质依赖于元素的性质，矩阵最初只是作为一种工具，经过两个多世纪的发展，现在已成为一个独立的数学分支——矩阵论. 而矩阵论又可分为矩阵方程论、矩阵分解论和广义逆矩阵论等矩阵的线代理论. 矩阵及其理论现已广泛应用于现代科技的各个领域.

应用实例

1. 矩阵在密码学中的应用

在密码学中将信息代码称为密码,没有转换成密码的文字信息称为明文,用密码表示的信息称为密文. 从明文转化为密文的过程称为加密,反之则称为解密. 密码学在经济和军事方面起着极其重要的作用,现代密码学涉及很多高深的数学知识,这里只简单地介绍矩阵在希尔(Hill)密码中的应用.

1929 年,Hill 通过矩阵理论对传输信息进行加密处理,提出了在密码史上有重要地位的 Hill 加密算法. 下面介绍这种算法的基本理论.

首先假设 26 个英文字母与数字的对应关系如下:

字母	a	b	c	d	e	……	v	w	x	y	z	空格
数字	1	2	3	4	5	……	22	23	24	25	26	0

假设将信息从左到右,每 4 个字符分为一组,并将对应的 4 个整数排成 4 维的列向量,其分量仍为整数,最后不足 4 个字符的用空格补上.

若要发送信息"I love you",使用上述代码,则此信息的编码为:9,0,12,15,22,5,0,25,15,21. 可以写成向量:

$$\boldsymbol{\alpha}_1=\begin{bmatrix}9\\0\\12\end{bmatrix},\boldsymbol{\alpha}_2=\begin{bmatrix}15\\22\\5\end{bmatrix},\boldsymbol{\alpha}_3=\begin{bmatrix}0\\25\\15\end{bmatrix},\boldsymbol{\alpha}_4=\begin{bmatrix}21\\0\\0\end{bmatrix},$$

写成一个矩阵

$$\boldsymbol{A}=\begin{bmatrix}9&15&0&21\\0&22&25&0\\12&5&15&0\end{bmatrix},$$

取密钥矩阵

$$\boldsymbol{P}=\begin{bmatrix}1&2&1\\2&1&1\\0&2&1\end{bmatrix},$$

于是将要发出的信息矩阵 $\boldsymbol{A}$ 乘以密钥矩阵 $\boldsymbol{P}$ 变成"密码"$\boldsymbol{B}$ 后发出.

$$\boldsymbol{PA}=\begin{bmatrix}1&2&1\\2&1&1\\0&2&1\end{bmatrix}\begin{bmatrix}9&15&0&21\\0&22&25&0\\12&5&15&0\end{bmatrix}=\begin{bmatrix}21&64&65&21\\30&57&40&42\\12&49&65&0\end{bmatrix}=\boldsymbol{B}.$$

所以发出去的密文为:21,30,12,64,57,49,65,40,65,21,42.

最后收到密文后,用密钥矩阵的逆 $\boldsymbol{P}^{-1}$ 左乘矩阵 $\boldsymbol{B}$ 就得到明文密码.

$$P^{-1}B=\begin{bmatrix}1&0&-1\\2&-1&-1\\-4&2&3\end{bmatrix}\begin{bmatrix}21&64&65&21\\30&57&40&42\\12&49&65&0\end{bmatrix}=\begin{bmatrix}9&15&0&21\\0&22&25&0\\12&5&15&0\end{bmatrix}=A.$$

对照事先规定好的对应表,可以得到信息“I love you”.

2. 矩阵在人口迁徙模型中的应用

设在一个大城市中的总人口是固定的,人口的分布则因居民在市区和郊区之间迁徙而变化. 每年有 6% 的市区居民搬到郊区去住,而有 2% 的郊区居民搬到市区. 假设开始时有 30% 的居民住在市区,70% 的居民住在郊区,第 n 年统计市区和郊区所占百分比分别为 x_n, y_n. 计算 10 年后市区和郊区的居民人口比例是多少.

解 由题意有

$$\begin{cases}x_{n+1}=(1-0.06)x_n+0.02y_n,\\y_{n+1}=0.06x_n+(1-0.02)y_n,\end{cases}$$

化简得

$$\begin{cases}x_{n+1}=0.94x_n+0.02y_n,\\y_{n+1}=0.06x_n+0.98y_n.\end{cases}$$

用矩阵乘法表示为

$$\begin{bmatrix}x_{n+1}\\y_{n+1}\end{bmatrix}=\begin{bmatrix}0.94&0.02\\0.06&0.98\end{bmatrix}\begin{bmatrix}x_n\\y_n\end{bmatrix}=A\begin{bmatrix}x_n\\y_n\end{bmatrix}.$$

从初始到第 10 年,此关系保持不变,因此上式的递推式为

$$\begin{bmatrix}x_{n+1}\\y_{n+1}\end{bmatrix}=A^{10}\begin{bmatrix}x_0\\y_0\end{bmatrix}=\begin{bmatrix}0.94&0.02\\0.06&0.98\end{bmatrix}^{10}\begin{bmatrix}0.3\\0.7\end{bmatrix}=\begin{bmatrix}0.2717\\0.7283\end{bmatrix}.$$

矩阵 A^{10} 可以用 Matlab 算出结果,这里不再给出过程.

3. 矩阵在生态学中的应用

管理和保护野生动物物种依赖于将动物种群模型化的能力. 例如考虑一个 4 个阶段的模型来分析海龟的动态种群.

在每一个阶段估计出一年中存活的概率,并用每年期望的产卵量给出繁殖能力的估计,在表 2-3 中给出,括号中给出该阶段的近似年龄.

表 2-3

阶段编号	阶段分类	年存活率	年产卵量
1	卵、孵化期(<1)	0.67	0
2	幼年和未成年期(1~21)	0.74	0
3	初始繁殖期(22)	0.81	127
4	成熟繁殖期(23~54)	0.81	79

若 d_i 表示第 i 个阶段持续的时间，s_i 为该阶段每年的存活率，那么在第 i 阶段中，下一年仍然存活的比例将为

$$p_i=\left(\frac{1-s_i^{d_i-1}}{1-s_i^{d_i}}\right)s_i,$$

而下一年转移到第 $i+1$ 个阶段时，可以存活的比例应为

$$q_i=\frac{s_i^{d_i}(1-s_i)}{1-s_i^{d_i}},$$

若令 e_i 表示一年中阶段 $i(i=2,3,4)$ 的平均产卵量，并构造矩阵

$$\boldsymbol{P}=\begin{bmatrix} p_1 & e_2 & e_3 & e_4 \\ q_1 & p_2 & 0 & 0 \\ 0 & q_2 & p_3 & 0 \\ 0 & 0 & q_3 & p_4 \end{bmatrix},$$

则用上面的矩阵可以预测以后每阶段海龟的数量，$\boldsymbol{P}$ 称为莱斯利矩阵，相应的种群模型称为莱斯利种群模型. 由题目给出的数字，模型的莱斯利矩阵为

$$\boldsymbol{P}=\begin{bmatrix} 0 & 0 & 127 & 79 \\ 0.67 & 0.7394 & 0 & 0 \\ 0 & 0.0006 & 0 & 0 \\ 0 & 0 & 0.81 & 0.8077 \end{bmatrix}.$$

假设初始时种群在各个阶段的数量分别为

$$\boldsymbol{x}_0=\begin{bmatrix} 200\,000 \\ 300\,000 \\ 500 \\ 1\,500 \end{bmatrix},$$

则一年后各阶段的种群数量为

$$\boldsymbol{x}_1=\boldsymbol{P}\boldsymbol{x}_0=\begin{bmatrix} 0 & 0 & 127 & 79 \\ 0.67 & 0.7394 & 0 & 0 \\ 0 & 0.0006 & 0 & 0 \\ 0 & 0 & 0.81 & 0.8077 \end{bmatrix}\begin{bmatrix} 200\,000 \\ 300\,000 \\ 500 \\ 1\,500 \end{bmatrix}=\begin{bmatrix} 182\,000 \\ 355\,820 \\ 180 \\ 1\,617 \end{bmatrix},$$

n 年后各阶段的种群数量为

$$\boldsymbol{x}_n=\boldsymbol{P}^n\boldsymbol{x}_0=\begin{bmatrix} 0 & 0 & 127 & 79 \\ 0.67 & 0.7394 & 0 & 0 \\ 0 & 0.0006 & 0 & 0 \\ 0 & 0 & 0.81 & 0.8077 \end{bmatrix}^n\begin{bmatrix} 200\,000 \\ 300\,000 \\ 500 \\ 1\,500 \end{bmatrix}.$$

通过上面的模型就可以预测若干年后海龟的数量.

习　题　2

（A）

1. 设矩阵

$$A=\begin{bmatrix}1&-1&3&-1\\3&0&1&2\\1&1&-2&-1\end{bmatrix},\ B=\begin{bmatrix}2&-1&1&0\\3&1&2&-1\\-1&0&1&2\end{bmatrix},$$

计算(1)$\boldsymbol{B}-\boldsymbol{A}$;(2)$2\boldsymbol{A}+3\boldsymbol{B}$.

2. 设 $A=\begin{bmatrix}1&-1&1\\1&1&-1\\-1&1&1\end{bmatrix}$,$B=\begin{bmatrix}1&1\\2&-1\\3&2\end{bmatrix}$,计算(1)$\boldsymbol{AB}-2\boldsymbol{B}$;(2)$\boldsymbol{B}^{\mathrm{T}}\boldsymbol{A}^{\mathrm{T}}$.

3. 计算下列各题.

(1)$(1,-2,1)\begin{bmatrix}-1\\2\\-1\end{bmatrix}$;　　(2)$\begin{bmatrix}-1\\2\\-1\end{bmatrix}(1,-2)$;

(3)$\begin{bmatrix}1&1&1\\2&-1&0\\1&0&1\end{bmatrix}\begin{bmatrix}1&1\\-1&1\\0&1\end{bmatrix}$;　(4)$\begin{bmatrix}1&1&1\\2&-1&0\\1&0&1\end{bmatrix}\begin{bmatrix}1&2&4\\2&-4&1\\-1&1&0\end{bmatrix}+\begin{bmatrix}3&4&5\\5&1&-1\\2&2&7\end{bmatrix}$.

4. 已知 $f(x)=x^2-3x+4$,$A=\begin{bmatrix}2&-1\\-3&3\end{bmatrix}$,求 $f(\boldsymbol{A})$.

5. n 阶方阵 $\boldsymbol{A},\boldsymbol{B}$ 满足什么条件时,下列等式成立.

(1)$(\boldsymbol{A}+\boldsymbol{B})^2=\boldsymbol{A}^2+2\boldsymbol{AB}+\boldsymbol{B}^2$;

(2)$(\boldsymbol{A}+\boldsymbol{B})(\boldsymbol{A}-\boldsymbol{B})=\boldsymbol{A}^2-\boldsymbol{B}^2$;

(3)$(\boldsymbol{AB})^m=\boldsymbol{A}^m\boldsymbol{B}^m$($m$ 为正整数).

6. 设 $\boldsymbol{A}$ 是 n 阶方阵,证明:$\boldsymbol{A}+\boldsymbol{A}^{\mathrm{T}}$是对称矩阵,$\boldsymbol{A}-\boldsymbol{A}^{\mathrm{T}}$是反对称矩阵.

7. 将下列矩阵适当分块后进行计算.

(1)$\begin{bmatrix}1&0&0&0\\0&1&0&0\\-1&2&1&0\\1&1&0&1\end{bmatrix}\begin{bmatrix}1&0\\-1&1\\1&0\\-1&-1\end{bmatrix}$;　(2)$\begin{bmatrix}1&1&0&0\\1&2&0&0\\0&1&0&0\\0&0&1&2\end{bmatrix}\begin{bmatrix}1&0&0&0\\-2&0&0&0\\0&4&3&1\\0&3&2&4\end{bmatrix}$.

8. 求下列矩阵的逆矩阵.

(1)$\begin{bmatrix}1&2\\3&5\end{bmatrix}$;　　(2)$\begin{bmatrix}2&5\\3&8\end{bmatrix}$;

(3) $\begin{bmatrix}1 & 2 & 2\\ 2 & 1 & -2\\ 2 & -2 & 1\end{bmatrix}$;

(4) $\begin{bmatrix}1 & 1 & 1\\ 2 & -1 & 0\\ 1 & 0 & 1\end{bmatrix}$.

9. 设 $\boldsymbol{A}=\begin{bmatrix}7 & 2 & 0 & 0\\ 2 & 1 & 0 & 0\\ 0 & 0 & 5 & 2\\ 0 & 0 & 8 & 3\end{bmatrix}$,求 $\boldsymbol{A}^2$,$|\boldsymbol{A}|$ 及 $\boldsymbol{A}^{-1}$.

10. 设 n 阶方阵 $\boldsymbol{A},\boldsymbol{B}$ 满足条件 $\boldsymbol{A}+\boldsymbol{B}=\boldsymbol{AB}$.

(1) 证明 $\boldsymbol{A}-\boldsymbol{E}$ 为可逆矩阵;

(2) 已知 $\boldsymbol{B}=\begin{bmatrix}1 & -3 & 0\\ 2 & 1 & 0\\ 0 & 0 & 2\end{bmatrix}$,求矩阵 $\boldsymbol{A}$.

11. 设 $\boldsymbol{A}=\begin{bmatrix}1 & 0 & 1\\ 0 & 2 & 0\\ -1 & 0 & 1\end{bmatrix}$,且满足条件 $\boldsymbol{AB}+\boldsymbol{E}=\boldsymbol{A}^2+\boldsymbol{B}$,求矩阵 $\boldsymbol{B}$.

12. 设 $\boldsymbol{A}$ 为 n 阶方阵,且满足 $\boldsymbol{A}^2-\boldsymbol{A}-3\boldsymbol{E}=\boldsymbol{O}$. 证明

(1) $\boldsymbol{A}-2\boldsymbol{E}$ 可逆,并求 $(\boldsymbol{A}-2\boldsymbol{E})^{-1}$;

(2) $\boldsymbol{A}$ 可逆,并求 $\boldsymbol{A}^{-1}$.

13. 解下列矩阵方程.

(1) $\begin{bmatrix}1 & 3\\ 2 & 5\end{bmatrix}\boldsymbol{X}=\begin{bmatrix}4 & -6\\ 2 & 1\end{bmatrix}$;

(2) $\boldsymbol{X}\begin{bmatrix}1 & 0 & 0\\ 0 & 0 & 1\\ 0 & 1 & 0\end{bmatrix}=\begin{bmatrix}2 & 1 & -1\\ 2 & 1 & 0\\ 1 & -1 & 1\end{bmatrix}$;

(3) $\begin{bmatrix}1 & 2 & -1\\ 3 & 4 & -2\\ 5 & -4 & 1\end{bmatrix}\boldsymbol{X}=\begin{bmatrix}2 & 1\\ 1 & -1\\ 4 & 3\end{bmatrix}$.

14. 设 $\boldsymbol{A}=\begin{bmatrix}1 & 2 & 1\\ 2 & a & 2\\ 3 & 4 & 5\end{bmatrix}$,且矩阵 $\boldsymbol{A}$ 的秩为 2,求参数 a 的值.

15. 设对称矩阵 $\boldsymbol{A}$ 满足 $\boldsymbol{A}^2=\boldsymbol{O}$,证明 $\boldsymbol{A}=\boldsymbol{O}$.

16. 用初等变换将下列矩阵化为标准形.

(1) $\begin{bmatrix}1 & 1 & 1 & -2\\ 2 & 0 & 0 & -2\\ 1 & 3 & 3 & -4\end{bmatrix}$;

(2) $\begin{bmatrix}1 & -1 & 3 & -4\\ 1 & -1 & 2 & -2\\ 2 & -2 & 3 & -2\\ 3 & -3 & 4 & -2\end{bmatrix}$.

17. 求下列矩阵的秩.

(1) $\begin{bmatrix} 3 & 1 & 0 & 2 \\ 1 & -1 & 2 & -1 \\ 1 & 3 & -4 & 4 \end{bmatrix}$;　　(2) $\begin{bmatrix} 1 & 1 & 2 & 5 \\ 1 & 2 & 3 & 7 \\ 1 & 3 & 4 & 9 \\ 1 & 4 & 5 & 11 \end{bmatrix}$;

(3) $\begin{bmatrix} 1 & -2 & 3 & -4 \\ 0 & 1 & -1 & -1 \\ 1 & 3 & 0 & -3 \\ 0 & -7 & 3 & 2 \end{bmatrix}$.

自测题

18. 设 $\boldsymbol{A}=(a_{ij})_{m\times s}$, $\boldsymbol{B}=(b_{ij})_{s\times n}$, 证明 $r(\boldsymbol{AB})\leqslant\min\{r(\boldsymbol{A}),r(\boldsymbol{B})\}$.

(B)

1. 填空题.

(1) 设矩阵 $\boldsymbol{A}=\begin{bmatrix} 2 & 1 \\ -1 & 2 \end{bmatrix}$, $\boldsymbol{E}$ 为 2 阶单位矩阵, 矩阵 $\boldsymbol{B}$ 满足 $\boldsymbol{BA}=\boldsymbol{B}+2\boldsymbol{E}$, 则 $|\boldsymbol{B}|=$ ________.

(2) 设 $\boldsymbol{A}$, $\boldsymbol{B}$ 为 3 阶矩阵, 且 $|\boldsymbol{A}|=3$, $|\boldsymbol{B}|=2$, $|\boldsymbol{A}^{-1}+\boldsymbol{B}|=2$, 则 $|\boldsymbol{A}+\boldsymbol{B}^{-1}|=$ ________.

(3) 设矩阵 $\boldsymbol{A}=\begin{bmatrix} 0 & 1 & 0 & 0 \\ 0 & 0 & 1 & 0 \\ 0 & 0 & 0 & 1 \\ 0 & 0 & 0 & 0 \end{bmatrix}$, 则 $\boldsymbol{A}^3$ 的秩为________.

(4) 设 $\boldsymbol{A}$ 为 3 阶矩阵, $|\boldsymbol{A}|=3$, $\boldsymbol{A}^*$ 为 $\boldsymbol{A}$ 的伴随矩阵, 若交换 $\boldsymbol{A}$ 的第 1 行和第 2 行得到矩阵 $\boldsymbol{B}$, 则 $|\boldsymbol{BA}^*|=$ ________.

(5) 设 $\boldsymbol{\alpha}$ 为 3 维单位列向量, $\boldsymbol{E}$ 为 3 阶单位矩阵, 则矩阵 $\boldsymbol{E}-\boldsymbol{\alpha\alpha}^{\mathrm{T}}$ 的秩为________.

(6) 设 $\boldsymbol{A}=(a_{ij})$ 为 3 阶非零矩阵, $|\boldsymbol{A}|$ 为 $\boldsymbol{A}$ 的行列式, A_{ij} 为 a_{ij} 的代数余子式, 若 $a_{ij}+A_{ij}=0$ $(i,j=1,2,3)$, 则 $|\boldsymbol{A}|=$ ________.

2. 单项选择题.

(1) 设 $\boldsymbol{A}$ 为 3 阶矩阵, 将 $\boldsymbol{A}$ 的第 2 列加到第 1 列得到矩阵 $\boldsymbol{B}$, 再交换 $\boldsymbol{B}$ 的第 2 行与第 3 行得到单位矩阵, 记 $\boldsymbol{P}_1=\begin{bmatrix} 1 & 0 & 0 \\ 1 & 1 & 0 \\ 0 & 0 & 1 \end{bmatrix}$, $\boldsymbol{P}_2=\begin{bmatrix} 1 & 0 & 0 \\ 0 & 0 & 1 \\ 0 & 1 & 0 \end{bmatrix}$, 则 $\boldsymbol{A}=$ (　　).

(A) $\boldsymbol{P}_1\boldsymbol{P}_2$　　(B) $\boldsymbol{P}_1^{-1}\boldsymbol{P}_2$　　(C) $\boldsymbol{P}_2\boldsymbol{P}_1$　　(D) $\boldsymbol{P}_2\boldsymbol{P}_1^{-1}$.

(2) 设 $\boldsymbol{A}$ 为 3 阶矩阵, $\boldsymbol{P}$ 为 3 阶可逆矩阵, 且 $\boldsymbol{P}^{-1}\boldsymbol{AP}=\begin{bmatrix} 1 & 2 & 0 \\ 0 & 1 & 0 \\ 0 & 0 & 2 \end{bmatrix}$, 若 $\boldsymbol{P}=(\boldsymbol{\alpha}_1,\boldsymbol{\alpha}_2,\boldsymbol{\alpha}_3)$, $\boldsymbol{Q}=(\boldsymbol{\alpha}_1+\boldsymbol{\alpha}_2,\boldsymbol{\alpha}_2,\boldsymbol{\alpha}_3)$, 则 $\boldsymbol{Q}^{-1}\boldsymbol{AQ}=$ (　　).

(A) $\begin{bmatrix}1&0&0\\0&2&0\\0&0&1\end{bmatrix}$　(B) $\begin{bmatrix}1&0&0\\0&1&0\\0&0&2\end{bmatrix}$　(C) $\begin{bmatrix}2&0&0\\0&1&0\\0&0&2\end{bmatrix}$　(D) $\begin{bmatrix}2&0&0\\0&2&0\\0&0&1\end{bmatrix}$

(3)设 $\boldsymbol{A},\boldsymbol{B}$ 均为 2 阶矩阵,$\boldsymbol{A}^*,\boldsymbol{B}^*$ 分别为 $\boldsymbol{A},\boldsymbol{B}$ 的伴随矩阵,若 $|\boldsymbol{A}|=2,|\boldsymbol{B}|=3$,则分块矩阵 $\begin{bmatrix}\boldsymbol{O}&\boldsymbol{A}\\\boldsymbol{B}&\boldsymbol{O}\end{bmatrix}$ 的伴随矩阵为(　　).

(A) $\begin{bmatrix}\boldsymbol{O}&3\boldsymbol{B}^*\\2\boldsymbol{A}^*&\boldsymbol{O}\end{bmatrix}$　(B) $\begin{bmatrix}\boldsymbol{O}&2\boldsymbol{B}^*\\3\boldsymbol{A}^*&\boldsymbol{O}\end{bmatrix}$　(C) $\begin{bmatrix}\boldsymbol{O}&3\boldsymbol{A}^*\\2\boldsymbol{B}^*&\boldsymbol{O}\end{bmatrix}$　(D) $\begin{bmatrix}\boldsymbol{O}&2\boldsymbol{A}^*\\3\boldsymbol{B}^*&\boldsymbol{O}\end{bmatrix}$

(4)设 A 为 $m\times n$ 矩阵,$\boldsymbol{B}$ 为 $n\times m$ 矩阵,$\boldsymbol{E}$ 为 m 阶单位矩阵,若 $\boldsymbol{AB}=\boldsymbol{E}$,则(　　).

(A) $r(\boldsymbol{A})=m,r(\boldsymbol{B})=m$　(B) $r(\boldsymbol{A})=m,r(\boldsymbol{B})=n$

(C) $r(\boldsymbol{A})=n,r(\boldsymbol{B})=m$　(D) $r(\boldsymbol{A})=n,r(\boldsymbol{B})=n$

(5)设 $\boldsymbol{A}$ 为 n 阶非零矩阵,$\boldsymbol{E}$ 为 n 阶单位矩阵,若 $\boldsymbol{A}^3=\boldsymbol{O}$,则(　　).

(A) $\boldsymbol{E}-\boldsymbol{A}$ 不可逆,$\boldsymbol{E}+\boldsymbol{A}$ 不可逆　(B) $\boldsymbol{E}-\boldsymbol{A}$ 不可逆,$\boldsymbol{E}+\boldsymbol{A}$ 可逆

(C) $\boldsymbol{E}-\boldsymbol{A}$ 可逆,$\boldsymbol{E}+\boldsymbol{A}$ 可逆　(D) $\boldsymbol{E}-\boldsymbol{A}$ 可逆,$\boldsymbol{E}+\boldsymbol{A}$ 不可逆

(6)设 $\boldsymbol{A},\boldsymbol{B}$ 均为 $n\times n$ 矩阵,则必有(　　).

(A) $|\boldsymbol{A}+\boldsymbol{B}|=|\boldsymbol{A}|+|\boldsymbol{B}|$　(B) $|\boldsymbol{AB}|=|\boldsymbol{BA}|$

(C) $\boldsymbol{AB}=\boldsymbol{BA}$　(D) $(\boldsymbol{A}+\boldsymbol{B})^{-1}=\boldsymbol{A}^{-1}+\boldsymbol{B}^{-1}$

3. 设 $\boldsymbol{\alpha},\boldsymbol{\beta}$ 为 3 维列向量,矩阵 $\boldsymbol{A}=\boldsymbol{\alpha\alpha}^{\mathrm{T}}+\boldsymbol{\beta\beta}^{\mathrm{T}}$,其中 $\boldsymbol{\alpha}^{\mathrm{T}},\boldsymbol{\beta}^{\mathrm{T}}$ 分别是 $\boldsymbol{\alpha},\boldsymbol{\beta}$ 的转置矩阵,证明:$r(\boldsymbol{A})\leqslant 2$.

4. 设矩阵 $\boldsymbol{A}=\begin{bmatrix}a&1&0\\1&a&-1\\0&1&a\end{bmatrix}$,且 $\boldsymbol{A}^3=\boldsymbol{O}$.

(1)求 a 的值;

(2)若矩阵 $\boldsymbol{X}$ 满足 $\boldsymbol{X}-\boldsymbol{XA}^2-\boldsymbol{AX}+\boldsymbol{AXA}^2=\boldsymbol{E}$,其中 $\boldsymbol{E}$ 为 3 阶单位矩阵,求 $\boldsymbol{X}$.

5. 设 $\boldsymbol{A}$ 为 $m\times n$ 矩阵,$\boldsymbol{B}$ 为 $n\times s$ 矩阵,证明 $r(\boldsymbol{AB})\geqslant r(\boldsymbol{A})+r(\boldsymbol{B})-n$. 特别地,当 $\boldsymbol{AB}=\boldsymbol{O}$ 时,$r(\boldsymbol{A})+r(\boldsymbol{B})\leqslant n$.

6. 设 $\boldsymbol{A}$ 为 n 阶矩阵($n\geqslant 2$),$\boldsymbol{A}^*$ 为 $\boldsymbol{A}$ 的伴随矩阵,试证:

(1)当 $r(\boldsymbol{A})=n$ 时,$r(\boldsymbol{A}^*)=n$;

(2)当 $r(\boldsymbol{A})=n-1$ 时,$r(\boldsymbol{A}^*)=1$;

(3)当 $r(\boldsymbol{A})<n-1$ 时,$r(\boldsymbol{A}^*)=0$.

B 答案
详解

第3章　n维向量及向量空间

第3章
教学要求

n维向量及向量空间是线性代数的基本内容之一，在自然科学、工程技术、经济管理等领域中有着广泛应用. 本章首先介绍n维向量及其线性运算，并以矩阵为工具讨论向量组的线性相关性、极大无关组及向量组的秩；然后介绍向量空间的基本内容，进而给出向量的内积、正交矩阵的概念及施密特正交化方法；最后讨论线性空间的线性变换.

3.1　n维向量组的线性相关性

3.1.1　n维向量的概念

定义3.1　由n个数组成的一个有序数组$\boldsymbol{\alpha}=(a_1,a_2,\cdots,a_n)$称为一个$n$维向量，其中$a_i(i=1,2,\cdots,n)$称为向量$\boldsymbol{\alpha}$的第$i$个分量. 分量的个数称为该向量的维数. 分量全是实数的向量称为实向量，分量中含有复数的向量称为复向量. 本书只讨论实向量.

通常用小写希腊字母$\boldsymbol{\alpha},\boldsymbol{\beta},\boldsymbol{\gamma}$等表示向量.

若向量写成行的形式，如$\boldsymbol{\alpha}=(a_1,a_2,\cdots,a_n)$，则称为行向量.

若向量写成列的形式，如$\boldsymbol{\alpha}=\begin{bmatrix}a_1\\a_2\\\vdots\\a_n\end{bmatrix}$，则称为列向量.

显然，若$\boldsymbol{\alpha}$为行向量，则$\boldsymbol{\alpha}^{\mathrm{T}}$是列向量；若$\boldsymbol{\alpha}$为列向量，则$\boldsymbol{\alpha}^{\mathrm{T}}$是行向量.

例1　在直角坐标系中，平面上的点或空间中的点的坐标分别是有序数组$M(x,y)$或$N(x,y,z)$，即二维、三维向量，而有向线段$\overrightarrow{OM}=(x,y)$或$\overrightarrow{ON}=(x,y,z)$分别是二维、三维向量的几何表示.

n维向量的概念就是二维或三维向量的推广. 注意当$n>3$时，n维向量没有直观的几何意义.

例2　n元线性方程组的解$x_1=a_1,x_2=a_2,\cdots,x_n=a_n$，按未知量的顺序构成一个$n$维列向量

$$\boldsymbol{\alpha}=\begin{bmatrix}a_1\\a_2\\\vdots\\a_n\end{bmatrix},$$

称 $\boldsymbol{\alpha}$ 为线性方程组的解向量.

例 3　$m\times n$ 矩阵

$$\boldsymbol{A}=\begin{bmatrix} a_{11} & a_{12} & \cdots & a_{1n} \\ a_{21} & a_{22} & \cdots & a_{2n} \\ \vdots & \vdots & & \vdots \\ a_{m1} & a_{m2} & \cdots & a_{mn} \end{bmatrix}.$$

$\boldsymbol{A}$ 的每行元素构成一个 n 维行向量 $\boldsymbol{\beta}_i=(a_{i1},a_{i2},\cdots,a_{in})\ (i=1,2,\cdots,m)$,则矩阵 $\boldsymbol{A}$ 可以简记为 $\boldsymbol{A}=\begin{bmatrix} \boldsymbol{\beta}_1 \\ \boldsymbol{\beta}_2 \\ \vdots \\ \boldsymbol{\beta}_m \end{bmatrix}$,其中 $\boldsymbol{\beta}_i\ (i=1,2,\cdots,m)$ 称为矩阵 $\boldsymbol{A}$ 的行向量;同样,$\boldsymbol{A}$ 的每列元素构成一个 m 维列向量 $\boldsymbol{\alpha}_i=\begin{bmatrix} a_{1i} \\ a_{2i} \\ \vdots \\ a_{mi} \end{bmatrix}(i=1,2,\cdots,n)$,则矩阵 $\boldsymbol{A}$ 可以简记为 $\boldsymbol{A}=(\boldsymbol{\alpha}_1,\boldsymbol{\alpha}_2,\cdots,\boldsymbol{\alpha}_n)$,其中 $\boldsymbol{\alpha}_i\ (i=1,2,\cdots,n)$ 称为矩阵 $\boldsymbol{A}$ 的列向量.

零向量　分量全为零的向量称为零向量,记作 $\boldsymbol{O}$,即 $\boldsymbol{O}=(0,0,\cdots,0)^{\mathrm{T}}$. 不同维数的零向量是不相等的.

向量的相等　若两个 n 维向量 $\boldsymbol{\alpha}=(a_1,a_2,\cdots,a_n)^{\mathrm{T}}$,$\boldsymbol{\beta}=(b_1,b_2,\cdots,b_n)^{\mathrm{T}}$的对应分量全相等,即 $a_i=b_i\ (i=1,2,\cdots,n)$,则称两个向量相等,记作 $\boldsymbol{\alpha}=\boldsymbol{\beta}$.

负向量　若 n 维向量 $\boldsymbol{\alpha}=(a_1,a_2,\cdots,a_n)^{\mathrm{T}}$,则称向量$(-a_1,-a_2,\cdots,-a_n)^{\mathrm{T}}$为向量 $\boldsymbol{\alpha}$ 的负向量,记作 $-\boldsymbol{\alpha}$,即 $-\boldsymbol{\alpha}=(-a_1,-a_2,\cdots,-a_n)^{\mathrm{T}}$.

3.1.2　n 维向量的线性运算

定义 3.2　设 n 维向量 $\boldsymbol{\alpha}=(a_1,a_2,\cdots,a_n)^{\mathrm{T}}$, $\boldsymbol{\beta}=(b_1,b_2,\cdots,b_n)^{\mathrm{T}}$,$k$ 为常数,定义加法及数乘运算如下.

加法:$\boldsymbol{\alpha}+\boldsymbol{\beta}=(a_1+b_1,a_2+b_2,\cdots,a_n+b_n)^{\mathrm{T}}$.

数乘:$k\boldsymbol{\alpha}=(ka_1,ka_2,\cdots,ka_n)^{\mathrm{T}}$.

向量的加法及数乘运算统称为向量的线性运算.

利用负向量的概念,可以定义向量的减法运算.

减法:$\boldsymbol{\alpha}-\boldsymbol{\beta}=(a_1-b_1,a_2-b_2,\cdots,a_n-b_n)^{\mathrm{T}}$.

由向量的线性运算定义,容易验证向量的线性运算满足以下运算规律:

(1)$\boldsymbol{\alpha}+\boldsymbol{\beta}=\boldsymbol{\beta}+\boldsymbol{\alpha}$(交换律);

(2)$(\boldsymbol{\alpha}+\boldsymbol{\beta})+\boldsymbol{\gamma}=\boldsymbol{\alpha}+(\boldsymbol{\beta}+\boldsymbol{\gamma})$(结合律);

(3) $\boldsymbol{\alpha}+\boldsymbol{O}=\boldsymbol{\alpha}$;

(4) $\boldsymbol{\alpha}+(-\boldsymbol{\alpha})=\boldsymbol{O}$;

(5) $k(\boldsymbol{\alpha}+\boldsymbol{\beta})=k\boldsymbol{\alpha}+k\boldsymbol{\beta}$（分配律）;

(6) $(k+l)\boldsymbol{\alpha}=k\boldsymbol{\alpha}+l\boldsymbol{\alpha}$（分配律）;

(7) $(kl)\boldsymbol{\alpha}=k(l\boldsymbol{\alpha})=l(k\boldsymbol{\alpha})$（结合律）;

(8) $1\boldsymbol{\alpha}=\boldsymbol{\alpha}$.

其中 $\boldsymbol{\alpha},\boldsymbol{\beta},\boldsymbol{\gamma}$ 为任意 n 维向量，k,l 为任意常数.

此外，数乘还有以下性质：

$$(-1)\boldsymbol{\alpha}=-\boldsymbol{\alpha},\quad 0\boldsymbol{\alpha}=\boldsymbol{O},\quad k\boldsymbol{O}=\boldsymbol{O}.$$

3.1.3 向量组的线性组合、线性表示、线性相关与线性无关的概念

定义 3.3 设 n 维向量组 $\boldsymbol{\alpha}_1,\boldsymbol{\alpha}_2,\cdots,\boldsymbol{\alpha}_m$ 及 $\boldsymbol{\alpha}$，若存在一组数 $k_1,k_2,\cdots,k_m$，使得

$$\boldsymbol{\alpha}=k_1\boldsymbol{\alpha}_1+k_2\boldsymbol{\alpha}_2+\cdots+k_m\boldsymbol{\alpha}_m,$$

则称向量 $\boldsymbol{\alpha}$ 可由向量组 $\boldsymbol{\alpha}_1,\boldsymbol{\alpha}_2,\cdots,\boldsymbol{\alpha}_m$ 线性表示，或称向量 $\boldsymbol{\alpha}$ 是向量组 $\boldsymbol{\alpha}_1,\boldsymbol{\alpha}_2,\cdots,\boldsymbol{\alpha}_m$ 的一个线性组合，称 $k_1,k_2,\cdots,k_m$ 为这个线性组合的系数.

例如，向量组 $\boldsymbol{\alpha}_1=(1,1,0)^{\mathrm{T}},\boldsymbol{\alpha}_2=(0,1,-1)^{\mathrm{T}}$ 及向量 $\boldsymbol{\alpha}=(1,2,-1)^{\mathrm{T}}$，有 $\boldsymbol{\alpha}=\boldsymbol{\alpha}_1+\boldsymbol{\alpha}_2$，则称 $\boldsymbol{\alpha}$ 可由向量组 $\boldsymbol{\alpha}_1,\boldsymbol{\alpha}_2$ 线性表示，或称 $\boldsymbol{\alpha}$ 是向量组 $\boldsymbol{\alpha}_1,\boldsymbol{\alpha}_2$ 的一个线性组合.

根据定义 3.3 和向量的线性运算，可得到以下结论.

(1) n 维零向量可由任何一个 n 维向量组 $\boldsymbol{\alpha}_1,\boldsymbol{\alpha}_2,\cdots,\boldsymbol{\alpha}_m$ 线性表示，即

$$\boldsymbol{O}=0\boldsymbol{\alpha}_1+0\boldsymbol{\alpha}_2+\cdots+0\boldsymbol{\alpha}_m.$$

(2) 向量组 $\boldsymbol{\alpha}_1,\boldsymbol{\alpha}_2,\cdots,\boldsymbol{\alpha}_m$ 中任何一个向量都可由该向量组线性表示，即

$$\boldsymbol{\alpha}_k=0\boldsymbol{\alpha}_1+\cdots+0\boldsymbol{\alpha}_{k-1}+1\boldsymbol{\alpha}_k+0\boldsymbol{\alpha}_{k+1}+\cdots+0\boldsymbol{\alpha}_m\quad(k=1,2,\cdots,m).$$

(3) 任一 n 维向量 $\boldsymbol{\alpha}=(a_1,a_2,\cdots,a_n)^{\mathrm{T}}$ 都可由向量组

$$\boldsymbol{\varepsilon}_1=(1,0,\cdots,0)^{\mathrm{T}},\boldsymbol{\varepsilon}_2=(0,1,\cdots,0)^{\mathrm{T}},\cdots,\boldsymbol{\varepsilon}_n=(0,0,\cdots,1)^{\mathrm{T}}$$

线性表示，即

$$\boldsymbol{\alpha}=a_1\boldsymbol{\varepsilon}_1+a_2\boldsymbol{\varepsilon}_2+\cdots+a_n\boldsymbol{\varepsilon}_n,$$

其中向量组 $\boldsymbol{\varepsilon}_1,\boldsymbol{\varepsilon}_2,\cdots,\boldsymbol{\varepsilon}_n$ 称为 n 维单位向量组.

定义 3.4 设 n 维向量组 $\boldsymbol{\alpha}_1,\boldsymbol{\alpha}_2,\cdots,\boldsymbol{\alpha}_m$，若存在一组不全为零的数 $k_1,k_2,\cdots,k_m$ 使得

$$k_1\boldsymbol{\alpha}_1+k_2\boldsymbol{\alpha}_2+\cdots+k_m\boldsymbol{\alpha}_m=\boldsymbol{O},$$

则称向量组 $\boldsymbol{\alpha}_1,\boldsymbol{\alpha}_2,\cdots,\boldsymbol{\alpha}_m$ 线性相关. 否则，称向量组 $\boldsymbol{\alpha}_1,\boldsymbol{\alpha}_2,\cdots,\boldsymbol{\alpha}_m$ 线性无关，或者说当且仅当 $k_1=k_2=\cdots=k_m=0$ 时上式才成立，则称向量组 $\boldsymbol{\alpha}_1,\boldsymbol{\alpha}_2,\cdots,\boldsymbol{\alpha}_m$ 线性无关.

例如，向量组 $\boldsymbol{\varepsilon}_1=(1,0,0)^{\mathrm{T}},\boldsymbol{\varepsilon}_2=(0,1,0)^{\mathrm{T}},\boldsymbol{\varepsilon}_3=(0,0,1)^{\mathrm{T}},\boldsymbol{\alpha}=(5,4,3)^{\mathrm{T}}$，由

$$5\boldsymbol{\varepsilon}_1+4\boldsymbol{\varepsilon}_2+3\boldsymbol{\varepsilon}_3-\boldsymbol{\alpha}=\boldsymbol{O},$$

得 $k_1=5,k_2=4,k_3=3,k_4=-1$. 故向量组 $\boldsymbol{\varepsilon}_1,\boldsymbol{\varepsilon}_2,\boldsymbol{\varepsilon}_3,\boldsymbol{\alpha}$ 线性相关.

再如，n 维单位向量组

$$\boldsymbol{\varepsilon}_1=(1,0,0,\cdots,0)^{\mathrm{T}},\boldsymbol{\varepsilon}_2=(0,1,0,\cdots,0)^{\mathrm{T}},\cdots,\boldsymbol{\varepsilon}_n=(0,0,0,\cdots,1)^{\mathrm{T}}.$$

由

$$k_1\boldsymbol{\varepsilon}_1+k_2\boldsymbol{\varepsilon}_2+\cdots+k_n\boldsymbol{\varepsilon}_n=\boldsymbol{O},$$

得 $k_1=k_2=\cdots=k_n=0$,故向量组 $\boldsymbol{\varepsilon}_1,\boldsymbol{\varepsilon}_2,\cdots,\boldsymbol{\varepsilon}_n$线性无关.

一般来讲,要判断一组 n 维向量 $\boldsymbol{\alpha}_1,\boldsymbol{\alpha}_2,\cdots,\boldsymbol{\alpha}_m$是线性相关还是线性无关,通常按照定义3.4,令

$$k_1\boldsymbol{\alpha}_1+k_2\boldsymbol{\alpha}_2+\cdots+k_m\boldsymbol{\alpha}_m=\boldsymbol{O},$$

若由此推出存在满足等式的数 $k_1,k_2,\cdots,k_m$不全为零,则该向量组线性相关;若由此推出满足等式的数只有 $k_1=k_2=\cdots=k_m=0$,则该向量组线性无关.

例 4 讨论下列向量组的线性相关性.

(1)$\boldsymbol{\alpha}_1=(2,-3,1)^{\mathrm{T}},\boldsymbol{\alpha}_2=(1,0,-1)^{\mathrm{T}},\boldsymbol{\alpha}_3=(2,-6,4)^{\mathrm{T}}$;

(2)$\boldsymbol{\alpha}_1=(0,-1,2)^{\mathrm{T}},\boldsymbol{\alpha}_2=(1,2,-3)^{\mathrm{T}},\boldsymbol{\alpha}_3=(3,1,0)^{\mathrm{T}}$.

解 (1)令 $k_1\boldsymbol{\alpha}_1+k_2\boldsymbol{\alpha}_2+k_3\boldsymbol{\alpha}_3=\boldsymbol{O}$,即

$$k_1\begin{bmatrix}2\\-3\\1\end{bmatrix}+k_2\begin{bmatrix}1\\0\\-1\end{bmatrix}+k_3\begin{bmatrix}2\\-6\\4\end{bmatrix}=\begin{bmatrix}0\\0\\0\end{bmatrix},$$

所以

$$\begin{cases}2k_1+k_2+2k_3=0,\\-3k_1\qquad-6k_3=0,\\k_1-k_2+4k_3=0.\end{cases}$$

方程组的系数行列式

$$D=\begin{vmatrix}2&1&2\\-3&0&-6\\1&-1&4\end{vmatrix}\xlongequal{c_3-2c_1}\begin{vmatrix}2&1&-2\\-3&0&0\\1&-1&2\end{vmatrix}=(-3)\times(-1)^{2+1}\begin{vmatrix}1&-2\\-1&2\end{vmatrix}=0,$$

所以齐次方程组有非零解,即有不全为零的数 k_1,k_2,k_3使得

$$k_1\boldsymbol{\alpha}_1+k_2\boldsymbol{\alpha}_2+k_3\boldsymbol{\alpha}_3=\boldsymbol{O},$$

由定义 3.4 可知向量组 $\boldsymbol{\alpha}_1,\boldsymbol{\alpha}_2,\boldsymbol{\alpha}_3$线性相关.

(2)令 $k_1\boldsymbol{\alpha}_1+k_2\boldsymbol{\alpha}_2+k_3\boldsymbol{\alpha}_3=\boldsymbol{O}$,即

$$k_1\begin{bmatrix}0\\-1\\2\end{bmatrix}+k_2\begin{bmatrix}1\\2\\-3\end{bmatrix}+k_3\begin{bmatrix}3\\1\\0\end{bmatrix}=\begin{bmatrix}0\\0\\0\end{bmatrix},$$

所以

$$\begin{cases}\qquad k_2+3k_3=0,\\-k_1+2k_2+k_3=0,\\2k_1-3k_2\qquad=0.\end{cases}$$

方程组的系数行列式

$$D=\begin{vmatrix}0&1&3\\-1&2&1\\2&-3&0\end{vmatrix}\xlongequal{r_3+2r_2}\begin{vmatrix}0&1&3\\-1&2&1\\0&1&2\end{vmatrix}=(-1)\times(-1)^{2+1}\begin{vmatrix}1&3\\1&2\end{vmatrix}=-1\neq 0,$$

由定理1.6,得齐次方程组只有零解,即 $k_1=k_2=k_3=0$,因此向量组 $\boldsymbol{\alpha}_1,\boldsymbol{\alpha}_2,\boldsymbol{\alpha}_3$ 线性无关.

例5 设向量组 $\boldsymbol{\alpha}_1,\boldsymbol{\alpha}_2,\boldsymbol{\alpha}_3$ 线性无关,讨论向量组

$$\boldsymbol{\beta}_1=2\boldsymbol{\alpha}_1+2\boldsymbol{\alpha}_2+\boldsymbol{\alpha}_3,$$
$$\boldsymbol{\beta}_2=\boldsymbol{\alpha}_2+\boldsymbol{\alpha}_3,$$
$$\boldsymbol{\beta}_3=-2\boldsymbol{\alpha}_1+\boldsymbol{\alpha}_3$$

的线性相关性.

解 令 $k_1\boldsymbol{\beta}_1+k_2\boldsymbol{\beta}_2+k_3\boldsymbol{\beta}_3=\boldsymbol{O}$,代入题设条件,有

$$k_1(2\boldsymbol{\alpha}_1+2\boldsymbol{\alpha}_2+\boldsymbol{\alpha}_3)+k_2(\boldsymbol{\alpha}_2+\boldsymbol{\alpha}_3)+k_3(-2\boldsymbol{\alpha}_1+\boldsymbol{\alpha}_3)=\boldsymbol{O},$$

写成 $\boldsymbol{\alpha}_1,\boldsymbol{\alpha}_2,\boldsymbol{\alpha}_3$ 的线性组合:

$$(2k_1-2k_3)\boldsymbol{\alpha}_1+(2k_1+k_2)\boldsymbol{\alpha}_2+(k_1+k_2+k_3)\boldsymbol{\alpha}_3=\boldsymbol{O},$$

由于向量组 $\boldsymbol{\alpha}_1,\boldsymbol{\alpha}_2,\boldsymbol{\alpha}_3$ 线性无关,故有

$$\begin{cases}k_1\quad\;\;-k_3=0,\\2k_1+k_2\quad\;\;=0,\\k_1+k_2+k_3=0.\end{cases}$$

方程组的系数行列式

$$D=\begin{vmatrix}1&0&-1\\2&1&0\\1&1&1\end{vmatrix}=\begin{vmatrix}1&0&0\\2&1&2\\1&1&2\end{vmatrix}=1\times\begin{vmatrix}1&2\\1&2\end{vmatrix}=0,$$

故齐次方程组有非零解,即有不全为零的数 k_1,k_2,k_3 使得

$$k_1\boldsymbol{\beta}_1+k_2\boldsymbol{\beta}_2+k_3\boldsymbol{\beta}_3=\boldsymbol{O},$$

因此向量组 $\boldsymbol{\beta}_1,\boldsymbol{\beta}_2,\boldsymbol{\beta}_3$ 线性相关.

例6 设向量组 $\boldsymbol{\alpha}_1,\boldsymbol{\alpha}_2,\boldsymbol{\alpha}_3,\boldsymbol{\alpha}_4$ 线性无关,且 $\boldsymbol{\beta}_1=\boldsymbol{\alpha}_1+\boldsymbol{\alpha}_2,\boldsymbol{\beta}_2=\boldsymbol{\alpha}_2+\boldsymbol{\alpha}_3,\boldsymbol{\beta}_3=\boldsymbol{\alpha}_3+\boldsymbol{\alpha}_4$,证明向量组 $\boldsymbol{\beta}_1,\boldsymbol{\beta}_2,\boldsymbol{\beta}_3$ 线性无关.

证 令 $k_1\boldsymbol{\beta}_1+k_2\boldsymbol{\beta}_2+k_3\boldsymbol{\beta}_3=\boldsymbol{O}$,代入题设条件,有

$$k_1(\boldsymbol{\alpha}_1+\boldsymbol{\alpha}_2)+k_2(\boldsymbol{\alpha}_2+\boldsymbol{\alpha}_3)+k_3(\boldsymbol{\alpha}_3+\boldsymbol{\alpha}_4)=\boldsymbol{O},$$

写成 $\boldsymbol{\alpha}_1,\boldsymbol{\alpha}_2,\boldsymbol{\alpha}_3,\boldsymbol{\alpha}_4$ 的线性组合:

$$k_1\boldsymbol{\alpha}_1+(k_1+k_2)\boldsymbol{\alpha}_2+(k_2+k_3)\boldsymbol{\alpha}_3+k_3\boldsymbol{\alpha}_4=\boldsymbol{O}.$$

由于向量组 $\boldsymbol{\alpha}_1,\boldsymbol{\alpha}_2,\boldsymbol{\alpha}_3,\boldsymbol{\alpha}_4$ 线性无关,故有

$$\begin{cases}k_1=0,\\k_1+k_2=0,\\k_2+k_3=0,\\k_3=0.\end{cases}$$

方程组只有解 $k_1=0,k_2=0,k_3=0$，故向量组 $\boldsymbol{\beta}_1,\boldsymbol{\beta}_2,\boldsymbol{\beta}_3$ 线性无关.

由于一个向量组或是线性相关或是线性无关，所以从线性相关的一个结论可以推出线性无关的一个相应的结论. 结合定义 3.4，可直接得出以下结论.

(1) 对仅含一个向量 $\boldsymbol{\alpha}$ 的向量组，$\boldsymbol{\alpha}$ 线性相关 $\Leftrightarrow \boldsymbol{\alpha}=\boldsymbol{O}$，$\boldsymbol{\alpha}$ 线性无关 $\Leftrightarrow \boldsymbol{\alpha}\neq\boldsymbol{O}$.

(2) 对含两个非零向量 $\boldsymbol{\alpha}_1,\boldsymbol{\alpha}_2$ 的向量组，向量组 $\boldsymbol{\alpha}_1,\boldsymbol{\alpha}_2$ 线性相关 $\Leftrightarrow \boldsymbol{\alpha}_1$ 与 $\boldsymbol{\alpha}_2$ 的对应分量成比例.

事实上，若向量组 $\boldsymbol{\alpha}_1,\boldsymbol{\alpha}_2$ 线性相关，则存在一组不全为零的数 k_1,k_2 使得 $k_1\boldsymbol{\alpha}_1+k_2\boldsymbol{\alpha}_2=\boldsymbol{O}$. 不妨设 $k_1\neq0$，则 $\boldsymbol{\alpha}_1=-\dfrac{k_2}{k_1}\boldsymbol{\alpha}_2$，说明 $\boldsymbol{\alpha}_1$ 与 $\boldsymbol{\alpha}_2$ 的对应分量成比例.

(3) 任何含有零向量的向量组 $\boldsymbol{\alpha}_1,\boldsymbol{\alpha}_2,\cdots,\boldsymbol{\alpha}_m$ 必线性相关.

事实上，若 $\boldsymbol{\alpha}_1=\boldsymbol{O}$，则存在不全为零的数 $1,0,\cdots,0$ 使得 $1\boldsymbol{\alpha}_1+0\boldsymbol{\alpha}_2+\cdots+0\boldsymbol{\alpha}_m=\boldsymbol{O}$，所以向量组 $\boldsymbol{\alpha}_1,\boldsymbol{\alpha}_2,\cdots,\boldsymbol{\alpha}_m$ 线性相关.

(4) 若向量组的某个部分组线性相关，则该向量组也线性相关.

事实上，不妨设向量组 $\boldsymbol{\alpha}_1,\boldsymbol{\alpha}_2,\cdots,\boldsymbol{\alpha}_m$ 的某个部分组为 $\boldsymbol{\alpha}_1,\boldsymbol{\alpha}_2,\cdots,\boldsymbol{\alpha}_s(s<m)$，且线性相关，则有不全为零的数 $k_1,k_2,\cdots,k_s$ 使得 $k_1\boldsymbol{\alpha}_1+k_2\boldsymbol{\alpha}_2+\cdots+k_s\boldsymbol{\alpha}_s=\boldsymbol{O}$. 从而 $k_1\boldsymbol{\alpha}_1+k_2\boldsymbol{\alpha}_2+\cdots+k_s\boldsymbol{\alpha}_s+0\boldsymbol{\alpha}_{s+1}+\cdots+0\boldsymbol{\alpha}_m=\boldsymbol{O}$，由于系数 $k_1,k_2,\cdots,k_s,0,\cdots,0$ 不全为零，故向量组 $\boldsymbol{\alpha}_1,\boldsymbol{\alpha}_2,\cdots,\boldsymbol{\alpha}_m$ 线性相关.

(5) 若向量组线性无关，则其任何一个部分组也线性无关.

3.1.4 线性相关的判定定理

定理 3.1 向量组 $\boldsymbol{\alpha}_1,\boldsymbol{\alpha}_2,\cdots,\boldsymbol{\alpha}_m(m\geqslant2)$ 线性相关的充分必要条件是该向量组中至少有一个向量可由其余 $m-1$ 个向量线性表示.

证 充分性. 假设向量 $\boldsymbol{\alpha}_i(1\leqslant i\leqslant m)$ 可由其余 $m-1$ 个向量线性表示，即存在一组数 $k_1,k_2,\cdots,k_{i-1},k_{i+1},\cdots,k_m$ 使得

$$\boldsymbol{\alpha}_i=k_1\boldsymbol{\alpha}_1+k_2\boldsymbol{\alpha}_2+\cdots+k_{i-1}\boldsymbol{\alpha}_{i-1}+k_{i+1}\boldsymbol{\alpha}_{i+1}+\cdots+k_m\boldsymbol{\alpha}_m,$$

于是有

$$k_1\boldsymbol{\alpha}_1+k_2\boldsymbol{\alpha}_2+\cdots+k_{i-1}\boldsymbol{\alpha}_{i-1}+(-1)\boldsymbol{\alpha}_i+k_{i+1}\boldsymbol{\alpha}_{i+1}+\cdots+k_m\boldsymbol{\alpha}_m=\boldsymbol{O}.$$

由于这组系数 $k_1,k_2,\cdots,k_{i-1},-1,k_{i+1},\cdots,k_m$ 不全为零，所以向量组 $\boldsymbol{\alpha}_1,\boldsymbol{\alpha}_2,\cdots,\boldsymbol{\alpha}_m$ 线性相关.

必要性. 设向量组 $\boldsymbol{\alpha}_1,\boldsymbol{\alpha}_2,\cdots,\boldsymbol{\alpha}_m$ 线性相关，故存在一组不全为零的数 $k_1,k_2,\cdots,k_m$ 使得

$$k_1\boldsymbol{\alpha}_1+k_2\boldsymbol{\alpha}_2+\cdots+k_m\boldsymbol{\alpha}_m=\boldsymbol{O}.$$

不妨设 $k_j\neq0(1\leqslant j\leqslant m)$，则有

$$\boldsymbol{\alpha}_j=-\frac{k_1}{k_j}\boldsymbol{\alpha}_1-\frac{k_2}{k_j}\boldsymbol{\alpha}_2-\cdots-\frac{k_{j-1}}{k_j}\boldsymbol{\alpha}_{j-1}-\frac{k_{j+1}}{k_j}\boldsymbol{\alpha}_{j+1}-\cdots-\frac{k_m}{k_j}\boldsymbol{\alpha}_m,$$

即 $\boldsymbol{\alpha}_j$ 可由其余 $m-1$ 个向量线性表示.

定理 3.2 设向量组 $\boldsymbol{\alpha}_1,\boldsymbol{\alpha}_2,\cdots,\boldsymbol{\alpha}_m$线性无关,而向量组 $\boldsymbol{\alpha}_1,\boldsymbol{\alpha}_2,\cdots,\boldsymbol{\alpha}_m,\boldsymbol{\beta}$ 线性相关,则 $\boldsymbol{\beta}$ 可由向量组 $\boldsymbol{\alpha}_1,\boldsymbol{\alpha}_2,\cdots,\boldsymbol{\alpha}_m$线性表示,且表达式唯一.

证 由题设,向量组 $\boldsymbol{\alpha}_1,\boldsymbol{\alpha}_2,\cdots,\boldsymbol{\alpha}_m,\boldsymbol{\beta}$ 线性相关,所以存在一组不全为零的数 $k_1,k_2,\cdots,k_m,k$ 使得

$$k_1\boldsymbol{\alpha}_1+k_2\boldsymbol{\alpha}_2+\cdots+k_m\boldsymbol{\alpha}_m+k\boldsymbol{\beta}=\boldsymbol{O},$$

则必有 $k\neq0$. 否则,如果 $k=0$,则上式变为

$$k_1\boldsymbol{\alpha}_1+k_2\boldsymbol{\alpha}_2+\cdots+k_m\boldsymbol{\alpha}_m=\boldsymbol{O},$$

且 $k_1,k_2,\cdots,k_m$ 不全为零,这与题设向量组 $\boldsymbol{\alpha}_1,\boldsymbol{\alpha}_2,\cdots,\boldsymbol{\alpha}_m$线性无关矛盾. 因此有

$$\boldsymbol{\beta}=-\frac{k_1}{k}\boldsymbol{\alpha}_1-\frac{k_2}{k}\boldsymbol{\alpha}_2-\cdots-\frac{k_m}{k}\boldsymbol{\alpha}_m,$$

即 $\boldsymbol{\beta}$ 可由向量组 $\boldsymbol{\alpha}_1,\boldsymbol{\alpha}_2,\cdots,\boldsymbol{\alpha}_m$线性表示.

下面证明 $\boldsymbol{\beta}$ 表达式唯一.

设 $\boldsymbol{\beta}$ 有两个表达式,则

$$\boldsymbol{\beta}=t_1\boldsymbol{\alpha}_1+t_2\boldsymbol{\alpha}_2+\cdots+t_m\boldsymbol{\alpha}_m, \tag{1}$$

$$\boldsymbol{\beta}=l_1\boldsymbol{\alpha}_1+l_2\boldsymbol{\alpha}_2+\cdots+l_m\boldsymbol{\alpha}_m, \tag{2}$$

(1)式减去(2)式,得

$$(t_1-l_1)\boldsymbol{\alpha}_1+(t_2-l_2)\boldsymbol{\alpha}_2+\cdots+(t_m-l_m)\boldsymbol{\alpha}_m=\boldsymbol{O},$$

由题设向量组 $\boldsymbol{\alpha}_1,\boldsymbol{\alpha}_2,\cdots,\boldsymbol{\alpha}_m$线性无关,得

$$t_i-l_i=0,\text{即 } t_i=l_i\ (i=1,2,\cdots,m),$$

所以 $\boldsymbol{\beta}$ 由向量组 $\boldsymbol{\alpha}_1,\boldsymbol{\alpha}_2,\cdots,\boldsymbol{\alpha}_m$线性表示的表达式唯一.

定理 3.3 设 $m\times n$ 矩阵

$$\boldsymbol{A}_{m\times n}=\begin{bmatrix}a_{11}&a_{12}&\cdots&a_{1n}\\a_{21}&a_{22}&\cdots&a_{2n}\\\vdots&\vdots&&\vdots\\a_{m1}&a_{m2}&\cdots&a_{mn}\end{bmatrix}=\begin{bmatrix}\boldsymbol{\alpha}_1\\\boldsymbol{\alpha}_2\\\vdots\\\boldsymbol{\alpha}_m\end{bmatrix}=(\boldsymbol{\beta}_1,\boldsymbol{\beta}_2,\cdots,\boldsymbol{\beta}_n),$$

其中 $\boldsymbol{\alpha}_1,\boldsymbol{\alpha}_2,\cdots,\boldsymbol{\alpha}_m$为矩阵 $\boldsymbol{A}$ 的行向量组,$\boldsymbol{\beta}_1,\boldsymbol{\beta}_2,\cdots,\boldsymbol{\beta}_n$为矩阵 $\boldsymbol{A}$ 的列向量组,则

(1)向量组 $\boldsymbol{\alpha}_1,\boldsymbol{\alpha}_2,\cdots,\boldsymbol{\alpha}_m$线性相关的充分必要条件是 $r(\boldsymbol{A})<m$;

(2)向量组 $\boldsymbol{\beta}_1,\boldsymbol{\beta}_2,\cdots,\boldsymbol{\beta}_n$线性相关的充分必要条件是 $r(\boldsymbol{A})<n$.

* **证** 仅证(2)的情形,同理可证(1).

若 $\boldsymbol{A}=\boldsymbol{O}$,则定理 3.3 显然成立.

若 $\boldsymbol{A}\neq\boldsymbol{O}$,先证必要性.

$$\boldsymbol{A}_{m\times n}=\begin{bmatrix}a_{11}&a_{12}&\cdots&a_{1n}\\a_{21}&a_{22}&\cdots&a_{2n}\\\vdots&\vdots&&\vdots\\a_{m1}&a_{m2}&\cdots&a_{mn}\end{bmatrix}=(\boldsymbol{\beta}_1,\boldsymbol{\beta}_2,\cdots,\boldsymbol{\beta}_n),$$

由于向量组$\boldsymbol{\beta}_1,\boldsymbol{\beta}_2,\cdots,\boldsymbol{\beta}_n$线性相关，则必有某一向量$\boldsymbol{\beta}_i(1\leqslant i\leqslant n)$可由其余 $n-1$ 个向量线性表示，不妨设

$$\boldsymbol{\beta}_n=k_1\boldsymbol{\beta}_1+k_2\boldsymbol{\beta}_2+\cdots+k_{n-1}\boldsymbol{\beta}_{n-1},$$

对 $\boldsymbol{A}$ 施行初等列变换，有

$$\boldsymbol{A}=(\boldsymbol{\beta}_1,\boldsymbol{\beta}_2,\cdots,\boldsymbol{\beta}_{n-1},\boldsymbol{\beta}_n)=(\boldsymbol{\beta}_1,\boldsymbol{\beta}_2,\cdots,\boldsymbol{\beta}_{n-1},k_1\boldsymbol{\beta}_1+k_2\boldsymbol{\beta}_2+\cdots+k_{n-1}\boldsymbol{\beta}_{n-1})$$

$$\xrightarrow{c_n+\sum\limits_{i=1}^{n-1}(-k_i)c_i}(\boldsymbol{\beta}_1,\boldsymbol{\beta}_2,\cdots,\boldsymbol{\beta}_{n-1},\boldsymbol{O}).$$

由于初等变换不改变矩阵 $\boldsymbol{A}$ 的秩，所以

$$r(\boldsymbol{A})<n.$$

下面证充分性. 假设 $r(\boldsymbol{A})=r<n$，则存在 m 阶可逆矩阵 $\boldsymbol{P}$ 和 n 阶可逆矩阵 $\boldsymbol{Q}$，使得

$$\boldsymbol{PAQ}=\begin{bmatrix}\boldsymbol{E}_r & \boldsymbol{O}\\ \boldsymbol{O} & \boldsymbol{O}\end{bmatrix},$$

于是

$$\boldsymbol{AQ}=\boldsymbol{P}^{-1}\begin{bmatrix}\boldsymbol{E}_r & \boldsymbol{O}\\ \boldsymbol{O} & \boldsymbol{O}\end{bmatrix}.$$

记

$$\boldsymbol{Q}=\begin{bmatrix}q_{11} & q_{12} & \cdots & q_{1n}\\ q_{21} & q_{22} & \cdots & q_{2n}\\ \vdots & \vdots & & \vdots\\ q_{n1} & q_{n2} & \cdots & q_{nn}\end{bmatrix},\quad \boldsymbol{P}^{-1}=(\boldsymbol{P}_{m\times r},\boldsymbol{P}_{m\times(m-r)}).$$

所以有

$$\boldsymbol{AQ}=(\boldsymbol{\beta}_1,\boldsymbol{\beta}_2,\cdots,\boldsymbol{\beta}_n)\begin{bmatrix}q_{11} & q_{12} & \cdots & q_{1n}\\ q_{21} & q_{22} & \cdots & q_{2n}\\ \vdots & \vdots & & \vdots\\ q_{n1} & q_{n2} & \cdots & q_{nn}\end{bmatrix}$$

$$=(q_{11}\boldsymbol{\beta}_1+q_{21}\boldsymbol{\beta}_2+\cdots+q_{n1}\boldsymbol{\beta}_n,q_{12}\boldsymbol{\beta}_1+q_{22}\boldsymbol{\beta}_2+\cdots+q_{n2}\boldsymbol{\beta}_n,\cdots,q_{1n}\boldsymbol{\beta}_1+q_{2n}\boldsymbol{\beta}_2+\cdots+q_{nn}\boldsymbol{\beta}_n),$$

$$\boldsymbol{P}^{-1}\begin{bmatrix}\boldsymbol{E}_r & \boldsymbol{O}\\ \boldsymbol{O} & \boldsymbol{O}\end{bmatrix}=(\boldsymbol{P}_{m\times r},\boldsymbol{P}_{m\times(m-r)})\begin{bmatrix}\boldsymbol{E}_r & \boldsymbol{O}\\ \boldsymbol{O} & \boldsymbol{O}\end{bmatrix}=(\boldsymbol{P}_{m\times r},\boldsymbol{O}),$$

比较等式两端的最后一列，有

$$q_{1n}\boldsymbol{\beta}_1+q_{2n}\boldsymbol{\beta}_2+\cdots+q_{nn}\boldsymbol{\beta}_n=\boldsymbol{O}.$$

由于矩阵 $\boldsymbol{Q}$ 可逆，因此最后一列元素 $q_{1n},q_{2n},\cdots,q_{nn}$不全为零，即列向量组$\boldsymbol{\beta}_1,\boldsymbol{\beta}_2,\cdots,\boldsymbol{\beta}_n$线性相关.

推论 1　$m\times n$ 矩阵 $\boldsymbol{A}$ 的 m 个行向量线性无关的充分必要条件是 $r(\boldsymbol{A})=m$；$m\times n$ 矩阵 $\boldsymbol{A}$ 的 n 个列向量线性无关的充分必要条件是 $r(\boldsymbol{A})=n$.

依据定理 3.3 用反证法即可证明此推论.

推论 2 当 $m>n$ 时,任意 m 个 n 维向量必线性相关.

事实上,以这 m 个 n 维向量为列可构成矩阵 $\boldsymbol{A}_{n\times m}$,有 $r(\boldsymbol{A})\leqslant n<m$,故由定理3.3(2)可知,这 m 个 n 维列向量必线性相关.

推论 3 n 个 n 维向量

$$\boldsymbol{\beta}_1=\begin{bmatrix}a_{11}\\a_{21}\\\vdots\\a_{n1}\end{bmatrix},\quad \boldsymbol{\beta}_2=\begin{bmatrix}a_{12}\\a_{22}\\\vdots\\a_{n2}\end{bmatrix},\quad \cdots,\quad \boldsymbol{\beta}_n=\begin{bmatrix}a_{1n}\\a_{2n}\\\vdots\\a_{nn}\end{bmatrix}$$

线性无关的充分必要条件是行列式

$$\det(\boldsymbol{\beta}_1,\boldsymbol{\beta}_2,\cdots,\boldsymbol{\beta}_n)=\begin{vmatrix}a_{11}&a_{12}&\cdots&a_{1n}\\a_{21}&a_{22}&\cdots&a_{2n}\\\vdots&\vdots&&\vdots\\a_{n1}&a_{n2}&\cdots&a_{nn}\end{vmatrix}\neq 0,$$

而 $\boldsymbol{\beta}_1,\boldsymbol{\beta}_2,\cdots,\boldsymbol{\beta}_n$ 线性相关的充分必要条件是

$$\det(\boldsymbol{\beta}_1,\boldsymbol{\beta}_2,\cdots,\boldsymbol{\beta}_n)=\begin{vmatrix}a_{11}&a_{12}&\cdots&a_{1n}\\a_{21}&a_{22}&\cdots&a_{2n}\\\vdots&\vdots&&\vdots\\a_{n1}&a_{n2}&\cdots&a_{nn}\end{vmatrix}=0.$$

例 7 判断下列向量组的线性相关性.

(1) $\boldsymbol{\alpha}_1=(1,0,0,0)^{\mathrm{T}},\boldsymbol{\alpha}_2=(0,1,1,0)^{\mathrm{T}},\boldsymbol{\alpha}_3=(2,3,3,0)^{\mathrm{T}},\boldsymbol{\alpha}_4=(2,0,1,1)^{\mathrm{T}}$;

(2) $\boldsymbol{\alpha}_1=(3,1,2)^{\mathrm{T}},\boldsymbol{\alpha}_2=(0,0,0)^{\mathrm{T}},\boldsymbol{\alpha}_3=(5,2,3)^{\mathrm{T}}$;

(3) $\boldsymbol{\alpha}_1=(1,4,2)^{\mathrm{T}},\boldsymbol{\alpha}_2=(2,3,4)^{\mathrm{T}},\boldsymbol{\alpha}_3=(1,3,2)^{\mathrm{T}},\boldsymbol{\alpha}_4=(1,1,2)^{\mathrm{T}}$;

(4) $\boldsymbol{\alpha}_1=(1,-1,1)^{\mathrm{T}},\boldsymbol{\alpha}_2=(2,0,1)^{\mathrm{T}},\boldsymbol{\alpha}_3=(0,3,1)^{\mathrm{T}}$;

(5) $\boldsymbol{\alpha}_1=(1,0,0,1)^{\mathrm{T}},\boldsymbol{\alpha}_2=(1,1,0,2)^{\mathrm{T}},\boldsymbol{\alpha}_3=(1,1,1,4)^{\mathrm{T}}$;

(6) $\boldsymbol{\alpha}_1=(1,1,1,1)^{\mathrm{T}},\boldsymbol{\alpha}_2=(1,2,2^2,2^3)^{\mathrm{T}},\boldsymbol{\alpha}_3=(1,3,3^2,3^3)^{\mathrm{T}},\boldsymbol{\alpha}_4=(1,4,4^2,4^3)^{\mathrm{T}}$.

解 (1) **解法 1** 因为 $\boldsymbol{\alpha}_3=2\boldsymbol{\alpha}_1+3\boldsymbol{\alpha}_2$,所以 $\boldsymbol{\alpha}_1,\boldsymbol{\alpha}_2,\boldsymbol{\alpha}_3$ 线性相关,从而向量组 $\boldsymbol{\alpha}_1,\boldsymbol{\alpha}_2,\boldsymbol{\alpha}_3,\boldsymbol{\alpha}_4$ 线性相关.

解法 2 令

$$\boldsymbol{A}=(\boldsymbol{\alpha}_1,\boldsymbol{\alpha}_2,\boldsymbol{\alpha}_3,\boldsymbol{\alpha}_4)=\begin{bmatrix}1&0&2&2\\0&1&3&0\\0&1&3&1\\0&0&0&1\end{bmatrix}\xrightarrow{r_3-r_2}\begin{bmatrix}1&0&2&2\\0&1&3&0\\0&0&0&1\\0&0&0&1\end{bmatrix}\xrightarrow{r_4-r_3}\begin{bmatrix}1&0&2&2\\0&1&3&0\\0&0&0&1\\0&0&0&0\end{bmatrix},$$

因为

$$r(\boldsymbol{A})=3<4,$$

所以向量组 $\boldsymbol{\alpha}_1,\boldsymbol{\alpha}_2,\boldsymbol{\alpha}_3,\boldsymbol{\alpha}_4$线性相关.

解法 3 因为向量组所含向量个数 = 向量维数,所以由行列式

$$\det(\boldsymbol{\alpha}_1,\boldsymbol{\alpha}_2,\boldsymbol{\alpha}_3,\boldsymbol{\alpha}_4)=\begin{vmatrix}1&0&2&2\\0&1&3&0\\0&1&3&1\\0&0&0&1\end{vmatrix}=1\times1\times\begin{vmatrix}1&3\\1&3\end{vmatrix}=0,$$

得向量组 $\boldsymbol{\alpha}_1,\boldsymbol{\alpha}_2,\boldsymbol{\alpha}_3,\boldsymbol{\alpha}_4$线性相关.

(2)由于向量组中含有零向量,所以该向量组必线性相关.

(3)因为是 4 个 3 维向量,所以该向量组线性相关.

(4)因为

$$\det(\boldsymbol{\alpha}_1,\boldsymbol{\alpha}_2,\boldsymbol{\alpha}_3)=\begin{vmatrix}1&2&0\\-1&0&3\\1&1&1\end{vmatrix}=\begin{vmatrix}1&2&0\\0&2&3\\0&-1&1\end{vmatrix}=\begin{vmatrix}2&3\\-1&1\end{vmatrix}=5\neq0,$$

所以向量组 $\boldsymbol{\alpha}_1,\boldsymbol{\alpha}_2,\boldsymbol{\alpha}_3$线性无关.

(5)令

$$\boldsymbol{A}=(\boldsymbol{\alpha}_1,\boldsymbol{\alpha}_2,\boldsymbol{\alpha}_3)=\begin{bmatrix}1&1&1\\0&1&1\\0&0&1\\1&2&4\end{bmatrix}\to\begin{bmatrix}1&1&1\\0&1&1\\0&0&1\\0&0&0\end{bmatrix},$$

因为

$$r(\boldsymbol{A})=3,$$

所以向量组 $\boldsymbol{\alpha}_1,\boldsymbol{\alpha}_2,\boldsymbol{\alpha}_3$线性无关.

(6)令 $\boldsymbol{A}=(\boldsymbol{\alpha}_1,\boldsymbol{\alpha}_2,\boldsymbol{\alpha}_3,\boldsymbol{\alpha}_4)$,$|\boldsymbol{A}|$为 4 阶范德蒙德行列式,

$$|\boldsymbol{A}|=\begin{vmatrix}1&1&1&1\\1&2&3&4\\1&2^2&3^2&4^2\\1&2^3&3^3&4^3\end{vmatrix}=(2-1)(3-1)(4-1)(3-2)(4-2)(4-3)=12\neq0,$$

所以向量组 $\boldsymbol{\alpha}_1,\boldsymbol{\alpha}_2,\boldsymbol{\alpha}_3,\boldsymbol{\alpha}_4$线性无关.

例 8 设 n 维向量组 $\boldsymbol{\alpha}_1,\boldsymbol{\alpha}_2,\boldsymbol{\alpha}_3$线性无关,而向量组

$$\boldsymbol{\beta}_1=\boldsymbol{\alpha}_1+\boldsymbol{\alpha}_2+\boldsymbol{\alpha}_3,$$

$$\boldsymbol{\beta}_2=\boldsymbol{\alpha}_1+m\boldsymbol{\alpha}_2+\boldsymbol{\alpha}_3,$$

$$\boldsymbol{\beta}_3=\boldsymbol{\alpha}_2+k\boldsymbol{\alpha}_3.$$

问当 m,k 为何值时,向量组 $\boldsymbol{\beta}_1,\boldsymbol{\beta}_2,\boldsymbol{\beta}_3$线性相关;当 m,k 为何值时,向量组 $\boldsymbol{\beta}_1,\boldsymbol{\beta}_2,\boldsymbol{\beta}_3$线性无关.

解 令

$$\boldsymbol{B}=(\boldsymbol{\beta}_1,\boldsymbol{\beta}_2,\boldsymbol{\beta}_3)=(\boldsymbol{\alpha}_1,\boldsymbol{\alpha}_2,\boldsymbol{\alpha}_3)\begin{bmatrix}1&1&0\\1&m&1\\1&1&k\end{bmatrix}.$$

记

$$\boldsymbol{A}=(\boldsymbol{\alpha}_1,\boldsymbol{\alpha}_2,\boldsymbol{\alpha}_3),\quad \boldsymbol{C}=\begin{bmatrix}1&1&0\\1&m&1\\1&1&k\end{bmatrix},$$

于是有 $\boldsymbol{B}=\boldsymbol{AC}$,因为 $\boldsymbol{\alpha}_1,\boldsymbol{\alpha}_2,\boldsymbol{\alpha}_3$线性无关,所以 $r(\boldsymbol{A})=3$.

又因为

$$|\boldsymbol{C}|=\begin{vmatrix}1&1&0\\1&m&1\\1&1&k\end{vmatrix}=\begin{vmatrix}1&1&0\\1&m&1\\0&0&k\end{vmatrix}=k\times\begin{vmatrix}1&1\\1&m\end{vmatrix}=k(m-1),$$

当 $k(m-1)\neq0$,即 $k\neq0$ 且 $m\neq1$ 时,$\boldsymbol{C}$ 可逆,所以

$$r(\boldsymbol{B})=r(\boldsymbol{AC})=r(\boldsymbol{A})=3,$$

故向量组$\boldsymbol{\beta}_1,\boldsymbol{\beta}_2,\boldsymbol{\beta}_3$线性无关.

当 $k(m-1)=0$,即 $k=0$ 或 $m=1$ 时,有$|\boldsymbol{C}|=0$,$r(\boldsymbol{C})<3$,所以

$$r(\boldsymbol{B})=r(\boldsymbol{AC})\leqslant\min\{r(\boldsymbol{A}),r(\boldsymbol{C})\}\leqslant r(\boldsymbol{C})<3,$$

故向量组$\boldsymbol{\beta}_1,\boldsymbol{\beta}_2,\boldsymbol{\beta}_3$线性相关.

例 9 设向量组 $\boldsymbol{\alpha}_1,\boldsymbol{\alpha}_2,\boldsymbol{\alpha}_3,\boldsymbol{\alpha}_4$线性无关,且向量组$\boldsymbol{\beta}_1=\boldsymbol{\alpha}_1+\boldsymbol{\alpha}_2,\boldsymbol{\beta}_2=\boldsymbol{\alpha}_2+\boldsymbol{\alpha}_3,\boldsymbol{\beta}_3=\boldsymbol{\alpha}_3+\boldsymbol{\alpha}_4,\boldsymbol{\beta}_4=\boldsymbol{\alpha}_4+\boldsymbol{\alpha}_1$,证明向量组$\boldsymbol{\beta}_1,\boldsymbol{\beta}_2,\boldsymbol{\beta}_3,\boldsymbol{\beta}_4$线性相关.

证 令

$$\boldsymbol{B}=(\boldsymbol{\beta}_1,\boldsymbol{\beta}_2,\boldsymbol{\beta}_3,\boldsymbol{\beta}_4)=(\boldsymbol{\alpha}_1,\boldsymbol{\alpha}_2,\boldsymbol{\alpha}_3,\boldsymbol{\alpha}_4)\begin{bmatrix}1&0&0&1\\1&1&0&0\\0&1&1&0\\0&0&1&1\end{bmatrix}.$$

记

$$\boldsymbol{A}=(\boldsymbol{\alpha}_1,\boldsymbol{\alpha}_2,\boldsymbol{\alpha}_3,\boldsymbol{\alpha}_4),\quad \boldsymbol{C}=\begin{bmatrix}1&0&0&1\\1&1&0&0\\0&1&1&0\\0&0&1&1\end{bmatrix},$$

则 $\boldsymbol{B}=\boldsymbol{AC}$. 因为 $\boldsymbol{\alpha}_1,\boldsymbol{\alpha}_2,\boldsymbol{\alpha}_3,\boldsymbol{\alpha}_4$线性无关,所以 $r(\boldsymbol{A})=4$.

又因为

$$|\boldsymbol{C}|=\begin{vmatrix}1&0&0&1\\1&1&0&0\\0&1&1&0\\0&0&1&1\end{vmatrix}=\begin{vmatrix}1&0&0&1\\0&1&0&-1\\0&1&1&0\\0&0&1&1\end{vmatrix}=\begin{vmatrix}1&0&-1\\1&1&0\\0&1&1\end{vmatrix}=\begin{vmatrix}1&0&-1\\0&1&1\\0&1&1\end{vmatrix}=0,$$

所以 $r(\boldsymbol{C})<4$. 因为

$$r(\boldsymbol{B})=r(\boldsymbol{AC})\leqslant\min\{r(\boldsymbol{A}),r(\boldsymbol{C})\}\leqslant r(\boldsymbol{C})<4,$$

故向量组 $\boldsymbol{\beta}_1,\boldsymbol{\beta}_2,\boldsymbol{\beta}_3,\boldsymbol{\beta}_4$ 线性相关.

例 10 设向量组

$$\boldsymbol{\alpha}_1=(a_{11},a_{12},\cdots,a_{1n})^{\mathrm{T}},$$
$$\boldsymbol{\alpha}_2=(a_{21},a_{22},\cdots,a_{2n})^{\mathrm{T}},$$
$$\cdots\cdots$$
$$\boldsymbol{\alpha}_m=(a_{m1},a_{m2},\cdots,a_{mn})^{\mathrm{T}}$$

线性无关,将每个向量都增加 s 个分量,得向量组

$$\boldsymbol{\beta}_1=(a_{11},a_{12},\cdots,a_{1n},b_{11},b_{12},\cdots,b_{1s})^{\mathrm{T}},$$
$$\boldsymbol{\beta}_2=(a_{21},a_{22},\cdots,a_{2n},b_{21},b_{22},\cdots,b_{2s})^{\mathrm{T}},$$
$$\cdots\cdots$$
$$\boldsymbol{\beta}_m=(a_{m1},a_{m2},\cdots,a_{mn},b_{m1},b_{m2},\cdots,b_{ms})^{\mathrm{T}}.$$

证明向量组 $\boldsymbol{\beta}_1,\boldsymbol{\beta}_2,\cdots,\boldsymbol{\beta}_m$ 线性无关.

***证** 令

$$\boldsymbol{A}=(\boldsymbol{\alpha}_1,\boldsymbol{\alpha}_2,\cdots,\boldsymbol{\alpha}_m),\quad \boldsymbol{B}=(\boldsymbol{\beta}_1,\boldsymbol{\beta}_2,\cdots,\boldsymbol{\beta}_m).$$

因为向量组 $\boldsymbol{\alpha}_1,\boldsymbol{\alpha}_2,\cdots,\boldsymbol{\alpha}_m$ 线性无关,所以 $r(\boldsymbol{A})=m$. 由于

$$m=r(\boldsymbol{A})\leqslant r(\boldsymbol{B})\leqslant\min\{m,n+s\}\leqslant m,$$

可见 $r(\boldsymbol{B})=m$,因此向量组 $\boldsymbol{\beta}_1,\boldsymbol{\beta}_2,\cdots,\boldsymbol{\beta}_m$ 线性无关.

3.2 向量组的秩

3.2.1 等价向量组

定义 3.5 设向量组(Ⅰ)$\boldsymbol{\alpha}_1,\boldsymbol{\alpha}_2,\cdots,\boldsymbol{\alpha}_m$;(Ⅱ)$\boldsymbol{\beta}_1,\boldsymbol{\beta}_2,\cdots,\boldsymbol{\beta}_s$. 若向量组(Ⅰ)中每一个向量 $\boldsymbol{\alpha}_i(i=1,2,\cdots,m)$ 都可由向量组(Ⅱ)线性表示,则称向量组(Ⅰ)可由向量组(Ⅱ)线性表示.

若向量组(Ⅰ)与向量组(Ⅱ)可以相互线性表示,则称向量组(Ⅰ)与向量组(Ⅱ)等价.

例如,设向量组

(Ⅰ)$\boldsymbol{\alpha}_1=(1,0)^{\mathrm{T}},\boldsymbol{\alpha}_2=(1,2)^{\mathrm{T}},\boldsymbol{\alpha}_3=(3,-1)^{\mathrm{T}}$;

(Ⅱ)$\boldsymbol{\beta}_1=(1,0)^{\mathrm{T}},\boldsymbol{\beta}_2=(0,1)^{\mathrm{T}}$.

由于 $\boldsymbol{\alpha}_1=\boldsymbol{\beta}_1+0\boldsymbol{\beta}_2,\boldsymbol{\alpha}_2=\boldsymbol{\beta}_1+2\boldsymbol{\beta}_2,\boldsymbol{\alpha}_3=3\boldsymbol{\beta}_1-\boldsymbol{\beta}_2$,则向量组(Ⅰ)可由向量组(Ⅱ)线性表示;同时,由于 $\boldsymbol{\beta}_1=\boldsymbol{\alpha}_1+0\boldsymbol{\alpha}_2+0\boldsymbol{\alpha}_3,\boldsymbol{\beta}_2=3\boldsymbol{\alpha}_1+0\boldsymbol{\alpha}_2-\boldsymbol{\alpha}_3$,则向量组(Ⅱ)可由向量组(Ⅰ)线性表示. 因此向量组(Ⅰ)与向量组(Ⅱ)等价.

等价是两个向量组之间的一种关系,易证明向量组之间的等价关系具有如下性质.

(1)反身性. 每一向量组与其自身等价.

(2)对称性. 若向量组(Ⅰ)与向量组(Ⅱ)等价,则向量组(Ⅱ)与向量组(Ⅰ)等价.

(3)传递性. 若向量组(Ⅰ)与向量组(Ⅱ)等价,向量组(Ⅱ)与向量组(Ⅲ)等价,则向量组(Ⅰ)与向量组(Ⅲ)等价.

定理 3.4 设向量组 $\boldsymbol{\alpha}_1,\boldsymbol{\alpha}_2,\cdots,\boldsymbol{\alpha}_s$ 可由向量组 $\boldsymbol{\beta}_1,\boldsymbol{\beta}_2,\cdots,\boldsymbol{\beta}_t$ 线性表示,且向量组 $\boldsymbol{\alpha}_1,\boldsymbol{\alpha}_2,\cdots,\boldsymbol{\alpha}_s$ 线性无关,则 $s\leqslant t$.

证 由题设知向量组 $\boldsymbol{\alpha}_1,\boldsymbol{\alpha}_2,\cdots,\boldsymbol{\alpha}_s$ 可由向量组 $\boldsymbol{\beta}_1,\boldsymbol{\beta}_2,\cdots,\boldsymbol{\beta}_t$ 线性表示,则有

$$\begin{cases}\boldsymbol{\alpha}_1=a_{11}\boldsymbol{\beta}_1+a_{21}\boldsymbol{\beta}_2+\cdots+a_{t1}\boldsymbol{\beta}_t,\\ \boldsymbol{\alpha}_2=a_{12}\boldsymbol{\beta}_1+a_{22}\boldsymbol{\beta}_2+\cdots+a_{t2}\boldsymbol{\beta}_t,\\ \qquad\cdots\cdots\\ \boldsymbol{\alpha}_s=a_{1s}\boldsymbol{\beta}_1+a_{2s}\boldsymbol{\beta}_2+\cdots+a_{ts}\boldsymbol{\beta}_t.\end{cases}$$

设 $\boldsymbol{\alpha}_i(i=1,2,\cdots,s),\boldsymbol{\beta}_j(j=1,2,\cdots,t)$ 为 n 维列向量,则上式可表示为

$$\boldsymbol{A}=(\boldsymbol{\alpha}_1,\boldsymbol{\alpha}_2,\cdots,\boldsymbol{\alpha}_s)=(\boldsymbol{\beta}_1,\boldsymbol{\beta}_2,\cdots,\boldsymbol{\beta}_t)\begin{bmatrix}a_{11}&a_{12}&\cdots&a_{1s}\\a_{21}&a_{22}&\cdots&a_{2s}\\\vdots&\vdots&&\vdots\\a_{t1}&a_{t2}&\cdots&a_{ts}\end{bmatrix},$$

记

$$\boldsymbol{B}=(\boldsymbol{\beta}_1,\boldsymbol{\beta}_2,\cdots,\boldsymbol{\beta}_t),\quad \boldsymbol{P}=\begin{bmatrix}a_{11}&a_{12}&\cdots&a_{1s}\\a_{21}&a_{22}&\cdots&a_{2s}\\\vdots&\vdots&&\vdots\\a_{t1}&a_{t2}&\cdots&a_{ts}\end{bmatrix},$$

则 $\boldsymbol{A}=\boldsymbol{BP}$,由于向量组 $\boldsymbol{\alpha}_1,\boldsymbol{\alpha}_2,\cdots,\boldsymbol{\alpha}_s$ 线性无关,由定理 3.3 的推论 1 可知 $r(\boldsymbol{A})=s$,因为矩阵 $\boldsymbol{B}$ 为 $n\times t$ 矩阵,所以 $r(\boldsymbol{B})\leqslant t$,又 $r(\boldsymbol{BP})\leqslant\min\{r(\boldsymbol{B}),r(\boldsymbol{P})\}$,则有

$$s=r(\boldsymbol{A})=r(\boldsymbol{BP})\leqslant\min\{r(\boldsymbol{B}),r(\boldsymbol{P})\}\leqslant r(\boldsymbol{B})\leqslant t.$$

推论 等价的两个线性无关的向量组所含向量个数相同.

3.2.2 极大线性无关组

定义 3.6 设向量组 $\boldsymbol{\alpha}_{i_1},\boldsymbol{\alpha}_{i_2},\cdots,\boldsymbol{\alpha}_{i_r}$ 是向量组(Ⅰ)$\boldsymbol{\alpha}_1,\boldsymbol{\alpha}_2,\cdots,\boldsymbol{\alpha}_m$ 中的一个部分向量组,且满足

(1)$\boldsymbol{\alpha}_{i_1},\boldsymbol{\alpha}_{i_2},\cdots,\boldsymbol{\alpha}_{i_r}$ 线性无关,

(2)向量组(Ⅰ)中任一向量都可由 $\boldsymbol{\alpha}_{i_1},\boldsymbol{\alpha}_{i_2},\cdots,\boldsymbol{\alpha}_{i_r}$ 线性表示,

则称向量组 $\boldsymbol{\alpha}_{i_1},\boldsymbol{\alpha}_{i_2},\cdots,\boldsymbol{\alpha}_{i_r}$ 是向量组(Ⅰ)$\boldsymbol{\alpha}_1,\boldsymbol{\alpha}_2,\cdots,\boldsymbol{\alpha}_m$ 的一个极大线性无关组,简称极大无关组.

由极大无关组的定义可知,任意一个非零向量组必有极大无关组;一个线性无关的向

量组的极大无关组为其自身.

例如,向量组(Ⅰ)$\boldsymbol{\alpha}_1=(1,1,1)^{\mathrm{T}}$,$\boldsymbol{\alpha}_2=(0,1,1)^{\mathrm{T}}$,$\boldsymbol{\alpha}_3=(1,2,2)^{\mathrm{T}}$,由于部分向量组 $\boldsymbol{\alpha}_1$,$\boldsymbol{\alpha}_2$线性无关,而 $\boldsymbol{\alpha}_3=\boldsymbol{\alpha}_1+\boldsymbol{\alpha}_2$,所以 $\boldsymbol{\alpha}_1,\boldsymbol{\alpha}_2$ 是向量组(Ⅰ)的一个极大无关组. 同理,$\boldsymbol{\alpha}_1,\boldsymbol{\alpha}_3$ 或 $\boldsymbol{\alpha}_2,\boldsymbol{\alpha}_3$ 也是向量组(Ⅰ)的一个极大无关组. 由此可见,一个线性相关的向量组的极大无关组一般不唯一.

结合向量组等价的定义、等价向量组的性质及极大无关组的定义,可得出以下结论:

(1)向量组与其任一个极大无关组等价;

(2)同一向量组的任意两个极大无关组等价,且向量组的任意两个极大无关组所含向量个数相同;

(3)等价向量组的极大无关组等价,且它们的极大无关组所含向量个数相同.

定义 3.7 向量组(Ⅰ)$\boldsymbol{\alpha}_1,\boldsymbol{\alpha}_2,\cdots,\boldsymbol{\alpha}_m$ 的极大无关组中所含向量的个数,称为向量组(Ⅰ)的秩,记作 r(Ⅰ).

由定义及结论(3)可知,等价向量组的秩相同.

仅含零向量的向量组没有极大无关组,规定其秩为 0.

定理 3.5 若向量组(Ⅰ)$\boldsymbol{\alpha}_1,\boldsymbol{\alpha}_2,\cdots,\boldsymbol{\alpha}_m$ 可由向量组(Ⅱ)$\boldsymbol{\beta}_1,\boldsymbol{\beta}_2,\cdots,\boldsymbol{\beta}_s$ 线性表示,则 r(Ⅰ)$\leqslant r$(Ⅱ).

证 设向量组(Ⅰ)$\boldsymbol{\alpha}_1,\boldsymbol{\alpha}_2,\cdots,\boldsymbol{\alpha}_m$ 的一个极大无关组为(Ⅲ)$\boldsymbol{\alpha}_{i_1},\boldsymbol{\alpha}_{i_2},\cdots,\boldsymbol{\alpha}_{i_{r_1}}$;设向量组(Ⅱ)$\boldsymbol{\beta}_1,\boldsymbol{\beta}_2,\cdots,\boldsymbol{\beta}_s$ 的一个极大无关组为(Ⅳ)$\boldsymbol{\beta}_{j_1},\boldsymbol{\beta}_{j_2},\cdots,\boldsymbol{\beta}_{j_{r_2}}$,则向量组(Ⅰ)与(Ⅲ)可相互线性表示,向量组(Ⅱ)与(Ⅳ)也可相互线性表示.

由题设知向量组(Ⅰ)可由向量组(Ⅱ)线性表示,故(Ⅲ)可由(Ⅳ)线性表示,又由于向量组(Ⅲ)线性无关,由定理 3.4 得 $r_1\leqslant r_2$,即 r(Ⅰ)$\leqslant r$(Ⅱ).

矩阵 $\boldsymbol{A}$ 的行(列)向量组的秩称为矩阵 $\boldsymbol{A}$ 的行(列)秩.

定理 3.6 设矩阵 $\boldsymbol{A}$ 的秩 $r(\boldsymbol{A})=r$,则

$$\boldsymbol{A} \text{ 的行秩}=\boldsymbol{A} \text{ 的列秩}=r.$$

证明从略.

例 1 设向量组 $\boldsymbol{\alpha}_1,\boldsymbol{\alpha}_2,\cdots,\boldsymbol{\alpha}_m$ 的秩为 r. 证明 $\boldsymbol{\alpha}_1,\boldsymbol{\alpha}_2,\cdots,\boldsymbol{\alpha}_m$ 中任意 r 个线性无关的向量都是它的一个极大无关组.

证 设向量组 $\boldsymbol{\alpha}_1,\boldsymbol{\alpha}_2,\cdots,\boldsymbol{\alpha}_m$ 中任意 r 个线性无关的向量为 $\boldsymbol{\alpha}_{i_1},\boldsymbol{\alpha}_{i_2},\cdots,\boldsymbol{\alpha}_{i_r}$,由向量组极大无关组的定义知,只需证 $\boldsymbol{\alpha}_1,\boldsymbol{\alpha}_2,\cdots,\boldsymbol{\alpha}_m$ 中任意向量都可由 $\boldsymbol{\alpha}_{i_1},\boldsymbol{\alpha}_{i_2},\cdots,\boldsymbol{\alpha}_{i_r}$ 线性表示.

反证法. 假设向量组 $\boldsymbol{\alpha}_1,\boldsymbol{\alpha}_2,\cdots,\boldsymbol{\alpha}_m$ 中有某个向量 $\boldsymbol{\alpha}_j(1\leqslant j\leqslant m)$ 不能由 $\boldsymbol{\alpha}_{i_1},\boldsymbol{\alpha}_{i_2},\cdots,\boldsymbol{\alpha}_{i_r}$ 线性表示. 令

$$k_1\boldsymbol{\alpha}_{i_1}+k_2\boldsymbol{\alpha}_{i_2}+\cdots+k_r\boldsymbol{\alpha}_{i_r}+k\boldsymbol{\alpha}_j=\boldsymbol{O},$$

则必有 $k=0$(假设 $k\neq 0$,则有 $\boldsymbol{\alpha}_j=-\dfrac{k_1}{k}\boldsymbol{\alpha}_{i_1}-\dfrac{k_2}{k}\boldsymbol{\alpha}_{i_2}-\cdots-\dfrac{k_r}{k}\boldsymbol{\alpha}_{i_r}$,表明 $\boldsymbol{\alpha}_j$ 可由 $\boldsymbol{\alpha}_{i_1},\boldsymbol{\alpha}_{i_2},\cdots,\boldsymbol{\alpha}_{i_r}$ 线性表示,与题设矛盾). 又因为 $\boldsymbol{\alpha}_{i_1},\boldsymbol{\alpha}_{i_2},\cdots,\boldsymbol{\alpha}_{i_r}$ 线性无关,所以只有

$$k_1=k_2=\cdots=k_r=0,$$

因此 $\boldsymbol{\alpha}_{i_1},\boldsymbol{\alpha}_{i_2},\cdots,\boldsymbol{\alpha}_{i_r},\boldsymbol{\alpha}_j$ 线性无关，所以向量组 $\boldsymbol{\alpha}_1,\boldsymbol{\alpha}_2,\cdots,\boldsymbol{\alpha}_m$ 的秩大于 r，与题设矛盾. 因此向量组 $\boldsymbol{\alpha}_1,\boldsymbol{\alpha}_2,\cdots,\boldsymbol{\alpha}_m$ 中任意向量都可由 $\boldsymbol{\alpha}_{i_1},\boldsymbol{\alpha}_{i_2},\cdots,\boldsymbol{\alpha}_{i_r}$ 线性表示，即 $\boldsymbol{\alpha}_{i_1},\boldsymbol{\alpha}_{i_2},\cdots,\boldsymbol{\alpha}_{i_r}$ 为向量组的一个极大无关组.

例 2 求下列向量组的秩，并求出它的一个极大无关组.

(1) $\boldsymbol{\alpha}_1=(-1,1,-2,1)^{\mathrm{T}},\boldsymbol{\alpha}_2=(3,1,6,2)^{\mathrm{T}},\boldsymbol{\alpha}_3=(1,3,3,4)^{\mathrm{T}}$；

(2) $\boldsymbol{\alpha}_1=(1,2,3,4)^{\mathrm{T}},\boldsymbol{\alpha}_2=(2,3,2,5)^{\mathrm{T}},\boldsymbol{\alpha}_3=(3,4,1,6)^{\mathrm{T}}$.

解 (1) 以 $\boldsymbol{\alpha}_1,\boldsymbol{\alpha}_2,\boldsymbol{\alpha}_3$ 为列向量作矩阵 $\boldsymbol{A}$，用初等行变换把 $\boldsymbol{A}$ 化成阶梯形矩阵.

$$\boldsymbol{A}=(\boldsymbol{\alpha}_1,\boldsymbol{\alpha}_2,\boldsymbol{\alpha}_3)=\begin{bmatrix}-1&3&1\\1&1&3\\-2&6&3\\1&2&4\end{bmatrix}\xrightarrow[\substack{r_3-2r_1\\r_4+r_1}]{r_2+r_1}\begin{bmatrix}-1&3&1\\0&4&4\\0&0&1\\0&5&5\end{bmatrix}\xrightarrow{r_4-\frac{5}{4}r_2}\begin{bmatrix}-1&3&1\\0&4&4\\0&0&1\\0&0&0\end{bmatrix},$$

所以 $r(\boldsymbol{A})=3$，即向量组的秩为 3. 因而该向量组本身就是一个极大无关组.

(2) 设

$$\boldsymbol{A}=(\boldsymbol{\alpha}_1,\boldsymbol{\alpha}_2,\boldsymbol{\alpha}_3)=\begin{bmatrix}1&2&3\\2&3&4\\3&2&1\\4&5&6\end{bmatrix}\xrightarrow[\substack{r_3-3r_1\\r_4-4r_1}]{r_2-2r_1}\begin{bmatrix}1&2&3\\0&-1&-2\\0&-4&-8\\0&-3&-6\end{bmatrix}\xrightarrow[r_4-3r_2]{r_3-4r_2}\begin{bmatrix}1&2&3\\0&-1&-2\\0&0&0\\0&0&0\end{bmatrix},$$

所以 $r(\boldsymbol{A})=2$，即向量组 $\boldsymbol{\alpha}_1,\boldsymbol{\alpha}_2,\boldsymbol{\alpha}_3$ 的秩为 2，故该向量组中任意 2 个线性无关的向量都是它的一个极大无关组. 由于 $\boldsymbol{\alpha}_1,\boldsymbol{\alpha}_2$ 线性无关，所以是向量组的一个极大无关组.

由于矩阵的初等行变换不改变矩阵列向量之间的线性关系(证明从略)，下面给出用矩阵的初等行变换求向量组 $\boldsymbol{\alpha}_1,\boldsymbol{\alpha}_2,\cdots,\boldsymbol{\alpha}_n$ 的秩及一个极大无关组的方法：

(1) 以给定的列向量作矩阵 $\boldsymbol{A}=(\boldsymbol{\alpha}_1,\boldsymbol{\alpha}_2,\cdots,\boldsymbol{\alpha}_n)$；

(2) 对矩阵 $\boldsymbol{A}$ 施行初等行变换，把 $\boldsymbol{A}$ 化成阶梯形矩阵 $\boldsymbol{B}$；

(3) 矩阵 $\boldsymbol{B}$ 的秩即矩阵 $\boldsymbol{A}$ 的列秩，也就是原向量组的秩. 若矩阵 $\boldsymbol{B}$ 的非零行首个非零元所在列的序号为 $j_1,j_2,\cdots,j_r$，则矩阵 $\boldsymbol{A}$ 的第 $j_1,j_2,\cdots,j_r$ 列就是 $\boldsymbol{A}$ 的列向量组的一个极大无关组，从而也是原向量组的一个极大无关组.

例 3 求向量组(Ⅰ)

$$\boldsymbol{\alpha}_1=\begin{bmatrix}1\\2\\-2\\3\end{bmatrix},\quad \boldsymbol{\alpha}_2=\begin{bmatrix}-2\\-4\\4\\-6\end{bmatrix},\quad \boldsymbol{\alpha}_3=\begin{bmatrix}2\\8\\-2\\0\end{bmatrix},\quad \boldsymbol{\alpha}_4=\begin{bmatrix}-1\\0\\3\\-6\end{bmatrix},\quad \boldsymbol{\alpha}_5=\begin{bmatrix}1\\2\\3\\4\end{bmatrix}$$

的秩，并求出它的一个极大无关组.

解 令 $\boldsymbol{A}=(\boldsymbol{\alpha}_1,\boldsymbol{\alpha}_2,\boldsymbol{\alpha}_3,\boldsymbol{\alpha}_4,\boldsymbol{\alpha}_5)$，则

$$A=\begin{bmatrix}1&-2&2&-1&1\\2&-4&8&0&2\\-2&4&-2&3&3\\3&-6&0&-6&4\end{bmatrix}\to\begin{bmatrix}1&-2&2&-1&1\\0&0&4&2&0\\0&0&2&1&5\\0&0&-6&-3&1\end{bmatrix}$$

$$\to\begin{bmatrix}1&-2&2&-1&1\\0&0&2&1&0\\0&0&0&0&5\\0&0&0&0&1\end{bmatrix}\to\begin{bmatrix}1&-2&2&-1&1\\0&0&2&1&0\\0&0&0&0&1\\0&0&0&0&0\end{bmatrix}=B$$

所以 $r(A)=3$,即向量组(Ⅰ)的秩为3.

矩阵 B 的非零行的首个非零元所在列为第1,3,5列,则矩阵 A 的第1,3,5列是 A 的列向量组的一个极大无关组,即 $\alpha_1,\alpha_3,\alpha_5$ 就是向量组(Ⅰ)的一个极大无关组.

例4 设向量组(Ⅰ)

$$\alpha_1=\begin{bmatrix}-1\\0\\1\\2\end{bmatrix},\quad \alpha_2=\begin{bmatrix}1\\2\\3\\-2\end{bmatrix},\quad \alpha_3=\begin{bmatrix}-3\\-2\\-1\\6\end{bmatrix},\quad \alpha_4=\begin{bmatrix}2\\2\\2\\-4\end{bmatrix}.$$

(1)求向量组(Ⅰ)的秩,并讨论向量组(Ⅰ)的线性相关性;

(2)求向量组(Ⅰ)的一个极大无关组,并用这个极大无关组表示该向量组中其余的向量.

解 (1)令 $A=(\alpha_1,\alpha_2,\alpha_3,\alpha_4)$,则

$$A=\begin{bmatrix}-1&1&-3&2\\0&2&-2&2\\1&3&-1&2\\2&-2&6&-4\end{bmatrix}\to\begin{bmatrix}-1&1&-3&2\\0&2&-2&2\\0&4&-4&4\\0&0&0&0\end{bmatrix}\to\begin{bmatrix}-1&1&-3&2\\0&2&-2&2\\0&0&0&0\\0&0&0&0\end{bmatrix}=B,$$

所以 $r(A)=2$,即向量组(Ⅰ)的秩为2. 由定理3.3可得向量组(Ⅰ)线性相关.

(2)由于矩阵 B 的非零行的首个非零元所在列的序号为1,2列,即 α_1,α_2 就是向量组(Ⅰ)的一个极大无关组.

$$B=\begin{bmatrix}-1&1&-3&2\\0&2&-2&2\\0&0&0&0\\0&0&0&0\end{bmatrix}\to\begin{bmatrix}1&-1&3&-2\\0&1&-1&1\\0&0&0&0\\0&0&0&0\end{bmatrix}\to\begin{bmatrix}1&0&2&-1\\0&1&-1&1\\0&0&0&0\\0&0&0&0\end{bmatrix}=C.$$

令

$$C=(\alpha_1',\alpha_2',\alpha_3',\alpha_4'),$$

得 $\alpha_3'=2\alpha_1'-\alpha_2',\alpha_4'=-\alpha_1'+\alpha_2'$,由于矩阵的初等行变换不改变矩阵列向量之间的线性关系,故得

$$\boldsymbol{\alpha}_3=2\boldsymbol{\alpha}_1-\boldsymbol{\alpha}_2,\quad \boldsymbol{\alpha}_4=-\boldsymbol{\alpha}_1+\boldsymbol{\alpha}_2.$$

3.3 向量空间

3.3.1 向量空间的定义

定义 3.8 设 V 是 n 维实向量集合,若 V 非空,并且对向量的线性运算封闭(即对任意的 $\boldsymbol{\alpha},\boldsymbol{\beta}\in V,k\in\mathbf{R}$,都有 $\boldsymbol{\alpha}+\boldsymbol{\beta}\in V,k\boldsymbol{\alpha}\in V$),则称 V 是(实)向量空间.

只含有零向量的向量空间 $V=\{\boldsymbol{O}\}$,称为零空间.

显然任何向量空间都含有零向量.

例 1 判断下列集合是否为向量空间.

(1)全体 3 维实向量的集合 $\mathbf{R}^3=\{(x_1,x_2,x_3)^{\mathrm{T}}|x_1,x_2,x_3\in\mathbf{R}\}$;

(2)4 维实向量集合 $V=\{(0,x_2,x_3,x_4)^{\mathrm{T}}|x_2,x_3,x_4\in\mathbf{R}\}$;

(3)n 维实向量集合 $V=\{(2,x_2,\cdots,x_n)^{\mathrm{T}}|x_2,x_3,\cdots,x_n\in\mathbf{R}\}$.

解 (1)显然 $\mathbf{R}^3$ 非空,对于任意的 $\boldsymbol{\alpha}=(a_1,a_2,a_3)^{\mathrm{T}},\boldsymbol{\beta}=(b_1,b_2,b_3)^{\mathrm{T}}\in\mathbf{R}^3$,有

$$\boldsymbol{\alpha}+\boldsymbol{\beta}=(a_1+b_1,a_2+b_2,a_3+b_3)^{\mathrm{T}}\in\mathbf{R}^3;$$

对于任意 $k\in\mathbf{R}$,任意 $\boldsymbol{\alpha}\in\mathbf{R}^3$,有

$$k\boldsymbol{\alpha}=(ka_1,ka_2,ka_3)^{\mathrm{T}}\in\mathbf{R}^3.$$

即 $\mathbf{R}^3$ 对于向量的加法及数乘运算封闭,所以 $\mathbf{R}^3$ 是一个向量空间,记作 $\mathbf{R}^3$.

同理,全体 n 维实向量构成向量空间,记作 $\mathbf{R}^n$.

(2)显然 V 非空. 对于任意的 $\boldsymbol{\alpha}=(0,a_2,a_3,a_4)^{\mathrm{T}},\boldsymbol{\beta}=(0,b_2,b_3,b_4)^{\mathrm{T}}\in V$,有

$$\boldsymbol{\alpha}+\boldsymbol{\beta}=(0,a_2+b_2,a_3+b_3,a_4+b_4)^{\mathrm{T}}\in V,$$

对任意常数 $k\in\mathbf{R}$,任意 $\boldsymbol{\alpha}\in V$,有

$$k\boldsymbol{\alpha}=(0,ka_2,ka_3,ka_4)^{\mathrm{T}}\in V.$$

所以 V 为一个向量空间.

(3)对于任意的 $\boldsymbol{\alpha}=(2,a_2,\cdots,a_n)^{\mathrm{T}},\boldsymbol{\beta}=(2,b_2,\cdots,b_n)^{\mathrm{T}}\in V$,有

$$\boldsymbol{\alpha}+\boldsymbol{\beta}=(4,a_2+b_2,\cdots,a_n+b_n)^{\mathrm{T}}\notin V,$$

即 V 对向量的加法运算不封闭.

例 2 设 $\boldsymbol{\alpha}_1,\boldsymbol{\alpha}_2,\cdots,\boldsymbol{\alpha}_m$ 是一个 n 维向量组,证明集合

$$V=\{\lambda_1\boldsymbol{\alpha}_1+\lambda_2\boldsymbol{\alpha}_2+\cdots+\lambda_m\boldsymbol{\alpha}_m|\lambda_1,\lambda_2,\cdots,\lambda_m\in\mathbf{R}\}$$

是一个向量空间.

证 因为 $\boldsymbol{\alpha}_1\in V$,所以集合 V 非空. 对于 V 中任意向量 $\boldsymbol{\alpha}=k_1\boldsymbol{\alpha}_1+k_2\boldsymbol{\alpha}_2+\cdots+k_m\boldsymbol{\alpha}_m$, $\boldsymbol{\beta}=l_1\boldsymbol{\alpha}_1+l_2\boldsymbol{\alpha}_2+\cdots+l_m\boldsymbol{\alpha}_m$,有

$$\boldsymbol{\alpha}+\boldsymbol{\beta}=(k_1+l_1)\boldsymbol{\alpha}_1+(k_2+l_2)\boldsymbol{\alpha}_2+\cdots+(k_m+l_m)\boldsymbol{\alpha}_m\in V,$$

对任意常数 $\lambda\in\mathbf{R}$,任意 $\boldsymbol{\alpha}\in V$,有

$$\lambda\boldsymbol{\alpha}=\lambda k_1\boldsymbol{\alpha}_1+\lambda k_2\boldsymbol{\alpha}_2+\cdots+\lambda k_m\boldsymbol{\alpha}_m\in V.$$

即 V 对向量的线性运算封闭,所以集合 V 是一个向量空间.

一般地,向量空间

$$V=\{\lambda_1\boldsymbol{\alpha}_1+\lambda_2\boldsymbol{\alpha}_2+\cdots+\lambda_m\boldsymbol{\alpha}_m\mid\lambda_1,\lambda_2,\cdots,\lambda_m\in\mathbf{R}\}$$

称为由向量组 $\boldsymbol{\alpha}_1,\boldsymbol{\alpha}_2,\cdots,\boldsymbol{\alpha}_m$ 所生成的向量空间,记作 $V=L(\boldsymbol{\alpha}_1,\boldsymbol{\alpha}_2,\cdots,\boldsymbol{\alpha}_m)$.

定义 3.9 设 V 为向量空间,W 为 V 的一个非空子集. 如果 W 关于 V 中加法和数乘运算构成一个向量空间,则称 W 为 V 的一个线性子空间,简称子空间.

任何由 n 维实向量组成的向量空间都是 $\mathbf{R}^n$ 的子空间. 显然,对于 $\boldsymbol{\alpha}_1,\boldsymbol{\alpha}_2,\cdots,\boldsymbol{\alpha}_m\in\mathbf{R}^n$,则 $L(\boldsymbol{\alpha}_1,\boldsymbol{\alpha}_2,\cdots,\boldsymbol{\alpha}_m)$ 是 $\mathbf{R}^n$ 的子空间.

3.3.2 基、维数与坐标

定义 3.10 向量空间 V 的一个极大无关组称为 V 的一组基. 该基中所含向量的个数称为 V 的维数,记作 $\dim V$. 若 $\dim V=r$,则称 V 为 r 维向量空间.

由于零空间没有基,规定其维数为 0.

由定义 3.10 可以看出,若 $\dim V=r$,则 V 中任意 r 个线性无关的向量都是 V 的一组基. 所以,n 维向量空间 $\mathbf{R}^n$ 中任意 n 个线性无关的向量都是 $\mathbf{R}^n$ 的一组基. 特别地,$\boldsymbol{\varepsilon}_1,\boldsymbol{\varepsilon}_2,\cdots,\boldsymbol{\varepsilon}_n$ 为 $\mathbf{R}^n$ 的一组基,称为 $\mathbf{R}^n$ 的标准基.

由向量空间和基的定义可以看出,若线性空间 V 是由向量组 $\boldsymbol{\alpha}_1,\boldsymbol{\alpha}_2,\cdots,\boldsymbol{\alpha}_m$ 生成的,则 $\boldsymbol{\alpha}_1,\boldsymbol{\alpha}_2,\cdots,\boldsymbol{\alpha}_m$ 的任一极大无关组都是 V 的一组基,且有

$$\dim V=r(\boldsymbol{\alpha}_1,\boldsymbol{\alpha}_2,\cdots,\boldsymbol{\alpha}_m).$$

显然,一个向量空间实际是由其基生成的,即若向量空间 V 的一组基为 $\boldsymbol{\alpha}_1,\boldsymbol{\alpha}_2,\cdots,\boldsymbol{\alpha}_r$,则

$$V=\{\lambda_1\boldsymbol{\alpha}_1+\lambda_2\boldsymbol{\alpha}_2+\cdots+\lambda_r\boldsymbol{\alpha}_r\mid\lambda_1,\lambda_2,\cdots,\lambda_r\in\mathbf{R}\}.$$

由这一表达式可以清楚地看出向量空间的构造,这也体现出向量空间中基的重要意义.

设 $\boldsymbol{\alpha}_1,\boldsymbol{\alpha}_2,\cdots,\boldsymbol{\alpha}_n$ 为 n 维向量空间 V 的一组基(即极大无关组),由基的定义和定理 3.2 可知,V 中任一向量 $\boldsymbol{\beta}$ 可由 $\boldsymbol{\alpha}_1,\boldsymbol{\alpha}_2,\cdots,\boldsymbol{\alpha}_n$ 唯一地线性表示,即

$$\boldsymbol{\beta}=x_1\boldsymbol{\alpha}_1+x_2\boldsymbol{\alpha}_2+\cdots+x_n\boldsymbol{\alpha}_n,$$

其中,$x_1,x_2,\cdots,x_n$ 是唯一确定的. 反之,任给一组有序数 $x_1,x_2,\cdots,x_n$,总有 V 中唯一的向量 $\boldsymbol{\beta}$ 按线性组合形式(即 $\boldsymbol{\beta}=x_1\boldsymbol{\alpha}_1+x_2\boldsymbol{\alpha}_2+\cdots+x_n\boldsymbol{\alpha}_n$)与之对应. 故在给定的一组基 $\boldsymbol{\alpha}_1,\boldsymbol{\alpha}_2,\cdots,\boldsymbol{\alpha}_n$ 下,任一向量与一个有序数组一一对应.

定义 3.11 设 $\boldsymbol{\alpha}_1,\boldsymbol{\alpha}_2,\cdots,\boldsymbol{\alpha}_n$ 为 n 维向量空间 V 的一组基,对任意向量 $\boldsymbol{\alpha}\in V$,都可唯一地表示为

$$\boldsymbol{\alpha}=x_1\boldsymbol{\alpha}_1+x_2\boldsymbol{\alpha}_2+\cdots+x_n\boldsymbol{\alpha}_n=(\boldsymbol{\alpha}_1,\boldsymbol{\alpha}_2,\cdots,\boldsymbol{\alpha}_n)\begin{bmatrix}x_1\\x_2\\\vdots\\x_n\end{bmatrix},$$

则称有序数组 $x_1,x_2,\cdots,x_n$为向量 $\boldsymbol{\alpha}$ 在基 $\boldsymbol{\alpha}_1,\boldsymbol{\alpha}_2,\cdots,\boldsymbol{\alpha}_n$下的坐标,记作$(x_1,x_2,\cdots,x_n)^{\mathrm{T}}$.

例如,向量 $\boldsymbol{\alpha}=(1,2,3)^{\mathrm{T}}$在向量空间 $\mathbf{R}^3$ 的一组基 $\boldsymbol{\varepsilon}_1=(1,0,0)^{\mathrm{T}}$, $\boldsymbol{\varepsilon}_2=(0,1,0)^{\mathrm{T}}$, $\boldsymbol{\varepsilon}_3=(0,0,1)^{\mathrm{T}}$下的坐标为$(1,2,3)^{\mathrm{T}}$;而在另一组基 $\boldsymbol{\varepsilon}_1=(-1,0,0)^{\mathrm{T}}$, $\boldsymbol{\varepsilon}_2=(0,-1,0)^{\mathrm{T}}$, $\boldsymbol{\varepsilon}_3=(0,0,-1)^{\mathrm{T}}$下的坐标为$(-1,-2,-3)^{\mathrm{T}}$.

这也说明,同一个向量在不同的基下坐标一般是不同的.

例 3 设 $\mathbf{R}^3$中向量 $\boldsymbol{\alpha}_1=(1,0,0)^{\mathrm{T}}$, $\boldsymbol{\alpha}_2=(1,1,0)^{\mathrm{T}}$, $\boldsymbol{\alpha}_3=(1,1,1)^{\mathrm{T}}$及 $\boldsymbol{\alpha}=(5,3,-2)^{\mathrm{T}}$. 证明 $\boldsymbol{\alpha}_1,\boldsymbol{\alpha}_2,\boldsymbol{\alpha}_3$是 $\mathbf{R}^3$的一组基,并求 $\boldsymbol{\alpha}$ 在 $\boldsymbol{\alpha}_1,\boldsymbol{\alpha}_2,\boldsymbol{\alpha}_3$下的坐标.

解 令 $\boldsymbol{A}=(\boldsymbol{\alpha}_1,\boldsymbol{\alpha}_2,\boldsymbol{\alpha}_3)$,则有

$$|\boldsymbol{A}|=\begin{vmatrix}1&1&1\\0&1&1\\0&0&1\end{vmatrix}=1\neq0,$$

由定理 3.3 的推论 3 得向量组 $\boldsymbol{\alpha}_1,\boldsymbol{\alpha}_2,\boldsymbol{\alpha}_3$线性无关,因为 $\mathbf{R}^3$中任何 3 个线性无关的向量都是一组基,所以 $\boldsymbol{\alpha}_1,\boldsymbol{\alpha}_2,\boldsymbol{\alpha}_3$为 $\mathbf{R}^3$的一组基.

设 $\boldsymbol{\alpha}$ 在基 $\boldsymbol{\alpha}_1,\boldsymbol{\alpha}_2,\boldsymbol{\alpha}_3$下的坐标为$(x_1,x_2,x_3)^{\mathrm{T}}$,则

$$\boldsymbol{\alpha}=x_1\boldsymbol{\alpha}_1+x_2\boldsymbol{\alpha}_2+x_3\boldsymbol{\alpha}_3=(\boldsymbol{\alpha}_1,\boldsymbol{\alpha}_2,\boldsymbol{\alpha}_3)\begin{bmatrix}x_1\\x_2\\x_3\end{bmatrix}.$$

记 $\boldsymbol{B}=(5,3,-2)^{\mathrm{T}}$, $\boldsymbol{X}=(x_1,x_2,x_3)^{\mathrm{T}}$,则 $\boldsymbol{B}=\boldsymbol{AX}$. 因为$|\boldsymbol{A}|\neq0$,所以 $\boldsymbol{X}=\boldsymbol{A}^{-1}\boldsymbol{B}$.

$$(\boldsymbol{A}\quad\boldsymbol{B})=\begin{bmatrix}1&1&1&5\\0&1&1&3\\0&0&1&-2\end{bmatrix}\to\begin{bmatrix}1&1&1&5\\0&1&0&5\\0&0&1&-2\end{bmatrix}\to\begin{bmatrix}1&0&0&2\\0&1&0&5\\0&0&1&-2\end{bmatrix},$$

得$(x_1,x_2,x_3)^{\mathrm{T}}=(2,5,-2)^{\mathrm{T}}$,故 $\boldsymbol{\alpha}$ 在该基下的坐标为$(2,5,-2)^{\mathrm{T}}$.

3.3.3 过渡矩阵与坐标变换

向量空间中同一向量在不同基下的坐标一般是不同的,下面讨论同一向量在两组不同基下的坐标之间的关系.

定义 3.12 设 $\boldsymbol{\alpha}_1,\boldsymbol{\alpha}_2,\cdots,\boldsymbol{\alpha}_n$和 $\boldsymbol{\beta}_1,\boldsymbol{\beta}_2,\cdots,\boldsymbol{\beta}_n$为 n 维向量空间 $\mathbf{R}^n$的两组基,则两组基可相互线性表示. 若

$$\begin{cases}\boldsymbol{\beta}_1=p_{11}\boldsymbol{\alpha}_1+p_{21}\boldsymbol{\alpha}_2+\cdots+p_{n1}\boldsymbol{\alpha}_n,\\\boldsymbol{\beta}_2=p_{12}\boldsymbol{\alpha}_1+p_{22}\boldsymbol{\alpha}_2+\cdots+p_{n2}\boldsymbol{\alpha}_n,\\\qquad\cdots\cdots\\\boldsymbol{\beta}_n=p_{1n}\boldsymbol{\alpha}_1+p_{2n}\boldsymbol{\alpha}_2+\cdots+p_{nn}\boldsymbol{\alpha}_n,\end{cases}$$

其矩阵形式为

$$(\boldsymbol{\beta}_1,\boldsymbol{\beta}_2,\cdots,\boldsymbol{\beta}_n)=(\boldsymbol{\alpha}_1,\boldsymbol{\alpha}_2,\cdots,\boldsymbol{\alpha}_n)\begin{bmatrix} p_{11} & p_{12} & \cdots & p_{1n} \\ p_{21} & p_{22} & \cdots & p_{2n} \\ \vdots & \vdots & & \vdots \\ p_{n1} & p_{n2} & \cdots & p_{nn} \end{bmatrix}.$$

设 $\boldsymbol{P}=(p_{ij})_{n\times n}$,则有

$$(\boldsymbol{\beta}_1,\boldsymbol{\beta}_2,\cdots,\boldsymbol{\beta}_n)=(\boldsymbol{\alpha}_1,\boldsymbol{\alpha}_2,\cdots,\boldsymbol{\alpha}_n)\boldsymbol{P}.$$

称上式为由基 $\boldsymbol{\alpha}_1,\boldsymbol{\alpha}_2,\cdots,\boldsymbol{\alpha}_n$ 到基 $\boldsymbol{\beta}_1,\boldsymbol{\beta}_2,\cdots,\boldsymbol{\beta}_n$ 的基变换公式,称矩阵 $\boldsymbol{P}$ 为由基 $\boldsymbol{\alpha}_1,\boldsymbol{\alpha}_2,\cdots,\boldsymbol{\alpha}_n$ 到基 $\boldsymbol{\beta}_1,\boldsymbol{\beta}_2,\cdots,\boldsymbol{\beta}_n$ 的过渡矩阵.

记 $\boldsymbol{A}=(\boldsymbol{\alpha}_1,\boldsymbol{\alpha}_2,\cdots,\boldsymbol{\alpha}_n)$,$\boldsymbol{B}=(\boldsymbol{\beta}_1,\boldsymbol{\beta}_2,\cdots,\boldsymbol{\beta}_n)$,则 $\boldsymbol{B}=\boldsymbol{AP}$. 由于 $\boldsymbol{\alpha}_1,\boldsymbol{\alpha}_2,\cdots,\boldsymbol{\alpha}_n$ 线性无关,矩阵 $\boldsymbol{A}$ 可逆,所以 $r(\boldsymbol{B})=r(\boldsymbol{AP})=r(\boldsymbol{P})$. 因为 $\boldsymbol{\beta}_1,\boldsymbol{\beta}_2,\cdots,\boldsymbol{\beta}_n$ 线性无关,所以 $r(\boldsymbol{B})=r$. 即 $r(\boldsymbol{P})=r$,所以过渡矩阵 $\boldsymbol{P}$ 可逆.

定理 3.7 设 $\boldsymbol{\alpha}_1,\boldsymbol{\alpha}_2,\cdots,\boldsymbol{\alpha}_n$ 和 $\boldsymbol{\beta}_1,\boldsymbol{\beta}_2,\cdots,\boldsymbol{\beta}_n$ 为 n 维向量空间 $\mathbf{R}^n$ 的两组基,由基 $\boldsymbol{\alpha}_1,\boldsymbol{\alpha}_2,\cdots,\boldsymbol{\alpha}_n$ 到基 $\boldsymbol{\beta}_1,\boldsymbol{\beta}_2,\cdots,\boldsymbol{\beta}_n$ 的过渡矩阵为 $\boldsymbol{P}$,$\mathbf{R}^n$ 中任一向量 $\boldsymbol{\alpha}$ 在基 $\boldsymbol{\alpha}_1,\boldsymbol{\alpha}_2,\cdots,\boldsymbol{\alpha}_n$ 下的坐标为 $(x_1,x_2,\cdots,x_n)^{\mathrm{T}}$,在基 $\boldsymbol{\beta}_1,\boldsymbol{\beta}_2,\cdots,\boldsymbol{\beta}_n$ 下的坐标为 $(y_1,y_2,\cdots,y_n)^{\mathrm{T}}$,则有

$$\begin{bmatrix} x_1 \\ x_2 \\ \vdots \\ x_n \end{bmatrix}=\boldsymbol{P}\begin{bmatrix} y_1 \\ y_2 \\ \vdots \\ y_n \end{bmatrix},\ \text{或}\ \begin{bmatrix} y_1 \\ y_2 \\ \vdots \\ y_n \end{bmatrix}=\boldsymbol{P}^{-1}\begin{bmatrix} x_1 \\ x_2 \\ \vdots \\ x_n \end{bmatrix}.$$

证 由基 $\boldsymbol{\alpha}_1,\boldsymbol{\alpha}_2,\cdots,\boldsymbol{\alpha}_n$ 到基 $\boldsymbol{\beta}_1,\boldsymbol{\beta}_2,\cdots,\boldsymbol{\beta}_n$ 的过渡矩阵为 $\boldsymbol{P}$,故

$$(\boldsymbol{\beta}_1,\boldsymbol{\beta}_2,\cdots,\boldsymbol{\beta}_n)=(\boldsymbol{\alpha}_1,\boldsymbol{\alpha}_2,\cdots,\boldsymbol{\alpha}_n)\boldsymbol{P}.$$

向量 $\boldsymbol{\alpha}$ 在基 $\boldsymbol{\alpha}_1,\boldsymbol{\alpha}_2,\cdots,\boldsymbol{\alpha}_n$ 下的坐标为 $(x_1,x_2,\cdots,x_n)^{\mathrm{T}}$,而在基 $\boldsymbol{\beta}_1,\boldsymbol{\beta}_2,\cdots,\boldsymbol{\beta}_n$ 下的坐标为 $(y_1,y_2,\cdots,y_n)^{\mathrm{T}}$,故

$$\boldsymbol{\alpha}=(\boldsymbol{\alpha}_1,\boldsymbol{\alpha}_2,\cdots,\boldsymbol{\alpha}_n)\begin{bmatrix} x_1 \\ x_2 \\ \vdots \\ x_n \end{bmatrix}=(\boldsymbol{\beta}_1,\boldsymbol{\beta}_2,\cdots,\boldsymbol{\beta}_n)\begin{bmatrix} y_1 \\ y_2 \\ \vdots \\ y_n \end{bmatrix}=(\boldsymbol{\alpha}_1,\boldsymbol{\alpha}_2,\cdots,\boldsymbol{\alpha}_n)\boldsymbol{P}\begin{bmatrix} y_1 \\ y_2 \\ \vdots \\ y_n \end{bmatrix}.$$

由于向量在基下的坐标是唯一的,得

$$\begin{bmatrix} x_1 \\ x_2 \\ \vdots \\ x_n \end{bmatrix}=\boldsymbol{P}\begin{bmatrix} y_1 \\ y_2 \\ \vdots \\ y_n \end{bmatrix},\ \text{或}\ \begin{bmatrix} y_1 \\ y_2 \\ \vdots \\ y_n \end{bmatrix}=\boldsymbol{P}^{-1}\begin{bmatrix} x_1 \\ x_2 \\ \vdots \\ x_n \end{bmatrix}.$$

这就是向量空间中同一向量在两组基下的坐标之间的关系.

例 4 设 $\mathbf{R}^3$ 的一组基为 $\boldsymbol{\beta}_1=(1,2,1)^{\mathrm{T}}$,$\boldsymbol{\beta}_2=(1,-2,0)^{\mathrm{T}}$,$\boldsymbol{\beta}_3=(2,0,-1)^{\mathrm{T}}$,求从标准基 $\boldsymbol{\varepsilon}_1=(1,0,0)^{\mathrm{T}}$,$\boldsymbol{\varepsilon}_2=(0,1,0)^{\mathrm{T}}$,$\boldsymbol{\varepsilon}_3=(0,0,1)^{\mathrm{T}}$ 到基 $\boldsymbol{\beta}_1,\boldsymbol{\beta}_2,\boldsymbol{\beta}_3$ 的过渡矩阵.

解 由$\boldsymbol{\beta}_1,\boldsymbol{\beta}_2,\boldsymbol{\beta}_3$可由标准基$\boldsymbol{\varepsilon}_1,\boldsymbol{\varepsilon}_2,\boldsymbol{\varepsilon}_3$线性表示,得

$$\begin{cases}\boldsymbol{\beta}_1=\boldsymbol{\varepsilon}_1+2\boldsymbol{\varepsilon}_2+\boldsymbol{\varepsilon}_3,\\ \boldsymbol{\beta}_2=\boldsymbol{\varepsilon}_1-2\boldsymbol{\varepsilon}_2,\\ \boldsymbol{\beta}_3=2\boldsymbol{\varepsilon}_1-\boldsymbol{\varepsilon}_3,\end{cases}$$

即

$$(\boldsymbol{\beta}_1,\boldsymbol{\beta}_2,\boldsymbol{\beta}_3)=(\boldsymbol{\varepsilon}_1,\boldsymbol{\varepsilon}_2,\boldsymbol{\varepsilon}_3)\begin{bmatrix}1&1&2\\2&-2&0\\1&0&-1\end{bmatrix},$$

得过渡矩阵

$$\boldsymbol{P}=\begin{bmatrix}1&1&2\\2&-2&0\\1&0&-1\end{bmatrix}.$$

例 5 已知向量空间$\mathbf{R}^3$的两组基为$\boldsymbol{\alpha}_1=(1,1,1)^{\mathrm{T}},\boldsymbol{\alpha}_2=(0,1,1)^{\mathrm{T}},\boldsymbol{\alpha}_3=(0,0,1)^{\mathrm{T}}$和$\boldsymbol{\beta}_1=(1,0,3)^{\mathrm{T}},\boldsymbol{\beta}_2=(0,1,-1)^{\mathrm{T}},\boldsymbol{\beta}_3=(1,2,0)^{\mathrm{T}}$.

(1)求从基$\boldsymbol{\alpha}_1,\boldsymbol{\alpha}_2,\boldsymbol{\alpha}_3$到基$\boldsymbol{\beta}_1,\boldsymbol{\beta}_2,\boldsymbol{\beta}_3$的过渡矩阵$\boldsymbol{P}$;

(2)设向量$\boldsymbol{\alpha}$在基$\boldsymbol{\alpha}_1,\boldsymbol{\alpha}_2,\boldsymbol{\alpha}_3$下的坐标为$(1,-2,-1)^{\mathrm{T}}$,求$\boldsymbol{\alpha}$在基$\boldsymbol{\beta}_1,\boldsymbol{\beta}_2,\boldsymbol{\beta}_3$下的坐标.

解 (1)设

$$\boldsymbol{A}=(\boldsymbol{\alpha}_1,\boldsymbol{\alpha}_2,\boldsymbol{\alpha}_3)=\begin{bmatrix}1&0&0\\1&1&0\\1&1&1\end{bmatrix},\quad \boldsymbol{B}=(\boldsymbol{\beta}_1,\boldsymbol{\beta}_2,\boldsymbol{\beta}_3)=\begin{bmatrix}1&0&1\\0&1&2\\3&-1&0\end{bmatrix},$$

$\boldsymbol{P}$为由基$\boldsymbol{\alpha}_1,\boldsymbol{\alpha}_2,\boldsymbol{\alpha}_3$到基$\boldsymbol{\beta}_1,\boldsymbol{\beta}_2,\boldsymbol{\beta}_3$的过渡矩阵,则$\boldsymbol{B}=\boldsymbol{AP}$,即$\boldsymbol{P}=\boldsymbol{A}^{-1}\boldsymbol{B}$.

$$(\boldsymbol{A}\quad\boldsymbol{B})=\begin{bmatrix}1&0&0&1&0&1\\1&1&0&0&1&2\\1&1&1&3&-1&0\end{bmatrix}\to\begin{bmatrix}1&0&0&1&0&1\\0&1&0&-1&1&1\\0&1&1&2&-1&-1\end{bmatrix}$$

$$\to\begin{bmatrix}1&0&0&1&0&1\\0&1&0&-1&1&1\\0&0&1&3&-2&-2\end{bmatrix},$$

得过渡矩阵

$$\boldsymbol{P}=\begin{bmatrix}1&0&1\\-1&1&1\\3&-2&-2\end{bmatrix}.$$

(2)由定理3.7得$\boldsymbol{\alpha}$在基$\boldsymbol{\beta}_1,\boldsymbol{\beta}_2,\boldsymbol{\beta}_3$下的坐标为

$$\begin{bmatrix}x_1\\x_2\\x_3\end{bmatrix}=\boldsymbol{P}^{-1}\begin{bmatrix}1\\-2\\-1\end{bmatrix}.$$

记 $\boldsymbol{X}=(x_1,x_2,x_3)^{\mathrm T}$,$\boldsymbol{\beta}=(1,-2,-1)^{\mathrm T}$,有

$$(\boldsymbol{P}\quad\boldsymbol{\beta})=\begin{bmatrix}1&0&1&1\\-1&1&1&-2\\3&-2&-2&-1\end{bmatrix}\to\begin{bmatrix}1&0&1&1\\0&1&2&-1\\0&-2&-5&-4\end{bmatrix}\to\begin{bmatrix}1&0&1&1\\0&1&2&-1\\0&0&-1&-6\end{bmatrix}$$

$$\to\begin{bmatrix}1&0&0&-5\\0&1&0&-13\\0&0&-1&-6\end{bmatrix}\to\begin{bmatrix}1&0&0&-5\\0&1&0&-13\\0&0&1&6\end{bmatrix}.$$

故 $\boldsymbol{\alpha}$ 在基 $\boldsymbol{\beta}_1,\boldsymbol{\beta}_2,\boldsymbol{\beta}_3$ 下的坐标为 $(-5,-13,6)^{\mathrm T}$.

3.4 $\mathbf{R}^n$ 中向量的内积、标准正交基和正交矩阵

3.4.1 向量的内积

定义 3.13 在向量空间 $\mathbf{R}^n$ 中,对任意向量 $\boldsymbol{\alpha}=(a_1,a_2,\cdots,a_n)^{\mathrm T}$,$\boldsymbol{\beta}=(b_1,b_2,\cdots,b_n)^{\mathrm T}$,令

$$(\boldsymbol{\alpha},\boldsymbol{\beta})=a_1b_1+a_2b_2+\cdots+a_nb_n,$$

称实数 $(\boldsymbol{\alpha},\boldsymbol{\beta})$ 为向量 $\boldsymbol{\alpha}$ 与 $\boldsymbol{\beta}$ 的内积(或数量积).

内积是两个 n 维实向量间的一种运算,它是 $\mathbf{R}^3$ 上两个向量 $\boldsymbol{\alpha}$ 与 $\boldsymbol{\beta}$ 的数量积 $\boldsymbol{\alpha}\cdot\boldsymbol{\beta}$ 在向量空间 $\mathbf{R}^n$ 上的推广.

按照矩阵乘法法则,向量 $\boldsymbol{\alpha}$ 与 $\boldsymbol{\beta}$ 的内积也可以表示成

$$(\boldsymbol{\alpha},\boldsymbol{\beta})=\boldsymbol{\alpha}^{\mathrm T}\boldsymbol{\beta}=\boldsymbol{\beta}^{\mathrm T}\boldsymbol{\alpha}.$$

显然内积有如下性质:设 $\boldsymbol{\alpha},\boldsymbol{\beta},\boldsymbol{\gamma}\in\mathbf{R}^n$,$k\in\mathbf{R}$,则有

(1) $(\boldsymbol{\alpha},\boldsymbol{\beta})=(\boldsymbol{\beta},\boldsymbol{\alpha})$;

(2) $(k\boldsymbol{\alpha},\boldsymbol{\beta})=k(\boldsymbol{\beta},\boldsymbol{\alpha})$;

(3) $(\boldsymbol{\alpha}+\boldsymbol{\beta},\boldsymbol{\gamma})=(\boldsymbol{\alpha},\boldsymbol{\gamma})+(\boldsymbol{\beta},\boldsymbol{\gamma})$;

(4) $(\boldsymbol{\alpha},\boldsymbol{\alpha})\geqslant 0$,当且仅当 $\boldsymbol{\alpha}=\boldsymbol{O}$ 时,$(\boldsymbol{\alpha},\boldsymbol{\alpha})=0$.

利用这些性质,可以证明向量的内积满足如下柯西-施瓦茨(Cauchy-Schwarz)不等式,即

$$(\boldsymbol{\alpha},\boldsymbol{\beta})^2\leqslant(\boldsymbol{\alpha},\boldsymbol{\alpha})(\boldsymbol{\beta},\boldsymbol{\beta}).$$

定义 3.14 设 n 维向量 $\boldsymbol{\alpha}=(a_1,a_2,\cdots,a_n)^{\mathrm T}$,令

$$\|\boldsymbol{\alpha}\|=\sqrt{(\boldsymbol{\alpha},\boldsymbol{\alpha})}=\sqrt{a_1^2+a_2^2+\cdots+a_n^2},$$

称 $\|\boldsymbol{\alpha}\|$ 为 n 维向量的长度(或范数).

长度为 1 的向量称为单位向量. 对于非零向量 $\boldsymbol{\alpha}$,$\dfrac{1}{\|\boldsymbol{\alpha}\|}\boldsymbol{\alpha}$ 为单位向量,求 $\dfrac{1}{\|\boldsymbol{\alpha}\|}\boldsymbol{\alpha}$ 称为将向量 $\boldsymbol{\alpha}$ 单位化.

由向量长度的定义可知,有如下性质:设 $\boldsymbol{\alpha},\boldsymbol{\beta},\boldsymbol{\gamma}\in\mathbf{R}^n$,$k\in\mathbf{R}$,则

(1) $\|\boldsymbol{\alpha}\|\geqslant 0$,当且仅当 $\boldsymbol{\alpha}=\boldsymbol{O}$ 时,$\|\boldsymbol{\alpha}\|=0$;

(2) $\|k\boldsymbol{\alpha}\| = |k|\,\|\boldsymbol{\alpha}\|$;

(3) $\|\boldsymbol{\alpha}+\boldsymbol{\beta}\| \leqslant \|\boldsymbol{\alpha}\| + \|\boldsymbol{\beta}\|$.

定义 3.15 设 $\boldsymbol{\alpha},\boldsymbol{\beta}$ 为 n 维向量,且 $\|\boldsymbol{\alpha}\| \neq 0$, $\|\boldsymbol{\beta}\| \neq 0$,称

$$\theta = \arccos \frac{(\boldsymbol{\alpha},\boldsymbol{\beta})}{\|\boldsymbol{\alpha}\| \cdot \|\boldsymbol{\beta}\|}$$

为 n 维向量 $\boldsymbol{\alpha}$ 与 $\boldsymbol{\beta}$ 的夹角. 当 $\theta = \frac{\pi}{2}$时,即$(\boldsymbol{\alpha},\boldsymbol{\beta}) = 0$,称 $\boldsymbol{\alpha}$ 与 $\boldsymbol{\beta}$ 正交,简记为 $\boldsymbol{\alpha} \perp \boldsymbol{\beta}$.

显然零向量与任意向量正交.

例 1 设 $\boldsymbol{\alpha} = (1,2,3,2)^{\mathrm{T}}$,$\boldsymbol{\beta} = (2,1,3,-2)^{\mathrm{T}}$,求 $\boldsymbol{\alpha}$ 与 $\boldsymbol{\beta}$ 的夹角及$(2\boldsymbol{\alpha}-\boldsymbol{\beta},\boldsymbol{\alpha}+\boldsymbol{\beta})$.

解 由向量内积及长度的定义,得

$$(\boldsymbol{\alpha},\boldsymbol{\beta}) = 2+2+9-4 = 9,$$

$$\|\boldsymbol{\alpha}\| = \sqrt{1+2^2+3^2+2^2} = 3\sqrt{2}, \quad \|\boldsymbol{\beta}\| = \sqrt{2^2+1^2+3^2+(-2)^2} = 3\sqrt{2},$$

故 $\boldsymbol{\alpha}$ 与 $\boldsymbol{\beta}$ 的夹角

$$\theta = \arccos \frac{(\boldsymbol{\alpha},\boldsymbol{\beta})}{\|\boldsymbol{\alpha}\| \cdot \|\boldsymbol{\beta}\|} = \arccos \frac{1}{2} = \frac{\pi}{3}.$$

$$(2\boldsymbol{\alpha}-\boldsymbol{\beta},\boldsymbol{\alpha}+\boldsymbol{\beta}) = 2(\boldsymbol{\alpha},\boldsymbol{\alpha}) - (\boldsymbol{\beta},\boldsymbol{\beta}) + (\boldsymbol{\alpha},\boldsymbol{\beta}) = 36-18+9 = 27.$$

3.4.2 正交向量组及正交化方法

定义 3.16 若非零向量 $\boldsymbol{\alpha}_1,\boldsymbol{\alpha}_2,\cdots,\boldsymbol{\alpha}_m$两两正交,即

$$(\boldsymbol{\alpha}_i,\boldsymbol{\alpha}_j) = 0 \quad (i\neq j, i,j = 1,2,\cdots,m),$$

则称 $\boldsymbol{\alpha}_1,\boldsymbol{\alpha}_2,\cdots,\boldsymbol{\alpha}_m$为正交向量组. 若 $\boldsymbol{\alpha}_1,\boldsymbol{\alpha}_2,\cdots,\boldsymbol{\alpha}_m$为正交向量组,且都是单位向量,即

$$(\boldsymbol{\alpha}_i,\boldsymbol{\alpha}_j) = \begin{cases} 0, & i\neq j \\ 1, & i = j \end{cases} \quad (i,j = 1,2,\cdots,m),$$

则称 $\boldsymbol{\alpha}_1,\boldsymbol{\alpha}_2,\cdots,\boldsymbol{\alpha}_m$为标准正交向量组.

定理 3.8 正交向量组一定线性无关.

证 设非零向量 $\boldsymbol{\alpha}_1,\boldsymbol{\alpha}_2,\cdots,\boldsymbol{\alpha}_m$为正交向量组,即

$$(\boldsymbol{\alpha}_i,\boldsymbol{\alpha}_j) \begin{cases} = 0, & i\neq j \\ > 0, & i = j \end{cases} \quad (i,j = 1,2,\cdots,m).$$

令

$$k_1\boldsymbol{\alpha}_1 + k_2\boldsymbol{\alpha}_2 + \cdots + k_m\boldsymbol{\alpha}_m = \boldsymbol{O},$$

用 $\boldsymbol{\alpha}_i (i = 1,2,\cdots,m)$与上式等号左右两端作内积,得

$$(\boldsymbol{\alpha}_i, k_1\boldsymbol{\alpha}_1 + k_2\boldsymbol{\alpha}_2 + \cdots + k_m\boldsymbol{\alpha}_m) = (\boldsymbol{\alpha}_i, \boldsymbol{O}),$$

即

$$k_1(\boldsymbol{\alpha}_i,\boldsymbol{\alpha}_1) + k_2(\boldsymbol{\alpha}_i,\boldsymbol{\alpha}_2) + \cdots + k_i(\boldsymbol{\alpha}_i,\boldsymbol{\alpha}_i) + \cdots + k_m(\boldsymbol{\alpha}_i,\boldsymbol{\alpha}_m) = 0.$$

当 $i\neq j$ 时,$(\boldsymbol{\alpha}_i,\boldsymbol{\alpha}_j) = 0$,上式为 $k_i(\boldsymbol{\alpha}_i,\boldsymbol{\alpha}_i) = 0$. 由 $\boldsymbol{\alpha}_i \neq \boldsymbol{O}$,得$(\boldsymbol{\alpha}_i,\boldsymbol{\alpha}_i) > 0$,故 $k_i = 0 (i = 1,2,\cdots,m)$,所以向量组 $\boldsymbol{\alpha}_1,\boldsymbol{\alpha}_2,\cdots,\boldsymbol{\alpha}_m$线性无关.

称 n 维正交向量组 $\boldsymbol{\alpha}_1,\boldsymbol{\alpha}_2,\cdots,\boldsymbol{\alpha}_n$ 为 $\mathbf{R}^n$ 的一组正交基，称 n 维标准正交向量组 $\boldsymbol{\alpha}_1,\boldsymbol{\alpha}_2,\cdots,\boldsymbol{\alpha}_n$ 为 $\mathbf{R}^n$ 的一组标准正交基(或正交规范基).

在研究向量空间的问题时，常选用正交向量组作为向量空间的一组基. 下面来介绍一种可由一个线性无关向量组构造一个与之等价的标准正交向量组的方法，即施密特正交化方法.

设 $\boldsymbol{\alpha}_1,\boldsymbol{\alpha}_2,\cdots,\boldsymbol{\alpha}_m$ 为 $\mathbf{R}^n$ 的一个线性无关向量组，施密特正交化方法的步骤如下.

施密特正交化

令

$$\boldsymbol{\beta}_1=\boldsymbol{\alpha}_1;$$

$$\boldsymbol{\beta}_2=\boldsymbol{\alpha}_2-\frac{(\boldsymbol{\alpha}_2,\boldsymbol{\beta}_1)}{(\boldsymbol{\beta}_1,\boldsymbol{\beta}_1)}\boldsymbol{\beta}_1;$$

$$\cdots\cdots$$

$$\boldsymbol{\beta}_m=\boldsymbol{\alpha}_m-\frac{(\boldsymbol{\alpha}_m,\boldsymbol{\beta}_1)}{(\boldsymbol{\beta}_1,\boldsymbol{\beta}_1)}\boldsymbol{\beta}_1-\frac{(\boldsymbol{\alpha}_m,\boldsymbol{\beta}_2)}{(\boldsymbol{\beta}_2,\boldsymbol{\beta}_2)}\boldsymbol{\beta}_2-\cdots\cdots-\frac{(\boldsymbol{\alpha}_m,\boldsymbol{\beta}_{m-1})}{(\boldsymbol{\beta}_{m-1},\boldsymbol{\beta}_{m-1})}\boldsymbol{\beta}_{m-1}.$$

容易证明，向量组 $\boldsymbol{\beta}_1,\boldsymbol{\beta}_2,\cdots,\boldsymbol{\beta}_m$ 是一组两两正交的向量组，且向量组 $\boldsymbol{\beta}_1,\boldsymbol{\beta}_2,\cdots,\boldsymbol{\beta}_m$ 与向量组 $\boldsymbol{\alpha}_1,\boldsymbol{\alpha}_2,\cdots\cdots,\boldsymbol{\alpha}_m$ 等价.

再将 $\boldsymbol{\beta}_1,\boldsymbol{\beta}_2,\cdots\cdots,\boldsymbol{\beta}_m$ 单位化，即令

$$\boldsymbol{\eta}_1=\frac{1}{\|\boldsymbol{\beta}_1\|}\boldsymbol{\beta}_1,\quad \boldsymbol{\eta}_2=\frac{1}{\|\boldsymbol{\beta}_2\|}\boldsymbol{\beta}_2,\ \cdots\cdots,\quad \boldsymbol{\eta}_m=\frac{1}{\|\boldsymbol{\beta}_m\|}\boldsymbol{\beta}_m,$$

则 $\boldsymbol{\eta}_1,\boldsymbol{\eta}_2,\cdots\cdots,\boldsymbol{\eta}_m$ 即为由线性无关向量组 $\boldsymbol{\alpha}_1,\boldsymbol{\alpha}_2,\cdots\cdots,\boldsymbol{\alpha}_m$ 构造的标准正交向量组.

若 $\boldsymbol{\alpha}_1,\boldsymbol{\alpha}_2,\cdots,\boldsymbol{\alpha}_n$ 为 $\mathbf{R}^n$ 的一组基，则可使用施密特正交化的方法，构造出 $\mathbf{R}^n$ 的一组标准正交基. 这说明：向量空间 $\mathbf{R}^n$ 必有标准正交基.

例 2 已知向量空间 $\mathbf{R}^3$ 的一组基为 $\boldsymbol{\alpha}_1=(1,1,1)^{\mathrm{T}},\boldsymbol{\alpha}_2=(1,0,2)^{\mathrm{T}},\boldsymbol{\alpha}_3=(-1,0,1)^{\mathrm{T}}$，求 $\mathbf{R}^3$ 的一组标准正交基.

解 令

$$\boldsymbol{\beta}_1=\boldsymbol{\alpha}_1=(1,1,1)^{\mathrm{T}};$$

$$\boldsymbol{\beta}_2=\boldsymbol{\alpha}_2-\frac{(\boldsymbol{\alpha}_2,\boldsymbol{\beta}_1)}{(\boldsymbol{\beta}_1,\boldsymbol{\beta}_1)}\boldsymbol{\beta}_1=(1,0,2)^{\mathrm{T}}-\frac{3}{3}(1,1,1)^{\mathrm{T}}=(0,-1,1)^{\mathrm{T}};$$

$$\begin{aligned}\boldsymbol{\beta}_3&=\boldsymbol{\alpha}_3-\frac{(\boldsymbol{\alpha}_3,\boldsymbol{\beta}_1)}{(\boldsymbol{\beta}_1,\boldsymbol{\beta}_1)}\boldsymbol{\beta}_1-\frac{(\boldsymbol{\alpha}_3,\boldsymbol{\beta}_2)}{(\boldsymbol{\beta}_2,\boldsymbol{\beta}_2)}\boldsymbol{\beta}_2=(-1,0,1)^{\mathrm{T}}-\frac{0}{3}(1,1,1)^{\mathrm{T}}-\frac{1}{2}(0,-1,1)^{\mathrm{T}}\\&=(-1,\frac{1}{2},\frac{1}{2})^{\mathrm{T}}.\end{aligned}$$

算得 $\|\boldsymbol{\beta}_1\|=\sqrt{3},\|\boldsymbol{\beta}_2\|=\sqrt{2},\|\boldsymbol{\beta}_3\|=\frac{\sqrt{6}}{2}$，将 $\boldsymbol{\beta}_1,\boldsymbol{\beta}_2,\boldsymbol{\beta}_3$ 单位化，得

$$\boldsymbol{\eta}_1=\frac{1}{\|\boldsymbol{\beta}_1\|}\boldsymbol{\beta}_1=\frac{1}{\sqrt{3}}(1,1,1)^{\mathrm{T}};$$

$$\boldsymbol{\eta}_2=\frac{1}{\|\boldsymbol{\beta}_2\|}\boldsymbol{\beta}_2=\frac{1}{\sqrt{2}}(0,-1,1)^{\mathrm{T}};$$

$$\boldsymbol{\eta}_3=\frac{1}{\|\boldsymbol{\beta}_3\|}\boldsymbol{\beta}_3=\frac{2}{\sqrt{6}}\left(-1,\frac{1}{2},\frac{1}{2}\right)^{\mathrm{T}},$$

则 $\boldsymbol{\eta}_1,\boldsymbol{\eta}_2,\boldsymbol{\eta}_3$ 即为 $\mathbf{R}^3$ 的一个标准正交基.

3.4.3 正交矩阵及性质

定义 3.17 设 $\boldsymbol{A}$ 为 n 阶实方阵,若 $\boldsymbol{A}^{\mathrm{T}}\boldsymbol{A}=\boldsymbol{A}\boldsymbol{A}^{\mathrm{T}}=\boldsymbol{E}$,则称矩阵 $\boldsymbol{A}$ 为正交矩阵.

显然单位矩阵是正交矩阵. 容易验证,下列矩阵

$$\begin{bmatrix}0&1\\1&0\end{bmatrix},\begin{bmatrix}\cos\theta&-\sin\theta\\\sin\theta&\cos\theta\end{bmatrix},\begin{bmatrix}\frac{-1}{\sqrt{2}}&\frac{1}{\sqrt{2}}&0\\\frac{1}{\sqrt{2}}&\frac{1}{\sqrt{2}}&0\\0&0&1\end{bmatrix}$$

也是正交矩阵.

正交矩阵有如下性质:

(1) 若 $\boldsymbol{A}$ 为正交矩阵,则 $\boldsymbol{A}^{\mathrm{T}}=\boldsymbol{A}^{-1}$;

(2) 若 $\boldsymbol{A}$ 为正交矩阵,则 $|\boldsymbol{A}|=1$ 或 -1;

(3) 若 $\boldsymbol{A}$ 为正交矩阵,则 $\boldsymbol{A}^{-1},\boldsymbol{A}^{\mathrm{T}},\boldsymbol{A}^*$ 都是正交矩阵;

(4) 若 $\boldsymbol{A},\boldsymbol{B}$ 均为正交矩阵,则 $\boldsymbol{AB}$ 也是正交矩阵.

性质(1)(2)

证 (1)(2) 证明留给读者.

(3) 由于 $(\boldsymbol{A}^{\mathrm{T}})^{\mathrm{T}}\boldsymbol{A}^{\mathrm{T}}=\boldsymbol{A}\boldsymbol{A}^{\mathrm{T}}=\boldsymbol{A}^{\mathrm{T}}\boldsymbol{A}=\boldsymbol{E}$,所以 $\boldsymbol{A}^{\mathrm{T}}$(即 $\boldsymbol{A}^{-1}$)也是正交矩阵. 由 $\boldsymbol{A}^{-1}=\frac{1}{|\boldsymbol{A}|}\boldsymbol{A}^*$,得 $\boldsymbol{A}^*=|\boldsymbol{A}|\boldsymbol{A}^{-1}$,而 $\boldsymbol{A}^{-1}=\boldsymbol{A}^{\mathrm{T}}$,故 $\boldsymbol{A}^*=|\boldsymbol{A}|\boldsymbol{A}^{\mathrm{T}}$,得 $(\boldsymbol{A}^*)^{\mathrm{T}}\boldsymbol{A}^*=(|\boldsymbol{A}|\boldsymbol{A})|\boldsymbol{A}|\boldsymbol{A}^{-1}=\boldsymbol{E}$,因此 $\boldsymbol{A}^*$ 为正交矩阵.

(4) 由定义 $\boldsymbol{A}^{-1}=\boldsymbol{A}^{\mathrm{T}},\boldsymbol{B}^{-1}=\boldsymbol{B}^{\mathrm{T}}$,则 $(\boldsymbol{AB})^{-1}=\boldsymbol{B}^{-1}\boldsymbol{A}^{-1}=\boldsymbol{B}^{\mathrm{T}}\boldsymbol{A}^{\mathrm{T}}=(\boldsymbol{AB})^{\mathrm{T}}$,因此 $\boldsymbol{AB}$ 为正交矩阵.

定理 3.9 $\boldsymbol{A}$ 为 n 阶正交矩阵的充分必要条件为 $\boldsymbol{A}$ 的列(行)向量组为 $\mathbf{R}^n$ 的一组标准正交基.

证 仅证 $\boldsymbol{A}$ 的列向量组的情况. 设 n 阶方阵 $\boldsymbol{A}=(\boldsymbol{\alpha}_1,\boldsymbol{\alpha}_2,\cdots,\boldsymbol{\alpha}_n)$,则

$$\boldsymbol{A}^{\mathrm{T}}\boldsymbol{A}=\begin{bmatrix}\boldsymbol{\alpha}_1^{\mathrm{T}}\\\boldsymbol{\alpha}_2^{\mathrm{T}}\\\vdots\\\boldsymbol{\alpha}_n^{\mathrm{T}}\end{bmatrix}(\boldsymbol{\alpha}_1,\boldsymbol{\alpha}_2,\cdots,\boldsymbol{\alpha}_n)=\begin{bmatrix}\boldsymbol{\alpha}_1^{\mathrm{T}}\boldsymbol{\alpha}_1&\boldsymbol{\alpha}_1^{\mathrm{T}}\boldsymbol{\alpha}_2&\cdots&\boldsymbol{\alpha}_1^{\mathrm{T}}\boldsymbol{\alpha}_n\\\boldsymbol{\alpha}_2^{\mathrm{T}}\boldsymbol{\alpha}_1&\boldsymbol{\alpha}_2^{\mathrm{T}}\boldsymbol{\alpha}_2&\cdots&\boldsymbol{\alpha}_2^{\mathrm{T}}\boldsymbol{\alpha}_n\\\vdots&\vdots&&\vdots\\\boldsymbol{\alpha}_n^{\mathrm{T}}\boldsymbol{\alpha}_1&\boldsymbol{\alpha}_n^{\mathrm{T}}\boldsymbol{\alpha}_2&\cdots&\boldsymbol{\alpha}_n^{\mathrm{T}}\boldsymbol{\alpha}_n\end{bmatrix}.$$

因为 $\boldsymbol{A}^{\mathrm{T}}\boldsymbol{A}=\boldsymbol{E}$ 的充分必要条件是

$$\boldsymbol{\alpha}_i^{\mathrm{T}}\boldsymbol{\alpha}_j=\begin{cases}0, & i\neq j,\\1, & i=j,\end{cases}$$

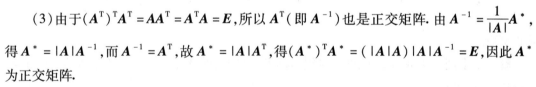

即

$$(\boldsymbol{\alpha}_i,\boldsymbol{\alpha}_j)=\begin{cases}0, & i\neq j\\ 1, & i=j\end{cases}\quad (i,j=1,2,\cdots,n).$$

因此,$\boldsymbol{A}$ 为正交矩阵的充分必要条件是 $\boldsymbol{\alpha}_1,\boldsymbol{\alpha}_2,\cdots,\boldsymbol{\alpha}_n$ 为 $\mathbf{R}^n$ 的一组标准正交基.

例 3 判断下列矩阵是否为正交矩阵.

$$(1)\begin{bmatrix}\frac{1}{\sqrt{2}} & 0 & \frac{1}{\sqrt{2}}\\ 0 & -1 & 0\\ \frac{1}{\sqrt{2}} & 0 & \frac{1}{\sqrt{2}}\end{bmatrix};\quad (2)\begin{bmatrix}\frac{1}{\sqrt{2}} & 0 & -\frac{1}{\sqrt{2}}\\ \frac{1}{\sqrt{6}} & -\frac{2}{\sqrt{6}} & \frac{1}{\sqrt{6}}\\ \frac{1}{\sqrt{3}} & \frac{1}{\sqrt{3}} & \frac{1}{\sqrt{3}}\end{bmatrix};\quad (3)\begin{bmatrix}1 & 1 & 1\\ -1 & 0 & -1\\ 1 & -1 & 1\end{bmatrix}.$$

解 (1)由于矩阵的列向量 $\left(\frac{1}{\sqrt{2}},0,\frac{1}{\sqrt{2}}\right)^{\mathrm{T}}$, $\left(\frac{1}{\sqrt{2}},0,\frac{1}{\sqrt{2}}\right)^{\mathrm{T}}$ 不正交,因此该矩阵不是正交矩阵.

(2)矩阵的列向量组是两两正交的单位向量组,因此该矩阵为正交矩阵.

(3)由于矩阵的列向量 $|(1,-1,1)^{\mathrm{T}}|=\sqrt{3}\neq 1$,因此该矩阵不是正交矩阵.

例 4 问 a,b,c 为何值时,实矩阵

$$\boldsymbol{A}=\begin{bmatrix}1 & a & 0\\ 0 & 0 & 1\\ b & c & 0\end{bmatrix}$$

是正交矩阵?

解 由定理 3.9 可知,$\boldsymbol{A}$ 的列向量组为标准正交基,即 $\boldsymbol{A}$ 的各列均为单位向量,且任意两列正交,所以有

$$\begin{cases}a^2+c^2=1,\\ 1+b^2=1,\\ a+bc=0.\end{cases}$$

解得 $b=0,a=0,c=\pm 1$. 故当 $b=0,a=0,c=\pm 1$ 时,$\boldsymbol{A}$ 是正交矩阵.

3.5 线性变换及其矩阵表示

线性空间

3.5.1 线性空间与线性变换

定义 3.18 设 V 为非空集合,$\mathbf{R}$ 为实数域,若对于任意两个元素 $\boldsymbol{\alpha},\boldsymbol{\beta}\in V$,按照“加法”法则,在 V 中总有唯一确定的元素 $\boldsymbol{\gamma}$ 与之对应,则称 $\boldsymbol{\gamma}$ 为 $\boldsymbol{\alpha}$ 与 $\boldsymbol{\beta}$ 之和,记作 $\boldsymbol{\gamma}=\boldsymbol{\alpha}+\boldsymbol{\beta}$;对于任一元素 $\boldsymbol{\alpha}\in V$,任一数 $\lambda\in\mathbf{R}$,按照“数乘”法则,总有 V 中唯一确定的元素 $\boldsymbol{\delta}$ 与之对应,则

称 $\boldsymbol{\delta}$ 为 $\boldsymbol{\alpha}$ 与 λ 的数量乘积(简称数乘),记作 $\boldsymbol{\delta}=\lambda\boldsymbol{\alpha}$;并且上述两种运算满足下列运算规律.

设 $\boldsymbol{\alpha},\boldsymbol{\beta},\boldsymbol{\gamma}\in V$, $k,l\in\mathbf{R}$.

(1)$\boldsymbol{\alpha}+\boldsymbol{\beta}=\boldsymbol{\beta}+\boldsymbol{\alpha}$;

(2)$(\boldsymbol{\alpha}+\boldsymbol{\beta})+\boldsymbol{\gamma}=\boldsymbol{\alpha}+(\boldsymbol{\beta}+\boldsymbol{\gamma})$;

(3)存在一个元素 $\boldsymbol{\beta}\in V$,使得 $\boldsymbol{\alpha}+\boldsymbol{\beta}=\boldsymbol{\beta}+\boldsymbol{\alpha}=\boldsymbol{\alpha}$,称 $\boldsymbol{\beta}$ 为零向量,记作 $\boldsymbol{\beta}=\boldsymbol{O}$;

(4)对任何 $\boldsymbol{\alpha}\in V$,总存在一个元素 $\boldsymbol{\beta}\in V$,使得 $\boldsymbol{\alpha}+\boldsymbol{\beta}=\boldsymbol{O}$,称 $\boldsymbol{\beta}$ 为 $\boldsymbol{\alpha}$ 的负元素,记作 $\boldsymbol{\beta}=-\boldsymbol{\alpha}$;

(5)$k(\boldsymbol{\alpha}+\boldsymbol{\beta})=k\boldsymbol{\alpha}+k\boldsymbol{\beta}$;

(6)$(k+l)\boldsymbol{\alpha}=k\boldsymbol{\alpha}+l\boldsymbol{\alpha}$;

(7)$(kl)\boldsymbol{\alpha}=k(l\boldsymbol{\alpha})$;

(8)$1\cdot\boldsymbol{\alpha}=\boldsymbol{\alpha}$.

则称集合 V 是实数域 $\mathbf{R}$ 上的线性空间(或向量空间),V 中的元素统称为向量.

显然 n 维向量空间 $\mathbf{R}^n$ 就是实数域 $\mathbf{R}$ 上的一个线性空间. 事实上,线性空间的内涵非常广泛,因为篇幅所限不再赘述.

定义 3.19 设 V 是实数域 $\mathbf{R}$ 上的一个线性空间,$\boldsymbol{\sigma}$ 是 V 上的一个变换. 若对任意元素 $\boldsymbol{\alpha},\boldsymbol{\beta}\in V$ 和任意数 $k\in\mathbf{R}$ 都有

线性变换

(1)$\boldsymbol{\sigma}(\boldsymbol{\alpha}+\boldsymbol{\beta})=\boldsymbol{\sigma}(\boldsymbol{\alpha})+\boldsymbol{\sigma}(\boldsymbol{\beta})$;

(2)$\boldsymbol{\sigma}(k\boldsymbol{\alpha})=k\boldsymbol{\sigma}(\boldsymbol{\alpha})$.

则称 $\boldsymbol{\sigma}$ 是线性空间 V 上的一个线性变换.

例如,(1)零变换:对于任意的 $\boldsymbol{\alpha}\in V$,有 $\boldsymbol{\sigma}(\boldsymbol{\alpha})=\boldsymbol{O}$($\boldsymbol{O}$ 为 V 中零元素).

(2)恒等变换:对于任意的 $\boldsymbol{\alpha}\in V$,有 $I(\boldsymbol{\alpha})=\boldsymbol{\alpha}$.

(3)数乘变换:对于任意的 $\boldsymbol{\alpha}\in V$,有 $\boldsymbol{\tau}(\boldsymbol{\alpha})=k\boldsymbol{\alpha}$($k$ 为实数域 $\mathbf{R}$ 上一固定常数).

它们均为 V 上的线性变换.

例 1 在 $\mathbf{R}^3$ 中定义变换:对任意 $\boldsymbol{\alpha}=(x_1,x_2,x_3)^{\mathrm{T}}\in\mathbf{R}^3$,

$$\boldsymbol{\sigma}(\boldsymbol{\alpha})=\boldsymbol{\sigma}((x_1,x_2,x_3)^{\mathrm{T}})=(x_1,x_2+2,x_3)^{\mathrm{T}},$$

验证 $\boldsymbol{\sigma}$ 是否为 $\mathbf{R}^3$ 上的一个线性变换.

证 对任意的 $\boldsymbol{\alpha}=(a_1,a_2,a_3)^{\mathrm{T}},\boldsymbol{\beta}=(b_1,b_2,b_3)^{\mathrm{T}}\in\mathbf{R}^3$,有

$$\boldsymbol{\sigma}(\boldsymbol{\alpha}+\boldsymbol{\beta})=\boldsymbol{\sigma}((a_1+b_1,a_2+b_2,a_3+b_3)^{\mathrm{T}})=(a_1+b_1,a_2+b_2+2,a_3+b_3)^{\mathrm{T}},$$

而

$$\begin{aligned}\boldsymbol{\sigma}(\boldsymbol{\alpha})+\boldsymbol{\sigma}(\boldsymbol{\beta})&=(a_1,a_2+2,a_3)^{\mathrm{T}}+(b_1,b_2+2,b_3)^{\mathrm{T}}\\&=(a_1+b_1,a_2+b_2+4,a_3+b_3)^{\mathrm{T}},\end{aligned}$$

故

$$\boldsymbol{\sigma}(\boldsymbol{\alpha}+\boldsymbol{\beta})\neq\boldsymbol{\sigma}(\boldsymbol{\alpha})+\boldsymbol{\sigma}(\boldsymbol{\beta}),$$

所以 $\boldsymbol{\sigma}$ 不是 $\mathbf{R}^3$ 上的线性变换.

3.5.2 线性变换的矩阵

线性变换是一个抽象的概念,可以通过给定线性空间中的一组基,将线性变换问题转化为矩阵问题来研究.

定义 3.20 设$\boldsymbol{\alpha}_1,\boldsymbol{\alpha}_2,\cdots,\boldsymbol{\alpha}_n$是实数域$\mathbf{R}$上的$n$维线性空间$V$的一组基,$\boldsymbol{\alpha}_1,\boldsymbol{\alpha}_2,\cdots,\boldsymbol{\alpha}_n$在线性变换下的$\boldsymbol{\sigma}(\boldsymbol{\alpha}_1),\boldsymbol{\sigma}(\boldsymbol{\alpha}_2),\cdots,\boldsymbol{\sigma}(\boldsymbol{\alpha}_n)$仍为$V$中元素,且可由基$\boldsymbol{\alpha}_1,\boldsymbol{\alpha}_2,\cdots,\boldsymbol{\alpha}_n$唯一线性表示,即

$$\begin{cases}\boldsymbol{\sigma}(\boldsymbol{\alpha}_1)=a_{11}\boldsymbol{\alpha}_1+a_{21}\boldsymbol{\alpha}_2+\cdots+a_{n1}\boldsymbol{\alpha}_n,\\ \boldsymbol{\sigma}(\boldsymbol{\alpha}_2)=a_{12}\boldsymbol{\alpha}_1+a_{22}\boldsymbol{\alpha}_2+\cdots+a_{n2}\boldsymbol{\alpha}_n,\\ \qquad\cdots\cdots\\ \boldsymbol{\sigma}(\boldsymbol{\alpha}_n)=a_{1n}\boldsymbol{\alpha}_1+a_{2n}\boldsymbol{\alpha}_2+\cdots+a_{nn}\boldsymbol{\alpha}_n.\end{cases}$$

记$\boldsymbol{\sigma}(\boldsymbol{\alpha}_1,\boldsymbol{\alpha}_2,\cdots,\boldsymbol{\alpha}_n)=(\boldsymbol{\sigma}(\boldsymbol{\alpha}_1),\boldsymbol{\sigma}(\boldsymbol{\alpha}_2),\cdots,\boldsymbol{\sigma}(\boldsymbol{\alpha}_n))$,利用分块矩阵乘法,上式可表示为

$$\boldsymbol{\sigma}(\boldsymbol{\alpha}_1,\boldsymbol{\alpha}_2,\cdots,\boldsymbol{\alpha}_n)=(\boldsymbol{\sigma}(\boldsymbol{\alpha}_1),\boldsymbol{\sigma}(\boldsymbol{\alpha}_2),\cdots,\boldsymbol{\sigma}(\boldsymbol{\alpha}_n))=(\boldsymbol{\alpha}_1,\boldsymbol{\alpha}_2,\cdots,\boldsymbol{\alpha}_n)\boldsymbol{A},$$

其中

$$\boldsymbol{A}=\begin{bmatrix}a_{11}&a_{12}&\cdots&a_{1n}\\a_{21}&a_{22}&\cdots&a_{2n}\\\vdots&\vdots&&\vdots\\a_{n1}&a_{n2}&\cdots&a_{nn}\end{bmatrix},$$

称$\boldsymbol{A}$为线性变换$\boldsymbol{\sigma}$在基$\boldsymbol{\alpha}_1,\boldsymbol{\alpha}_2,\cdots,\boldsymbol{\alpha}_n$下的矩阵.

显然,对于取定的基$\boldsymbol{\alpha}_1,\boldsymbol{\alpha}_2,\cdots,\boldsymbol{\alpha}_n$,矩阵由线性变换唯一确定,那么反过来,给定一个$n$阶方阵$\boldsymbol{A}$,能否唯一确定一个线性变换$\boldsymbol{\sigma}$呢?

定理 3.10 设

$$\boldsymbol{A}=\begin{bmatrix}a_{11}&a_{12}&\cdots&a_{1n}\\a_{21}&a_{22}&\cdots&a_{2n}\\\vdots&\vdots&&\vdots\\a_{n1}&a_{n2}&\cdots&a_{nn}\end{bmatrix},$$

$\boldsymbol{\alpha}_1,\boldsymbol{\alpha}_2,\cdots,\boldsymbol{\alpha}_n$是实数域$\mathbf{R}$上的$n$维线性空间$V$的一组基,则在$V$上必存在唯一的一个线性变换$\boldsymbol{\sigma}$,使得

$$\boldsymbol{\sigma}(\boldsymbol{\alpha}_1,\boldsymbol{\alpha}_2,\cdots,\boldsymbol{\alpha}_n)=(\boldsymbol{\alpha}_1,\boldsymbol{\alpha}_2,\cdots,\boldsymbol{\alpha}_n)\boldsymbol{A}.$$

由此可见,在线性空间V中取定一组基后,V上的线性变换$\boldsymbol{\sigma}$与n阶矩阵$\boldsymbol{A}$之间有一一对应关系.

例 2 在$\mathbf{R}^3$中,取基$\boldsymbol{\varepsilon}_1=(1,0,0)^{\mathrm{T}},\boldsymbol{\varepsilon}_2=(0,1,0)^{\mathrm{T}},\boldsymbol{\varepsilon}_3=(0,0,1)^{\mathrm{T}}$,$\boldsymbol{\sigma}$表示将向量投影到$xOz$平面的线性变换,即

$$\boldsymbol{\sigma}(x\boldsymbol{\varepsilon}_1+y\boldsymbol{\varepsilon}_2+z\boldsymbol{\varepsilon}_3)=x\boldsymbol{\varepsilon}_1+z\boldsymbol{\varepsilon}_3.$$

(1)求 $\boldsymbol{\sigma}$ 在基 $\boldsymbol{\varepsilon}_1,\boldsymbol{\varepsilon}_2,\boldsymbol{\varepsilon}_3$ 下的矩阵;

(2)求 $\boldsymbol{\sigma}$ 在基 $\boldsymbol{\alpha}_1=2\boldsymbol{\varepsilon}_1,\boldsymbol{\alpha}_2=\boldsymbol{\varepsilon}_1-\boldsymbol{\varepsilon}_2,\boldsymbol{\alpha}_3=2\boldsymbol{\varepsilon}_2+3\boldsymbol{\varepsilon}_3$ 下的矩阵.

解 (1)由于

$$\boldsymbol{\sigma}(\boldsymbol{\varepsilon}_1)=\boldsymbol{\sigma}(1\boldsymbol{\varepsilon}_1+0\boldsymbol{\varepsilon}_2+0\boldsymbol{\varepsilon}_3)=\boldsymbol{\varepsilon}_1,$$
$$\boldsymbol{\sigma}(\boldsymbol{\varepsilon}_2)=\boldsymbol{\sigma}(0\boldsymbol{\varepsilon}_1+1\boldsymbol{\varepsilon}_2+0\boldsymbol{\varepsilon}_3)=\boldsymbol{O},$$
$$\boldsymbol{\sigma}(\boldsymbol{\varepsilon}_3)=\boldsymbol{\sigma}(0\boldsymbol{\varepsilon}_1+0\boldsymbol{\varepsilon}_2+1\boldsymbol{\varepsilon}_3)=\boldsymbol{\varepsilon}_3,$$

即

$$\boldsymbol{\sigma}(\boldsymbol{\varepsilon}_1,\boldsymbol{\varepsilon}_2,\boldsymbol{\varepsilon}_3)=(\boldsymbol{\varepsilon}_1,\boldsymbol{\varepsilon}_2,\boldsymbol{\varepsilon}_3)\begin{bmatrix}1&0&0\\0&0&0\\0&0&1\end{bmatrix},$$

所以 $\boldsymbol{\sigma}$ 在基 $\boldsymbol{\varepsilon}_1,\boldsymbol{\varepsilon}_2,\boldsymbol{\varepsilon}_3$ 下的矩阵为

$$\begin{bmatrix}1&0&0\\0&0&0\\0&0&1\end{bmatrix}.$$

(2)由于

$$\boldsymbol{\sigma}(\boldsymbol{\alpha}_1)=\boldsymbol{\sigma}(2\boldsymbol{\varepsilon}_1)=\boldsymbol{\sigma}(2\boldsymbol{\varepsilon}_1+0\boldsymbol{\varepsilon}_2+0\boldsymbol{\varepsilon}_3)=2\boldsymbol{\varepsilon}_1=\boldsymbol{\alpha}_1,$$
$$\boldsymbol{\sigma}(\boldsymbol{\alpha}_2)=\boldsymbol{\sigma}(\boldsymbol{\varepsilon}_1-\boldsymbol{\varepsilon}_2)=\boldsymbol{\sigma}(\boldsymbol{\varepsilon}_1-\boldsymbol{\varepsilon}_2+0\boldsymbol{\varepsilon}_3)=\boldsymbol{\varepsilon}_1=\frac{1}{2}\boldsymbol{\alpha}_1,$$
$$\boldsymbol{\sigma}(\boldsymbol{\alpha}_3)=\boldsymbol{\sigma}(2\boldsymbol{\varepsilon}_2+3\boldsymbol{\varepsilon}_3)=\boldsymbol{\sigma}(0\boldsymbol{\varepsilon}_1+2\boldsymbol{\varepsilon}_2+3\boldsymbol{\varepsilon}_3)=3\boldsymbol{\varepsilon}_3=\boldsymbol{\alpha}_3+2\boldsymbol{\alpha}_2-\boldsymbol{\alpha}_1.$$

即

$$\boldsymbol{\sigma}(\boldsymbol{\alpha}_1,\boldsymbol{\alpha}_2,\boldsymbol{\alpha}_3)=(\boldsymbol{\alpha}_1,\boldsymbol{\alpha}_2,\boldsymbol{\alpha}_3)\begin{bmatrix}1&\frac{1}{2}&-1\\0&0&2\\0&0&1\end{bmatrix},$$

故 $\boldsymbol{\sigma}$ 在基 $\boldsymbol{\alpha}_1,\boldsymbol{\alpha}_2,\boldsymbol{\alpha}_3$ 下的矩阵为

$$\begin{bmatrix}1&\frac{1}{2}&-1\\0&0&2\\0&0&1\end{bmatrix}.$$

由上例可见,同一线性变换在不同基下的矩阵一般是不同的. 下列定理揭示出同一线性变换在不同基下的矩阵之间的关系.

定理 3.11 设 $\boldsymbol{\sigma}$ 是 n 维线性空间 V 上的一个线性变换,若 $\boldsymbol{\sigma}$ 在基 $\boldsymbol{\alpha}_1,\boldsymbol{\alpha}_2,\cdots,\boldsymbol{\alpha}_n$ 下的矩阵为 $\boldsymbol{A}$,而 $\boldsymbol{\sigma}$ 在基 $\boldsymbol{\beta}_1,\boldsymbol{\beta}_2,\cdots,\boldsymbol{\beta}_n$ 下的矩阵为 $\boldsymbol{B}$,且从基 $\boldsymbol{\alpha}_1,\boldsymbol{\alpha}_2,\cdots,\boldsymbol{\alpha}_n$ 到基 $\boldsymbol{\beta}_1,\boldsymbol{\beta}_2,\cdots,\boldsymbol{\beta}_n$ 的过渡矩阵为 $\boldsymbol{P}$,则 $\boldsymbol{B}=\boldsymbol{P}^{-1}\boldsymbol{A}\boldsymbol{P}$.

证 由题设可知

$$\boldsymbol{\sigma}(\boldsymbol{\alpha}_1,\boldsymbol{\alpha}_2,\cdots,\boldsymbol{\alpha}_n)=(\boldsymbol{\alpha}_1,\boldsymbol{\alpha}_2,\cdots,\boldsymbol{\alpha}_n)\boldsymbol{A},$$

$$\boldsymbol{\sigma}(\boldsymbol{\beta}_1,\boldsymbol{\beta}_2,\cdots,\boldsymbol{\beta}_n)=(\boldsymbol{\beta}_1,\boldsymbol{\beta}_2,\cdots,\boldsymbol{\beta}_n)\boldsymbol{B},$$
$$(\boldsymbol{\beta}_1,\boldsymbol{\beta}_2,\cdots,\boldsymbol{\beta}_n)=(\boldsymbol{\alpha}_1,\boldsymbol{\alpha}_2,\cdots,\boldsymbol{\alpha}_n)\boldsymbol{P}.$$

于是,得

$$\begin{aligned}(\boldsymbol{\beta}_1,\boldsymbol{\beta}_2,\cdots,\boldsymbol{\beta}_n)\boldsymbol{B}&=\boldsymbol{\sigma}(\boldsymbol{\beta}_1,\boldsymbol{\beta}_2,\cdots,\boldsymbol{\beta}_n)=\boldsymbol{\sigma}((\boldsymbol{\alpha}_1,\boldsymbol{\alpha}_2,\cdots,\boldsymbol{\alpha}_n)\boldsymbol{P})\\&=\boldsymbol{\sigma}(\boldsymbol{\alpha}_1,\boldsymbol{\alpha}_2,\cdots,\boldsymbol{\alpha}_n)\boldsymbol{P}=(\boldsymbol{\alpha}_1,\boldsymbol{\alpha}_2,\cdots,\boldsymbol{\alpha}_n)\boldsymbol{AP}\\&=(\boldsymbol{\beta}_1,\boldsymbol{\beta}_2,\cdots,\boldsymbol{\beta}_n)\boldsymbol{P}^{-1}\boldsymbol{AP}.\end{aligned}$$

因为$\boldsymbol{\beta}_1,\boldsymbol{\beta}_2,\cdots,\boldsymbol{\beta}_n$线性无关,所以$\boldsymbol{B}=\boldsymbol{P}^{-1}\boldsymbol{AP}$.

例 3 设$\mathbf{R}^3$上的线性变换$\boldsymbol{\sigma}$在基$\boldsymbol{\varepsilon}_1=(1,0,0)^{\mathrm{T}},\boldsymbol{\varepsilon}_2=(0,1,0)^{\mathrm{T}},\boldsymbol{\varepsilon}_3=(0,0,1)^{\mathrm{T}}$下的矩阵为

$$\boldsymbol{A}=\begin{bmatrix}2&-1&-1\\-1&2&-1\\-1&-1&2\end{bmatrix}.$$

求$\boldsymbol{\sigma}$在基$\boldsymbol{\beta}_1=(1,1,1)^{\mathrm{T}},\boldsymbol{\beta}_2=(-1,1,0)^{\mathrm{T}},\boldsymbol{\beta}_3=(-1,0,1)^{\mathrm{T}}$下的矩阵.

解 先求基$\boldsymbol{\varepsilon}_1,\boldsymbol{\varepsilon}_2,\boldsymbol{\varepsilon}_3$到基$\boldsymbol{\beta}_1,\boldsymbol{\beta}_2,\boldsymbol{\beta}_3$的过渡矩阵$\boldsymbol{P}$,由

$$(\boldsymbol{\beta}_1,\boldsymbol{\beta}_2,\boldsymbol{\beta}_3)=(\boldsymbol{\varepsilon}_1,\boldsymbol{\varepsilon}_2,\boldsymbol{\varepsilon}_3)\boldsymbol{P},$$

即

$$\begin{bmatrix}1&-1&-1\\1&1&0\\1&0&1\end{bmatrix}=\begin{bmatrix}1&0&0\\0&1&0\\0&0&1\end{bmatrix}\boldsymbol{P},$$

得

$$\boldsymbol{P}=\begin{bmatrix}1&-1&-1\\1&1&0\\1&0&1\end{bmatrix}.$$

求$\boldsymbol{P}^{-1}$,得

$$\boldsymbol{P}^{-1}=\frac{1}{3}\begin{bmatrix}1&1&1\\-1&2&-1\\-1&-1&2\end{bmatrix}.$$

由定理 3.11 得$\boldsymbol{\sigma}$在基$\boldsymbol{\beta}_1,\boldsymbol{\beta}_2,\boldsymbol{\beta}_3$下的矩阵为

$$\boldsymbol{B}=\boldsymbol{P}^{-1}\boldsymbol{AP}=\begin{bmatrix}0&0&0\\0&3&0\\0&0&3\end{bmatrix}.$$

向量几何意义

向量简史

向量就是一个有序的数组,在几何上它是有长度和方向的量并以力、速度和加速度作为直接的物理意义. 大约公元前 350 年,古希腊著名学者亚里士多

德(Aristotle,公元前 384—公元前 322 年)就知道了力可以表示成向量,两个力的组合作用可用著名的平行四边形法则来得到.

从数学发展史来看,在历史上很长一段时间,空间的向量结构并未被数学家们所认识,直到 19 世纪末 20 世纪初,人们才把空间的性质与向量运算联系起来.

向量能够进入数学并得到发展,首先应从复数的几何表示谈起. 1797 年,挪威的测量学家维塞尔(Caspar Wessel,1745—1818 年)向丹麦科学院递交论文《方向的解析表示,特别应用于平面与球面多边形的测定》,首次利用坐标平面上的点来表示复数,并利用具有几何意义的复数运算来定义向量的运算,而且把向量的几何表示用于研究几何问题与三角问题. 人们逐渐接受了复数,并学会了利用复数来表示和研究平面中的向量.

1844 年,德国数学家格拉斯曼(Grassmann,1809—1877 年)在《线性扩张理论》一书中融合坐标、向量及复数,清楚地解释了"n 维向量空间"的概念,并用纯几何方法定义了 n 维向量的和与积. 19 世纪 80 年代初,美国数学物理学家吉布斯(Gibbs,1839—1903 年)撰写了《向量分析基础》,这本小册子对促进向量的产生有着不可估量的价值. 19 世纪末至 20 世纪初英格兰数学家、物理学家赫维赛德(Heaviside,1850—1925 年)在其出版的著作《电磁理论》的第一卷中给出了向量代数的很多内容,第三卷则用大量篇幅介绍了使用向量的方法. 到了 20 世纪初,物理学家完全信服了向量分析正是他们所需要的,数学家也将向量的方法引入分析和解析几何中来,并逐步完善,使之成为一套优良的数学工具.

在解析几何引入了向量的概念后,许多问题的处理变得更为简洁和清晰,在此基础上的进一步抽象化,形成了与域相联系的向量空间概念. 譬如,实系数多项式的集合在定义适当的运算后构成向量空间,在代数上处理是方便的. 单变元实函数的集合在定义适当的运算后,也构成向量空间,研究此类函数向量空间的数学分支称为泛函分析.

应用实例

应用案例选讲

1. 药方配制问题

设某中药厂用 9 种中草药($A \sim I$),根据不同的比例配制成了 7 种特效药,各用量成分见表 3-1(单位:g).

表 3-1

	1 号成药	2 号成药	3 号成药	4 号成药	5 号成药	6 号成药	7 号成药
A	10	2	14	12	20	38	100
B	12	0	12	25	35	60	55
C	5	3	11	0	5	14	0
D	7	9	25	5	15	47	35
E	0	1	2	25	5	33	6
F	25	5	35	5	35	55	50

续表

	1 号成药	2 号成药	3 号成药	4 号成药	5 号成药	6 号成药	7 号成药
G	9	4	17	25	2	39	25
H	6	5	16	10	10	35	10
I	8	2	12	0	2	6	20

某医院要购买这 7 种特效成药,但是药厂的第 3 号和第 6 号成药已经卖完,考虑能否使用其他特效药配制出这两种脱销的药品.

解 把每一种特效成药看为一个 9 维列向量,分析 7 个列向量构成向量组的线性相关性.若向量组线性无关,则无法配制脱销的特效药;若向量组线性相关,且能找到不含某种成药的一个极大无关组,则若该号药品脱销,也可以及时配制.

设 9 维列向量 $\boldsymbol{\alpha}_i=(a_{iA},a_{iB},\cdots,a_{iI})^{\mathrm{T}}$,用 $\boldsymbol{\alpha}_i(i=1,2,\cdots,7)$ 表示第 i 种成药,用 $a_{ij}(j=A,B,\cdots,I)$ 表示第 i 种成药使用第 j 种中草药的用量.

令

$$\boldsymbol{A}=(\boldsymbol{\alpha}_1,\boldsymbol{\alpha}_2,\boldsymbol{\alpha}_3,\boldsymbol{\alpha}_4,\boldsymbol{\alpha}_5,\boldsymbol{\alpha}_6,\boldsymbol{\alpha}_7)=\begin{bmatrix}10&2&14&12&20&38&100\\12&0&12&25&35&60&55\\5&3&11&0&5&14&0\\7&9&25&5&15&47&35\\0&1&2&25&5&33&6\\25&5&35&5&35&55&50\\9&4&17&25&2&39&25\\6&5&16&10&10&35&10\\8&2&12&0&2&6&20\end{bmatrix}$$

$$\to\begin{bmatrix}1&0&1&0&0&0&0\\0&1&2&0&0&3&0\\0&0&0&1&0&1&0\\0&0&0&0&1&1&0\\0&0&0&0&0&0&1\\0&0&0&0&0&0&0\\0&0&0&0&0&0&0\\0&0&0&0&0&0&0\\0&0&0&0&0&0&0\end{bmatrix},$$

从上述行最简形矩阵可以看出:$r(\boldsymbol{A})=5$,向量组 $\boldsymbol{\alpha}_1,\boldsymbol{\alpha}_2,\boldsymbol{\alpha}_3,\boldsymbol{\alpha}_4,\boldsymbol{\alpha}_5,\boldsymbol{\alpha}_6,\boldsymbol{\alpha}_7$ 线性相关,一个极大无关组为 $\boldsymbol{\alpha}_1,\boldsymbol{\alpha}_2,\boldsymbol{\alpha}_4,\boldsymbol{\alpha}_5,\boldsymbol{\alpha}_7$ 且有 $\boldsymbol{\alpha}_3=\boldsymbol{\alpha}_1+2\boldsymbol{\alpha}_2$,$\boldsymbol{\alpha}_6=3\boldsymbol{\alpha}_2+\boldsymbol{\alpha}_4+\boldsymbol{\alpha}_5$,故可以配制出第 3 号和

第 6 号成药.

2. 基因间"距离"问题

在 A,B,O 血型的人中,对各种群体的基因频率进行了研究. 如果把 4 种等位基因 A_1, A_2,B,O 区别开,有人报道了如下的相对频率,见表 3-2.

表 3-2

	爱斯基摩人 f_{1i}	班图人 f_{2i}	英国人 f_{3i}	朝鲜人 f_{4i}
A_1	0. 291 4	0. 103 4	0. 209 0	0. 220 8
A_2	0. 000 0	0. 086 6	0. 069 6	0. 000 0
B	0. 031 6	0. 120 0	0. 061 2	0. 206 9
O	0. 677 0	0. 690 0	0. 660 2	0. 572 3
合计	1. 000	1. 000	1. 000	1. 000

考虑一个群体与另一个群体的接近程度如何? 换句话说,就是需要一个表示基因的"距离"的合宜的度量.

下面介绍一种利用向量代数判别的方法. 首先,利用单位向量表示每一个群体,为此取每一种频率的平方根,记作 $x_{ki}=\sqrt{f_{ki}}$. 由于 4 种群体均有 $\sum_{i=1}^{4} f_{ki}=1$,即 $\sum_{i=1}^{4} x_{ki}^2=1$,所以下面 4 个向量都是单位向量,即

$$\boldsymbol{\alpha}_1=(0.2914,0.0000,0.0316,0.6770)^{\mathrm{T}},$$

$$\boldsymbol{\alpha}_2=(0.1034,0.0866,0.1200,0.6900)^{\mathrm{T}},$$

$$\boldsymbol{\alpha}_3=(0.2090,0.0696,0.0612,0.6602)^{\mathrm{T}},$$

$$\boldsymbol{\alpha}_4=(0.2208,0.0000,0.2069,0.5723)^{\mathrm{T}}.$$

在 4 维空间中,这些向量的顶端都位于一个半径为 1 的球面上. 现在用两个向量间的夹角来表示两个对应的群体间的"距离"似乎是合理的. 若记 $\boldsymbol{\alpha}_1,\boldsymbol{\alpha}_2$ 间夹角为 θ,则有

$$\theta=\arccos\frac{(\boldsymbol{\alpha}_1,\boldsymbol{\alpha}_2)}{\|\boldsymbol{\alpha}_1\|\cdot\|\boldsymbol{\alpha}_2\|}=\arccos\frac{0.9187}{1\times 1}=23.2^\circ.$$

按同样的方法,可以得到表 3-3.

表 3-3

	爱斯基摩人	班图人	英国人	朝鲜人
爱斯基摩人	0°	23. 2°	16. 4°	16. 8°
班图人	23. 2°	0°	9. 8°	20. 4°
英国人	16. 4°	9. 8°	0°	19. 6°
朝鲜人	16. 8°	20. 4°	19. 6°	0°

由表 3-3 可见,班图人和英国人之间的基因"距离"最小,而爱斯基摩人和班图人之间的

基因“距离”最大.

3. 最小二乘法

在测量和数学实验中,经常需要根据一组实验数据$(x_1,y_1),(x_2,y_2),\cdots,(x_m,y_m)$去寻找一个函数(即曲线)$y=f(x)$,使得观察点的函数值$f(x_1),f(x_2),\cdots,f(x_m)$与观测值$y_1,y_2,\cdots,y_m$尽量接近,即误差达到最小. 这就是曲线拟合问题. 如果将偏差看作一个向量

$$\boldsymbol{r}=\begin{bmatrix} f(x_1)-y_1 \\ f(x_2)-y_2 \\ \vdots \\ f(x_m)-y_m \end{bmatrix},$$

那么误差就是偏差的长度

$$\|\boldsymbol{r}\|=\sqrt{\sum_{i=1}^{m}(f(x_i)-y_i)^2}.$$

设函数

$$y=f(x)=\sum_{j=0}^{n}a_jx^j,$$

其中$a_0,a_1,\cdots,a_n$是待定系数. 为了计算方便,一般取误差平方函数

$$S(a_0,a_1,\cdots,a_n)=\sum_{i=1}^{m}((f(x_i)-y_i)^2)=\sum_{i=1}^{m}(\sum_{j=0}^{n}(a_jx_i^j-y_i)^2)$$

达到最小. 根据微积分的知识,令

$$\frac{\partial S}{\partial a_k}=0\quad(k=0,1,2,\cdots,n),$$

得到以$a_0,a_1,\cdots,a_n$为未知量的线性方程组(称为正规方程),即

$$\begin{bmatrix} m & \sum\limits_{k=1}^{m}x_k & \cdots & \sum\limits_{k=1}^{m}x_k^n \\ \sum\limits_{k=1}^{m}x_k & \sum\limits_{k=1}^{m}x_k^2 & \cdots & \sum\limits_{k=1}^{m}x_k^{n+1} \\ \vdots & \vdots & & \vdots \\ \sum\limits_{k=1}^{m}x_k^n & \sum\limits_{k=1}^{m}x_k^{n+1} & \cdots & \sum\limits_{k=1}^{m}x_k^{2n} \end{bmatrix}\begin{bmatrix} a_0 \\ a_1 \\ \vdots \\ a_n \end{bmatrix}=\begin{bmatrix} \sum\limits_{k=1}^{m}y_k \\ \sum\limits_{k=1}^{m}x_ky_k \\ \vdots \\ \sum\limits_{k=1}^{m}x_k^ny_k \end{bmatrix},$$

求出该方程组的解$a_0,a_1,\cdots,a_n$,便得到拟合曲线$f(x)$.

这就是著名的最小二乘法,它是科学和工程中常用的一种数据处理方法.

习 题 3

(A)

1. 已知 $\boldsymbol{\alpha}_1=(1,2,-1,0)^{\mathrm{T}}$, $\boldsymbol{\alpha}_2=(3,1,0,-4)^{\mathrm{T}}$, $\boldsymbol{\alpha}_3=(0,1,0,-1)^{\mathrm{T}}$.

(1)求 $2\boldsymbol{\alpha}_1+3\boldsymbol{\alpha}_2-\boldsymbol{\alpha}_3$;

(2)若 $2(\boldsymbol{\alpha}_1+\boldsymbol{\beta})-3(\boldsymbol{\alpha}_2-\boldsymbol{\beta})=4(\boldsymbol{\alpha}_3+\boldsymbol{\beta})$,求 $\boldsymbol{\beta}$.

2. 判断下列命题是否正确.

(1)若当数 $k_1=k_2=\cdots=k_m=0$ 时,有 $k_1\boldsymbol{\alpha}_1+k_2\boldsymbol{\alpha}_2+\cdots+k_m\boldsymbol{\alpha}_m=\boldsymbol{O}$,则向量组 $\boldsymbol{\alpha}_1,\boldsymbol{\alpha}_2,\cdots,\boldsymbol{\alpha}_m$ 线性无关.

(2)若有 m 个不全为零的数 $k_1,k_2,\cdots,k_m$,使得 $k_1\boldsymbol{\alpha}_1+k_2\boldsymbol{\alpha}_2+\cdots+k_m\boldsymbol{\alpha}_m\neq\boldsymbol{O}$,则向量组 $\boldsymbol{\alpha}_1,\boldsymbol{\alpha}_2,\cdots,\boldsymbol{\alpha}_m$ 线性无关.

(3)若 $\boldsymbol{\alpha}_1,\boldsymbol{\alpha}_2,\cdots,\boldsymbol{\alpha}_m(m>2)$ 线性相关,则其中任何一个向量都可由其余 $m-1$ 个向量线性表示.

(4)若向量组 $\boldsymbol{\alpha}_1,\boldsymbol{\alpha}_2,\cdots,\boldsymbol{\alpha}_m$ 线性无关,且 $\boldsymbol{\beta}$ 不能由 $\boldsymbol{\alpha}_1,\boldsymbol{\alpha}_2,\cdots,\boldsymbol{\alpha}_m$ 线性表示,则向量组 $\boldsymbol{\alpha}_1,\boldsymbol{\alpha}_2,\cdots,\boldsymbol{\alpha}_m,\boldsymbol{\beta}$ 线性无关.

(5)若 $\boldsymbol{\beta}$ 不能由向量组 $\boldsymbol{\alpha}_1,\boldsymbol{\alpha}_2,\cdots,\boldsymbol{\alpha}_m$ 线性表示,则向量组 $\boldsymbol{\alpha}_1,\boldsymbol{\alpha}_2,\cdots,\boldsymbol{\alpha}_m,\boldsymbol{\beta}$ 线性无关.

(6)设向量组(Ⅰ)$\boldsymbol{\alpha}_1,\boldsymbol{\alpha}_2,\cdots,\boldsymbol{\alpha}_r$;(Ⅱ)$\boldsymbol{\alpha}_1,\boldsymbol{\alpha}_2,\cdots,\boldsymbol{\alpha}_r,\boldsymbol{\alpha}_{r+1},\cdots,\boldsymbol{\alpha}_m$. 若向量组(Ⅰ)线性无关,则向量组(Ⅱ)也线性无关.

(7)若某向量组线性相关,则它的任意一个部分组都线性相关.

(8)若向量组 $\boldsymbol{\alpha}_1,\boldsymbol{\alpha}_2,\cdots,\boldsymbol{\alpha}_m$ 线性相关,则向量组的秩小于 m;反之亦然.

(9)若 n 阶方阵 $\boldsymbol{A}$ 的行列式不为零,则 $\boldsymbol{A}$ 的列向量组线性相关.

3. 判断下列向量组的线性相关性,并说明理由.

(1)$\boldsymbol{\alpha}_1=(1,1,1)^{\mathrm{T}}$, $\boldsymbol{\alpha}_2=(2,3,4)^{\mathrm{T}}$, $\boldsymbol{\alpha}_3=(0,0,0)^{\mathrm{T}}$;

(2)$\boldsymbol{\alpha}_1=(1,1,1)^{\mathrm{T}}$, $\boldsymbol{\alpha}_2=(2,3,2)^{\mathrm{T}}$, $\boldsymbol{\alpha}_3=(2,-1,3)^{\mathrm{T}}$;

(3)$\boldsymbol{\alpha}_1=(0,1,2)^{\mathrm{T}}$, $\boldsymbol{\alpha}_2=(1,1,-3)^{\mathrm{T}}$, $\boldsymbol{\alpha}_3=(-1,1,5)^{\mathrm{T}}$, $\boldsymbol{\alpha}_4=(2,0,1)^{\mathrm{T}}$;

(4)$\boldsymbol{\alpha}_1=(1,0,0,-1)^{\mathrm{T}}$, $\boldsymbol{\alpha}_2=(0,1,0,2)^{\mathrm{T}}$, $\boldsymbol{\alpha}_3=(0,0,1,3)^{\mathrm{T}}$;

(5)$\boldsymbol{\alpha}_1=(1,0,1,-1)^{\mathrm{T}}$, $\boldsymbol{\alpha}_2=(-1,0,2,1)^{\mathrm{T}}$, $\boldsymbol{\alpha}_3=(2,1,-3,-1)^{\mathrm{T}}$;

(6)$\boldsymbol{\alpha}_1=(2,0,-2,6)^{\mathrm{T}}$, $\boldsymbol{\alpha}_2=(2,1,5,7)^{\mathrm{T}}$, $\boldsymbol{\alpha}_3=(1,0,-1,3)^{\mathrm{T}}$;

(7)$\boldsymbol{\alpha}_1=(1,-2,3,-1)^{\mathrm{T}}$, $\boldsymbol{\alpha}_2=(3,-1,5,-3)^{\mathrm{T}}$, $\boldsymbol{\alpha}_3=(2,1,2,-2)^{\mathrm{T}}$, $\boldsymbol{\alpha}_4=(1,3,-1,-1)^{\mathrm{T}}$.

4. 已知向量组 $\boldsymbol{\alpha}_1,\boldsymbol{\alpha}_2,\boldsymbol{\alpha}_3$ 线性无关,判定下列向量组的线性相关性.

(1)$\boldsymbol{\beta}_1=\boldsymbol{\alpha}_1+\boldsymbol{\alpha}_2+\boldsymbol{\alpha}_3$, $\boldsymbol{\beta}_2=-\boldsymbol{\alpha}_1+2\boldsymbol{\alpha}_2+\boldsymbol{\alpha}_3$, $\boldsymbol{\beta}_3=-\boldsymbol{\alpha}_1+3\boldsymbol{\alpha}_2+2\boldsymbol{\alpha}_3$;

(2)$\boldsymbol{\beta}_1=-3\boldsymbol{\alpha}_1+2\boldsymbol{\alpha}_2-\boldsymbol{\alpha}_3$, $\boldsymbol{\beta}_2=-\boldsymbol{\alpha}_1+2\boldsymbol{\alpha}_2+\boldsymbol{\alpha}_3$, $\boldsymbol{\beta}_3=-2\boldsymbol{\alpha}_1+2\boldsymbol{\alpha}_2$.

5. 求下列向量组的秩及一个极大无关组.

(1)$\boldsymbol{\alpha}_1=(1,1,0)^{\mathrm{T}}$, $\boldsymbol{\alpha}_2=(0,2,2)^{\mathrm{T}}$, $\boldsymbol{\alpha}_3=(1,3,3)^{\mathrm{T}}$;

(2) $\boldsymbol{\alpha}_1=(1,-1,2,2)^{\mathrm{T}},\boldsymbol{\alpha}_2=(2,-3,1,4)^{\mathrm{T}},\boldsymbol{\alpha}_3=(0,1,3,0)^{\mathrm{T}},\boldsymbol{\alpha}_4=(2,1,13,4)^{\mathrm{T}}$;

(3) $\boldsymbol{\alpha}_1=(1,-1,2,4)^{\mathrm{T}},\boldsymbol{\alpha}_2=(0,3,1,2)^{\mathrm{T}},\boldsymbol{\alpha}_3=(3,0,7,14)^{\mathrm{T}},\boldsymbol{\alpha}_4=(1,-1,2,0)^{\mathrm{T}}$;

(4) $\boldsymbol{\alpha}_1=(1,2,3,-1)^{\mathrm{T}},\boldsymbol{\alpha}_2=(2,5,4,1)^{\mathrm{T}},\boldsymbol{\alpha}_3=(-1,0,1,-1)^{\mathrm{T}},\boldsymbol{\alpha}_4=(4,3,2,1)^{\mathrm{T}}$.

6. 设向量 $\boldsymbol{\beta}$ 可由向量组 $\boldsymbol{\alpha}_1,\boldsymbol{\alpha}_2,\cdots,\boldsymbol{\alpha}_r$ 线性表示，但是不能由 $\boldsymbol{\alpha}_1,\boldsymbol{\alpha}_2,\cdots,\boldsymbol{\alpha}_{r-1}$ 线性表示，试证向量组 $\boldsymbol{\alpha}_1,\boldsymbol{\alpha}_2,\cdots,\boldsymbol{\alpha}_r$ 与向量组 $\boldsymbol{\alpha}_1,\boldsymbol{\alpha}_2,\cdots,\boldsymbol{\alpha}_{r-1},\boldsymbol{\beta}$ 等价.

7. 判断下列向量集合是否为向量空间，并说明理由.

(1) $V_1=\{(x_1,x_2,x_3)^{\mathrm{T}}\mid 2x_1-x_2=3x_3,x_1,x_2,x_3\in\mathbf{R}\}$;

(2) $V_2=\{(x_1,x_2,\cdots,x_n)^{\mathrm{T}}\mid x_1+x_2+\cdots+x_n=1,x_1,x_2,\cdots,x_n\in\mathbf{R}\}$;

(3) $V_3=\{(x_1,x_2,\cdots,x_{n-1},0)^{\mathrm{T}}\mid x_1,x_2,\cdots,x_{n-1}\in\mathbf{R}\}$.

8. 设向量组 $\boldsymbol{\alpha}_1,\boldsymbol{\alpha}_2,\boldsymbol{\alpha}_3,\boldsymbol{\alpha}_4$ 为向量空间 $\mathbf{R}^4$ 的一组基，证明

$$\boldsymbol{\beta}_1=\boldsymbol{\alpha}_1+\boldsymbol{\alpha}_2+\boldsymbol{\alpha}_3+\boldsymbol{\alpha}_4,$$
$$\boldsymbol{\beta}_2=\boldsymbol{\alpha}_1-\boldsymbol{\alpha}_2+\boldsymbol{\alpha}_3-\boldsymbol{\alpha}_4,$$
$$\boldsymbol{\beta}_3=\boldsymbol{\alpha}_1+\boldsymbol{\alpha}_2-\boldsymbol{\alpha}_3-\boldsymbol{\alpha}_4,$$
$$\boldsymbol{\beta}_4=\boldsymbol{\alpha}_1-\boldsymbol{\alpha}_2-\boldsymbol{\alpha}_3+\boldsymbol{\alpha}_4$$

也为 $\mathbf{R}^4$ 的一组基.

9. 已知向量组 $\boldsymbol{\alpha}_1=(1,1,1)^{\mathrm{T}},\boldsymbol{\alpha}_2=(1,0,-1)^{\mathrm{T}},\boldsymbol{\alpha}_3=(1,0,1)^{\mathrm{T}}$ 和 $\boldsymbol{\beta}_1=(1,2,1)^{\mathrm{T}}$，$\boldsymbol{\beta}_2=(2,3,4)^{\mathrm{T}},\boldsymbol{\beta}_3=(3,4,3)^{\mathrm{T}}$ 为 $\mathbf{R}^3$ 中的两组基.

(1) 求由基 $\boldsymbol{\alpha}_1,\boldsymbol{\alpha}_2,\boldsymbol{\alpha}_3$ 到基 $\boldsymbol{\beta}_1,\boldsymbol{\beta}_2,\boldsymbol{\beta}_3$ 的过渡矩阵；

(2) 求 $\boldsymbol{\xi}=(2,3,0)^{\mathrm{T}}$ 在基 $\boldsymbol{\beta}_1,\boldsymbol{\beta}_2,\boldsymbol{\beta}_3$ 下的坐标.

10. 已知 $\mathbf{R}^3$ 中向量 $\boldsymbol{\gamma}$ 在基 $\boldsymbol{\alpha}_1=(1,0,1)^{\mathrm{T}},\boldsymbol{\alpha}_2=(1,1,1)^{\mathrm{T}},\boldsymbol{\alpha}_3=(1,0,0)^{\mathrm{T}}$ 下的坐标是 $(1,0,-1)^{\mathrm{T}}$，求 $\boldsymbol{\gamma}$ 在基 $\boldsymbol{\beta}_1=(1,2,0)^{\mathrm{T}},\boldsymbol{\beta}_2=(1,-1,2)^{\mathrm{T}},\boldsymbol{\beta}_3=(0,1,-1)^{\mathrm{T}}$ 下的坐标.

11. 用施密特正交化方法，由下列 $\mathbf{R}^3$ 中的一组基构造 $\mathbf{R}^3$ 的一组标准正交基.

(1) $\boldsymbol{\alpha}_1=(1,0,1)^{\mathrm{T}},\boldsymbol{\alpha}_2=(1,1,0)^{\mathrm{T}},\boldsymbol{\alpha}_3=(0,1,0)^{\mathrm{T}}$;

(2) $\boldsymbol{\alpha}_1=(1,-1,1)^{\mathrm{T}},\boldsymbol{\alpha}_2=(-1,1,1)^{\mathrm{T}},\boldsymbol{\alpha}_3=(1,1,-1)^{\mathrm{T}}$.

12. 在 $\mathbf{R}^4$ 中，对由向量组 $\boldsymbol{\alpha}_1=(1,-1,1,-1)^{\mathrm{T}},\boldsymbol{\alpha}_2=(5,1,1,1)^{\mathrm{T}},\boldsymbol{\alpha}_3=(-3,-3,1,-3)^{\mathrm{T}}$ 生成的子空间 V，求其一组标准正交基.

13. 判断下列矩阵是否为正交矩阵.

(1) $\begin{bmatrix} \frac{1}{\sqrt{3}} & \frac{1}{\sqrt{3}} & \frac{1}{\sqrt{3}} \\ 0 & \frac{1}{\sqrt{2}} & \frac{1}{\sqrt{2}} \\ -\frac{2}{\sqrt{6}} & \frac{1}{\sqrt{6}} & \frac{1}{\sqrt{6}} \end{bmatrix}$;　　(2) $\begin{bmatrix} \frac{1}{2} & -\frac{1}{3} & \frac{1}{2} \\ \frac{1}{3} & \frac{1}{2} & 0 \\ \frac{1}{2} & 0 & -\frac{1}{2} \end{bmatrix}$;

(3) $\begin{bmatrix} 0 & 0 & 0 & -1 \\ -1 & 0 & 0 & 0 \\ 0 & -1 & 0 & 0 \\ 0 & 0 & 1 & 0 \end{bmatrix}$;　　　　(4) $\begin{bmatrix} \cos\theta & \sin\theta & 0 \\ -\sin\theta & \cos\theta & 0 \\ 0 & 0 & 1 \end{bmatrix}$.

14. 设 $\boldsymbol{A}$ 是 n 阶对称矩阵,$\boldsymbol{B}$ 是 n 阶正交矩阵,证明 $\boldsymbol{B}^{-1}\boldsymbol{A}\boldsymbol{B}$ 也是对称矩阵.

15. 设任意 $\boldsymbol{\alpha}=(x_1,x_2,x_3)^{\mathrm{T}}\in\mathbf{R}^3$,判断下列变换 $\boldsymbol{\sigma}$ 是否为 $\mathbf{R}^3$ 的线性变换.

(1) $\boldsymbol{\sigma}((x_1,x_2,x_3)^{\mathrm{T}})=(x_1+x_2,x_1-x_3,x_2)^{\mathrm{T}}$;

(2) $\boldsymbol{\sigma}((x_1,x_2,x_3)^{\mathrm{T}})=(x_1-x_2,x_1,1+x_1+x_2)^{\mathrm{T}}$;

(3) $\boldsymbol{\sigma}((x_1,x_2,x_3)^{\mathrm{T}})=(x_2,x_3,x_1)^{\mathrm{T}}$.

16. 在 $\mathbf{R}^3$ 中定义线性变换

$$\boldsymbol{\sigma}((x_1,x_2,x_3)^{\mathrm{T}})=(x_1+x_3,x_1+x_2,x_2)^{\mathrm{T}}.$$

求 $\boldsymbol{\sigma}$ 在基 $\boldsymbol{\alpha}_1=(1,0,0)^{\mathrm{T}},\boldsymbol{\alpha}_2=(1,1,0)^{\mathrm{T}},\boldsymbol{\alpha}_3=(1,1,1)^{\mathrm{T}}$ 下的矩阵.

17. 设 $\mathbf{R}^2$ 中线性变换 $\boldsymbol{\sigma}$ 在基 $\boldsymbol{\alpha}_1,\boldsymbol{\alpha}_2$ 下的矩阵为 $\boldsymbol{A}=\begin{bmatrix} 2 & 1 \\ -1 & 0 \end{bmatrix}$,求 $\boldsymbol{\sigma}$ 在基 $\boldsymbol{\beta}_1,\boldsymbol{\beta}_2$ 下的矩阵. 其中,$(\boldsymbol{\beta}_1,\boldsymbol{\beta}_2)=(\boldsymbol{\alpha}_1,\boldsymbol{\alpha}_2)\begin{bmatrix} 1 & -1 \\ -1 & 2 \end{bmatrix}$.

自测题

(B)

1. 填空题.

(1) 设向量组 $\boldsymbol{\alpha}_1=(1,0,2,3)^{\mathrm{T}},\boldsymbol{\alpha}_2=(1,1,3,5)^{\mathrm{T}},\boldsymbol{\alpha}_3=(1,-1,t+2,1)^{\mathrm{T}},\boldsymbol{\alpha}_4=(1,2,4,t+9)^{\mathrm{T}}$ 线性相关,则 $t=$________.

(2) 设 $\boldsymbol{\alpha}_1=(2,1,2,3)^{\mathrm{T}},\boldsymbol{\alpha}_2=(-1,-2,2,-3)^{\mathrm{T}}$,则 $\boldsymbol{\alpha}_1$ 与 $\boldsymbol{\alpha}_2$ 的夹角 $\theta=$________.

(3) 设向量组 $\boldsymbol{\alpha}_1=(1,2,-1,0)^{\mathrm{T}},\boldsymbol{\alpha}_2=(1,1,0,2)^{\mathrm{T}},\boldsymbol{\alpha}_3=(2,1,1,a)^{\mathrm{T}}$,若由 $\boldsymbol{\alpha}_1,\boldsymbol{\alpha}_2,\boldsymbol{\alpha}_3$ 生产的向量空间的维数为 2,则 $a=$________.

(4) 设 $\boldsymbol{\alpha}_1=(1,1,1)^{\mathrm{T}},\boldsymbol{\alpha}_2=(0,1,-1)^{\mathrm{T}}$,则与 $\boldsymbol{\alpha}_1,\boldsymbol{\alpha}_2$ 都正交的单位向量为________.

(5) 设 $\boldsymbol{\alpha}_1,\boldsymbol{\alpha}_2,\boldsymbol{\alpha}_3$ 为 3 维向量空间 $\mathbf{R}^3$ 的一组基,则由基 $\boldsymbol{\alpha}_1,\frac{1}{2}\boldsymbol{\alpha}_2,\frac{1}{3}\boldsymbol{\alpha}_3$ 到基 $\boldsymbol{\alpha}_1+\boldsymbol{\alpha}_2,\boldsymbol{\alpha}_2+\boldsymbol{\alpha}_3,\boldsymbol{\alpha}_3+\boldsymbol{\alpha}_1$ 的过渡矩阵为________.

2. 单项选择题.

(1) 设 $\boldsymbol{\alpha}_1,\boldsymbol{\alpha}_2,\boldsymbol{\alpha}_3$ 均为 3 维向量,则对任意常数 k,l,向量组 $\boldsymbol{\alpha}_1+k\boldsymbol{\alpha}_3,\boldsymbol{\alpha}_2+l\boldsymbol{\alpha}_3$ 线性无关是向量组 $\boldsymbol{\alpha}_1,\boldsymbol{\alpha}_2,\boldsymbol{\alpha}_3$ 线性无关的(　　).

(A) 必要非充分条件　　(B) 充分非必要条件

(C) 必要充分条件　　(D) 既非充分也非必要条件

(2) 设 $\boldsymbol{A},\boldsymbol{B},\boldsymbol{C}$ 均为 n 阶矩阵,若 $\boldsymbol{AB}=\boldsymbol{C}$,且 $\boldsymbol{B}$ 可逆,则(　　).

(A) 矩阵 $\boldsymbol{C}$ 的行向量组与矩阵 $\boldsymbol{A}$ 的行向量组等价

(B) 矩阵 $\boldsymbol{C}$ 的列向量组与矩阵 $\boldsymbol{A}$ 的列向量组等价

(C)矩阵 $\boldsymbol{C}$ 的行向量组与矩阵 $\boldsymbol{B}$ 的行向量组等价

(D)矩阵 $\boldsymbol{C}$ 的列向量组与矩阵 $\boldsymbol{B}$ 的列向量组等价

(3)设 $\boldsymbol{\alpha}_1=\begin{bmatrix}0\\0\\c_1\end{bmatrix},\boldsymbol{\alpha}_2=\begin{bmatrix}0\\1\\c_2\end{bmatrix},\boldsymbol{\alpha}_3=\begin{bmatrix}1\\-1\\c_3\end{bmatrix},\boldsymbol{\alpha}_4=\begin{bmatrix}-1\\1\\c_4\end{bmatrix}$,其中 c_1,c_2,c_3,c_4 为任意常数,则下列向量组线性相关的是(　　).

(A)$\boldsymbol{\alpha}_1,\boldsymbol{\alpha}_2,\boldsymbol{\alpha}_3$　　(B)$\boldsymbol{\alpha}_1,\boldsymbol{\alpha}_2,\boldsymbol{\alpha}_4$　　(C)$\boldsymbol{\alpha}_1,\boldsymbol{\alpha}_3,\boldsymbol{\alpha}_4$　　(D)$\boldsymbol{\alpha}_2,\boldsymbol{\alpha}_3,\boldsymbol{\alpha}_4$

(4)设向量组(Ⅰ)$\boldsymbol{\alpha}_1,\boldsymbol{\alpha}_2,\cdots,\boldsymbol{\alpha}_r$ 可由向量组(Ⅱ)$\boldsymbol{\beta}_1,\boldsymbol{\beta}_2,\cdots,\boldsymbol{\beta}_s$ 线性表示,下列命题正确的是(　　).

(A)若向量组(Ⅰ)线性无关,则 $r\leqslant s$　　(B)若向量组(Ⅰ)线性相关,则 $r>s$

(C)若向量组(Ⅱ)线性无关,则 $r\leqslant s$　　(D)若向量组(Ⅱ)线性相关,则 $r>s$

(5)设向量组 $\boldsymbol{\alpha}_1,\boldsymbol{\alpha}_2,\boldsymbol{\alpha}_3$ 线性无关,则下列向量组中线性相关的是(　　).

(A)$\boldsymbol{\alpha}_1+2\boldsymbol{\alpha}_2,\boldsymbol{\alpha}_2+2\boldsymbol{\alpha}_3,\boldsymbol{\alpha}_3+2\boldsymbol{\alpha}_1$　　(B)$\boldsymbol{\alpha}_1+\boldsymbol{\alpha}_2,\boldsymbol{\alpha}_2+\boldsymbol{\alpha}_3,\boldsymbol{\alpha}_3+\boldsymbol{\alpha}_1$

(C)$\boldsymbol{\alpha}_1-2\boldsymbol{\alpha}_2,\boldsymbol{\alpha}_2-2\boldsymbol{\alpha}_3,\boldsymbol{\alpha}_3-2\boldsymbol{\alpha}_1$　　(D)$\boldsymbol{\alpha}_1-\boldsymbol{\alpha}_2,\boldsymbol{\alpha}_2-\boldsymbol{\alpha}_3,\boldsymbol{\alpha}_3-\boldsymbol{\alpha}_1$

(6)设 $\boldsymbol{\alpha}_1,\boldsymbol{\alpha}_2,\cdots,\boldsymbol{\alpha}_s$ 均为 n 维列向量,$\boldsymbol{A}$ 为 $m\times n$ 矩阵,下列选项正确的是(　　).

(A)若 $\boldsymbol{\alpha}_1,\boldsymbol{\alpha}_2,\cdots,\boldsymbol{\alpha}_s$ 线性相关,则 $\boldsymbol{A\alpha}_1,\boldsymbol{A\alpha}_2,\cdots,\boldsymbol{A\alpha}_s$ 线性相关

(B)若 $\boldsymbol{\alpha}_1,\boldsymbol{\alpha}_2,\cdots,\boldsymbol{\alpha}_s$ 线性相关,则 $\boldsymbol{A\alpha}_1,\boldsymbol{A\alpha}_2,\cdots,\boldsymbol{A\alpha}_s$ 线性无关

(C)若 $\boldsymbol{\alpha}_1,\boldsymbol{\alpha}_2,\cdots,\boldsymbol{\alpha}_s$ 线性无关,则 $\boldsymbol{A\alpha}_1,\boldsymbol{A\alpha}_2,\cdots,\boldsymbol{A\alpha}_s$ 线性相关

(D)若 $\boldsymbol{\alpha}_1,\boldsymbol{\alpha}_2,\cdots,\boldsymbol{\alpha}_s$ 线性无关,则 $\boldsymbol{A\alpha}_1,\boldsymbol{A\alpha}_2,\cdots,\boldsymbol{A\alpha}_s$ 线性无关

3. 设向量组 $\boldsymbol{\alpha}_1=(1,0,1)^{\mathrm{T}},\boldsymbol{\alpha}_2=(0,1,1)^{\mathrm{T}},\boldsymbol{\alpha}_3=(1,3,5)^{\mathrm{T}}$ 不能由向量组 $\boldsymbol{\beta}_1=(1,1,1)^{\mathrm{T}},\boldsymbol{\beta}_2=(1,2,3)^{\mathrm{T}},\boldsymbol{\beta}_3=(3,4,a)^{\mathrm{T}}$ 线性表示.

(1)求 a 的值;

(2)将 $\boldsymbol{\beta}_1,\boldsymbol{\beta}_2,\boldsymbol{\beta}_3$ 用 $\boldsymbol{\alpha}_1,\boldsymbol{\alpha}_2,\boldsymbol{\alpha}_3$ 线性表示.

4. 设 4 维向量组 $\boldsymbol{\alpha}_1=(1+a,1,1,1)^{\mathrm{T}},\boldsymbol{\alpha}_2=(2,2+a,2,2)^{\mathrm{T}},\boldsymbol{\alpha}_3=(3,3,3+a,3)^{\mathrm{T}},\boldsymbol{\alpha}_4=(4,4,4,4+a)^{\mathrm{T}}$,问 a 为何值时,$\boldsymbol{\alpha}_1,\boldsymbol{\alpha}_2,\boldsymbol{\alpha}_3,\boldsymbol{\alpha}_4$ 线性相关?当 $\boldsymbol{\alpha}_1,\boldsymbol{\alpha}_2,\boldsymbol{\alpha}_3,\boldsymbol{\alpha}_4$ 线性相关时,写出一个极大无关组,并将其余向量用该极大无关组线性表示.

5. 设向量组 $\boldsymbol{\alpha}_1,\boldsymbol{\alpha}_2,\boldsymbol{\alpha}_3$ 为向量空间 $\mathbf{R}^3$ 的一组基,

$$\boldsymbol{\beta}_1=2\boldsymbol{\alpha}_1+2k\boldsymbol{\alpha}_3,\ \boldsymbol{\beta}_2=2\boldsymbol{\alpha}_2,\ \boldsymbol{\beta}_3=\boldsymbol{\alpha}_1+(k+1)\boldsymbol{\alpha}_3.$$

(1)证明向量组 $\boldsymbol{\beta}_1,\boldsymbol{\beta}_2,\boldsymbol{\beta}_3$ 为向量空间 $\mathbf{R}^3$ 的一组基;

(2)当 k 为何值时,存在非零向量 $\boldsymbol{\xi}$ 在基 $\boldsymbol{\alpha}_1,\boldsymbol{\alpha}_2,\boldsymbol{\alpha}_3$ 与基 $\boldsymbol{\beta}_1,\boldsymbol{\beta}_2,\boldsymbol{\beta}_3$ 下的坐标相同,并求所有的 $\boldsymbol{\xi}$.

6. 设 $\boldsymbol{\alpha},\boldsymbol{\beta}$ 均为 3 维列向量,矩阵 $\boldsymbol{A}=\boldsymbol{\alpha\alpha}^{\mathrm{T}}+\boldsymbol{\beta\beta}^{\mathrm{T}}$,其中 $\boldsymbol{\alpha}^{\mathrm{T}},\boldsymbol{\beta}^{\mathrm{T}}$ 分别为 $\boldsymbol{\alpha},\boldsymbol{\beta}$ 的转置. 证明若 $\boldsymbol{\alpha},\boldsymbol{\beta}$ 线性相关,则秩 $r(\boldsymbol{A})<2$.

B 答案
详解

第 4 章　线性方程组

第 4 章
教学要求

线性方程组是线性代数的一个重要组成部分，在现实生产生活中有着广泛的运用，在电子信息、软件开发、经济管理、交通运输等领域都起着重要的作用. 本章主要围绕如何解线性方程组来进行讲解，对于不同类型的线性方程组给出不同的方法，并简述线性方程组的一些实际应用.

4.1　高斯消元法

高斯
消元法

4.1.1　线性方程组的一般概念

由 m 个方程、n 个未知量组成的线性方程组的一般形式为

$$\begin{cases} a_{11}x_1 + a_{12}x_2 + \cdots + a_{1n}x_n = b_1, \\ a_{21}x_1 + a_{22}x_2 + \cdots + a_{2n}x_n = b_2, \\ \qquad\qquad\cdots\cdots \\ a_{m1}x_1 + a_{m2}x_2 + \cdots + a_{mn}x_n = b_m. \end{cases} \tag{1}$$

其中 $x_1, x_2, \cdots, x_n$ 为未知量，$a_{ij}(i=1,2,\cdots,m; j=1,2,\cdots,n)$ 是第 i 个方程中未知量 x_j 的系数，$b_i(i=1,2,\cdots,m)$ 称为常数项，如果常数项不全为零，则称(1)式为非齐次线性方程组，否则称(1)式为齐次线性方程组.

由方程组(1)的未知量的系数组成的 m 行 n 列的矩阵

$$\boldsymbol{A} = \begin{bmatrix} a_{11} & a_{12} & \cdots & a_{1n} \\ a_{21} & a_{22} & \cdots & a_{2n} \\ \vdots & \vdots & & \vdots \\ a_{m1} & a_{m2} & \cdots & a_{mn} \end{bmatrix}$$

称为方程组(1)的系数矩阵.

方程组(1)的常数项组成的列矩阵记为

$$\boldsymbol{\beta} = \begin{bmatrix} b_1 \\ b_2 \\ \vdots \\ b_m \end{bmatrix}.$$

称

$$\overline{A}=(A\quad \beta)=\begin{bmatrix} a_{11} & a_{12} & \cdots & a_{1n} & b_1 \\ a_{21} & a_{22} & \cdots & a_{2n} & b_2 \\ \vdots & \vdots & & \vdots & \vdots \\ a_{m1} & a_{m2} & \cdots & a_{mn} & b_m \end{bmatrix}$$

为方程组(1)的增广矩阵.

显然方程组和它的增广矩阵是一一对应的. 如果存在一组常数 $x_1^0,x_2^0,\cdots,x_n^0$,使得当把 $x_1=x_1^0,x_2=x_2^0,\cdots,x_n=x_n^0$ 代入方程组(1)后,每个方程都成为恒等式,则称 $x_1=x_1^0,x_2=x_2^0,\cdots,x_n=x_n^0$ 为方程组(1)的一组解,如果两个方程组的解完全相同,则称它们是同解方程组.

4.1.2 高斯消元法

用消元法求解方程组的基本思想是对线性方程组进行一系列的变换,消去一些未知量,化成一组较容易求解的同解方程组. 那么消元法要把方程组化成怎样的简单形式? 中间过程又要应用哪些变换? 下面通过具体例题来分析.

例 1 求解线性方程组

$$\begin{cases} 2x_1+2x_2-x_3=6, & ① \\ x_1-2x_2+4x_3=3, & ② \\ 5x_1+7x_2+x_3=28, & ③ \\ 2x_1+x_2+2x_3=9. & ④ \end{cases}$$

未知量个数越少,方程组越容易求解,为了方便简化,先交换①②两式,得到方程组

$$\begin{cases} x_1-2x_2+4x_3=3, & ⑤ \\ 2x_1+2x_2-x_3=6, & ⑥ \\ 5x_1+7x_2+x_3=28, & ⑦ \\ 2x_1+x_2+2x_3=9. & ⑧ \end{cases}$$

将⑤式分别乘以 $-2,-5,-2$,再分别加到⑥,⑦,⑧式,得到方程组

$$\begin{cases} x_1-2x_2+4x_3=3, & ⑨ \\ 6x_2-9x_3=0, & ⑩ \\ 17x_2-19x_3=13, & ⑪ \\ 5x_2-6x_3=3. & ⑫ \end{cases}$$

注意到⑩式中含有公因子 3,将⑩式乘以 $\frac{1}{3}$,在上述方程组中,除了⑨式外,后面三个方程都不再含有 x_1,按照上面的思路对后面 3 个方程继续进行消元,得

$$\begin{cases} x_1 - 2x_2 + 4x_3 = 3, & ⑬ \\ 2x_2 - 3x_3 = 0, & ⑭ \\ 17x_2 - 19x_3 = 13, & ⑮ \\ 5x_2 - 6x_3 = 3. & ⑯ \end{cases}$$

考虑 x_2，将⑭式分别乘以 $-\dfrac{17}{2}$，$-\dfrac{5}{2}$ 分别加到⑮，⑯式上，消去⑮，⑯中的 x_2，得到方程组

$$\begin{cases} x_1 - 2x_2 + 4x_3 = 3, & ⑰ \\ 2x_2 - 3x_3 = 0, & ⑱ \\ \dfrac{13}{2}x_3 = 13, & ⑲ \\ \dfrac{3}{2}x_3 = 3. & ⑳ \end{cases}$$

在上述方程组中⑲，⑳式中只含 x_3，依同样的思路消去后面两个方程中的 x_3，得到方程组

$$\begin{cases} x_1 - 2x_2 + 4x_3 = 3, & ㉑ \\ 2x_2 - 3x_3 = 0, & ㉒ \\ x_3 = 2, & ㉓ \\ 0 = 0. & ㉔ \end{cases}$$

可以看出，通过上面逐次消元，上述方程组中自上而下各个方程中所含未知量的个数依次减少，这是一个与原方程组同解的方程组，是形式更简洁更容易求解的阶梯形方程组，求解得到 $x_1 = 1, x_2 = 3, x_3 = 2$.

从例 1 可以看到用消元法求解线性方程组的全过程. 先选取含 x_1 的方程作为第一个方程（必要时交换两个方程的位置，将含 x_1 的方程调到第一行）；用第一个方程消去下面每个方程中的 x_1，然后在新方程组中，不考虑第一个方程，在余下的方程中选取第一个含有 x_2 的方程，重复上面的思路，消去下面含有 x_2 的方程；这样继续下去，直到把方程组化成阶梯形方程组，这个过程称为正向消元，接下来是“回代”过程，即逆向求解：在阶梯形方程组中解出最后一个未知量，代入上一个方程解出上一个未知量，依次向上代入，直到求出所有未知量的值，消元过程与回代过程构成了消元法解线性方程组的全过程，把这整个过程称为高斯消元法或消元法.

从上述消元过程容易看出，方程组反复施行了 3 种变换，将其称为初等变换.

定义 4.1 方程组的下列变换称为初等变换：

(1) 任意交换两个方程的位置；

(2) 用一非零常数 k 乘以方程的两端；

(3) 把一个方程的 l 倍加到另一个方程上去.

由初等代数的知识可知，方程组经过初等变换后得到的方程组与原方程组同解.

线性方程组与它的增广矩阵是一一对应的，于是对方程组的初等变换，相当于对它的增广矩阵实施初等行变换. 反之也成立，所以用初等行变换将方程组的增广矩阵化成阶梯形矩阵时，也就得到与原方程组同解的阶梯形方程组.

例如，用矩阵的初等行变换来描述例 1 的消元过程：

$$\overline{\boldsymbol{A}}=\begin{bmatrix}2&2&-1&6\\1&-2&4&3\\5&7&1&28\\2&1&2&9\end{bmatrix}\xrightarrow{r_1\leftrightarrow r_2}\begin{bmatrix}1&-2&4&3\\2&2&-1&6\\5&7&1&28\\2&1&2&9\end{bmatrix}$$

$$\xrightarrow[\substack{r_3-5r_1\\r_4-2r_1}]{r_2-2r_1}\begin{bmatrix}1&-2&4&3\\0&6&-9&0\\0&17&-19&13\\0&5&-6&3\end{bmatrix}\xrightarrow[\substack{r_3-\frac{17}{2}r_2\\r_4-\frac{5}{2}r_2}]{\frac{1}{3}r_2}\begin{bmatrix}1&-2&4&3\\0&2&-3&0\\0&0&\frac{13}{2}&13\\0&0&\frac{3}{2}&3\end{bmatrix}$$

$$\xrightarrow[r_4-3r_3]{\frac{1}{13}r_3}\begin{bmatrix}1&-2&4&3\\0&2&-3&0\\0&0&\frac{1}{2}&1\\0&0&0&0\end{bmatrix}=\boldsymbol{B}.$$

即将原方程组的增广矩阵 $\overline{\boldsymbol{A}}$ 化成了阶梯形矩阵 $\boldsymbol{B}$，$\boldsymbol{B}$ 对应的同解方程组为

$$\begin{cases}x_1-2x_2+\ 4x_3=3,\\ \qquad 2x_2-\ 3x_3=0,\\ \qquad\qquad \frac{1}{2}x_3=1.\end{cases}$$

回代即可求解. 这种利用矩阵初等行变换的过程使运算变得简单，而且消元过程更加直观清楚.

由于在将线性方程组的增广矩阵化为阶梯形矩阵的过程中，每行的首个非零元起重要作用，所以把这些首个非零元称为主元素或主元. 高斯消元法是利用每个主元不仅消去它下边的元素，也消去它上边的元素，则求解时不需要回代，它要求把阶梯形矩阵进一步化简成行最简形矩阵. 所谓行最简形矩阵，即在行阶梯形矩阵中，每行的首个非零元素都是 1，且首个非零元所在的同列上的其他元素全是零.

例 2 用高斯消元法解例 1 中的方程组

$$\begin{cases}2x_1+2x_2-x_3=6,\\x_1-2x_2+4x_3=3,\\5x_1+7x_2+x_3=28,\\2x_1+x_2+2x_3=9.\end{cases}$$

解 在例 1 中已经用初等行变换把增广矩阵化成了阶梯形矩阵

$$\overline{A}\to\cdots\cdots\to\begin{bmatrix}1&-2&4&3\\0&2&-3&0\\0&0&\frac{1}{2}&1\\0&0&0&0\end{bmatrix},$$

接着把主元化为 1,再把主元上方的元素都化为零,

$$\begin{bmatrix}1&-2&4&3\\0&2&-3&0\\0&0&\frac{1}{2}&1\\0&0&0&0\end{bmatrix}\xrightarrow[\frac{1}{2}r_2]{2r_3}\begin{bmatrix}1&-2&4&3\\0&1&-\frac{3}{2}&0\\0&0&1&2\\0&0&0&0\end{bmatrix}\xrightarrow[r_1-r_3]{\substack{r_1+2r_2\\r_2+\frac{3}{2}r_3}}\begin{bmatrix}1&0&0&1\\0&1&0&3\\0&0&1&2\\0&0&0&0\end{bmatrix}.$$

得方程组的解为

$$\begin{cases}x_1=1,\\x_2=3,\\x_3=2.\end{cases}$$

例 1 只将线性方程组的增广矩阵用初等行变换化成同解的阶梯形方程组,再回代求解.例 2 是将增广矩阵先化成阶梯形矩阵后,再进一步化成行最简形矩阵,直接“读”出解,通常将前一种方法称为高斯消元法,后一种方法称为高斯 - 若尔当(Gauss-Jordan)消元法.

4.2 解线性方程组

设线性方程组

$$\begin{cases}a_{11}x_1+a_{12}x_2+\cdots+a_{1n}x_n=b_1,\\a_{21}x_1+a_{22}x_2+\cdots+a_{2n}x_n=b_2,\\\cdots\cdots\\a_{m1}x_1+a_{m2}x_2+\cdots+a_{mn}x_n=b_m.\end{cases}\tag{1}$$

记 $\boldsymbol{A}=\begin{bmatrix}a_{11}&a_{12}&\cdots&a_{1n}\\a_{21}&a_{21}&\cdots&a_{2n}\\\vdots&\vdots&&\vdots\\a_{m1}&a_{m2}&\cdots&a_{mn}\end{bmatrix}$, $\boldsymbol{X}=\begin{bmatrix}x_1\\x_2\\\vdots\\x_n\end{bmatrix}$, $\boldsymbol{\beta}=\begin{bmatrix}b_1\\b_2\\\vdots\\b_m\end{bmatrix}$,

则线性方程组(1)的矩阵形式为

$$AX=\boldsymbol{\beta}. \tag{2}$$

若将系数矩阵按列分块,记

$$\boldsymbol{\alpha}_1=\begin{bmatrix}a_{11}\\a_{21}\\\vdots\\a_{m1}\end{bmatrix},\boldsymbol{\alpha}_2=\begin{bmatrix}a_{12}\\a_{22}\\\vdots\\a_{m2}\end{bmatrix},\cdots,\boldsymbol{\alpha}_n=\begin{bmatrix}a_{1n}\\a_{2n}\\\vdots\\a_{mn}\end{bmatrix},\overline{A}=(A\quad\boldsymbol{\beta})=\begin{bmatrix}a_{11}&a_{12}&\cdots&a_{1n}&b_1\\a_{21}&a_{22}&\cdots&a_{2n}&b_2\\\vdots&\vdots&&\vdots&\vdots\\a_{m1}&a_{m2}&\cdots&a_{mn}&b_m\end{bmatrix},$$

则方程组可以写成向量形式

$$x_1\boldsymbol{\alpha}_1+x_2\boldsymbol{\alpha}_2+\cdots+x_n\boldsymbol{\alpha}_n=\boldsymbol{\beta}. \tag{3}$$

此时称 A 为方程组(1)的**系数矩阵**,$\overline{A}$ 为方程组(1)的**增广矩阵**.

如果 $\begin{cases}x_1=x_1^0,\\x_2=x_2^0,\\\quad\vdots\\x_n=x_n^0\end{cases}$ 是线性方程组 $AX=\boldsymbol{\beta}$ 的解,则向量 $X=\begin{bmatrix}x_1^0\\x_2^0\\\vdots\\x_n^0\end{bmatrix}$ 是方程组 $AX=\boldsymbol{\beta}$ 的解向量.

对于 n 元线性方程组(1)来说,需要解决以下问题.

(1)方程组在什么情况下有解?(有解的条件)

(2)当方程组有解时,它有多少解?如何求解?

(3)当方程组解不唯一时,解的结构是怎样的?

换句话说,对于向量形式的方程组(3),需要解决以下的问题.

(1)向量 $\boldsymbol{\beta}$ 能否由向量组 $\boldsymbol{\alpha}_1,\boldsymbol{\alpha}_2,\cdots,\boldsymbol{\alpha}_n$ 线性表示?

(2)如果向量 $\boldsymbol{\beta}$ 能由向量组 $\boldsymbol{\alpha}_1,\boldsymbol{\alpha}_2,\cdots,\boldsymbol{\alpha}_n$ 线性表示,表达式是否唯一?

(3)如果向量 $\boldsymbol{\beta}$ 能由向量组 $\boldsymbol{\alpha}_1,\boldsymbol{\alpha}_2,\cdots,\boldsymbol{\alpha}_n$ 线性表示,且表达式不唯一,那么一般表达式是什么?

4.2.1 非齐次线性方程组有解的充分必要条件

定理 4.1 线性方程组 $AX=\boldsymbol{\beta}$ 有解的充分必要条件是 $r(A)=r(\overline{A})$.

证明 先证必要性. 设向量组

(Ⅰ)$\boldsymbol{\alpha}_1,\boldsymbol{\alpha}_2,\cdots,\boldsymbol{\alpha}_n$; (Ⅱ)$\boldsymbol{\alpha}_1,\boldsymbol{\alpha}_2,\cdots,\boldsymbol{\alpha}_n,\boldsymbol{\beta}$.

因为方程组 $AX=\boldsymbol{\beta}$ 有解,则存在一组数 $x_1,x_2,\cdots,x_n$,使得

$$\boldsymbol{\beta}=x_1\boldsymbol{\alpha}_1+x_2\boldsymbol{\alpha}_2+\cdots+x_n\boldsymbol{\alpha}_n,$$

即 $\boldsymbol{\beta}$ 可由向量组 $\boldsymbol{\alpha}_1,\boldsymbol{\alpha}_2,\cdots,\boldsymbol{\alpha}_n$ 线性表示. 向量组(Ⅱ)中的每个向量均可由向量组(Ⅰ)线性表示;同时,向量组(Ⅰ)中的每个向量均可由向量组(Ⅱ)表示. 所以,向量组(Ⅰ)与向量组(Ⅱ)等价,即 $r(A)=r(\overline{A})$.

再证充分性. 因为系数矩阵的秩与增广矩阵的秩相等,即 $r(A)=r(\overline{A})=r$. 不妨设向量

组(Ⅲ)$\boldsymbol{\alpha}_{i1},\boldsymbol{\alpha}_{i2},\cdots,\boldsymbol{\alpha}_{ir}$是向量组(Ⅰ)的一个极大无关组，则(Ⅲ)必是(Ⅱ)的一个极大无关组. 根据极大无关组的性质可得向量组(Ⅰ)与向量组(Ⅱ)等价，向量组(Ⅱ)中的$\boldsymbol{\beta}$可由向量组(Ⅰ)来线性表示，即$\boldsymbol{\beta}=x_1\boldsymbol{\alpha}_1+x_2\boldsymbol{\alpha}_2+\cdots+x_n\boldsymbol{\alpha}_n$，方程组$\boldsymbol{AX}=\boldsymbol{\beta}$有解.

推论 线性方程组$\boldsymbol{AX}=\boldsymbol{\beta}$无解的充分必要条件是$r(\boldsymbol{A})\neq r(\overline{\boldsymbol{A}})$.

例 1 证明方程组

$$\begin{cases}x_1+x_2=a_1,\\x_2+x_3=a_2,\\x_3+x_4=a_3,\\x_4+x_1=a_4\end{cases}$$

有解的充分必要条件是$a_4-a_3+a_2-a_1=0$.

证 对方程组的增广矩阵$\overline{\boldsymbol{A}}$施行初等行变换，

$$\overline{\boldsymbol{A}}=(\boldsymbol{A}\quad\boldsymbol{\beta})=\begin{bmatrix}1&1&0&0&a_1\\0&1&1&0&a_2\\0&0&1&1&a_3\\1&0&0&1&a_4\end{bmatrix}\xrightarrow{r_4-r_3+r_2-r_1}\begin{bmatrix}1&1&0&0&a_1\\0&1&1&0&a_2\\0&0&1&1&a_3\\0&0&0&0&a_4-a_3+a_2-a_1\end{bmatrix},$$

方程组有解的充要条件是$r(\boldsymbol{A})=r(\overline{\boldsymbol{A}})$，即$a_4-a_3+a_2-a_1=0$.

根据第3章向量空间的知识及定理4.1，有如下结论.

设有非齐次线性方程组$\boldsymbol{AX}=\boldsymbol{\beta}$，$\boldsymbol{\alpha}_1,\boldsymbol{\alpha}_2,\cdots,\boldsymbol{\alpha}_n$是系数矩阵$\boldsymbol{A}$的列向量组，则下列4个命题等价.

(1) 非齐次线性方程组$\boldsymbol{AX}=\boldsymbol{\beta}$有解.

(2) 向量$\boldsymbol{\beta}$能由$\boldsymbol{\alpha}_1,\boldsymbol{\alpha}_2,\cdots,\boldsymbol{\alpha}_n$线性表示.

(3) 向量组$\boldsymbol{\alpha}_1,\boldsymbol{\alpha}_2,\cdots,\boldsymbol{\alpha}_n$与向量组$\boldsymbol{\alpha}_1,\boldsymbol{\alpha}_2,\cdots,\boldsymbol{\alpha}_n,\boldsymbol{\beta}$等价.

(4) $r(\boldsymbol{A})=r(\overline{\boldsymbol{A}})$.

4.2.2 解非齐次线性方程组

设非齐次线性方程组

$$\begin{cases}a_{11}x_1+a_{12}x_2+\cdots+a_{1n}x_n=b_1,\\a_{21}x_1+a_{22}x_2+\cdots+a_{2n}x_n=b_2,\\\qquad\cdots\cdots\\a_{m1}x_1+a_{m2}x_2+\cdots+a_{mn}x_n=b_m\end{cases}\tag{1}$$

的增广矩阵为

$$\overline{\boldsymbol{A}}=\begin{bmatrix}a_{11}&a_{12}&\cdots&a_{1n}&b_1\\a_{21}&a_{22}&\cdots&a_{2n}&b_2\\\vdots&\vdots&&\vdots&\vdots\\a_{m1}&a_{m2}&\cdots&a_{mn}&b_m\end{bmatrix},$$

对 $\overline{A}$ 作有限次初等行变换,化成阶梯形矩阵,即

$$\overline{A}\to\cdots\cdots\to\begin{bmatrix} b_{11} & b_{12} & \cdots & b_{1r} & b_{1,r+1} & \cdots & b_{1n} & c_1 \\ 0 & b_{22} & \cdots & b_{2r} & b_{2,r+1} & \cdots & b_{2n} & c_2 \\ \vdots & \vdots & & \vdots & \vdots & & \vdots & \vdots \\ 0 & 0 & \cdots & b_{rr} & b_{r,r+1} & \cdots & b_{rn} & c_r \\ 0 & 0 & \cdots & 0 & 0 & \cdots & 0 & c_{r+1} \\ 0 & 0 & \cdots & 0 & 0 & \cdots & 0 & 0 \\ \vdots & \vdots & & \vdots & \vdots & & \vdots & \vdots \\ 0 & 0 & \cdots & 0 & 0 & \cdots & 0 & 0 \end{bmatrix},$$

其中 $b_{11},b_{22},\cdots,b_{rr}$ 皆不为零.

(1)如果 $c_{r+1}\neq 0$,则 $r(\boldsymbol{A})=r,r(\overline{\boldsymbol{A}})=r+1,r(\boldsymbol{A})\neq r(\overline{\boldsymbol{A}})$,非齐次线性方程组无解.

(2)如果 $c_{r+1}=0$,则 $r(\boldsymbol{A})=r,r(\overline{\boldsymbol{A}})=r,r(\boldsymbol{A})=r(\overline{\boldsymbol{A}})$,非齐次线性方程组有解,于是得到同解方程组

$$\begin{cases} b_{11}x_1+b_{12}x_2+\cdots+b_{1r}x_r+b_{1,r+1}x_{r+1}+\cdots+b_{1n}x_n=c_1, \\ \qquad b_{22}x_2+\cdots+b_{2r}x_r+b_{2,r+1}x_{r+1}+\cdots+b_{2n}x_n=c_2, \\ \qquad\qquad \cdots\cdots \\ \qquad\qquad b_{rr}x_r+b_{r,r+1}x_{r+1}+\cdots+b_{rn}x_n=c_r. \end{cases} \tag{2}$$

当 $r(\boldsymbol{A})=r(\overline{\boldsymbol{A}})=r=n$ 时,由克拉默法则知,方程组(2)有唯一解,从而方程组(1)有唯一解.

当 $r(\boldsymbol{A})=r(\overline{\boldsymbol{A}})=r<n$ 时,由于 $x_1,x_2,\cdots,x_r$ 的系数行列式

$$\begin{vmatrix} b_{11} & b_{12} & \cdots & b_{1r} \\ 0 & b_{22} & \cdots & b_{2r} \\ \vdots & \vdots & & \vdots \\ 0 & 0 & \cdots & b_{rr} \end{vmatrix}\neq 0,$$

将线性方程组(2)改写为同解方程组

$$\begin{cases} b_{11}x_1+b_{12}x_2+\cdots+b_{1r}x_r=c_1-b_{1,r+1}x_{r+1}-\cdots-b_{1n}x_n, \\ \qquad b_{22}x_2+\cdots+b_{2r}x_r=c_2-b_{2,r+1}x_{r+1}-\cdots-b_{2n}x_n, \\ \qquad\qquad \cdots\cdots \\ \qquad\qquad b_{rr}x_r=c_r-b_{r,r+1}x_{r+1}-\cdots-b_{rn}x_n, \end{cases} \tag{3}$$

并对任意给定的

$$\begin{cases} x_{r+1}=x_{r+1}^0, \\ x_{r+2}=x_{r+2}^0, \\ \quad\vdots \\ x_n=x_n^0, \end{cases}$$

代入方程组(3),由克拉默法则知,方程组(3)有唯一解

$$\begin{cases} x_1 = x_1^0, \\ x_2 = x_2^0, \\ \quad\vdots \\ x_r = x_r^0, \end{cases}$$

则

$$X_0 = \begin{bmatrix} x_1^0 \\ x_2^0 \\ \vdots \\ x_r^0 \\ x_{r+1}^0 \\ \vdots \\ x_n^0 \end{bmatrix}$$

为线性方程组(3)的一个解向量,所以 X_0 为方程(1)的一个解向量.

因为 $x_{r+1}, x_{r+2}, \cdots, x_n$ 可以任意取值,所以称 $x_{r+1}, x_{r+2}, \cdots, x_n$ 为自由未知量,即自由未知量可以任意取值,因此当 $r(A) = r(\overline{A}) = r < n$ 时,线性方程组(1)有无穷多解.

由第 2 章可知,可以把任一非零矩阵化成阶梯形矩阵,进而化简成行最简形矩阵. 所以在求解非齐次线性方程组 $AX = \beta$ 时,可先将它的增广矩阵 $\overline{A}$ 利用初等行变换化为阶梯形矩阵,在有解的情况下进一步化成行最简形矩阵,求出同解方程组的解,即得非齐次线性方程组 $AX = \beta$ 的解.

例 2 判断非齐次线性方程组

$$\begin{cases} x_1 + x_2 + x_3 + 2x_4 = 4, \\ 2x_1 - 2x_2 + 3x_3 - x_4 = 3, \\ 4x_1 \qquad\quad + 5x_3 + 3x_4 = 2 \end{cases}$$

是否有解.

解 首先利用初等行变换将增广矩阵 $\overline{A}$ 化成阶梯形矩阵,如果 $r(A) \neq r(\overline{A})$,则方程组无解,如果 $r(A) = r(\overline{A})$,则进一步化成行最简形矩阵.

$$\overline{A} = \begin{bmatrix} 1 & 1 & 1 & 2 & 4 \\ 2 & -2 & 3 & -1 & 3 \\ 4 & 0 & 5 & 3 & 2 \end{bmatrix} \xrightarrow[r_3 - 4r_1]{r_2 - 2r_1} \begin{bmatrix} 1 & 1 & 1 & 2 & 4 \\ 0 & -4 & 1 & -5 & -5 \\ 0 & -4 & 1 & -5 & -14 \end{bmatrix}$$

$$\xrightarrow{r_3 - r_2} \begin{bmatrix} 1 & 1 & 1 & 2 & 4 \\ 0 & -4 & 1 & -5 & -5 \\ 0 & 0 & 0 & 0 & -9 \end{bmatrix}.$$

因为 $r(A) = 2, r(\overline{A}) = 3, r(A) \neq r(\overline{A})$,故方程组无解.

例 3 解非齐次线性方程组

$$\begin{cases} x_1 + x_2 + x_3 = 1, \\ 2x_1 + x_2 - x_3 + x_4 = 5, \\ x_1 + 2x_2 - x_3 + x_4 = 6, \\ x_2 + 2x_3 + 3x_4 = -5. \end{cases}$$

解 首先将增广矩阵 $\overline{\boldsymbol{A}}$ 利用初等行变换化成阶梯形矩阵,在有解的前提下进一步化成行最简形矩阵.

$$\overline{\boldsymbol{A}} = \begin{bmatrix} 1 & 1 & 1 & 0 & 1 \\ 2 & 1 & -1 & 1 & 5 \\ 1 & 2 & -1 & 1 & 6 \\ 0 & 1 & 2 & 3 & -5 \end{bmatrix} \to \begin{bmatrix} 1 & 1 & 1 & 0 & 1 \\ 0 & -1 & -3 & 1 & 3 \\ 0 & 1 & -2 & 1 & 5 \\ 0 & 1 & 2 & 3 & -5 \end{bmatrix}$$

$$\to \begin{bmatrix} 1 & 1 & 1 & 0 & 1 \\ 0 & -1 & -3 & 1 & 3 \\ 0 & 0 & -5 & 2 & 8 \\ 0 & 0 & -1 & 4 & -2 \end{bmatrix} \to \begin{bmatrix} 1 & 1 & 1 & 0 & 1 \\ 0 & -1 & -3 & 1 & 3 \\ 0 & 0 & -1 & 4 & -2 \\ 0 & 0 & 0 & -18 & 18 \end{bmatrix}$$

$$\to \begin{bmatrix} 1 & 0 & 0 & 0 & 1 \\ 0 & 1 & 0 & 0 & 2 \\ 0 & 0 & 1 & 0 & -2 \\ 0 & 0 & 0 & 1 & -1 \end{bmatrix},$$

因为 $r(\boldsymbol{A}) = r(\overline{\boldsymbol{A}}) = 4$,所以方程组有唯一解,即

$$\begin{cases} x_1 = 1, \\ x_2 = 2, \\ x_3 = -2, \\ x_4 = -1. \end{cases}$$

例 4 解非齐次线性方程组

$$\begin{cases} x_1 + x_2 - x_3 - 3x_4 = 1, \\ 3x_1 - x_2 + 4x_3 - 3x_4 = 4, \\ x_1 + 5x_2 - 8x_3 - 9x_4 = 0. \end{cases}$$

解 首先利用初等行变换将增广矩阵 $\overline{\boldsymbol{A}}$ 化成阶梯形矩阵,如果有解,则进一步化成行最简形矩阵.

$$\overline{\boldsymbol{A}} = \begin{bmatrix} 1 & 1 & -1 & -3 & 1 \\ 3 & -1 & 4 & -3 & 4 \\ 1 & 5 & -8 & -9 & 0 \end{bmatrix} \to \begin{bmatrix} 1 & 1 & -1 & -3 & 1 \\ 0 & -4 & 7 & 6 & 1 \\ 0 & 4 & -7 & -6 & -1 \end{bmatrix}$$

$$\rightarrow\begin{bmatrix}1 & 1 & -1 & -3 & 1\\0 & 1 & -\frac{7}{4} & -\frac{3}{2} & -\frac{1}{4}\\0 & 0 & 0 & 0 & 0\end{bmatrix}\rightarrow\begin{bmatrix}1 & 0 & \frac{3}{4} & -\frac{3}{2} & \frac{5}{4}\\0 & 1 & -\frac{7}{4} & -\frac{3}{2} & -\frac{1}{4}\\0 & 0 & 0 & 0 & 0\end{bmatrix},$$

因为 $r(\boldsymbol{A})=r(\overline{\boldsymbol{A}})=2<4$,所以方程组有无穷多解.

同解方程组为

$$\begin{cases}x_1 \quad +\frac{3}{4}x_3-\frac{3}{2}x_4=\frac{5}{4},\\ x_2-\frac{7}{4}x_3-\frac{3}{2}x_4=\frac{-1}{4}.\end{cases}$$

将其改写为

$$\begin{cases}x_1=\frac{5}{4}-\frac{3}{4}x_3+\frac{3}{2}x_4,\\ x_2=\frac{-1}{4}+\frac{7}{4}x_3+\frac{3}{2}x_4.\end{cases}$$

令 $x_3=t_1,x_4=t_2$,得到方程组的解

$$\begin{cases}x_1=\frac{5}{4}-\frac{3}{4}t_1+\frac{3}{2}t_2,\\ x_2=-\frac{1}{4}+\frac{7}{4}t_1+\frac{3}{2}t_2,\\ x_3=t_1,\\ x_4=t_2.\end{cases}$$

其中 t_1,t_2 为任意常数.

例 5 设向量组

$$\boldsymbol{\alpha}_1=\begin{bmatrix}1\\2\\0\end{bmatrix},\boldsymbol{\alpha}_2=\begin{bmatrix}1\\a+2\\-3a\end{bmatrix},\boldsymbol{\alpha}_3=\begin{bmatrix}-1\\-b-2\\a+2b\end{bmatrix},\boldsymbol{\beta}=\begin{bmatrix}1\\3\\-3\end{bmatrix}.$$

试讨论当 a,b 为何值时,

(1) $\boldsymbol{\beta}$ 不能由 $\boldsymbol{\alpha}_1,\boldsymbol{\alpha}_2,\boldsymbol{\alpha}_3$ 线性表示;

(2) $\boldsymbol{\beta}$ 可由 $\boldsymbol{\alpha}_1,\boldsymbol{\alpha}_2,\boldsymbol{\alpha}_3$ 唯一地线性表示,并求出表达式;

(3) $\boldsymbol{\beta}$ 可由 $\boldsymbol{\alpha}_1,\boldsymbol{\alpha}_2,\boldsymbol{\alpha}_3$ 线性表示,但表达式不唯一,并求出表达式.

解 将 $\boldsymbol{\beta}$ 可否由 $\boldsymbol{\alpha}_1,\boldsymbol{\alpha}_2,\boldsymbol{\alpha}_3$ 线性表示的问题转化为线性方程组 $x_1\boldsymbol{\alpha}_1+x_2\boldsymbol{\alpha}_2+x_3\boldsymbol{\alpha}_3=\boldsymbol{\beta}$ 是否有解的问题.

设存在 x_1,x_2,x_3,使得

$$x_1\boldsymbol{\alpha}_1+x_2\boldsymbol{\alpha}_2+x_3\boldsymbol{\alpha}_3=\boldsymbol{\beta}.$$

令$\boldsymbol{A}=(\boldsymbol{\alpha}_1,\boldsymbol{\alpha}_2,\boldsymbol{\alpha}_3)$,对增广矩阵$\overline{\boldsymbol{A}}$施行初等行变换,有

$$\overline{\boldsymbol{A}}=\begin{bmatrix}1&1&-1&1\\2&a+2&-b-2&3\\0&-3a&a+2b&-3\end{bmatrix}\rightarrow\begin{bmatrix}1&1&-1&1\\0&a&-b&1\\0&0&a-b&0\end{bmatrix}.$$

(1)当$a=0$时,有

$$\overline{\boldsymbol{A}}\rightarrow\begin{bmatrix}1&1&-1&1\\0&0&-b&1\\0&0&0&-1\end{bmatrix}.$$

可知,$r(\boldsymbol{A})\neq r(\overline{\boldsymbol{A}})$,故方程组无解,$\boldsymbol{\beta}$不能由$\boldsymbol{\alpha}_1,\boldsymbol{\alpha}_2,\boldsymbol{\alpha}_3$线性表示.

(2)当$a\neq 0$,且$a\neq b$时,有

$$\overline{\boldsymbol{A}}\rightarrow\begin{bmatrix}1&1&-1&1\\0&a&-b&1\\0&0&a-b&0\end{bmatrix}\rightarrow\begin{bmatrix}1&0&0&1-\frac{1}{a}\\0&1&0&\frac{1}{a}\\0&0&1&0\end{bmatrix}$$

$r(\boldsymbol{A})=r(\overline{\boldsymbol{A}})=3$,方程组有唯一解

$$\begin{cases}x_1=1-\frac{1}{a},\\x_2=\frac{1}{a},\\x_3=0.\end{cases}$$

此时$\boldsymbol{\beta}$可由$\boldsymbol{\alpha}_1,\boldsymbol{\alpha}_2,\boldsymbol{\alpha}_3$唯一地线性表示,其表达式为

$$\boldsymbol{\beta}=\left(1-\frac{1}{a}\right)\boldsymbol{\alpha}_1+\frac{1}{a}\boldsymbol{\alpha}_2.$$

(3)当$a=b\neq 0$时,有

$$\overline{\boldsymbol{A}}\rightarrow\begin{bmatrix}1&1&-1&1\\0&a&-b&1\\0&0&a-b&0\end{bmatrix}\rightarrow\begin{bmatrix}1&0&0&1-\frac{1}{a}\\0&1&-1&\frac{1}{a}\\0&0&0&0\end{bmatrix},$$

$r(\boldsymbol{A})=r(\overline{\boldsymbol{A}})=2$,方程组有无穷多解,且

$$\begin{cases}x_1=1-\frac{1}{a},\\x_2=\frac{1}{a}+t,\\x_3=t,\end{cases}$$

其中t为任意常数.

$\boldsymbol{\beta}$可由$\boldsymbol{\alpha}_1,\boldsymbol{\alpha}_2,\boldsymbol{\alpha}_3$线性表示,但表达式不唯一,其表达式为

$$\boldsymbol{\beta}=\left(1-\frac{1}{a}\right)\boldsymbol{\alpha}_1+\left(\frac{1}{a}+t\right)\boldsymbol{\alpha}_2+t\boldsymbol{\alpha}_3,$$

其中 t 为任意常数.

4.2.3 解齐次线性方程组

形如

$$\begin{cases}a_{11}x_1+a_{12}x_2+\cdots+a_{1n}x_n=0,\\ a_{21}x_1+a_{22}x_2+\cdots+a_{2n}x_n=0,\\ \cdots\\ a_{m1}x_1+a_{m2}x_2+\cdots+a_{mn}x_n=0\end{cases}$$

的方程组称为 n 元齐次线性方程组. 记

$$\boldsymbol{A}=\begin{bmatrix}a_{11}&a_{12}&\cdots&a_{1n}\\ a_{21}&a_{22}&\cdots&a_{2n}\\ \vdots&\vdots&&\vdots\\ a_{m1}&a_{m2}&\cdots&a_{mn}\end{bmatrix},\quad \boldsymbol{X}=\begin{bmatrix}x_1\\ x_2\\ \vdots\\ x_n\end{bmatrix},\quad \boldsymbol{O}=\begin{bmatrix}0\\ 0\\ \vdots\\ 0\end{bmatrix},$$

则线性方程组可以写成矩阵方程

$$\boldsymbol{AX}=\boldsymbol{O}.$$

方程组也可写成向量形式

$$x_1\boldsymbol{\alpha}_1+x_2\boldsymbol{\alpha}_2+\cdots+x_n\boldsymbol{\alpha}_n=\boldsymbol{O}.$$

因为齐次线性方程组的增广矩阵为

$$\overline{\boldsymbol{A}}=\begin{bmatrix}a_{11}&a_{12}&\cdots&a_{1n}&0\\ a_{21}&a_{22}&\cdots&a_{2n}&0\\ \vdots&\vdots&&\vdots&\vdots\\ a_{m1}&a_{m2}&\cdots&a_{mn}&0\end{bmatrix}$$

必有 $r(\boldsymbol{A})=r(\overline{\boldsymbol{A}})$,所以齐次线性方程组必有解.

当 $r(\boldsymbol{A})=n$ 时,齐次方程组有唯一解,即只有零解.

当 $r(\boldsymbol{A})<n$ 时,齐次方程组有无穷多解,即有非零解.

于是得到结论:齐次方程组 $\boldsymbol{AX}=\boldsymbol{O}$,只有零解的充分必要条件是 $r(\boldsymbol{A})=n$;有非零解的充分必要条件是 $r(\boldsymbol{A})<n$.

特别地,当方程个数 m 与未知量个数 n 相等时,则齐次线性方程组只有零解的充要条件是 $|\boldsymbol{A}|\neq 0$;有非零解的充要条件是 $|\boldsymbol{A}|=0$.

例 6 解齐次线性方程组

$$\begin{cases}x_1-x_2-x_3+2x_4=0,\\ x_1-x_2+x_3-4x_4=0,\\ x_1-x_2-3x_3+4x_4=0.\end{cases}$$

解 $A=\begin{bmatrix}1&-1&-1&2\\1&-1&1&-4\\1&-1&-3&4\end{bmatrix}\rightarrow\begin{bmatrix}1&-1&-1&2\\0&0&2&-6\\0&0&-2&2\end{bmatrix}$

$$\rightarrow\begin{bmatrix}1&-1&-1&2\\0&0&2&-6\\0&0&0&-4\end{bmatrix}\rightarrow\begin{bmatrix}1&-1&0&0\\0&0&1&0\\0&0&0&1\end{bmatrix},$$

因为 $r(A)=3<4$,方程组有无穷多解. 对应的同解方程组为

$$\begin{cases}x_1=x_2,\\x_3=0,\\x_4=0.\end{cases}$$

令 $x_2=t$,得到方程组的解

$$\begin{cases}x_1=t,\\x_2=t,\\x_3=0,\\x_4=0,\end{cases}$$

其中 t 为任意常数.

例 7 问 λ 取何值时,齐次线性方程组

$$\begin{cases}x_1+x_2+\lambda x_3=0,\\x_1+\lambda x_2+x_3=0,\\\lambda x_1+x_2+x_3=0\end{cases}$$

有零解? 非零解? 在有非零解时求出其解.

解 对系数矩阵 A 施行初等行变换,

$$A=\begin{bmatrix}1&1&\lambda\\1&\lambda&1\\\lambda&1&1\end{bmatrix}\rightarrow\begin{bmatrix}1&1&\lambda\\0&\lambda-1&1-\lambda\\0&1-\lambda&1-\lambda^2\end{bmatrix}\rightarrow\begin{bmatrix}1&1&\lambda\\0&\lambda-1&1-\lambda\\0&0&(2+\lambda)(1-\lambda)\end{bmatrix}.$$

(1)当 $\lambda\neq-2$ 且 $\lambda\neq1$ 时,$r(A)=3$,方程组只有零解.

(2)当 $\lambda=-2$ 或 $\lambda=1$ 时,$r(A)<3$,方程组有无穷多解.

(3)当 $\lambda=1$ 时,

$$A\rightarrow\begin{bmatrix}1&1&1\\0&0&0\\0&0&0\end{bmatrix},$$

同解方程组为

$$x_1=-x_2-x_3.$$

令 $x_2=t_1,x_3=t_2$,则方程组的解为

$$\begin{cases} x_1 = -t_1 - t_2, \\ x_2 = t_1, \\ x_3 = t_2, \end{cases}$$

其中 t_1, t_2 为任意常数.

当 $\lambda = -2$ 时,

$$A = \begin{bmatrix} 1 & 1 & -2 \\ 0 & -3 & 3 \\ 0 & 0 & 0 \end{bmatrix} \to \begin{bmatrix} 1 & 0 & -1 \\ 0 & 1 & -1 \\ 0 & 0 & 0 \end{bmatrix},$$

同解方程组为 $\begin{cases} x_1 = x_3, \\ x_2 = x_3. \end{cases}$ 令 $x_3 = t$,得到方程组的解为

$$\begin{cases} x_1 = t, \\ x_2 = t, \\ x_3 = t, \end{cases}$$

其中 t 为任意常数.

4.3 齐次线性方程组解的结构

4.3.1 齐次线性方程组解的性质

性质 1 若 X_1, X_2 是齐次线性方程组 $AX = O$ 的解向量,则 $X_1 + X_2$ 也是 $AX = O$ 的解向量.

证 因为 $AX_1 = O, AX_2 = O$,所以 $A(X_1 + X_2) = AX_1 + AX_2 = O + O = O$,即 $X_1 + X_2$ 也是 $AX = O$ 的解向量.

性质 2 若 X 是齐次线性方程组 $AX = O$ 的解向量,则对任意常数 k,kX 也是 $AX = O$ 的解向量.

证 因为 $AX = O$,所以 $A(kX) = k(AX) = kO = O$,即 kX 也是 $AX = O$ 的解向量.

由性质 1、2 可知,若 $X_1, X_2, \cdots, X_t$ 是齐次方程组 $AX = O$ 的解向量,对于任意常数 $k_1, k_2, \cdots, k_t$,$k_1X_1 + k_2X_2 + \cdots + k_tX_t$ 也是 $AX = O$ 的解向量.

4.3.2 齐次线性方程组的基础解系

基础解系

定义 4.2 设 $\eta_1, \eta_2, \cdots, \eta_t$ 为齐次线性方程组 $AX = O$ 的解向量,且满足

(1) $\eta_1, \eta_2, \cdots, \eta_t$ 线性无关;

(2) 方程组 $AX = O$ 的任意一个解向量均可由 $\eta_1, \eta_2, \cdots, \eta_t$ 线性表示,则称 $\eta_1, \eta_2, \cdots, \eta_t$ 为方程组的一个**基础解系**.

根据定义可知,方程组 $\boldsymbol{AX}=\boldsymbol{O}$ 的一个基础解系就是它的解向量组的一个极大无关组.

如果方程组 $\boldsymbol{AX}=\boldsymbol{O}$ 的一个基础解系为 $\boldsymbol{\eta}_1,\boldsymbol{\eta}_2,\cdots,\boldsymbol{\eta}_t$,则方程组的全部解可表示为

$$\boldsymbol{\eta}=k_1\boldsymbol{\eta}_1+k_2\boldsymbol{\eta}_2+\cdots+k_t\boldsymbol{\eta}_t,$$

其中 $k_1,k_2,\cdots,k_t$ 为任意常数,该表达式也称为方程组的通解(或结构解).

定理 4.2 设有 n 元齐次线性方程组 $\boldsymbol{AX}=\boldsymbol{O}$,当 $r(\boldsymbol{A})=r<n$ 时,方程组必有基础解系,且任一个基础解系中都含有 $n-r$ 个解向量 $\boldsymbol{\eta}_1,\boldsymbol{\eta}_2,\cdots,\boldsymbol{\eta}_{n-r}$.

证 设 $r(\boldsymbol{A})<n$,则

$$\boldsymbol{A}=\begin{bmatrix} a_{11} & a_{12} & \cdots & a_{12} \\ a_{21} & a_{21} & \cdots & a_{2n} \\ \vdots & \vdots & & \vdots \\ a_{m1} & a_{m2} & \cdots & a_{mn} \end{bmatrix} \to \cdots\cdots \to \begin{bmatrix} 1 & 0 & \cdots & 0 & b_{11} & b_{12} & \cdots & b_{1,n-r} \\ 0 & 1 & \cdots & 0 & b_{21} & b_{22} & \cdots & b_{2,n-r} \\ \vdots & \vdots & & \vdots & \vdots & \vdots & & \vdots \\ 0 & 0 & \cdots & 1 & b_{r1} & b_{r2} & \cdots & b_{r,n-r} \\ 0 & 0 & \cdots & 0 & 0 & 0 & \cdots & 0 \\ \vdots & \vdots & & \vdots & \vdots & \vdots & & \vdots \\ 0 & 0 & 0 & 0 & 0 & 0 & \cdots & 0 \end{bmatrix}.$$

的同解方程组为

$$\begin{cases} x_1=-b_{11}x_{r+1}-b_{12}x_{r+2}-\cdots-b_{1,n-r}x_n, \\ x_2=-b_{21}x_{r+1}-b_{22}x_{r+2}-\cdots-b_{2,n-r}x_n, \\ \quad\cdots\cdots \\ x_r=-b_{r1}x_{r+1}-b_{r2}x_{r+2}-\cdots-b_{r,n-r}x_n. \end{cases}$$

选取 $x_{r+1},x_{r+2},\cdots,x_n$ 为自由未知量,令

$$\begin{bmatrix} x_{r+1} \\ x_{r+2} \\ \vdots \\ x_n \end{bmatrix}=\begin{bmatrix} 1 \\ 0 \\ \vdots \\ 0 \end{bmatrix},\begin{bmatrix} 0 \\ 1 \\ \vdots \\ 0 \end{bmatrix},\cdots,\begin{bmatrix} 0 \\ 0 \\ \vdots \\ 1 \end{bmatrix},$$

代入上式,即得到齐次线性方程组的 $n-r$ 个解:

$$\boldsymbol{\eta}_1=\begin{bmatrix} -b_{11} \\ \vdots \\ -b_{r1} \\ 1 \\ 0 \\ \vdots \\ 0 \end{bmatrix},\boldsymbol{\eta}_2=\begin{bmatrix} -b_{12} \\ \vdots \\ -b_{r2} \\ 0 \\ 1 \\ \vdots \\ 0 \end{bmatrix},\cdots,\boldsymbol{\eta}_{n-r}=\begin{bmatrix} -b_{1,n-r} \\ \vdots \\ -b_{r,n-r} \\ 0 \\ 0 \\ \vdots \\ 1 \end{bmatrix},$$

接下来证明 $\boldsymbol{\eta}_1,\boldsymbol{\eta}_2,\cdots,\boldsymbol{\eta}_{n-r}$ 是方程组 $\boldsymbol{AX}=\boldsymbol{O}$ 的一个基础解系.

(1)首先证明 $\boldsymbol{\eta}_1,\boldsymbol{\eta}_2,\cdots,\boldsymbol{\eta}_{n-r}$线性无关,因

$$\begin{bmatrix} x_{r+1} \\ x_{r+2} \\ \vdots \\ x_n \end{bmatrix} = \begin{bmatrix} 1 \\ 0 \\ \vdots \\ 0 \end{bmatrix}, \begin{bmatrix} 0 \\ 1 \\ \vdots \\ 0 \end{bmatrix}, \cdots, \begin{bmatrix} 0 \\ 0 \\ \vdots \\ 1 \end{bmatrix},$$

向量组

$$\begin{bmatrix} 1 \\ 0 \\ \vdots \\ 0 \end{bmatrix}, \begin{bmatrix} 0 \\ 1 \\ \vdots \\ 0 \end{bmatrix}, \cdots, \begin{bmatrix} 0 \\ 0 \\ \vdots \\ 1 \end{bmatrix}$$

线性无关,所以 $\boldsymbol{\eta}_1,\boldsymbol{\eta}_2,\cdots,\boldsymbol{\eta}_{n-r}$也线性无关.

(2)再证方程组 $\boldsymbol{AX}=\boldsymbol{O}$ 的任意一个解向量 $\boldsymbol{\eta}$ 均可由 $\boldsymbol{\eta}_1,\boldsymbol{\eta}_2,\cdots,\boldsymbol{\eta}_{n-r}$线性表示. 由于

$$\begin{bmatrix} x_1 \\ x_2 \\ \vdots \\ x_r \end{bmatrix} = \begin{bmatrix} -b_{11}x_{r+1}-b_{12}x_{r+2}-\cdots-b_{1,n-r}x_n \\ -b_{21}x_{r+1}-b_{22}x_{r+2}-\cdots-b_{2,n-r}x_n \\ \vdots \\ -b_{r1}x_{r+1}-b_{r2}x_{r+2}-\cdots-b_{r,n-r}x_n \end{bmatrix}$$

$$= x_{r+1}\begin{bmatrix} -b_{11} \\ -b_{21} \\ \vdots \\ -b_{r1} \end{bmatrix} + x_{r+2}\begin{bmatrix} -b_{12} \\ -b_{22} \\ \vdots \\ -b_{r2} \end{bmatrix} + \cdots + x_n\begin{bmatrix} -b_{1,n-r} \\ -b_{2,n-r} \\ \vdots \\ -b_{r,n-r} \end{bmatrix},$$

所以

$$\boldsymbol{\eta} = \begin{bmatrix} x_1 \\ x_2 \\ \vdots \\ x_r \\ x_{r+1} \\ x_{r+2} \\ \vdots \\ x_n \end{bmatrix} = x_{r+1}\begin{bmatrix} -b_{11} \\ -b_{21} \\ \vdots \\ -b_{r1} \\ 1 \\ 0 \\ \vdots \\ 0 \end{bmatrix} + x_{r+2}\begin{bmatrix} -b_{12} \\ -b_{22} \\ \vdots \\ -b_{r2} \\ 0 \\ 1 \\ \vdots \\ 0 \end{bmatrix} + \cdots + x_n\begin{bmatrix} -b_{1,n-r} \\ -b_{2,n-r} \\ \vdots \\ -b_{r,n-r} \\ 0 \\ 0 \\ \vdots \\ 1 \end{bmatrix},$$

即 $\boldsymbol{\eta}$ 可由 $\boldsymbol{\eta}_1,\boldsymbol{\eta}_2,\cdots,\boldsymbol{\eta}_{n-r}$线性表示.

综上所述,$\boldsymbol{\eta}_1,\boldsymbol{\eta}_2,\cdots,\boldsymbol{\eta}_{n-r}$是齐次线性方程组 $\boldsymbol{AX}=\boldsymbol{O}$ 的一个基础解系.

由上述定理可知,解齐次线性方程组 $\boldsymbol{AX}=\boldsymbol{O}$ 的关键是找到它的一个基础解系,而定理的证明过程就给出了求一个基础解系的方法.

例 1 求齐次线性方程组

$$\begin{bmatrix}1&1&2&3\\1&3&6&1\\3&-1&-2&15\end{bmatrix}\begin{bmatrix}x_1\\x_2\\x_3\\x_4\end{bmatrix}=\begin{bmatrix}0\\0\\0\\0\end{bmatrix}$$

的基础解系中所含解向量的个数.

解

$$A=\begin{bmatrix}1&1&2&3\\1&3&6&1\\3&-1&-2&15\end{bmatrix}\to\begin{bmatrix}1&1&2&3\\0&2&4&-2\\0&-4&-8&6\end{bmatrix}\to\begin{bmatrix}1&1&2&3\\0&2&4&-2\\0&0&0&2\end{bmatrix},$$

$r(A)=3$,根据定理4.2,该方程组基础解系中所含解向量的个数为 $n-r=4-3=1$.

例 2 求齐次线性方程组

$$\begin{cases}2x_1+x_2+x_3+5x_4=0,\\6x_1+3x_2+5x_3+9x_4=0,\\2x_1+x_2+8x_4=0,\\4x_1+2x_2+3x_3+7x_4=0\end{cases}$$

的基础解系及全部解.

解 对系数矩阵 A 进行初等行变换,将其化为行最简形矩阵.

$$A=\begin{bmatrix}2&1&1&5\\6&3&5&9\\2&1&0&8\\4&2&3&7\end{bmatrix}\to\begin{bmatrix}2&1&1&5\\0&0&2&-6\\0&0&-1&3\\0&0&1&-3\end{bmatrix}\to\begin{bmatrix}2&1&1&5\\0&0&-1&3\\0&0&0&0\\0&0&0&0\end{bmatrix}\to\begin{bmatrix}2&1&0&8\\0&0&1&-3\\0&0&0&0\\0&0&0&0\end{bmatrix}$$

$$\to\begin{bmatrix}1&\frac{1}{2}&0&4\\0&0&1&-3\\0&0&0&0\\0&0&0&0\end{bmatrix}.$$

因为 $r(A)=2<4$,所以方程组有无穷多解,且同解方程组为 $\begin{cases}x_1+\frac{1}{2}x_2+4x_4=0,\\x_3-3x_4=0.\end{cases}$ 由于 x_1,x_3 的系数行列式 $\begin{vmatrix}1&0\\0&1\end{vmatrix}\neq0$,选取 x_2,x_4 为自由未知量,同解方程组改写为

$$\begin{cases}x_1=-\frac{1}{2}x_2-4x_4,\\x_3=3x_4.\end{cases}$$

令$\begin{bmatrix} x_2 \\ x_4 \end{bmatrix} = \begin{bmatrix} 1 \\ 0 \end{bmatrix}, \begin{bmatrix} 0 \\ 1 \end{bmatrix}$,得基础解系

$$\boldsymbol{\eta}_1 = \begin{bmatrix} -\frac{1}{2} \\ 1 \\ 0 \\ 0 \end{bmatrix}, \boldsymbol{\eta}_2 = \begin{bmatrix} -4 \\ 0 \\ 3 \\ 1 \end{bmatrix}.$$

原齐次线性方程组的全部解为

$$\boldsymbol{\eta} = k_1\boldsymbol{\eta}_1 + k_2\boldsymbol{\eta}_2 = k_1\begin{bmatrix} -\frac{1}{2} \\ 1 \\ 0 \\ 0 \end{bmatrix} + k_2\begin{bmatrix} -4 \\ 0 \\ 3 \\ 1 \end{bmatrix},$$

其中 k_1, k_2为任意常数.

例 3 设 $\boldsymbol{\alpha}_1, \boldsymbol{\alpha}_2, \boldsymbol{\alpha}_3$是齐次线性方程组 $\boldsymbol{AX}=\boldsymbol{O}$ 的一个基础解系,令

$$\boldsymbol{\beta}_1 = \boldsymbol{\alpha}_1 + \boldsymbol{\alpha}_2,\ \boldsymbol{\beta}_2 = \boldsymbol{\alpha}_2 + \boldsymbol{\alpha}_3,\ \boldsymbol{\beta}_3 = \boldsymbol{\alpha}_3 + \boldsymbol{\alpha}_1.$$

证明$\boldsymbol{\beta}_1, \boldsymbol{\beta}_2, \boldsymbol{\beta}_3$也是 $\boldsymbol{AX}=\boldsymbol{O}$ 的一个基础解系.

证 因为 $\boldsymbol{\alpha}_1, \boldsymbol{\alpha}_2, \boldsymbol{\alpha}_3$是齐次线性方程组 $\boldsymbol{AX}=\boldsymbol{O}$ 的一个基础解系,由基础解系定义可知 $\boldsymbol{\alpha}_1, \boldsymbol{\alpha}_2, \boldsymbol{\alpha}_3$线性无关,且齐次线性方程组 $\boldsymbol{AX}=\boldsymbol{O}$ 任意 3 个线性无关的解向量都是一个基础解系. 又因为齐次线性方程组的解向量线性组合仍然是齐次线性方程组的解,所以 $\boldsymbol{\beta}_1, \boldsymbol{\beta}_2, \boldsymbol{\beta}_3$是 $\boldsymbol{AX}=\boldsymbol{O}$ 的解向量,因此只需证明 $\boldsymbol{\beta}_1, \boldsymbol{\beta}_2, \boldsymbol{\beta}_3$线性无关即可.

设

$$k_1\boldsymbol{\beta}_1 + k_2\boldsymbol{\beta}_2 + k_3\boldsymbol{\beta}_3 = \boldsymbol{O},$$

即

$$k_1(\boldsymbol{\alpha}_1 + \boldsymbol{\alpha}_2) + k_2(\boldsymbol{\alpha}_2 + \boldsymbol{\alpha}_3) + k_3(\boldsymbol{\alpha}_3 + \boldsymbol{\alpha}_1) = \boldsymbol{O},$$

整理可得

$$(k_1 + k_3)\boldsymbol{\alpha}_1 + (k_1 + k_2)\boldsymbol{\alpha}_2 + (k_2 + k_3)\boldsymbol{\alpha}_3 = \boldsymbol{O},$$

因为 $\boldsymbol{\alpha}_1, \boldsymbol{\alpha}_2, \boldsymbol{\alpha}_3$线性无关,所以

$$\begin{cases} k_1 + \quad\ \ k_3 = 0, \\ k_1 + k_2 \quad\ \ = 0, \\ \quad\ \ k_2 + k_3 = 0. \end{cases}$$

其系数矩阵

$$\boldsymbol{A} = \begin{bmatrix} 1 & 0 & 1 \\ 1 & 1 & 0 \\ 0 & 1 & 1 \end{bmatrix} \to \begin{bmatrix} 1 & 0 & 1 \\ 0 & 1 & -1 \\ 0 & 0 & 2 \end{bmatrix},\ r(\boldsymbol{A}) = 3,$$

所以关于 k_1,k_2,k_3 的线性方程组只有零解，即 $k_1=k_2=k_3=0$. $\boldsymbol{\beta}_1,\boldsymbol{\beta}_2,\boldsymbol{\beta}_3$ 线性无关，因此 $\boldsymbol{\beta}_1$，$\boldsymbol{\beta}_2,\boldsymbol{\beta}_3$ 也是 $\boldsymbol{AX}=\boldsymbol{O}$ 的基础解系.

例 4 设 $\boldsymbol{A}$ 为 $m\times n$ 矩阵，$\boldsymbol{B}$ 为 $n\times l$ 矩阵，如果 $\boldsymbol{AB}=\boldsymbol{O}$，证明 $r(\boldsymbol{A})+r(\boldsymbol{B})\leqslant n$.

证 将矩阵 $\boldsymbol{B}$ 按列分块，记 $\boldsymbol{B}=(\boldsymbol{\beta}_1,\boldsymbol{\beta}_2,\cdots,\boldsymbol{\beta}_l)$，$\boldsymbol{A\beta}_j=\boldsymbol{O}(j=1,2,\cdots,l)$.

上式表明 $\boldsymbol{B}$ 的 l 个列向量均为方程组 $\boldsymbol{AX}=\boldsymbol{O}$ 的解向量.

当 $r(\boldsymbol{A})=n$ 时，方程组 $\boldsymbol{AX}=\boldsymbol{O}$ 有唯一零解，$\boldsymbol{B}=\boldsymbol{O}$，即 $r(\boldsymbol{B})=0$，所以

$$r(\boldsymbol{A})+r(\boldsymbol{B})=n.$$

当 $r(\boldsymbol{A})=r<n$ 时，方程组有无穷多解，设 $\boldsymbol{\eta}_1,\boldsymbol{\eta}_2,\cdots,\boldsymbol{\eta}_{n-r}$ 是方程组的一个基础解系，则 $\boldsymbol{\beta}_1,\boldsymbol{\beta}_2,\cdots,\boldsymbol{\beta}_l$ 均可由 $\boldsymbol{\eta}_1,\boldsymbol{\eta}_2,\cdots,\boldsymbol{\eta}_{n-r}$ 线性表示.

$$r(\boldsymbol{\beta}_1,\boldsymbol{\beta}_2,\cdots,\boldsymbol{\beta}_l)\leqslant r(\boldsymbol{\eta}_1,\boldsymbol{\eta}_2,\cdots,\boldsymbol{\eta}_{n-r}),$$

$$r(\boldsymbol{B})\leqslant n-r,$$

$$r(\boldsymbol{A})+r(\boldsymbol{B})\leqslant n.$$

综上所述，如果 $\boldsymbol{AB}=\boldsymbol{O}$，则 $r(\boldsymbol{A})+r(\boldsymbol{B})\leqslant n$.

例 5 设有齐次线性方程组 $\boldsymbol{AX}=\boldsymbol{O}$ 和 $\boldsymbol{BX}=\boldsymbol{O}$，其中 $\boldsymbol{A},\boldsymbol{B}$ 均为 $m\times n$ 矩阵，现有如下 4 个命题.

①若 $\boldsymbol{AX}=\boldsymbol{O}$ 的解均是 $\boldsymbol{BX}=\boldsymbol{O}$ 的解，则 $r(\boldsymbol{A})\geqslant r(\boldsymbol{B})$.

②若 $r(\boldsymbol{A})\geqslant r(\boldsymbol{B})$，则 $\boldsymbol{AX}=\boldsymbol{O}$ 的解均是 $\boldsymbol{BX}=\boldsymbol{O}$ 的解.

③若 $\boldsymbol{AX}=\boldsymbol{O}$ 与 $\boldsymbol{BX}=\boldsymbol{O}$ 同解，则 $r(\boldsymbol{A})=r(\boldsymbol{B})$.

④若 $r(\boldsymbol{A})=r(\boldsymbol{B})$，则 $\boldsymbol{AX}=\boldsymbol{O}$ 与 $\boldsymbol{BX}=\boldsymbol{O}$ 同解.

以上命题中正确的是(　　).

(A)①②　　　(B)①③　　　(C)②④　　　(D)③④

本题也可找反例用排除法进行分析，但①②两个命题的反例比较复杂一些，关键是抓住③与④，迅速排除不正确的选项.

解 若 $\boldsymbol{AX}=\boldsymbol{O}$ 与 $\boldsymbol{BX}=\boldsymbol{O}$ 同解，则 $n-r(\boldsymbol{A})=n-r(\boldsymbol{B})$，即 $r(\boldsymbol{A})=r(\boldsymbol{B})$，命题③成立，可排除(A)，(C)；但反过来，若 $r(\boldsymbol{A})=r(\boldsymbol{B})$，则不能推出 $\boldsymbol{AX}=\boldsymbol{O}$ 与 $\boldsymbol{BX}=\boldsymbol{O}$ 同解，如 $\boldsymbol{A}=\begin{bmatrix}1&0\\0&0\end{bmatrix}$，$\boldsymbol{B}=\begin{bmatrix}0&0\\0&1\end{bmatrix}$，则 $r(\boldsymbol{A})=r(\boldsymbol{B})=1$，但 $\boldsymbol{AX}=\boldsymbol{O}$ 与 $\boldsymbol{BX}=\boldsymbol{O}$ 不同解，可见命题④不成立，排除(D)，故正确选项为(B).

*4.4.3 解空间及其维数

由第 3 章向量空间的知识可知，n 元齐次线性方程组 $\boldsymbol{AX}=\boldsymbol{O}$ 的全体解向量构成的集合 V 是 $\mathbf{R}^n$ 的一个子空间，称其为方程组的解空间.

(1)当 $r(\boldsymbol{A})=n$ 时，方程组只有唯一零解，此时没有基础解系，$V=\{\boldsymbol{O}\}$，该空间里没有基.

(2)当 $r(\boldsymbol{A})<n$ 时，方程组有无穷多解，必有零解. 此时方程组解空间 V 可以表示为

$V=\{\boldsymbol{\eta}\mid\boldsymbol{\eta}=k_1\boldsymbol{\eta}_1+k_2\boldsymbol{\eta}_2+\cdots+k_{n-r}\boldsymbol{\eta}_{n-r}\}$，可以看出 $\dim V=n-r$. 事实上，齐次线性方程组 $\boldsymbol{AX}=\boldsymbol{O}$ 的解空间 V 的基不唯一，所以基础解系也不唯一，任意 $n-r$ 个线性无关的解向量都是方程组 $\boldsymbol{AX}=\boldsymbol{O}$ 的一个基础解系.

例 6 求解空间 $V=\left\{\boldsymbol{X}=\begin{bmatrix}x_1\\x_2\\x_3\\x_4\end{bmatrix}\middle|\begin{cases}x_1+2x_2+2x_3+3x_4=0\\2x_1+x_2-2x_3+6x_4=0\end{cases}\right\}$的一组基以及解空间维数 $\dim V$.

解 求解空间的一组基就是求方程组的一个基础解系.

对于方程组$\begin{cases}x_1+2x_2+2x_3+3x_4=0,\\2x_1+x_2-2x_3+6x_4=0,\end{cases}$其系数矩阵

$$\boldsymbol{A}=\begin{bmatrix}1&2&2&3\\2&1&-2&6\end{bmatrix}\to\begin{bmatrix}1&2&2&3\\0&-3&-6&0\end{bmatrix}\to\begin{bmatrix}1&0&-2&3\\0&1&2&0\end{bmatrix},$$

$r(\boldsymbol{A})=2<4$，方程组有无穷多解，且同解方程组为$\begin{cases}x_1-2x_3+3x_4=0,\\x_2+2x_3\qquad\quad=0.\end{cases}$由于 x_1,x_2的系数行列式$\begin{vmatrix}1&0\\0&1\end{vmatrix}\neq0$，选取 x_3,x_4为自由未知量，同解方程组改写为

$$\begin{cases}x_1=2x_3-3x_4,\\x_2=-2x_3.\end{cases}$$

令

$$\begin{bmatrix}x_3\\x_4\end{bmatrix}=\begin{bmatrix}1\\0\end{bmatrix},\begin{bmatrix}0\\1\end{bmatrix},$$

得基础解系

$$\boldsymbol{\eta}_1=\begin{bmatrix}2\\-2\\1\\0\end{bmatrix},\boldsymbol{\eta}_2=\begin{bmatrix}-3\\0\\0\\1\end{bmatrix}.$$

基础解系中所含向量的个数为解空间的维数，即 $\dim V=2$.

4.4 非齐次线性方程组解的结构

设 n 元非齐次线性方程组 $\boldsymbol{AX}=\boldsymbol{\beta}$，则称 n 元齐次线性方程组 $\boldsymbol{AX}=\boldsymbol{O}$ 为 $\boldsymbol{AX}=\boldsymbol{\beta}$ 的导出组.

4.4.1 非齐次线性方程组解的性质

性质1 如果 X_1,X_2分别是非齐次方程组 $AX=\beta$ 的解，那么 X_1-X_2是导出组 $AX=O$ 的解.

证 因为 $AX_1=\beta,AX_2=\beta$，所以 $A(X_1-X_2)=AX_1-AX_2=\beta-\beta=O$，即 $\eta_1-\eta_2$是导出组 $AX=O$ 的解.

性质2 如果 X_1是非齐次方程组 $AX=\beta$ 的一个解，X_2是导出组 $AX=O$ 的解，则 X_1+X_2是非齐次方程组 $AX=\beta$ 的解.

证 因为 $AX_1=\beta,AX_2=O$，所以 $A(X_1+X_2)=AX_1+AX_2=\beta+O=\beta$，即 X_1+X_2是非齐次方程组 $AX=\beta$ 的解.

4.4.2 非齐次线性方程组解的结构

定理4.3 若 ξ^*是非齐次方程组 $AX=\beta$ 的一个特解，η 是其导出组 $AX=O$ 的全部解，则 $\xi^*+\eta$ 是 $AX=\beta$ 的全部解.

证 设 ξ^*是方程组 $AX=\beta$ 的一个特解，η 是其导出组 $AX=O$ 的解，由非齐次方程组解的结构性质2可知 $\xi^*+\eta$ 是 $AX=\beta$ 的解.

下面证明 $AX=\beta$ 的任意解都可以表示为它自己的一个特解与其导出组 $AX=O$ 的解之和. 设 ξ 是 $AX=\beta$ 的任意一个解，ξ^*是 $AX=\beta$ 的一个特解，由非齐次线性方程组解的性质1知，$\eta=\xi-\xi^*$必是其导出组 $AX=O$ 的解，即 $\xi=\xi^*+\eta$. 当 η 为 $AX=O$ 的全部解时，$\xi=\xi^*+\eta$ 就是 $AX=\beta$ 的全部解.

根据前面的讨论，把求非齐次线性方程组 $AX=\beta$ 全部解的解题步骤归纳如下.

(1)先求非齐次线性方程组的一个特解 ξ^*.

(2)再求出导出组 $AX=O$ 的全部解. 若 $\eta_1,\eta_2,\cdots,\eta_{n-r}$为 $AX=O$ 的基础解系，则 $\eta=k_1\eta_1+k_2\eta_2+\cdots+k_{n-r}\eta_{n-r}$为 $AX=O$ 的全部解，其中 $k_1,k_2,\cdots,k_{n-r}$为任意常数.

(3)写出 $AX=\beta$ 的全部解(即通解)

$$X=\xi^*+\eta=\xi^*+k_1\eta_1+k_2\eta_2+\cdots+k_{n-r}\eta_{n-r},$$

其中 $k_1,k_2,\cdots,k_{n-r}$为任意常数，也称 X 为 $AX=\beta$ 的结构解.

例1 求非齐次线性方程组

$$\begin{cases} x_1+x_2+x_3+x_4=6, \\ 3x_1+x_2+2x_3+x_4=-2, \\ 2x_2+x_3+2x_4=20 \end{cases}$$

的通解(结构解).

解 $$\bar{A}=\begin{bmatrix} 1 & 1 & 1 & 1 & 6 \\ 3 & 1 & 2 & 1 & -2 \\ 0 & 2 & 1 & 2 & 20 \end{bmatrix} \xrightarrow{r_2-3r_1} \begin{bmatrix} 1 & 1 & 1 & 1 & 6 \\ 0 & -2 & -1 & -2 & -20 \\ 0 & 2 & 1 & 2 & 20 \end{bmatrix} \xrightarrow[r_1-r_2]{\substack{r_3+r_2 \\ -\frac{1}{2}r_2}} \begin{bmatrix} 1 & 0 & \frac{1}{2} & 0 & -4 \\ 0 & 1 & \frac{1}{2} & 1 & 10 \\ 0 & 0 & 0 & 0 & 0 \end{bmatrix}$$

$r(\boldsymbol{A})=r(\overline{\boldsymbol{A}})=2<4$,方程组有无穷多解,同解方程组为

$$\begin{cases}x_1+\frac{1}{2}x_3=-4,\\ x_2+\frac{1}{2}x_3+x_4=10.\end{cases}$$

由于 x_1,x_2的系数行列式 $\begin{vmatrix}1&0\\0&1\end{vmatrix}\neq0$,选取 x_3,x_4为自由未知量,同解方程组为

$$\begin{cases}x_1=-\frac{1}{2}x_3-4,\\ x_2=-\frac{1}{2}x_3-x_4+10.\end{cases}$$

(1)先求方程组 $\boldsymbol{AX}=\boldsymbol{\beta}$ 的一个特解 $\boldsymbol{\xi}^*$.

选取 x_3,x_4为自由未知量,令

$$\begin{bmatrix}x_3\\x_4\end{bmatrix}=\begin{bmatrix}0\\0\end{bmatrix},$$

得原方程组的一个特解为

$$\boldsymbol{\xi}^*=\begin{bmatrix}-4\\10\\0\\0\end{bmatrix}.$$

(2)再求出导出组 $\boldsymbol{AX}=\boldsymbol{O}$ 的全部解.

原方程组的导出组与方程组

$$\begin{cases}x_1=-\frac{1}{2}x_3,\\ x_2=-\frac{1}{2}x_3-x_4\end{cases}$$

同解,令

$$\begin{bmatrix}x_3\\x_4\end{bmatrix}=\begin{bmatrix}1\\0\end{bmatrix},\begin{bmatrix}0\\1\end{bmatrix},$$

于是得导出组的基础解系为

$$\boldsymbol{\eta}_1=\begin{bmatrix}-\frac{1}{2}\\-\frac{1}{2}\\1\\0\end{bmatrix},\ \boldsymbol{\eta}_2=\begin{bmatrix}0\\-1\\0\\1\end{bmatrix}.$$

非齐次方程组的通解为 $\boldsymbol{X}=\boldsymbol{\xi}^*+k_1\boldsymbol{\eta}_1+k_2\boldsymbol{\eta}_2=\begin{bmatrix}-4\\10\\0\\0\end{bmatrix}+k_1\begin{bmatrix}-\frac{1}{2}\\-\frac{1}{2}\\1\\0\end{bmatrix}+k_2\begin{bmatrix}0\\-1\\0\\1\end{bmatrix}$，$k_1,k_2$ 为任意常数.

例 2 设 $\boldsymbol{A}=\begin{bmatrix}1&1&1+\lambda\\1&1+\lambda&1\\1+\lambda&1&1\end{bmatrix}$，$\boldsymbol{\beta}=\begin{bmatrix}\lambda\\3\\0\end{bmatrix}$，问 λ 取何值时，非齐次线性方程组 $\boldsymbol{AX}=\boldsymbol{\beta}$ 有唯一解？无解？有无穷多解？在有无穷多解时，求出全部解(用基础解系表示).

解 **解法 1**

$$\overline{\boldsymbol{A}}=\begin{bmatrix}1&1&1+\lambda&\lambda\\1&1+\lambda&1&3\\1+\lambda&1&1&0\end{bmatrix}\xrightarrow[r_3-(1+\lambda)r_1]{r_2-r_1}\begin{bmatrix}1&1&1+\lambda&\lambda\\0&\lambda&-\lambda&3-\lambda\\0&-\lambda&-\lambda(2+\lambda)&-\lambda(1+\lambda)\end{bmatrix}$$

$$\xrightarrow{r_3+r_2}\begin{bmatrix}1&1&1+\lambda&\lambda\\0&\lambda&-\lambda&3-\lambda\\0&0&-\lambda(3+\lambda)&(1-\lambda)(3+\lambda)\end{bmatrix}.$$

(1) 当 $\lambda=0$ 时，有

$$\overline{\boldsymbol{A}}\to\begin{bmatrix}1&1&1&0\\0&0&0&3\\0&0&0&3\end{bmatrix}\to\begin{bmatrix}1&1&1&0\\0&0&0&1\\0&0&0&0\end{bmatrix},$$

$r(\boldsymbol{A})=1$，$r(\overline{\boldsymbol{A}})=2$，此时方程组无解.

(2) 当 $\lambda\neq0$ 且 $\lambda\neq-3$ 时，$r(\boldsymbol{A})=r(\overline{\boldsymbol{A}})=3$，此时方程组有唯一解.

(3) 当 $\lambda=-3$ 时，有

$$\overline{\boldsymbol{A}}\to\begin{bmatrix}1&1&-2&-3\\0&-3&3&6\\0&0&0&0\end{bmatrix}\to\begin{bmatrix}1&1&-2&-3\\0&-1&1&2\\0&0&0&0\end{bmatrix}\to\begin{bmatrix}1&0&-1&-1\\0&1&-1&-2\\0&0&0&0\end{bmatrix},$$

$r(\boldsymbol{A})=r(\overline{\boldsymbol{A}})=2<3$，此时方程组有无穷多解，且同解方程组为 $\begin{cases}x_1-x_3=-1,\\x_2-x_3=-2.\end{cases}$ 由于 x_1,x_2 的系数行列式 $\begin{vmatrix}1&0\\0&1\end{vmatrix}\neq0$，选取 x_3 为自由未知量，同解线性方程组改写为

$$\begin{cases}x_1=x_3-1,\\x_2=x_3-2.\end{cases}$$

先求 $\boldsymbol{AX}=\boldsymbol{\beta}$ 的一个特解，令 $x_3=0$，得到 $\boldsymbol{\xi}^*=\begin{bmatrix}-1\\-2\\0\end{bmatrix}$.

再求导出组 $\boldsymbol{AX}=\boldsymbol{O}$ 的全部解，对应的导出组的同解方程组为 $\begin{cases}x_1-x_3=0,\\x_2-x_3=0,\end{cases}$ 即

$$\begin{cases}x_1=x_3,\\x_2=x_3.\end{cases}$$

令 $x_3=1$，得基础解系

$$\boldsymbol{\eta}_1=\begin{bmatrix}1\\1\\1\end{bmatrix}.$$

则导出组 $\boldsymbol{AX}=\boldsymbol{O}$ 的通解为 $\boldsymbol{\eta}=k\boldsymbol{\eta}_1=k\begin{bmatrix}1\\1\\1\end{bmatrix}$，因此原方程组的全部解为

$$\boldsymbol{X}=\boldsymbol{\xi}^*+\boldsymbol{\eta}=\begin{bmatrix}-1\\-2\\0\end{bmatrix}+k\begin{bmatrix}1\\1\\1\end{bmatrix},$$

其中 k 为任意常数.

解法 2 先求系数矩阵 $\boldsymbol{A}$ 的行列式

$$|\boldsymbol{A}|=\begin{vmatrix}1&1&1+\lambda\\1&1+\lambda&1\\1+\lambda&1&1\end{vmatrix}=-\lambda^2(\lambda+3).$$

当 $\lambda\neq0$ 且 $\lambda\neq-3$ 时，$|\boldsymbol{A}|\neq0$，由克拉默法则知方程组有唯一解.

当 $\lambda=0$ 时，对增广矩阵 $\overline{\boldsymbol{A}}$ 实施初等行变换，有

$$\overline{\boldsymbol{A}}=\begin{bmatrix}1&1&1&0\\1&1&1&3\\1&1&1&0\end{bmatrix}\to\begin{bmatrix}1&1&1&0\\0&0&0&3\\0&0&0&0\end{bmatrix}.$$

因为 $r(\boldsymbol{A})=1$，$r(\overline{\boldsymbol{A}})=2$，即 $r(\boldsymbol{A})\neq r(\overline{\boldsymbol{A}})$，所以方程组无解.

当 $\lambda=-3$ 时，对增广矩阵 $\overline{\boldsymbol{A}}$ 实施初等行变换，将其化成阶梯形矩阵.

$$\overline{\boldsymbol{A}}=\begin{bmatrix}1&1&-2&-3\\1&-2&1&3\\-2&1&1&0\end{bmatrix}\to\begin{bmatrix}1&1&-2&-3\\0&-3&3&6\\0&3&-3&-6\end{bmatrix}\to\begin{bmatrix}1&1&-2&-3\\0&-3&3&6\\0&0&0&0\end{bmatrix}.$$

因为 $r(\boldsymbol{A})=r(\overline{\boldsymbol{A}})=2<3$，所以方程组有无穷多解. 求全部解的过程与解法 1 相同.

例 3 设四元非齐次线性方程组 $\boldsymbol{AX}=\boldsymbol{\beta}$ 的系数矩阵 $\boldsymbol{A}$ 的秩为 3，已知它的 3 个解向量

为 $\boldsymbol{\xi}_1,\boldsymbol{\xi}_2,\boldsymbol{\xi}_3$,其中 $\boldsymbol{\xi}_1=\begin{bmatrix}4\\-4\\1\\2\end{bmatrix},\boldsymbol{\xi}_2+\boldsymbol{\xi}_3=\begin{bmatrix}8\\6\\8\\0\end{bmatrix}$,求该方程组的通解.

解 根据题意,方程组 $\boldsymbol{AX}=\boldsymbol{\beta}$ 的导出组的基础解系含 $n-r=4-3=1$ 个向量,于是导出组的任何一个非零解都可作为其基础解系,显然

$$\boldsymbol{\xi}_1-\frac{1}{2}(\boldsymbol{\xi}_2+\boldsymbol{\xi}_3)=\begin{bmatrix}0\\-7\\-3\\2\end{bmatrix}\neq\boldsymbol{O}$$

是导出组的非零解,可作为基础解系,故方程组 $\boldsymbol{AX}=\boldsymbol{\beta}$ 的全部解为

$$\boldsymbol{X}=\boldsymbol{\xi}_1+k\left[\boldsymbol{\xi}_1-\frac{1}{2}(\boldsymbol{\xi}_2+\boldsymbol{\xi}_3)\right]=\begin{bmatrix}4\\-4\\1\\2\end{bmatrix}+k\begin{bmatrix}0\\-7\\-3\\2\end{bmatrix},$$

其中 k 为任意常数.

线性方程组简史

线性方程组简史

线性方程组的研究起源于古代中国,在中国数学经典著作《九章算术》一书中就有了线性方程组的介绍和研究,有关解方程组的理论已经很完整.

刘徽(225—295 年)在深入研究《九章算术》方程章的基础上,提出了比较系统的方程理论. 刘徽所谓“程”是程式或关系式的意思,相当于现在的方程,而“方程”则相当于现在的方程组. 他说:“二物者再程,三物者三程,皆如物数程之. 并列为行,故谓之方程.”这就是说:有两个所求之物,需列两个程;有三个所求之物,需列三个程. 定义中的“皆如物数程之”是十分重要的,它与刘徽提出的另一原则“行之左右无所同存”,共同构成了方程组有唯一一组解的条件.

大约 1678 年,德国数学家莱布尼茨(Leibniz,1646—1716 年)首次开始线性方程组在西方的研究. 1667 年,莱布尼茨发表了他的第一篇数学论文《论组合的艺术》. 这是一篇关于数理逻辑的文章,其基本思想是把理论的真理性论证归结于一种计算的结果. 这篇论文虽不够成熟,但却体现出他创新的智慧和数学的才华,后来的一系列工作使他成为数理逻辑的创始人.

1750 年,克拉默(Cramer,1704—1752 年)在他的代表作《线性代数分析导言》中,创立了克拉默法则,用它解含有 5 个未知量 5 个方程的线性方程组.

1764 年,法国数学家贝祖(Bezout,1730—1783 年)研究了含有 n 个未知量 n 个方程的齐次线性方程组的求解问题,证明了这样的方程组有非零解的条件是系数行列式等于零.

后来,贝祖和拉普拉斯(Laplace,1749—1827 年)等以行列式为工具,给出了齐次线性方程组有非零解的条件.

1867 年,道奇森(Dodgson,1832 - 1898)的著作《行列式初等理论》发表,他证明了含有 n 个未知量 m 个方程的一般线性方程组有解的充要条件是系数矩阵和增广矩阵有同阶的非零子式,这就是现在的结论:系数矩阵和增广矩阵的秩相等.

大量的经济管理、科学技术以及日常生活问题,最终往往归结为解线性方程组. 因此,线性方程组的数值解法得到发展,线性方程组解的结构等理论性工作也取得令人满意的进展. 现在,线性方程组的数值解法在计算数学中占有重要地位,并得到广泛应用.

应用实例

应用案例选讲

1. 交通流问题

某城市 4 条单行道在 18 时至 19 时的交通流量如下图所示,其中甲、乙、丙、丁表示 4 个十字路口,每一路段的车行方向用箭头表示,车流量(单位:辆/h)用数字或未知量 x 表示.

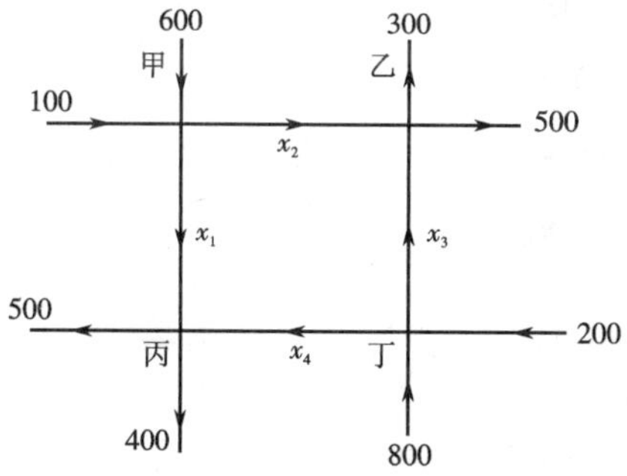

为了使 4 个路口不发生拥堵,必须保证每个路口进出的车辆数平衡,试求 x_4 取最小值时各路段的交通流量.

解 根据各个路口进入和离开时的车辆数相等,依次考察路口甲、乙、丙、丁的情况,得到交通流量的线性方程组

$$\begin{cases} x_1 + x_2 = 700, \\ x_2 + x_3 = 800, \\ x_3 + x_4 = 1\,000, \\ x_1 + x_4 = 900. \end{cases}$$

同解方程组为

$$\begin{cases} x_1 = 900 - x_4, \\ x_2 = -200 + x_4, \\ x_3 = 1\,000 - x_4, \\ x_4 = x_4. \end{cases}$$

其中 x_4 为自由未知量. 由 $x_2 \geqslant 0$,知 $x_4 \geqslant 200$,即 x_4 的最小值为 200. 此时流量为

$$x_1 = 700,\ x_2 = 0,\ x_3 = 800,\ x_4 = 200.$$

2. 营养配方问题

营养师要用 3 种食物配置一份营养餐,提供一定量的维生素 C、钙和镁. 这些食物中每单位的营养含量(单位:mg)以及营养餐所需的营养(单位:mg)如下表所示.

单位食物中营养含量及所需的营养总量

	食物 1	食物 2	食物 3	需要的营养总量
维生素 C	10	20	20	100
钙	50	40	10	300
镁	30	10	40	200
钾	40	30	60	300

解 (1)假设配置营养餐对食物 1、食物 2、食物 3 的需要量依次为 x_1, x_2, x_3,则由题意得到线性方程组

$$\begin{cases} 10x_1 + 20x_2 + 20x_3 = 100, \\ 50x_1 + 40x_2 + 10x_3 = 300, \\ 30x_1 + 10x_2 + 40x_3 = 200, \\ 40x_1 + 30x_2 + 60x_3 = 300. \end{cases}$$

化简得

$$\begin{cases} x_1 + 2x_2 + 2x_3 = 10, \\ 5x_1 + 4x_2 + x_3 = 30, \\ 3x_1 + x_2 + 4x_3 = 20, \\ 4x_1 + 3x_2 + 6x_3 = 30. \end{cases}$$

解得

$$\begin{cases} x_1 = \dfrac{150}{33}, \\ x_2 = \dfrac{50}{33}, \\ x_3 = \dfrac{40}{33}. \end{cases}$$

(2)如果用食物 1、食物 2 配置营养餐,则得

$$\begin{cases} 10x_1 + 20x_2 = 100, \\ 50x_1 + 40x_2 = 300, \\ 30x_1 + 10x_2 = 200, \\ 40x_1 + 30x_2 = 300. \end{cases}$$

化简得

$$\begin{cases}x_1+2x_2=10,\\5x_1+4x_2=30,\\3x_1+x_2=20,\\4x_1+3x_2=30.\end{cases}$$

该方程组无解. 这表明用食物 1 和食物 2 不能配置这种营养餐. 同理可知,用食物 1 和食物 3,或者食物 2 和食物 3 都不能配置这种营养餐. 因此这 3 种食物中的任何两种都不能配置该营养餐.

3. 化学方程式配平问题

在用化学方法处理污水过程中,有时会涉及复杂的化学反应. 这些反应的化学方程式是分析计算和工艺设计的重要依据.

某厂废水中含 KCN,其浓度为 650 mg/L. 现用氯氧化法处理,发生如下反应:

$$KCN+2KOH+Cl_2\longrightarrow KOCN+2KCl+H_2O.$$

投入过量液氯,可将氰酸盐进一步氧化为氮气. 请配平下列化学方程式:

$$\_\_\ KOCN+\_\_\ KOH+\_\_\ Cl_2=\!=\!=\_\_\ CO_2+\_\_\ N_2+\_\_\ KCl+\_\_\ H_2O.$$

解 设

$$x_1KOCN+x_2KOH+x_3Cl_2=\!=\!=x_4CO_2+x_5N_2+x_6KCl+x_7H_2O,$$

则

$$\begin{cases}x_1+x_2=x_6,\\x_1+x_2=2x_4+x_7,\\x_1=x_4,\\x_1=2x_5,\\x_2=2x_7,\\2x_3=x_6.\end{cases}$$

即

$$\begin{cases}x_1+x_2-x_6=0,\\x_1+x_2-2x_4-x_7=0,\\x_1-x_4=0,\\x_1-2x_5=0,\\x_2-2x_7=0,\\2x_3-x_6=0.\end{cases}$$

$$\text{得基础解系 } \boldsymbol{\eta}_1=\begin{bmatrix}1\\2\\\frac{3}{2}\\1\\\frac{1}{2}\\3\\1\end{bmatrix}\text{,则方程组的通解为 } k\boldsymbol{\eta}_1=k\begin{bmatrix}1\\2\\\frac{3}{2}\\1\\\frac{1}{2}\\3\\1\end{bmatrix}\text{,}k\text{ 为任意常数.}$$

取 $k=2$,得 $x_1=2,x_2=4,x_3=3,x_4=2,x_5=1,x_6=6,x_7=2$.

$$2KOCN+4KOH+3Cl_2 = 2CO_2+N_2+6KCl+2H_2O.$$

习　题　4

(A)

1. 用消元法解下列线性方程组.

(1) $\begin{cases}2x_1-2x_2-x_3=1,\\2x_1+3x_2-5x_3=7,\\x_2-x_3=1;\end{cases}$　　(2) $\begin{cases}x_1+x_2+x_3=6,\\2x_1+5x_3=17,\\2x_1+x_2+3x_3=13,\\2x_1+6x_2-4x_3=2.\end{cases}$

2. 证明方程组

$$\begin{cases}x_1-x_2=a_1,\\x_2-x_3=a_2,\\x_3-x_4=a_3,\\x_4-x_5=a_4,\\x_5-x_1=a_5.\end{cases}$$

有解的充分必要条件是 $\sum\limits_{i=1}^{5}a_i=0$.

3. 已知方程组 $\begin{bmatrix}1&2&1\\2&3&a+2\\1&a&-2\end{bmatrix}\begin{bmatrix}x_1\\x_2\\x_3\end{bmatrix}=\begin{bmatrix}1\\3\\0\end{bmatrix}$ 有无穷多解,试求 a 的值.

4. 解下列线性方程组.

(1) $\begin{cases}x_1+x_2+x_3=0,\\x_2+2x_3=1,\\3x_1+2x_2+x_3=-1;\end{cases}$　　(2) $\begin{cases}2x_1-x_2+x_3-x_4=1,\\x_1-x_2-3x_4=2,\\4x_1-3x_2+x_3-7x_4=5;\end{cases}$

(3) $\begin{cases} x_1 - x_2 + 2x_3 = 1, \\ 2x_1 + x_2 - 3x_3 = 4, \\ 2x_1 - 3x_2 + 4x_3 = -1, \\ 4x_1 - 2x_2 + x_3 = 3; \end{cases}$　　(4) $\begin{cases} x_1 + 3x_2 + 3x_3 - 2x_4 + x_5 = 3, \\ 2x_1 + 6x_2 + x_3 - 3x_4 = 2, \\ x_1 + 3x_2 - 2x_3 - x_4 - x_5 = -1, \\ 3x_1 + 9x_2 + 4x_3 - 5x_4 + x_5 = 5. \end{cases}$

5. 已知

$$\boldsymbol{\alpha}_1 = (1,4,0,2)^{\mathrm{T}}, \boldsymbol{\alpha}_2 = (2,7,1,3)^{\mathrm{T}}, \boldsymbol{\alpha}_3 = (0,1,-1,a)^{\mathrm{T}}, \boldsymbol{\beta} = (3,10,b,4)^{\mathrm{T}},$$

(1) a,b 取何值时，$\boldsymbol{\beta}$ 不能由 $\boldsymbol{\alpha}_1,\boldsymbol{\alpha}_2,\boldsymbol{\alpha}_3$ 线性表示？

(2) a,b 取何值时，$\boldsymbol{\beta}$ 可由 $\boldsymbol{\alpha}_1,\boldsymbol{\alpha}_2,\boldsymbol{\alpha}_3$ 线性表示？并写出此表示式.

6. 若 $\boldsymbol{\eta}_1,\boldsymbol{\eta}_2,\boldsymbol{\eta}_3$ 是齐次线性方程组 $\boldsymbol{AX}=\boldsymbol{O}$ 的一个基础解系，证明 $\boldsymbol{\eta}_1+\boldsymbol{\eta}_2,\boldsymbol{\eta}_2+\boldsymbol{\eta}_3,\boldsymbol{\eta}_3+\boldsymbol{\eta}_1$ 也是该方程组 $\boldsymbol{AX}=\boldsymbol{O}$ 的一个基础解系.

7. 求下列齐次线性方程组的基础解系及全部解.

(1) $\begin{cases} x_1 + 2x_2 - x_3 - 2x_4 = 0, \\ 2x_1 - x_2 - x_3 + x_4 = 0, \\ 3x_1 + x_2 - 2x_3 - x_4 = 0; \end{cases}$　　(2) $\begin{cases} x_1 + x_2 + 2x_3 - x_4 = 0, \\ 2x_1 + x_2 + x_3 - x_4 = 0, \\ 2x_1 + 2x_2 + x_3 + 2x_4 = 0; \end{cases}$

(3) $\begin{cases} x_1 - x_2 + 5x_3 - x_4 = 0, \\ x_1 + x_2 - 2x_3 + 3x_4 = 0, \\ 3x_1 - x_2 + 8x_3 + x_4 = 0, \\ x_1 + 3x_2 - 9x_3 + 7x_4 = 0; \end{cases}$　　(4) $\begin{cases} x_1 + 3x_2 - 9x_3 + 9x_4 = 0, \\ x_1 + x_2 - 2x_3 + 3x_4 = 0, \\ 2x_1 - 2x_2 + 10x_3 - 2x_4 = 0, \\ x_1 - x_2 + 5x_3 - x_4 = 0. \end{cases}$

8. 求解空间

$$V = \left\{ X = \begin{bmatrix} x_1 \\ x_2 \\ x_3 \\ x_1 \end{bmatrix} \middle| \begin{cases} x_1 + x_2 + x_3 + x_4 = 0 \\ x_2 + x_3 + x_4 = 0 \end{cases} \right\}$$

的一组基及 $\dim V$.

9. 设四元非齐次线性方程组 $\boldsymbol{AX}=\boldsymbol{\beta}$ 的系数矩阵的秩为 3，已知 $\boldsymbol{\xi}_1,\boldsymbol{\xi}_2,\boldsymbol{\xi}_3$ 是它的 3 个解向量，且 $\boldsymbol{\xi}_1 = \begin{bmatrix} 2 \\ 3 \\ 4 \\ 5 \end{bmatrix}, \boldsymbol{\xi}_2 + \boldsymbol{\xi}_3 = \begin{bmatrix} 1 \\ 2 \\ 3 \\ 4 \end{bmatrix}$，求该方程组的通解.

10. 解非齐次线性方程组，并将全部解用基础解系表示.

(1) $\begin{cases} x_1 - 2x_2 + x_3 + x_4 = 1, \\ x_1 - 2x_2 + x_3 - x_4 = -1, \\ x_1 - 2x_2 + x_3 + 5x_4 = 5; \end{cases}$　　(2) $\begin{cases} x_1 + x_2 + x_3 + x_4 = 1, \\ 3x_1 + 2x_2 + x_3 + x_4 = 4, \\ x_2 + 2x_3 + 2x_4 = -1; \end{cases}$

(3) $\begin{cases}2x_1-x_2+4x_3-3x_4=-4,\\ x_1+x_3-x_4=-3,\\ 3x_1+x_2+x_3=1,\\ 7x_1+7x_3-3x_4=3;\end{cases}$　　(4) $\begin{cases}2x_1-x_2+3x_3-x_4=1,\\ 3x_1-2x_2-2x_3+3x_4=3,\\ x_1-x_2-5x_3+4x_4=2,\\ 7x_1-5x_2-9x_3+10x_4=8.\end{cases}$

11. 已知非齐次线性方程组

$$\begin{cases}\lambda x_1+x_2+x_3=\lambda-3,\\ x_1+\lambda x_2+x_3=-2,\\ x_1+x_2+\lambda x_3=-2.\end{cases}$$

讨论 λ 取何值时,方程组有唯一解、无解和有无穷多解. 在有无穷多解时,用导出组的基础解系表示其全部解.

12. 已知非齐次线性方程组

$$\begin{cases}x_1+x_2+x_3+x_4+x_5=a,\\ 3x_1+2x_2+x_3+x_4-3x_5=0,\\ x_2+2x_3+2x_4+6x_5=b,\\ 5x_1+4x_2+3x_3+3x_4-x_5=2.\end{cases}$$

讨论 a,b 取何值时,方程组有唯一解、无解和有无穷多解. 在有无穷多解时,用导出组的基础解系表示其全部解.

自测题

(B)

1. 填空题.

(1) 已知方程组 $\begin{bmatrix}1&2&1\\2&3&a+2\\1&a&-2\end{bmatrix}\begin{bmatrix}x_1\\x_2\\x_3\end{bmatrix}=\begin{bmatrix}1\\3\\0\end{bmatrix}$ 无解,则 $a=$________.

(2) 设方程组 $\begin{bmatrix}a&1&1\\1&a&1\\1&1&a\end{bmatrix}\begin{bmatrix}x_1\\x_2\\x_3\end{bmatrix}=\begin{bmatrix}1\\1\\-2\end{bmatrix}$ 有无穷多解,则 $a=$________.

(3) 方程组 $\begin{bmatrix}-2&3&0\\1&1&1\end{bmatrix}\begin{bmatrix}x_1\\x_2\\x_3\end{bmatrix}=\begin{bmatrix}0\\0\end{bmatrix}$ 解空间的维数为________.

2. 单项选择题.

(1) 矩阵 $\boldsymbol{A}=\begin{bmatrix}1&1&1\\1&2&a\\1&4&a^2\end{bmatrix}$, $\boldsymbol{b}=\begin{bmatrix}1\\d\\d^2\end{bmatrix}$, 若集合 $\Omega=\{1,2\}$, 则线性方程组 $\boldsymbol{AX}=\boldsymbol{b}$ 有无穷多解的充分必要条件为(　　).

(A) $a \notin \Omega, d \notin \Omega$　　(B) $a \notin \Omega, d \in \Omega$　　(C) $a \in \Omega, d \notin \Omega$　　(D) $a \in \Omega, d \in \Omega$

(2)设 $\boldsymbol{A}$ 为 4×3 矩阵，$\boldsymbol{\eta}_1,\boldsymbol{\eta}_2,\boldsymbol{\eta}_3$ 是非齐次线性方程组 $\boldsymbol{AX}=\boldsymbol{\beta}$ 的3个线性无关的解，k_1，k_2 为任意常数，则 $\boldsymbol{AX}=\boldsymbol{\beta}$ 的通解为(　　).

(A) $\dfrac{\boldsymbol{\eta}_2+\boldsymbol{\eta}_3}{2}+k_1(\boldsymbol{\eta}_2-\boldsymbol{\eta}_1)$　　(B) $\dfrac{\boldsymbol{\eta}_2-\boldsymbol{\eta}_3}{2}+k_2(\boldsymbol{\eta}_2-\boldsymbol{\eta}_1)$

(C) $\dfrac{\boldsymbol{\eta}_2+\boldsymbol{\eta}_3}{2}+k_1(\boldsymbol{\eta}_3-\boldsymbol{\eta}_1)+k_2(\boldsymbol{\eta}_2-\boldsymbol{\eta}_1)$　　(D) $\dfrac{\boldsymbol{\eta}_2-\boldsymbol{\eta}_3}{2}+k_2(\boldsymbol{\eta}_2-\boldsymbol{\eta}_1)+k_3(\boldsymbol{\eta}_3-\boldsymbol{\eta}_1)$

(3)设有三张不同平面，其方程为 $a_ix+b_iy+c_iz=d_i(i=1,2,3)$，它们所组成的线性方程组的系数矩阵与增广矩阵的秩都为2，则这三张平面可能的位置关系为(　　).

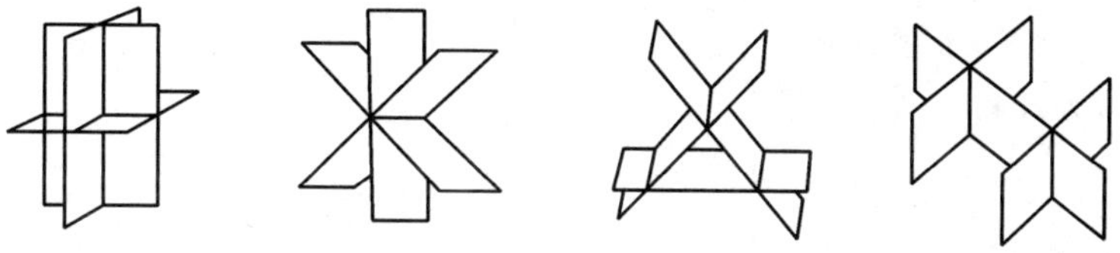

(A)　　(B)　　(C)　　(D)

(4)设 n 阶矩阵 $\boldsymbol{A}$ 的伴随矩阵 $\boldsymbol{A}^*\neq\boldsymbol{O}$，若 $\boldsymbol{\xi}_1,\boldsymbol{\xi}_2,\boldsymbol{\xi}_3,\boldsymbol{\xi}_4$ 是非齐次线性方程组 $\boldsymbol{AX}=\boldsymbol{\beta}$ 的互不相等的解向量，则对应的齐次线性方程组 $\boldsymbol{AX}=\boldsymbol{O}$ 的基础解系(　　).

(A)不存在　　(B)仅含有一个非零解向量

(C)含有两个线性无关解向量　　(D)含有三个线性无关解向量

(5)设 $\boldsymbol{A}$ 为 $m\times n$ 矩阵，$\boldsymbol{B}$ 为 $n\times m$ 矩阵，则线性方程组 $\boldsymbol{ABX}=\boldsymbol{O}$，解的情况为(　　).

(A)当 $n>m$ 时仅有零解　　(B)当 $n>m$ 时必有非零解

(C)当 $m>n$ 时仅有零解　　(D)当 $m>n$ 时必有非零解

3. 设 $\boldsymbol{A}=\begin{bmatrix}1&-2&3&-4\\0&1&-1&1\\1&2&0&-3\end{bmatrix}$，$\boldsymbol{E}$ 为三阶单位矩阵.

(1)求方程组 $\boldsymbol{AX}=\boldsymbol{O}$ 的一个基础解系；

(2)求满足 $\boldsymbol{AB}=\boldsymbol{E}$ 的所有矩阵.

4. 设有齐次线性方程组

$$\begin{cases}(1+a)x_1+x_2+x_3+x_4=0,\\2x_1+(2+a)x_2+2x_3+2x_4=0,\\3x_1+3x_2+(3+a)x_3+3x_4=0,\\4x_1+4x_2+4x_3+(4+a)x_4=0.\end{cases}$$

试问 a 取何值时，该方程组有非零解，并求出其通解.

5. 已知四阶方阵 $\boldsymbol{A}=(\boldsymbol{\alpha}_1,\boldsymbol{\alpha}_2,\boldsymbol{\alpha}_3,\boldsymbol{\alpha}_4)$，$\boldsymbol{\alpha}_1,\boldsymbol{\alpha}_2,\boldsymbol{\alpha}_3,\boldsymbol{\alpha}_4$ 均为四维列向量，其中 $\boldsymbol{\alpha}_2,\boldsymbol{\alpha}_3,\boldsymbol{\alpha}_4$ 线性无关，$\boldsymbol{\alpha}_1=2\boldsymbol{\alpha}_2-\boldsymbol{\alpha}_3$. 若 $\boldsymbol{\beta}=\boldsymbol{\alpha}_1+\boldsymbol{\alpha}_2+\boldsymbol{\alpha}_3+\boldsymbol{\alpha}_4$，求线性方程组 $\boldsymbol{AX}=\boldsymbol{\beta}$ 的通解.

6. 设 $A=\begin{bmatrix}1&a&0&0\\0&1&a&0\\0&0&1&a\\a&0&0&1\end{bmatrix}$, $b=\begin{bmatrix}1\\-1\\0\\0\end{bmatrix}$.

(1)求 $|A|$;

(2)已知线性方程组 $AX=b$ 有无穷多解,求 a 以及 $AX=b$ 的通解.

7. 设 $A=\begin{bmatrix}\lambda&1&1\\0&\lambda-1&0\\1&1&\lambda\end{bmatrix}$,$b=\begin{bmatrix}a\\1\\1\end{bmatrix}$,已知线性方程组 $AX=b$ 存在两个不同的解.

(1)求 λ,a;

(2)求方程组 $AX=b$ 的通解.

8. 已知非齐次线性方程组

$$\begin{cases}x_1+x_2+x_3+x_4=-1,\\4x_1+3x_2+5x_3-x_4=-1,\\ax_1+x_2+3x_3+bx_4=1\end{cases}$$

有 3 个线性无关的解.

(1)证明此方程组的系数矩阵 A 的秩为 2;

(2)求 a,b 的值和方程组的通解.

9. 设线性方程组

$$\begin{cases}x_1+x_2+x_3=0,\\x_1+2x_2+ax_3=0,\\x_1+4x_2+a^2x_3=0\end{cases}$$

与方程 $x_1+2x_2+x_3=a-1$ 有公共解,求 a 的值及所有公共解.

10. 已知齐次线性方程组

$$\begin{cases}x_1+2x_2+3x_3=0,\\2x_1+3x_2+5x_3=0,\\x_1+x_2+ax_3=0\end{cases}$$

与方程组

$$\begin{cases}x_1+bx_2+cx_3=0,\\2x_1+b^2x_2+(c+1)x_3=0\end{cases}$$

同解,求 a,b,c 的值.

11. 已知平面上三条不同直线的方程分别为

$l_1:ax+2by+3c=0$,

$l_2:bx+2cy+3a=0$,

$l_3:cx+2ay+3b=0$.

试证这三条直线交于一点的充分必要条件为 $a+b+c=0$.

B 答案
详解

第 5 章　矩阵的特征值与特征向量

第 5 章
教学要求

本章在行列式、向量和线性方程组的基础上继续研究矩阵，主要介绍矩阵的特征值与特征向量，并在此基础上介绍矩阵之间的一种重要关系——相似，最后讨论方阵可对角化的条件以及实对称矩阵的对角化. 本章所学的特征值理论极为重要，应用也十分广泛，其主要应用于物理学、工程技术学以及数量经济学等领域.

5.1　特征值与特征向量

5.1.1　特征值与特征向量的概念

定义 5.1　设 $\boldsymbol{A}$ 为 n 阶方阵，若存在数 λ 及 n 维非零列向量 $\boldsymbol{\alpha}$，满足

$$\boldsymbol{A\alpha}=\lambda\boldsymbol{\alpha},$$

则称 λ 为方阵 $\boldsymbol{A}$ 的特征值，非零列向量 $\boldsymbol{\alpha}$ 为 $\boldsymbol{A}$ 的对应于特征值 λ 的特征向量.

例如，设 $\boldsymbol{A}=\begin{bmatrix}3&-2\\1&0\end{bmatrix}$，且 $\lambda=2$，$\boldsymbol{\alpha}=\begin{bmatrix}2\\1\end{bmatrix}$，有

$$\boldsymbol{A\alpha}=\begin{bmatrix}3&-2\\1&0\end{bmatrix}\begin{bmatrix}2\\1\end{bmatrix}=\begin{bmatrix}4\\2\end{bmatrix}=2\begin{bmatrix}2\\1\end{bmatrix}=2\boldsymbol{\alpha},$$

由定义可知 $\lambda=2$ 是 $\boldsymbol{A}$ 的一个特征值，而 $\boldsymbol{\alpha}=\begin{bmatrix}2\\1\end{bmatrix}$ 为 $\boldsymbol{A}$ 的对应于特征值 $\lambda=2$ 的特征向量.

注　(1)特征值 λ 可为实数也可为复数，本书研究的特征值一般为实数；

(2)特征向量必须是非零向量，即 $\boldsymbol{\alpha}\neq\boldsymbol{O}$；

(3)如果 $\boldsymbol{\alpha}$ 是 $\boldsymbol{A}$ 的对应于特征值 λ 的特征向量，也可以说 $\boldsymbol{\alpha}$ 是 $\boldsymbol{A}$ 的属于特征值 λ 的特征向量；

(4)A 的任一特征值 λ 所对应的特征向量不唯一.

如上例，当 $k\neq0$ 时，$k\boldsymbol{\alpha}\neq\boldsymbol{O}$，有

$$\boldsymbol{A}(k\boldsymbol{\alpha})=\begin{bmatrix}3&-2\\1&0\end{bmatrix}\begin{bmatrix}2k\\k\end{bmatrix}=\begin{bmatrix}4k\\2k\end{bmatrix}=2k\begin{bmatrix}2\\1\end{bmatrix}=2(k\boldsymbol{\alpha}),$$

所以 $k\boldsymbol{\alpha}$ 也为 $\boldsymbol{A}$ 的对应于特征值 $\lambda=2$ 的特征向量.

5.1.2　特征值与特征向量的计算

定义式 $\boldsymbol{A\alpha}=\lambda\boldsymbol{\alpha}$，也可写成 $\lambda\boldsymbol{\alpha}-\boldsymbol{A\alpha}=\boldsymbol{O}$，即

$$(\lambda \boldsymbol{E}-\boldsymbol{A})\boldsymbol{\alpha}=\boldsymbol{O},$$

其中 $\boldsymbol{E}$ 为 n 阶单位矩阵，设

$$\boldsymbol{A}=\begin{bmatrix} a_{11} & a_{12} & \cdots & a_{1n} \\ a_{21} & a_{22} & \cdots & a_{2n} \\ \vdots & \vdots & & \vdots \\ a_{n1} & a_{n2} & \cdots & a_{nn} \end{bmatrix},\ \boldsymbol{\alpha}=\begin{bmatrix} a_1 \\ a_2 \\ \vdots \\ a_n \end{bmatrix},$$

则有

$$(\lambda \boldsymbol{E}-\boldsymbol{A})\boldsymbol{\alpha}=\begin{bmatrix} \lambda-a_{11} & -a_{12} & \cdots & -a_{1n} \\ -a_{21} & \lambda-a_{22} & \cdots & -a_{2n} \\ \vdots & \vdots & & \vdots \\ -a_{n1} & -a_{n2} & \cdots & \lambda-a_{nn} \end{bmatrix}\begin{bmatrix} a_1 \\ a_2 \\ \vdots \\ a_n \end{bmatrix}=\begin{bmatrix} 0 \\ 0 \\ \vdots \\ 0 \end{bmatrix}.$$

由于 $\boldsymbol{\alpha}\neq\boldsymbol{O}$，因此 $\boldsymbol{A}$ 的对应于特征值 λ 的特征向量 $\boldsymbol{\alpha}$ 可看作齐次线性方程组 $(\lambda\boldsymbol{E}-\boldsymbol{A})\boldsymbol{X}=\boldsymbol{O}$ 的非零解，而 $(\lambda\boldsymbol{E}-\boldsymbol{A})\boldsymbol{X}=\boldsymbol{O}$ 有非零解的充要条件是系数行列式 $|\lambda\boldsymbol{E}-\boldsymbol{A}|=0$，即 λ 是 $\boldsymbol{A}$ 的特征值的充要条件是 λ 满足 $|\lambda\boldsymbol{E}-\boldsymbol{A}|=0$.

定义 5.2　设 $\boldsymbol{A}$ 为 n 阶方阵，λ 是 $\boldsymbol{A}$ 的特征值，

$$|\lambda\boldsymbol{E}-\boldsymbol{A}|=\begin{vmatrix} \lambda-a_{11} & -a_{12} & \cdots & -a_{1n} \\ -a_{21} & \lambda-a_{22} & \cdots & -a_{2n} \\ \vdots & \vdots & & \vdots \\ -a_{n1} & -a_{n2} & \cdots & \lambda-a_{nn} \end{vmatrix}=\lambda^n+C_1\lambda^{n-1}+C_2\lambda^{n-2}+\cdots+C_{n-1}\lambda+C_n$$

是 λ 的一个 n 次多项式，称为 $\boldsymbol{A}$ 的特征多项式. 称 $|\lambda\boldsymbol{E}-\boldsymbol{A}|=0$ 为 $\boldsymbol{A}$ 的特征方程，它是 λ 的一个 n 次方程. 称特征方程 $|\lambda\boldsymbol{E}-\boldsymbol{A}|=0$ 的根为 $\boldsymbol{A}$ 的特征根，即 $\boldsymbol{A}$ 的特征值. 在复数域上，n 阶方阵 $\boldsymbol{A}$ 必有 n 个特征值 $\lambda_1,\lambda_2,\cdots,\lambda_n$.

求 n 阶方阵 $\boldsymbol{A}$ 的特征值与特征向量可按下列步骤进行.

(1) 求 $\boldsymbol{A}$ 的特征值. 解特征方程 $|\lambda\boldsymbol{E}-\boldsymbol{A}|=0$，得到 n 个特征根 $\lambda_1,\lambda_2,\cdots,\lambda_n$（包括重根），即为 $\boldsymbol{A}$ 的 n 个特征值.

(2) 求 $\boldsymbol{A}$ 的特征向量. 对于每个不同的特征值 λ_i，解齐次线性方程组 $(\lambda_i\boldsymbol{E}-\boldsymbol{A})\boldsymbol{X}=\boldsymbol{O}$，求出一个基础解系 $\boldsymbol{\alpha}_{i1},\boldsymbol{\alpha}_{i2},\cdots,\boldsymbol{\alpha}_{it}$，则 $\boldsymbol{A}$ 的对应于特征值 λ_i 的全部特征向量为

$$k_1\boldsymbol{\alpha}_{i1}+k_2\boldsymbol{\alpha}_{i2}+\cdots+k_t\boldsymbol{\alpha}_{it},$$

其中 $k_1,k_2,\cdots,k_t$ 为任意不全为零的常数.

注　因为 $|\lambda\boldsymbol{E}-\boldsymbol{A}|=0$ 与 $|\boldsymbol{A}-\lambda\boldsymbol{E}|=0$ 有相同的根，而齐次线性方程组 $(\lambda\boldsymbol{E}-\boldsymbol{A})\boldsymbol{X}=\boldsymbol{O}$ 与 $(\boldsymbol{A}-\lambda\boldsymbol{E})\boldsymbol{X}=\boldsymbol{O}$ 有相同的解，所以也可以用 $|\boldsymbol{A}-\lambda\boldsymbol{E}|=0$ 求 $\boldsymbol{A}$ 的特征值，用 $(\boldsymbol{A}-\lambda\boldsymbol{E})\boldsymbol{X}=\boldsymbol{O}$ 求 $\boldsymbol{A}$ 的对应于特征值 λ 的特征向量.

例 1　求 2 阶方阵 $\boldsymbol{A}=\begin{bmatrix} 3 & -1 \\ -8 & 1 \end{bmatrix}$ 的特征值与特征向量.

解 第一步,求 $\boldsymbol{A}$ 的特征值.

$\boldsymbol{A}$ 的特征多项式为

$$|\lambda\boldsymbol{E}-\boldsymbol{A}|=\begin{vmatrix}\lambda-3 & 1\\ 8 & \lambda-1\end{vmatrix}=(\lambda-3)(\lambda-1)-8$$

$$=\lambda^2-4\lambda-5=(\lambda+1)(\lambda-5).$$

解特征方程$(\lambda+1)(\lambda-5)=0$,得 $\boldsymbol{A}$ 的特征值为 $\lambda_1=-1,\lambda_2=5$.

第二步,求 $\boldsymbol{A}$ 的特征向量.

对于 $\lambda_1=-1$,解齐次线性方程组$(-\boldsymbol{E}-\boldsymbol{A})\boldsymbol{X}=\boldsymbol{O}$,对系数矩阵进行初等行变换

$$-\boldsymbol{E}-\boldsymbol{A}=\begin{bmatrix}-4 & 1\\ 8 & -2\end{bmatrix}\rightarrow\begin{bmatrix}-4 & 1\\ 0 & 0\end{bmatrix},$$

同解方程为 $-4x_1+x_2=0$,得基础解系为 $\boldsymbol{\alpha}_1=\begin{bmatrix}1\\4\end{bmatrix}$,则 $\boldsymbol{A}$ 的对应于 $\lambda_1=-1$ 的一个特征向量为 $\boldsymbol{\alpha}_1=\begin{bmatrix}1\\4\end{bmatrix}$,于是 $\boldsymbol{A}$ 的对应于 $\lambda_1=-1$ 的全部特征向量为

$$k_1\boldsymbol{\alpha}_1=k_1\begin{bmatrix}1\\4\end{bmatrix},$$

其中 k_1 为任意不为零的常数.

对于 $\lambda_2=5$,解齐次线性方程组$(5\boldsymbol{E}-\boldsymbol{A})\boldsymbol{X}=\boldsymbol{O}$,对系数矩阵进行初等行变换

$$5\boldsymbol{E}-\boldsymbol{A}=\begin{bmatrix}2 & 1\\ 8 & 4\end{bmatrix}\rightarrow\begin{bmatrix}2 & 1\\ 0 & 0\end{bmatrix},$$

同解方程为 $2x_1+x_2=0$,得基础解系为 $\boldsymbol{\alpha}_2=\begin{bmatrix}1\\-2\end{bmatrix}$,则 $\boldsymbol{A}$ 的对应于 $\lambda_2=5$ 的一个特征向量为 $\boldsymbol{\alpha}_2=\begin{bmatrix}1\\-2\end{bmatrix}$,于是 $\boldsymbol{A}$ 的对应于 $\lambda_2=5$ 的全部特征向量为

$$k_2\boldsymbol{\alpha}_2=k_2\begin{bmatrix}1\\-2\end{bmatrix},$$

其中 k_2 为任意不为零的常数.

例 2 求 3 阶方阵 $\boldsymbol{A}=\begin{bmatrix}-1 & 1 & 0\\ -4 & 3 & 0\\ 1 & 0 & 2\end{bmatrix}$的特征值与特征向量.

解 $\boldsymbol{A}$ 的特征多项式为

$$|\lambda\boldsymbol{E}-\boldsymbol{A}|=\begin{vmatrix}\lambda+1 & -1 & 0\\ 4 & \lambda-3 & 0\\ -1 & 0 & \lambda-2\end{vmatrix}=(\lambda-2)\begin{vmatrix}\lambda+1 & -1\\ 4 & \lambda-3\end{vmatrix}$$

$$=(\lambda-2)[(\lambda+1)(\lambda-3)+4]=(\lambda-1)^2(\lambda-2),$$

解特征方程$(\lambda-1)^2(\lambda-2)=0$,得$\boldsymbol{A}$的特征值为$\lambda_1=\lambda_2=1,\lambda_3=2$.

对于$\lambda_1=\lambda_2=1$,解齐次线性方程组$(\boldsymbol{E}-\boldsymbol{A})\boldsymbol{X}=\boldsymbol{O}$,对系数矩阵进行初等行变换

$$\boldsymbol{E}-\boldsymbol{A}=\begin{bmatrix}2&-1&0\\4&-2&0\\-1&0&-1\end{bmatrix}\to\begin{bmatrix}1&0&1\\2&-1&0\\0&0&0\end{bmatrix}\to\begin{bmatrix}1&0&1\\0&1&2\\0&0&0\end{bmatrix},$$

同解方程为$\begin{cases}x_1+x_3=0,\\x_2+2x_3=0,\end{cases}$得基础解系为$\boldsymbol{\alpha}_1=\begin{bmatrix}-1\\-2\\1\end{bmatrix}$,则$\boldsymbol{A}$的对应于$\lambda_1=\lambda_2=1$的一个特征向量为$\boldsymbol{\alpha}_1$,$\boldsymbol{A}$的对应于$\lambda_1=\lambda_2=1$的全部特征向量为

$$k_1\boldsymbol{\alpha}_1=k_1\begin{bmatrix}-1\\-2\\1\end{bmatrix},$$

其中k_1为任意不为零的常数.

对于$\lambda_3=2$,解齐次线性方程组$(2\boldsymbol{E}-\boldsymbol{A})\boldsymbol{X}=\boldsymbol{O}$,对系数矩阵进行初等行变换

$$2\boldsymbol{E}-\boldsymbol{A}=\begin{bmatrix}3&-1&0\\4&-1&0\\-1&0&0\end{bmatrix}\to\begin{bmatrix}1&0&0\\4&-1&0\\3&-1&0\end{bmatrix}\to\begin{bmatrix}1&0&0\\0&-1&0\\0&-1&0\end{bmatrix}\to\begin{bmatrix}1&0&0\\0&1&0\\0&0&0\end{bmatrix},$$

同解方程为$\begin{cases}x_1=0,\\x_2=0,\end{cases}$得基础解系为$\boldsymbol{\alpha}_2=\begin{bmatrix}0\\0\\1\end{bmatrix}$,则$\boldsymbol{A}$的对应于$\lambda_3=2$的一个特征向量为$\boldsymbol{\alpha}_2$,于是$\boldsymbol{A}$的对应于$\lambda_3=2$的全部特征向量为

$$k_2\boldsymbol{\alpha}_2=k_2\begin{bmatrix}0\\0\\1\end{bmatrix},$$

其中k_2为任意不为零的常数.

例3 求3阶方阵$\boldsymbol{A}=\begin{bmatrix}0&1&1\\1&0&1\\1&1&0\end{bmatrix}$的特征值与特征向量.

解 $\boldsymbol{A}$的特征多项式为

$$|\lambda\boldsymbol{E}-\boldsymbol{A}|=\begin{vmatrix}\lambda&-1&-1\\-1&\lambda&-1\\-1&-1&\lambda\end{vmatrix}=\begin{vmatrix}\lambda-2&\lambda-2&\lambda-2\\-1&\lambda&-1\\-1&-1&\lambda\end{vmatrix}=(\lambda-2)\begin{vmatrix}1&1&1\\-1&\lambda&-1\\-1&-1&\lambda\end{vmatrix}$$

$$=(\lambda-2)\begin{vmatrix}1&1&1\\0&\lambda+1&0\\0&0&\lambda+1\end{vmatrix}=(\lambda+1)^2(\lambda-2),$$

解特征方程$(\lambda+1)^2(\lambda-2)=0$,得$\boldsymbol{A}$的特征值为$\lambda_1=\lambda_2=-1,\lambda_3=2$.

对于$\lambda_1=\lambda_2=-1$,解齐次线性方程组$(-\boldsymbol{E}-\boldsymbol{A})\boldsymbol{X}=\boldsymbol{O}$,对系数矩阵进行初等行变换

$$-\boldsymbol{E}-\boldsymbol{A}=\begin{bmatrix}-1&-1&-1\\-1&-1&-1\\-1&-1&-1\end{bmatrix}\rightarrow\begin{bmatrix}1&1&1\\0&0&0\\0&0&0\end{bmatrix},$$

同解方程为$x_1+x_2+x_3=0$,得基础解系为$\boldsymbol{\alpha}_1=\begin{bmatrix}-1\\1\\0\end{bmatrix},\boldsymbol{\alpha}_2=\begin{bmatrix}-1\\0\\1\end{bmatrix}$,则$\boldsymbol{A}$的对应于$\lambda_1=\lambda_2=-1$的特征向量为$\boldsymbol{\alpha}_1,\boldsymbol{\alpha}_2$,于是$\boldsymbol{A}$的对应于$\lambda_1=\lambda_2=-1$的全部特征向量为

$$k_1\boldsymbol{\alpha}_1+k_2\boldsymbol{\alpha}_2=k_1\begin{bmatrix}-1\\1\\0\end{bmatrix}+k_2\begin{bmatrix}-1\\0\\1\end{bmatrix},$$

其中k_1,k_2为任意不全为零的常数.

对于$\lambda_3=2$,解齐次线性方程组$(2\boldsymbol{E}-\boldsymbol{A})\boldsymbol{X}=\boldsymbol{O}$,对系数矩阵进行初等行变换

$$2\boldsymbol{E}-\boldsymbol{A}=\begin{bmatrix}2&-1&-1\\-1&2&-1\\-1&-1&2\end{bmatrix}\rightarrow\begin{bmatrix}2&-1&-1\\-1&2&-1\\0&0&0\end{bmatrix}\rightarrow\begin{bmatrix}1&-2&1\\0&1&-1\\0&0&0\end{bmatrix}\rightarrow\begin{bmatrix}1&0&-1\\0&1&-1\\0&0&0\end{bmatrix},$$

同解方程为$\begin{cases}x_1-x_3=0,\\x_2-x_3=0,\end{cases}$得基础解系为$\boldsymbol{\alpha}_3=\begin{bmatrix}1\\1\\1\end{bmatrix}$,则$\boldsymbol{A}$的对应于$\lambda_3=2$的一个特征向量为$\boldsymbol{\alpha}_3$,于是$\boldsymbol{A}$的对应于$\lambda_3=2$的全部特征向量为

$$k_3\boldsymbol{\alpha}_3=k_3\begin{bmatrix}1\\1\\1\end{bmatrix},$$ 其中k_3为任意不为零的常数.

例 4 设 3 阶方阵$\boldsymbol{A}=\begin{bmatrix}2&-1&2\\5&a&3\\1&b&-2\end{bmatrix}$的一个特征向量为$\boldsymbol{\alpha}=\begin{bmatrix}1\\-1\\1\end{bmatrix}$,试确定参数$a,b$的值以及特征向量$\boldsymbol{\alpha}$所对应的特征值$\lambda$.

解 由题设可知$\boldsymbol{A\alpha}=\lambda\boldsymbol{\alpha}$,即$(\lambda\boldsymbol{E}-\boldsymbol{A})\boldsymbol{\alpha}=\boldsymbol{O}$,于是有

$$\begin{bmatrix}\lambda-2&1&-2\\-5&\lambda-a&-3\\-1&-b&\lambda+2\end{bmatrix}\begin{bmatrix}1\\-1\\1\end{bmatrix}=\begin{bmatrix}0\\0\\0\end{bmatrix},$$

即

$$\begin{cases}\lambda-2-1-2=0,\\-5-\lambda+a-3=0,\\-1+b+\lambda+2=0,\end{cases}$$

解得 $\lambda=5, a=13, b=-6$.

5.2 特征值与特征向量的性质

5.2.1 特征值的性质

性质 1 若 $\boldsymbol{A}$ 为 n 阶对角形矩阵，即

$$\boldsymbol{A}=\begin{bmatrix} a_{11} & 0 & \cdots & 0 \\ 0 & a_{22} & \cdots & 0 \\ \vdots & \vdots & & \vdots \\ 0 & 0 & \cdots & a_{nn} \end{bmatrix},$$

则 $\boldsymbol{A}$ 的 n 个特征值为 $\lambda_1=a_{11}, \lambda_2=a_{22}, \cdots, \lambda_n=a_{nn}$.

证 因为

$$|\lambda \boldsymbol{E}-\boldsymbol{A}|=\begin{vmatrix} \lambda-a_{11} & 0 & \cdots & 0 \\ 0 & \lambda-a_{22} & \cdots & 0 \\ \vdots & \vdots & & \vdots \\ 0 & 0 & \cdots & \lambda-a_{nn} \end{vmatrix}$$

$$=(\lambda-a_{11})(\lambda-a_{22})\cdots(\lambda-a_{nn}),$$

所以 $\boldsymbol{A}$ 的 n 个特征值为 $\lambda_1=a_{11}, \lambda_2=a_{22}, \cdots, \lambda_n=a_{nn}$.

性质 2 若 n 阶方阵 $\boldsymbol{A}$ 的 n 个特征值为 $\lambda_1, \lambda_2, \cdots, \lambda_n$，则

(1) $\lambda_1+\lambda_2+\cdots+\lambda_n=a_{11}+a_{22}+\cdots+a_{nn}=\operatorname{tr}(\boldsymbol{A})$（$\boldsymbol{A}$ 的迹）；

(2) $\lambda_1\lambda_2\cdots\lambda_n=|\boldsymbol{A}|$.

证 $\boldsymbol{A}$ 的特征多项式为

$$|\lambda \boldsymbol{E}-\boldsymbol{A}|=\begin{vmatrix} \lambda-a_{11} & -a_{12} & \cdots & -a_{1n} \\ -a_{21} & \lambda-a_{22} & \cdots & -a_{2n} \\ \vdots & \vdots & & \vdots \\ -a_{n1} & -a_{n2} & \cdots & \lambda-a_{nn} \end{vmatrix}$$

$$=\lambda^n+C_1\lambda^{n-1}+C_2\lambda^{n-2}+\cdots+C_{n-1}\lambda+C_n, \tag{1}$$

由 n 阶行列式的定义可知 λ^{n-1} 的系数为

$$C_1=-(a_{11}+a_{22}+\cdots+a_{nn}),$$

常数项为

$$C_n=(-1)^n|\boldsymbol{A}|.$$

又因为 $\boldsymbol{A}$ 的 n 个特征值 $\lambda_1, \lambda_2, \cdots, \lambda_n$ 必为特征方程 $|\lambda \boldsymbol{E}-\boldsymbol{A}|=0$ 的 n 个根，于是有

$$|\lambda \boldsymbol{E}-\boldsymbol{A}|=(\lambda-\lambda_1)(\lambda-\lambda_2)\cdots(\lambda-\lambda_n)$$

$$=\lambda^n-(\lambda_1+\lambda_2+\cdots+\lambda_n)\lambda^{n-1}+\cdots+(-1)^n\lambda_1\lambda_2\cdots\lambda_n, \quad (2)$$

比较(1)(2)式的对应项系数,可得

$$\lambda_1+\lambda_2+\cdots+\lambda_n=a_{11}+a_{22}+\cdots+a_{nn},$$

$$\lambda_1\lambda_2\cdots\lambda_n=|\boldsymbol{A}|.$$

性质 3 n 阶方阵 $\boldsymbol{A}$ 可逆的充要条件是 $\boldsymbol{A}$ 的特征值全不为零.

证 $\boldsymbol{A}$ 可逆$\Leftrightarrow|\boldsymbol{A}|\neq0$,由性质 2 可知

$$|\boldsymbol{A}|=\lambda_1\lambda_2\cdots\lambda_n\neq0,$$

即 $\boldsymbol{A}$ 的特征值全不为零.

例 1 设 3 阶方阵 $\boldsymbol{A}=\begin{bmatrix} a & -2 & 0 \\ -2 & 1 & -2 \\ 0 & -2 & 0 \end{bmatrix}$,$\boldsymbol{A}$ 的特征值为 $\lambda_1=-2,\lambda_2=1,\lambda_3$,试确定参数 a 的值以及 $\boldsymbol{A}$ 的特征值 λ_3.

解 由性质 2 可知

$$\lambda_1+\lambda_2+\lambda_3=a_{11}+a_{22}+a_{33},$$

$$\lambda_1\lambda_2\lambda_3=|\boldsymbol{A}|,$$

因为$|\boldsymbol{A}|=-4a$,于是有

$$\begin{cases} -2+1+\lambda_3=a+1, \\ (-2)\cdot1\cdot\lambda_3=-4a, \end{cases}$$

所以 $a=2,\lambda_3=4$.

例 2 设 $\boldsymbol{A}$ 为 3 阶方阵,且 $2\boldsymbol{E}-\boldsymbol{A},5\boldsymbol{E}-\boldsymbol{A},\boldsymbol{E}+\boldsymbol{A}$ 均不可逆,判断 $\boldsymbol{A}$ 是否可逆.

解 因为 $2\boldsymbol{E}-\boldsymbol{A},5\boldsymbol{E}-\boldsymbol{A},\boldsymbol{E}+\boldsymbol{A}$ 均不可逆,则

$$|2\boldsymbol{E}-\boldsymbol{A}|=0,\ |5\boldsymbol{E}-\boldsymbol{A}|=0,\ |\boldsymbol{E}+\boldsymbol{A}|=0.$$

由特征方程的定义$|\lambda\boldsymbol{E}-\boldsymbol{A}|=0$(或$|\boldsymbol{A}-\lambda\boldsymbol{E}|=0$),其中 λ 为 $\boldsymbol{A}$ 的特征值,可知 $\boldsymbol{A}$ 的特征值为 $\lambda_1=2,\lambda_2=5,\lambda_3=-1$. 于是有$|\boldsymbol{A}|=2\times5\times(-1)=-10\neq0$,所以 $\boldsymbol{A}$ 可逆.

性质 4 若 λ 为 n 阶方阵 $\boldsymbol{A}$ 的特征值,则

(1)$\boldsymbol{A}^{\mathrm{T}}$与 $\boldsymbol{A}$ 有相同的特征值,即 λ 为 $\boldsymbol{A}^{\mathrm{T}}$的特征值;

(2)如果 $\boldsymbol{A}$ 可逆,则$\dfrac{1}{\lambda}$为 $\boldsymbol{A}^{-1}$的特征值,$\dfrac{|\boldsymbol{A}|}{\lambda}$为 $\boldsymbol{A}^*$ 的特征值;

(3)$f(\lambda)$为$f(\boldsymbol{A})$的特征值.

证 设 $\boldsymbol{\alpha}\neq\boldsymbol{O}$ 为 $\boldsymbol{A}$ 的对应于特征值 λ 的特征向量,所以有 $\boldsymbol{A\alpha}=\lambda\boldsymbol{\alpha}$.

(1)因为

$$|\lambda\boldsymbol{E}-\boldsymbol{A}^{\mathrm{T}}|=|(\lambda\boldsymbol{E}-\boldsymbol{A})^{\mathrm{T}}|=|\lambda\boldsymbol{E}-\boldsymbol{A}|,$$

即 $\boldsymbol{A}^{\mathrm{T}}$与 $\boldsymbol{A}$ 具有相同的特征多项式,所以 $\boldsymbol{A}^{\mathrm{T}}$与 $\boldsymbol{A}$ 具有相同的特征值,即 λ 为 $\boldsymbol{A}^{\mathrm{T}}$的特征值.

(2)在 $\boldsymbol{A\alpha}=\lambda\boldsymbol{\alpha}$ 的两边同时左乘 $\boldsymbol{A}^{-1}$,得

$$\boldsymbol{A}^{-1}\boldsymbol{A\alpha}=\boldsymbol{A}^{-1}\lambda\boldsymbol{\alpha},$$

即 $\boldsymbol{\alpha}=\lambda \boldsymbol{A}^{-1}\boldsymbol{\alpha}$.

因为 $\boldsymbol{A}$ 可逆,则特征值 $\lambda\neq 0$,所以 $\boldsymbol{A}^{-1}\boldsymbol{\alpha}=\frac{1}{\lambda}\boldsymbol{\alpha}$,即$\frac{1}{\lambda}$为 $\boldsymbol{A}^{-1}$ 的特征值,且对应的特征向量仍为 $\boldsymbol{\alpha}$.

又因为 $\boldsymbol{A}^{-1}=\frac{\boldsymbol{A}^{*}}{|\boldsymbol{A}|}$,即 $\boldsymbol{A}^{*}=|\boldsymbol{A}|\boldsymbol{A}^{-1}$,所以

$$\boldsymbol{A}^{*}\boldsymbol{\alpha}=|\boldsymbol{A}|\boldsymbol{A}^{-1}\boldsymbol{\alpha}=\frac{|\boldsymbol{A}|}{\lambda}\boldsymbol{\alpha},$$

即$\frac{|\boldsymbol{A}|}{\lambda}$为 $\boldsymbol{A}^{*}$ 的特征值,且对应的特征向量仍为 $\boldsymbol{\alpha}$.

(3)在 $\boldsymbol{A\alpha}=\lambda\boldsymbol{\alpha}$ 的两边同时左乘 $\boldsymbol{A}$,得

$$\boldsymbol{A}^2\boldsymbol{\alpha}=\lambda(\boldsymbol{A\alpha})=\lambda^2\boldsymbol{\alpha},\text{即 }\boldsymbol{A}^2\boldsymbol{\alpha}=\lambda^2\boldsymbol{\alpha}.$$

上式两端再左乘 $\boldsymbol{A}$,得

$$\boldsymbol{A}^3\boldsymbol{\alpha}=\lambda(\boldsymbol{A}^2\boldsymbol{\alpha})=\lambda(\lambda^2\boldsymbol{\alpha})=\lambda^3\boldsymbol{\alpha},\text{即 }\boldsymbol{A}^3\boldsymbol{\alpha}=\lambda^3\alpha.$$

同理可得 $\boldsymbol{A}^k\boldsymbol{\alpha}=\lambda^k\boldsymbol{\alpha}(k\in\mathbf{Z}^{+})$,即 λ^k为 $\boldsymbol{A}^k(k\in\mathbf{Z}^{+})$的特征值.

一般地,对于多项式$f(x)=a_mx^m+a_{m-1}x^{m-1}+\cdots+a_1x+a_0$,有

$$\begin{aligned}f(\boldsymbol{A})\boldsymbol{\alpha}&=a_m\boldsymbol{A}^m\boldsymbol{\alpha}+a_{m-1}\boldsymbol{A}^{m-1}\boldsymbol{\alpha}+\cdots+a_1\boldsymbol{A\alpha}+a_0\boldsymbol{E\alpha}\\&=a_m\lambda^m\boldsymbol{\alpha}+a_{m-1}\lambda^{m-1}\boldsymbol{\alpha}+\cdots+a_1\lambda\boldsymbol{\alpha}+a_0\boldsymbol{\alpha}\\&=(a_m\lambda^m+a_{m-1}\lambda^{m-1}+\cdots+a_1\lambda+a_0)\boldsymbol{\alpha}=f(\lambda)\boldsymbol{\alpha},\end{aligned}$$

由定义可知,$f(\lambda)$为$f(\boldsymbol{A})$的特征值,且对应的特征向量仍为 $\boldsymbol{\alpha}$.

例 3 设 3 阶方阵 $\boldsymbol{A}$ 的特征值为 1, −1,2.

(1)求 $\boldsymbol{A}^{-1}$,$\boldsymbol{A}^{*}$ 的特征值;

(2)若 $\boldsymbol{B}=\boldsymbol{A}^2+\boldsymbol{A}+3\boldsymbol{E}$,求 $\boldsymbol{B}$ 的特征值以及$|\boldsymbol{B}|$.

解 (1)因为$|\boldsymbol{A}|=1\times(-1)\times 2=-2\neq 0$,所以 $\boldsymbol{A}$ 可逆,由性质 4 可知,若 λ 为 $\boldsymbol{A}$ 的特征值,则$\frac{1}{\lambda}$为 $\boldsymbol{A}^{-1}$的特征值,$\frac{|\boldsymbol{A}|}{\lambda}$为 $\boldsymbol{A}^{*}$ 的特征值,即 $\boldsymbol{A}^{-1}$的特征值为 1, −1, $\frac{1}{2}$;$\boldsymbol{A}^{*}$ 的特征值为 −2,2, −1.

(2)若 $\boldsymbol{B}=\boldsymbol{A}^2+\boldsymbol{A}+3\boldsymbol{E}$,则 $\boldsymbol{B}$ 的特征值为 5,3,9,即

$$|\boldsymbol{B}|=5\times 3\times 9=135.$$

例 4 如果 $\boldsymbol{A}$ 为 n 阶方阵,且 $\boldsymbol{A}^2=\boldsymbol{A}$,证明 $\boldsymbol{E}+\boldsymbol{A}$ 为可逆矩阵.

证法 1 设 $\boldsymbol{A}$ 的特征值为 λ,其对应的特征向量为 $\boldsymbol{\alpha}$,则

$$\boldsymbol{A\alpha}=\lambda\boldsymbol{\alpha},\ \text{其中 }\boldsymbol{\alpha}\neq\boldsymbol{O},$$

上式两端左乘 $\boldsymbol{A}$ 可得

$$\boldsymbol{A}^2\boldsymbol{\alpha}=\lambda(\boldsymbol{A\alpha})=\lambda^2\boldsymbol{\alpha},\text{即 }\boldsymbol{A}^2\boldsymbol{\alpha}=\lambda^2\boldsymbol{\alpha}.$$

由于 $\boldsymbol{A}^2=\boldsymbol{A}$,所以 $\lambda\boldsymbol{\alpha}=\lambda^2\boldsymbol{\alpha}$,即$(\lambda-\lambda^2)\boldsymbol{\alpha}=\boldsymbol{O}$.

又因为 $\boldsymbol{\alpha}\neq\boldsymbol{O}$,只有 $\lambda-\lambda^2=0$,即 $\lambda=0$ 或 $\lambda=1$.

因为$\boldsymbol{A}$的特征值为$\lambda=0$或$\lambda=1$，故-1不是$\boldsymbol{A}$的特征值，即$|\boldsymbol{E}+\boldsymbol{A}|\neq 0$，所以$\boldsymbol{E}+\boldsymbol{A}$为可逆矩阵.

证法 2 因为$\boldsymbol{A}^2=\boldsymbol{A}$，即$\boldsymbol{A}-\boldsymbol{A}^2=\boldsymbol{O}$，于是有

$$(\boldsymbol{E}+\boldsymbol{A})(2\boldsymbol{E}-\boldsymbol{A})=2\boldsymbol{E}，即(\boldsymbol{E}+\boldsymbol{A})\left(\frac{2\boldsymbol{E}-\boldsymbol{A}}{2}\right)=\boldsymbol{E},$$

所以$\boldsymbol{E}+\boldsymbol{A}$为可逆矩阵，且$(\boldsymbol{E}+\boldsymbol{A})^{-1}=\dfrac{2\boldsymbol{E}-\boldsymbol{A}}{2}$.

5.2.2 特征向量的性质

性质 1 若$\boldsymbol{\alpha}$是$\boldsymbol{A}$的对应于λ的特征向量，k为非零常数，则$k\boldsymbol{\alpha}$也是$\boldsymbol{A}$的对应于λ的特征向量.

证 因为$\boldsymbol{A\alpha}=\lambda\boldsymbol{\alpha}$，其中$\boldsymbol{\alpha}\neq\boldsymbol{O}$，由于$k\neq 0$，于是$k\boldsymbol{\alpha}\neq\boldsymbol{O}$，而且有

$$\boldsymbol{A}(k\boldsymbol{\alpha})=k\boldsymbol{A\alpha}=k(\lambda\boldsymbol{\alpha})=\lambda(k\boldsymbol{\alpha}),$$

由定义可知$k\boldsymbol{\alpha}$也是$\boldsymbol{A}$的对应于λ的特征向量.

性质 2 若$\boldsymbol{\alpha}_1,\boldsymbol{\alpha}_2$是$\boldsymbol{A}$的对应于同一个特征值$\lambda$的特征向量，且$\boldsymbol{\alpha}_1+\boldsymbol{\alpha}_2\neq\boldsymbol{O}$，则$\boldsymbol{\alpha}_1+\boldsymbol{\alpha}_2$也是$\boldsymbol{A}$的对应于$\lambda$的特征向量.

证 因为$\boldsymbol{A\alpha}_1=\lambda\boldsymbol{\alpha}_1,\boldsymbol{A\alpha}_2=\lambda\boldsymbol{\alpha}_2$，所以$\boldsymbol{A}(\boldsymbol{\alpha}_1+\boldsymbol{\alpha}_2)=\lambda(\boldsymbol{\alpha}_1+\boldsymbol{\alpha}_2)$，其中$\boldsymbol{\alpha}_1+\boldsymbol{\alpha}_2\neq\boldsymbol{O}$，由定义可知$\boldsymbol{\alpha}_1+\boldsymbol{\alpha}_2$也是$\boldsymbol{A}$的对应于$\lambda$的特征向量.

推广 若$\boldsymbol{\alpha}_1,\boldsymbol{\alpha}_2,\cdots,\boldsymbol{\alpha}_s$是$\boldsymbol{A}$的对应于同一个特征值$\lambda$的特征向量，则$\boldsymbol{\alpha}_1,\boldsymbol{\alpha}_2,\cdots,\boldsymbol{\alpha}_s$的任意一个非零的线性组合$k_1\boldsymbol{\alpha}_1+k_2\boldsymbol{\alpha}_2+\cdots+k_s\boldsymbol{\alpha}_s$也是$\boldsymbol{A}$的对应于$\lambda$的特征向量.

性质 3 若$\lambda_1,\lambda_2,\cdots,\lambda_m$为$n$阶方阵$\boldsymbol{A}$的互不相同的特征值，$\boldsymbol{\alpha}_1,\boldsymbol{\alpha}_2,\cdots,\boldsymbol{\alpha}_m$分别为$\boldsymbol{A}$的对应于特征值$\lambda_1,\lambda_2,\cdots,\lambda_m$的特征向量，则$\boldsymbol{\alpha}_1,\boldsymbol{\alpha}_2,\cdots,\boldsymbol{\alpha}_m$是线性无关的. 即对应于不同特征值的特征向量必线性无关.

证 利用数学归纳法证明.

当$m=1$时，$\boldsymbol{A}$的对应于特征值λ_1的特征向量$\boldsymbol{\alpha}_1$是非零向量，所以$\boldsymbol{\alpha}_1$线性无关.

假设$\boldsymbol{A}$的$m-1$个互不相同的特征值$\lambda_1,\lambda_2,\cdots,\lambda_{m-1}$所对应的特征向量$\boldsymbol{\alpha}_1,\boldsymbol{\alpha}_2,\cdots,\boldsymbol{\alpha}_{m-1}$线性无关，只需证明$m$个互不相同的特征值$\lambda_1,\lambda_2,\cdots,\lambda_m$所对应的特征向量$\boldsymbol{\alpha}_1,\boldsymbol{\alpha}_2,\cdots,\boldsymbol{\alpha}_m$线性无关.

设数$k_1,k_2,\cdots,k_m$使等式

$$k_1\boldsymbol{\alpha}_1+k_2\boldsymbol{\alpha}_2+\cdots+k_m\boldsymbol{\alpha}_m=\boldsymbol{O} \tag{1}$$

成立，(1)式两边左乘$\boldsymbol{A}$，得

$$k_1\boldsymbol{A\alpha}_1+k_2\boldsymbol{A\alpha}_2+\cdots+k_m\boldsymbol{A\alpha}_m=\boldsymbol{O}.$$

由于$\boldsymbol{A\alpha}_i=\lambda_i\boldsymbol{\alpha}_i(i=1,2,\cdots,m)$，则有

$$k_1\lambda_1\boldsymbol{\alpha}_1+k_2\lambda_2\boldsymbol{\alpha}_2+\cdots+k_m\lambda_m\boldsymbol{\alpha}_m=\boldsymbol{O}. \tag{2}$$

(1)式再乘λ_m，得

$$k_1\lambda_m\boldsymbol{\alpha}_1+k_2\lambda_m\boldsymbol{\alpha}_2+\cdots+k_m\lambda_m\boldsymbol{\alpha}_m=\boldsymbol{O}, \tag{3}$$

(3) - (2)可得

$$k_1(\lambda_m-\lambda_1)\boldsymbol{\alpha}_1+k_2(\lambda_m-\lambda_2)\boldsymbol{\alpha}_2+\cdots+k_{m-1}(\lambda_m-\lambda_{m-1})\boldsymbol{\alpha}_{m-1}=\boldsymbol{O},$$

因假设 $\boldsymbol{\alpha}_1,\boldsymbol{\alpha}_2,\cdots,\boldsymbol{\alpha}_{m-1}$ 线性无关,故

$$k_i(\lambda_m-\lambda_i)=0\ (i=1,2,\cdots,m-1).$$

由于 $\lambda_m-\lambda_i\neq0(i=1,2,\cdots,m-1)$,故 $k_1=k_2=\cdots=k_{m-1}=0$,于是(1)式可化为

$$k_m\boldsymbol{\alpha}_m=\boldsymbol{O},$$

但 $\boldsymbol{\alpha}_m\neq\boldsymbol{O}$,从而 $k_m=0$. 因此 $\boldsymbol{\alpha}_1,\boldsymbol{\alpha}_2,\cdots,\boldsymbol{\alpha}_m$ 线性无关. 由数学归纳法原理,定理得证.

性质 4 若 n 阶方阵 $\boldsymbol{A}$ 有 n 个互不相同的特征值,则它必有 n 个线性无关的特征向量.

性质 5 若 $\lambda_1,\lambda_2,\cdots,\lambda_k$ 是 n 阶方阵 $\boldsymbol{A}$ 的互不相同的特征值,而 $\boldsymbol{\alpha}_{i1},\boldsymbol{\alpha}_{i2},\cdots,\boldsymbol{\alpha}_{ir_i}$ 是对应于 $\lambda_i(i=1,2,\cdots,k)$ 的线性无关的特征向量,则 $\boldsymbol{\alpha}_{11},\boldsymbol{\alpha}_{12},\cdots,\boldsymbol{\alpha}_{1r_1},\boldsymbol{\alpha}_{21},\boldsymbol{\alpha}_{22},\cdots,\boldsymbol{\alpha}_{2r_2},\cdots,\boldsymbol{\alpha}_{k1},\boldsymbol{\alpha}_{k2},\cdots,\boldsymbol{\alpha}_{kr_k}$ 是线性无关的.

性质 6 若 λ 是 n 阶方阵 $\boldsymbol{A}$ 的 k 重特征值,则 $\boldsymbol{A}$ 的对应于 λ 的线性无关的特征向量个数不会超过 k.

例如在 5.1 节例 2 中,3 阶方阵 $\boldsymbol{A}=\begin{bmatrix}-1&1&0\\-4&3&0\\1&0&2\end{bmatrix}$ 的二重特征值 $\lambda_1=\lambda_2=1$,其对应的线性无关的特征向量只有一个,即 $\boldsymbol{\alpha}_1=\begin{bmatrix}-1\\-2\\1\end{bmatrix}$.

在 5.1 节例 3 中,3 阶方阵 $\boldsymbol{A}=\begin{bmatrix}0&1&1\\1&0&1\\1&1&0\end{bmatrix}$ 的二重特征值 $\lambda_1=\lambda_2=-1$,其对应的线性无关的特征向量有两个,分别为 $\boldsymbol{\alpha}_1=\begin{bmatrix}-1\\1\\0\end{bmatrix}$,$\boldsymbol{\alpha}_2=\begin{bmatrix}-1\\0\\1\end{bmatrix}$.

由以上例子可以看出,$\boldsymbol{A}$ 对应于同一特征值的线性无关的特征向量的个数小于或等于该特征值的重数.

例 5 设 λ_1,λ_2 是 n 阶方阵 $\boldsymbol{A}$ 的两个不同的特征值,且 λ_1,λ_2 所对应的特征向量分别为 $\boldsymbol{\alpha}_1,\boldsymbol{\alpha}_2$,证明 $\boldsymbol{\alpha}_1+\boldsymbol{\alpha}_2$ 不是 $\boldsymbol{A}$ 的特征向量.

证 由题设可知 $\boldsymbol{A}\boldsymbol{\alpha}_1=\lambda_1\boldsymbol{\alpha}_1,\boldsymbol{A}\boldsymbol{\alpha}_2=\lambda_2\boldsymbol{\alpha}_2$,所以有

$$\boldsymbol{A}(\boldsymbol{\alpha}_1+\boldsymbol{\alpha}_2)=\lambda_1\boldsymbol{\alpha}_1+\lambda_2\boldsymbol{\alpha}_2.$$

反证法 设 $\boldsymbol{\alpha}_1+\boldsymbol{\alpha}_2$ 是 $\boldsymbol{A}$ 的特征向量,则存在数 λ,使得

$$\boldsymbol{A}(\boldsymbol{\alpha}_1+\boldsymbol{\alpha}_2)=\lambda(\boldsymbol{\alpha}_1+\boldsymbol{\alpha}_2),$$

于是有

$$\lambda(\boldsymbol{\alpha}_1+\boldsymbol{\alpha}_2)=\lambda_1\boldsymbol{\alpha}_1+\lambda_2\boldsymbol{\alpha}_2,$$

即

$$(\lambda-\lambda_1)\boldsymbol{\alpha}_1+(\lambda-\lambda_2)\boldsymbol{\alpha}_2=\boldsymbol{O}.$$

因为 $\lambda_1\neq\lambda_2$，由性质 4 可知 $\boldsymbol{\alpha}_1,\boldsymbol{\alpha}_2$ 线性无关，则

$$\lambda-\lambda_1=\lambda-\lambda_2=0,$$

所以 $\lambda_1=\lambda_2$ 与题设矛盾. 因此，$\boldsymbol{\alpha}_1+\boldsymbol{\alpha}_2$ 不是 $\boldsymbol{A}$ 的特征向量.

***例 6** 设 3 阶方阵 $\boldsymbol{A}$ 满足 $\boldsymbol{A}\boldsymbol{\alpha}_i=i\boldsymbol{\alpha}_i(i=1,2,3)$，其中 $\boldsymbol{\alpha}_1=\begin{bmatrix}1\\2\\2\end{bmatrix},\boldsymbol{\alpha}_2=\begin{bmatrix}2\\-2\\1\end{bmatrix},\boldsymbol{\alpha}_3=\begin{bmatrix}-2\\-1\\2\end{bmatrix}$，求方阵 $\boldsymbol{A}$.

解 由题设可知 $\boldsymbol{A}\boldsymbol{\alpha}_1=\boldsymbol{\alpha}_1,\boldsymbol{A}\boldsymbol{\alpha}_2=2\boldsymbol{\alpha}_2,\boldsymbol{A}\boldsymbol{\alpha}_3=3\boldsymbol{\alpha}_3$，可知 $\boldsymbol{\alpha}_1,\boldsymbol{\alpha}_2,\boldsymbol{\alpha}_3$ 是 $\boldsymbol{A}$ 的不同特征值所对应的特征向量，所以 $\boldsymbol{\alpha}_1,\boldsymbol{\alpha}_2,\boldsymbol{\alpha}_3$ 是线性无关的.

同时 $\boldsymbol{A}(\boldsymbol{\alpha}_1,\boldsymbol{\alpha}_2,\boldsymbol{\alpha}_3)=(\boldsymbol{\alpha}_1,2\boldsymbol{\alpha}_2,3\boldsymbol{\alpha}_3)$，因为 $\boldsymbol{\alpha}_1,\boldsymbol{\alpha}_2,\boldsymbol{\alpha}_3$ 线性无关，所以 $(\boldsymbol{\alpha}_1,\boldsymbol{\alpha}_2,\boldsymbol{\alpha}_3)$ 可逆，故

$$\boldsymbol{A}=(\boldsymbol{\alpha}_1,2\boldsymbol{\alpha}_2,3\boldsymbol{\alpha}_3)(\boldsymbol{\alpha}_1,\boldsymbol{\alpha}_2,\boldsymbol{\alpha}_3)^{-1}=\begin{bmatrix}1&4&-6\\2&-4&-3\\2&2&6\end{bmatrix}\frac{1}{9}\begin{bmatrix}1&2&2\\2&-2&1\\-2&-1&2\end{bmatrix}$$

$$=\begin{bmatrix}\frac{7}{3}&0&-\frac{2}{3}\\0&\frac{5}{3}&-\frac{2}{3}\\-\frac{2}{3}&-\frac{2}{3}&2\end{bmatrix}.$$

5.3 相似矩阵及其性质

5.3.1 相似矩阵

定义 5.3 设 $\boldsymbol{A},\boldsymbol{B}$ 为 n 阶方阵，若存在 n 阶可逆矩阵 $\boldsymbol{P}$，使得

$$\boldsymbol{P}^{-1}\boldsymbol{A}\boldsymbol{P}=\boldsymbol{B},$$

则称 $\boldsymbol{A}$ 与 $\boldsymbol{B}$ 相似，记作 $\boldsymbol{A}\sim\boldsymbol{B}$，并称 $\boldsymbol{B}$ 为 $\boldsymbol{A}$ 的相似矩阵，称 $\boldsymbol{P}$ 为相似变换矩阵.

相似关系满足以下性质.

(1)反身性. 对于任意方阵 $\boldsymbol{A}$，$\boldsymbol{A}\sim\boldsymbol{A}$.

(2)对称性. 如果 $\boldsymbol{A}\sim\boldsymbol{B}$，则 $\boldsymbol{B}\sim\boldsymbol{A}$.

(3)传递性. 如果 $\boldsymbol{A}\sim\boldsymbol{B}$，且 $\boldsymbol{B}\sim\boldsymbol{C}$，则 $\boldsymbol{A}\sim\boldsymbol{C}$.

证 由相似关系的定义，易证(1)(2).

下面证(3)，由于 $\boldsymbol{A}\sim\boldsymbol{B}$，且 $\boldsymbol{B}\sim\boldsymbol{C}$，则存在可逆矩阵 $\boldsymbol{P}_1,\boldsymbol{P}_2$，使得

$$\boldsymbol{P}_1^{-1}\boldsymbol{A}\boldsymbol{P}_1=\boldsymbol{B},\ \boldsymbol{P}_2^{-1}\boldsymbol{B}\boldsymbol{P}_2=\boldsymbol{C},$$

于是

$$C=P_2^{-1}P_1^{-1}AP_1P_2=(P_1P_2)^{-1}A(P_1P_2),$$

且 P_1P_2 可逆,所以 $A\sim C$.

例 1 设 A,B 为 n 阶方阵,且 $|A|\neq 0$,证明 AB 与 BA 相似.

证 因为 $|A|\neq 0$,即 A 可逆,又因为 $A^{-1}(AB)A=BA$,所以 $AB\sim BA$.

5.3.2 相似矩阵的性质

性质 1 若 $A\sim B$,则 $|A|=|B|$.

证 因为 $A\sim B$,则存在可逆矩阵 P,使得 $P^{-1}AP=B$,两端取行列式,得到

$$|P^{-1}AP|=|B|,$$

又因为

$$|P^{-1}AP|=|P^{-1}||A||P|=|A||P^{-1}||P|=|A|,$$

所以 $|A|=|B|$.

性质 2 若 $A\sim B$,m 为正整数,则 $A^m\sim B^m$.

证 因为 $A\sim B$,则存在可逆矩阵 P,使得 $P^{-1}AP=B$,

$$\begin{aligned}B^m&=\underbrace{BB\cdots B}_{m个}=\underbrace{(P^{-1}AP)(P^{-1}AP)\cdots(P^{-1}AP)}_{m个}\\&=P^{-1}\underbrace{AA\cdots A}_{m个}P=P^{-1}A^mP,\end{aligned}$$

所以 $A^m\sim B^m$.

推广 若 $A\sim B$,设 $f(x)=a_mx^m+a_{m-1}x^{m-1}+\cdots+a_1x+a_0$,则 $f(A)\sim f(B)$.

证明留给读者.

性质 3 若 $A\sim B$,则

(1) $A^{\mathrm{T}}\sim B^{\mathrm{T}}$;

(2) 若 A,B 可逆,则 $A^{-1}\sim B^{-1}$,$A^*\sim B^*$.

证 (1) 因为 $A\sim B$,故存在可逆矩阵 P,使得 $P^{-1}AP=B$,两边同时求转置得

$$(P^{-1}AP)^{\mathrm{T}}=B^{\mathrm{T}},$$

因为

$$(P^{-1}AP)^{\mathrm{T}}=P^{\mathrm{T}}A^{\mathrm{T}}(P^{-1})^{\mathrm{T}}=P^{\mathrm{T}}A^{\mathrm{T}}(P^{\mathrm{T}})^{-1}=[(P^{\mathrm{T}})^{-1}]^{-1}A^{\mathrm{T}}(P^{\mathrm{T}})^{-1},$$

令 $Q=(P^{\mathrm{T}})^{-1}$,且 Q 可逆,即 $Q^{-1}A^{\mathrm{T}}Q=B^{\mathrm{T}}$,所以 $A^{\mathrm{T}}\sim B^{\mathrm{T}}$.

(2) 因为 A,B 均可逆,且 $A\sim B$,故存在可逆矩阵 P,使得 $P^{-1}AP=B$,式子两边同时取逆得

$$(P^{-1}AP)^{-1}=B^{-1},$$

即 $P^{-1}A^{-1}P=B^{-1}$,所以 $A^{-1}\sim B^{-1}$.

因为 $A\sim B$,由性质 1 可知 $|A|=|B|$,在 $P^{-1}A^{-1}P=B^{-1}$ 两边分别乘以 $|A|$,$|B|$ 得

$$P^{-1}|A|A^{-1}P=|B|B^{-1},即\ P^{-1}A^*P=B^*,$$

所以 $A^* \sim B^*$.

性质 4 若 $A \sim B$,则 A 与 B 具有相同的特征值.

证 因为 $A \sim B$,则存在可逆矩阵 P,使得 $P^{-1}AP = B$,于是有

$$\begin{aligned}|\lambda E - B| &= |\lambda E - P^{-1}AP| = |\lambda P^{-1}P - P^{-1}AP| \\ &= |P^{-1}(\lambda E - A)P| = |P^{-1}||\lambda E - A||P| = |\lambda E - A|,\end{aligned}$$

即 A 与 B 具有相同的特征多项式,从而 A 与 B 具有相同的特征值.

性质 5 若 $A \sim B$,则 $\mathrm{tr}(A) = \mathrm{tr}(B)$.

证 因为 $A \sim B$,由性质 4 可知 A 与 B 具有相同的特征值.

设 A 与 B 的特征值为 $\lambda_1, \lambda_2, \cdots, \lambda_n$,再由特征值的性质 2 可得

$$\mathrm{tr}(A) = \lambda_1 + \lambda_2 + \cdots + \lambda_n = \mathrm{tr}(B).$$

性质 6 若 $A \sim B$,则 $r(A) = r(B)$.

证 因为 $A \sim B$,故存在可逆矩阵 P,使得 $P^{-1}AP = B$,于是有

$$r(A) = r(P^{-1}AP) = r(B).$$

需要注意,性质 4,5,6 反之不一定成立. 例如 2 阶方阵 $A = \begin{bmatrix} 1 & 1 \\ 0 & 1 \end{bmatrix}$ 与 $E = \begin{bmatrix} 1 & 0 \\ 0 & 1 \end{bmatrix}$ 具有相同的特征值 $\lambda_1 = \lambda_2 = 1$,且 $\mathrm{tr}(A) = \mathrm{tr}(E) = 2$,$r(A) = r(E) = 2$,但是 A 与 E 不相似. 事实上,若 $A \sim E$,则存在可逆矩阵 P,使得 $P^{-1}EP = A$,而 $P^{-1}EP = E \neq A$,所以 A 与 E 不相似.

例 2 设 3 阶方阵 $A = \begin{bmatrix} 2 & -1 & 3 \\ 0 & a & 2 \\ 1 & 0 & 3 \end{bmatrix}$,$B = \begin{bmatrix} 1 & 0 & 0 \\ 0 & 2 & 0 \\ 0 & 0 & b \end{bmatrix}$,且 $A \sim B$,试确定参数 a, b 的值.

解 因为 $A \sim B$,可得 $|A| = |B|$,$\mathrm{tr}(A) = \mathrm{tr}(B)$,即

$$\begin{cases} 6a - 2 - 3a = 2b, \\ 2 + a + 3 = 1 + 2 + b, \end{cases}$$

解得 $a = 6, b = 8$.

例 3 设 3 阶方阵 A 与 B 相似,A 的特征值为 $\frac{1}{2}, \frac{1}{3}, \frac{1}{4}$,求 $|B^{-1} - E|$.

解 由题设可知 $A \sim B$,所以 A 与 B 有相同的特征值为 $\frac{1}{2}, \frac{1}{3}, \frac{1}{4}$,且 $|A| = |B| \neq 0$,则 B 可逆,再由特征值的性质可得 $B^{-1} - E$ 的特征值为 1,2,3,且

$$|B^{-1} - E| = 1 \times 2 \times 3 = 6.$$

5.4 矩阵可对角化的条件

5.4.1 矩阵可对角化的条件

由前面内容可知,若 $A \sim B$,则 A 与 B 存在很多相同的性质. 在矩阵的运算中,对角形矩

阵的运算是最为简便的，如果 $\boldsymbol{A}$ 能够相似于对角形矩阵，则有些计算可以大大地简化，而且可以通过研究对角形矩阵的性质去了解 $\boldsymbol{A}$ 的性质.

定义 5.4 设 $\boldsymbol{A}$ 为 n 阶方阵，若存在 n 阶可逆矩阵 $\boldsymbol{P}$，使得 $\boldsymbol{P}^{-1}\boldsymbol{A}\boldsymbol{P}=\boldsymbol{\Lambda}$，其中

$$\boldsymbol{\Lambda}=\begin{bmatrix}\lambda_1 & & & \\ & \lambda_2 & & \\ & & \ddots & \\ & & & \lambda_n\end{bmatrix}$$

为一个对角形矩阵，则称方阵 $\boldsymbol{A}$ 可相似对角化，简称 $\boldsymbol{A}$ 可对角化. 否则，就称 $\boldsymbol{A}$ 不可对角化.

定理 5.1 n 阶方阵 $\boldsymbol{A}$ 可对角化的充要条件是 $\boldsymbol{A}$ 有 n 个线性无关的特征向量.

证 先证必要性. 设 $\boldsymbol{A}$ 可对角化，即 $\boldsymbol{A}\sim\boldsymbol{\Lambda}$，则存在 n 阶可逆矩阵 $\boldsymbol{P}$，使得

$$\boldsymbol{P}^{-1}\boldsymbol{A}\boldsymbol{P}=\boldsymbol{\Lambda}=\begin{bmatrix}\lambda_1 & & & \\ & \lambda_2 & & \\ & & \ddots & \\ & & & \lambda_n\end{bmatrix},$$

对上式两边同时左乘 $\boldsymbol{P}$，可得 $\boldsymbol{A}\boldsymbol{P}=\boldsymbol{P}\boldsymbol{\Lambda}$.

设 $\boldsymbol{P}=(\boldsymbol{\alpha}_1,\boldsymbol{\alpha}_2,\cdots,\boldsymbol{\alpha}_n)$，其中 $\boldsymbol{\alpha}_i(i=1,2,\cdots,n)$ 为 $\boldsymbol{P}$ 的列向量，由于

$$\boldsymbol{A}\boldsymbol{P}=\boldsymbol{A}(\boldsymbol{\alpha}_1,\boldsymbol{\alpha}_2,\cdots,\boldsymbol{\alpha}_n)=(\boldsymbol{A}\boldsymbol{\alpha}_1,\boldsymbol{A}\boldsymbol{\alpha}_2,\cdots,\boldsymbol{A}\boldsymbol{\alpha}_n),$$

而

$$\boldsymbol{P}\boldsymbol{\Lambda}=(\boldsymbol{\alpha}_1,\boldsymbol{\alpha}_2,\cdots,\boldsymbol{\alpha}_n)\begin{bmatrix}\lambda_1 & & & \\ & \lambda_2 & & \\ & & \ddots & \\ & & & \lambda_n\end{bmatrix}=(\lambda_1\boldsymbol{\alpha}_1,\lambda_2\boldsymbol{\alpha}_2,\cdots,\lambda_n\boldsymbol{\alpha}_n),$$

故

$$\boldsymbol{A}\boldsymbol{\alpha}_1=\lambda_1\boldsymbol{\alpha}_1,\ \boldsymbol{A}\boldsymbol{\alpha}_2=\lambda_2\boldsymbol{\alpha}_2,\ \cdots,\ \boldsymbol{A}\boldsymbol{\alpha}_n=\lambda_n\boldsymbol{\alpha}_n.$$

再由 $\lambda_1,\lambda_2,\cdots,\lambda_n$ 为 $\boldsymbol{A}$ 的特征值，而 $\boldsymbol{\alpha}_1,\boldsymbol{\alpha}_2,\cdots,\boldsymbol{\alpha}_n$ 分别为其对应的特征向量，由于 $\boldsymbol{P}$ 为可逆矩阵，所以它的列向量 $\boldsymbol{\alpha}_i\neq\boldsymbol{O}(i=1,2,\cdots,n)$，且 $\boldsymbol{\alpha}_1,\boldsymbol{\alpha}_2,\cdots,\boldsymbol{\alpha}_n$ 是线性无关的，即 $\boldsymbol{A}$ 有 n 个线性无关的特征向量.

再证充分性. 设 $\boldsymbol{A}$ 有 n 个线性无关的特征向量 $\boldsymbol{\alpha}_1,\boldsymbol{\alpha}_2,\cdots,\boldsymbol{\alpha}_n$，它们分别是 $\boldsymbol{A}$ 的对应于特征值 $\lambda_1,\lambda_2,\cdots,\lambda_n$ 的特征向量，则有

$$\boldsymbol{A}\boldsymbol{\alpha}_1=\lambda_1\boldsymbol{\alpha}_1,\ \boldsymbol{A}\boldsymbol{\alpha}_2=\lambda_2\boldsymbol{\alpha}_2,\ \cdots,\ \boldsymbol{A}\boldsymbol{\alpha}_n=\lambda_n\boldsymbol{\alpha}_n.$$

因为 $\boldsymbol{\alpha}_1,\boldsymbol{\alpha}_2,\cdots,\boldsymbol{\alpha}_n$ 线性无关，所以矩阵

$$\boldsymbol{P}=(\boldsymbol{\alpha}_1,\boldsymbol{\alpha}_2,\cdots,\boldsymbol{\alpha}_n)$$

可逆，则

$$\boldsymbol{A}\boldsymbol{P}=\boldsymbol{A}(\boldsymbol{\alpha}_1,\boldsymbol{\alpha}_2,\cdots,\boldsymbol{\alpha}_n)=(\boldsymbol{A}\boldsymbol{\alpha}_1,\boldsymbol{A}\boldsymbol{\alpha}_2,\cdots,\boldsymbol{A}\boldsymbol{\alpha}_n)=(\lambda_1\boldsymbol{\alpha}_1,\lambda_2\boldsymbol{\alpha}_2,\cdots,\lambda_n\boldsymbol{\alpha}_n)$$

$$=(\boldsymbol{\alpha}_1,\boldsymbol{\alpha}_2,\cdots,\boldsymbol{\alpha}_n)\begin{bmatrix}\lambda_1 & & & \\ & \lambda_2 & & \\ & & \ddots & \\ & & & \lambda_n\end{bmatrix}=\boldsymbol{P}\begin{bmatrix}\lambda_1 & & & \\ & \lambda_2 & & \\ & & \ddots & \\ & & & \lambda_n\end{bmatrix}.$$

因此

$$\boldsymbol{P}^{-1}\boldsymbol{A}\boldsymbol{P}=\boldsymbol{\Lambda}=\begin{bmatrix}\lambda_1 & & & \\ & \lambda_2 & & \\ & & \ddots & \\ & & & \lambda_n\end{bmatrix},$$

即 $\boldsymbol{A}\sim\boldsymbol{\Lambda}$.

推论 1 若 n 阶方阵 $\boldsymbol{A}$ 有 n 个互不相同的特征值 $\lambda_1,\lambda_2,\cdots,\lambda_n$，则 $\boldsymbol{A}\sim\boldsymbol{\Lambda}$，且

$$\boldsymbol{\Lambda}=\begin{bmatrix}\lambda_1 & & & \\ & \lambda_2 & & \\ & & \ddots & \\ & & & \lambda_n\end{bmatrix}.$$

需要注意，推论 1 只是方阵 $\boldsymbol{A}$ 可对角化的一个充分条件，并非必要条件，即可对角化的 n 阶方阵 $\boldsymbol{A}$ 并不一定必须有 n 个不同的特征值，那么当方阵 $\boldsymbol{A}$ 有重特征值时，在什么条件下可对角化呢？来看下面的定理.

定理 5.2 n 阶方阵 $\boldsymbol{A}$ 可对角化的充要条件是 $\boldsymbol{A}$ 的每个 k_i 重特征值 λ_i 恰好有 k_i 个线性无关的特征向量.

证明从略.

由此可得 n 阶方阵 $\boldsymbol{A}$ 对角化的方法，先求出 $\boldsymbol{A}$ 的全部特征值 $\lambda_1,\lambda_2,\cdots,\lambda_n$，再对每个特征值分别求出它的特征值向量 $\boldsymbol{\alpha}_1,\boldsymbol{\alpha}_2,\cdots,\boldsymbol{\alpha}_n$，当 n 阶方阵 $\boldsymbol{A}$ 有 n 个线性无关的特征向量时，以这些特征向量为列作矩阵 $\boldsymbol{P}$，即

$$\boldsymbol{P}=(\boldsymbol{\alpha}_1,\boldsymbol{\alpha}_2,\cdots,\boldsymbol{\alpha}_n),$$

从而

$$\boldsymbol{P}^{-1}\boldsymbol{A}\boldsymbol{P}=\boldsymbol{\Lambda}=\begin{bmatrix}\lambda_1 & & & \\ & \lambda_2 & & \\ & & \ddots & \\ & & & \lambda_n\end{bmatrix}.$$

例 1 判断下列方阵 $\boldsymbol{A}$ 能否对角化．如果能，试求出可逆矩阵 $\boldsymbol{P}$，使得 $\boldsymbol{P}^{-1}\boldsymbol{A}\boldsymbol{P}=\boldsymbol{\Lambda}$.

(1) $\boldsymbol{A}=\begin{bmatrix}3 & -1\\ -8 & 1\end{bmatrix}$；　　(2) $\boldsymbol{A}=\begin{bmatrix}-1 & 1 & 0\\ -4 & 3 & 0\\ 1 & 0 & 2\end{bmatrix}$；

(3) $A=\begin{bmatrix}0&1&1\\1&0&1\\1&1&0\end{bmatrix}$;　　　　(4) $A=\begin{bmatrix}1&-3&3\\3&-5&3\\6&-6&4\end{bmatrix}$.

解　(1)首先求 A 的特征值. 由5.1节例1知, A 的特征值为 $\lambda_1=-1,\lambda_2=5$, 即二阶方阵 A 有两个互异的特征值, 则 A 可对角化.

再求 A 的线性无关的特征向量. 由5.1节例1知, 有两个线性无关的特征向量

$$\alpha_1=\begin{bmatrix}1\\4\end{bmatrix},\alpha_2=\begin{bmatrix}1\\-2\end{bmatrix},$$

令

$$P=(\alpha_1,\alpha_2)=\begin{bmatrix}1&1\\4&-2\end{bmatrix},$$

于是

$$P^{-1}AP=\begin{bmatrix}-1&\\&5\end{bmatrix}.$$

(2)由5.1节例2知, A 的特征值为 $\lambda_1=\lambda_2=1,\lambda_3=2$. 其中二重特征值 $\lambda_1=\lambda_2=1$ 所对应的线性无关的特征向量只有一个, 为 $\alpha_1=\begin{bmatrix}-1\\-2\\1\end{bmatrix}$, 所以 A 不可对角化.

(3)由5.1节例3知, A 的特征值为 $\lambda_1=\lambda_2=-1,\lambda_3=2$. 其中 $\lambda_1=\lambda_2=-1$ 所对应的线性无关的特征向量为 $\alpha_1=\begin{bmatrix}-1\\1\\0\end{bmatrix}$, $\alpha_2=\begin{bmatrix}-1\\0\\1\end{bmatrix}$; $\lambda_3=2$ 对应的特征向量为 $\alpha_3=\begin{bmatrix}1\\1\\1\end{bmatrix}$. 所以 A 可对角化, 令

$$P=(\alpha_1,\alpha_2,\alpha_3)=\begin{bmatrix}-1&-1&1\\1&0&1\\0&1&1\end{bmatrix},$$

于是

$$P^{-1}AP=\begin{bmatrix}-1&&\\&-1&\\&&2\end{bmatrix}.$$

(4) $A=\begin{bmatrix}1&-3&3\\3&-5&3\\6&-6&4\end{bmatrix}$ 的特征多项式为

$$|\lambda E-A|=\begin{vmatrix}\lambda-1&3&-3\\-3&\lambda+5&-3\\-6&6&\lambda-4\end{vmatrix}=\begin{vmatrix}\lambda+2&3&-3\\\lambda+2&\lambda+5&-3\\0&6&\lambda-4\end{vmatrix}$$

$$=(\lambda+2)\begin{vmatrix}1 & 3 & -3\\1 & \lambda+5 & -3\\0 & 6 & \lambda-4\end{vmatrix}=(\lambda+2)\begin{vmatrix}1 & 3 & -3\\0 & \lambda+2 & 0\\0 & 6 & \lambda-4\end{vmatrix}$$

$$=(\lambda+2)\begin{vmatrix}\lambda+2 & 0\\6 & \lambda-4\end{vmatrix}=(\lambda+2)^2(\lambda-4),$$

所以 $\boldsymbol{A}$ 的特征值为 $\lambda_1=\lambda_2=-2,\lambda_3=4$.

对于 $\lambda_1=\lambda_2=-2$,解齐次线性方程组 $(-2\boldsymbol{E}-\boldsymbol{A})\boldsymbol{X}=\boldsymbol{O}$,由

$$-2\boldsymbol{E}-\boldsymbol{A}=\begin{bmatrix}-3 & 3 & -3\\-3 & 3 & -3\\-6 & 6 & -6\end{bmatrix}\to\begin{bmatrix}1 & -1 & 1\\0 & 0 & 0\\0 & 0 & 0\end{bmatrix},$$

得基础解系为 $\boldsymbol{\alpha}_1=\begin{bmatrix}1\\1\\0\end{bmatrix}$, $\boldsymbol{\alpha}_2=\begin{bmatrix}-1\\0\\1\end{bmatrix}$.

对于 $\lambda_3=4$,解齐次线性方程组 $(4\boldsymbol{E}-\boldsymbol{A})\boldsymbol{X}=\boldsymbol{O}$,由

$$4\boldsymbol{E}-\boldsymbol{A}=\begin{bmatrix}3 & 3 & -3\\-3 & 9 & -3\\-6 & 6 & 0\end{bmatrix}\to\begin{bmatrix}1 & 1 & -1\\1 & -1 & 0\\0 & 0 & 0\end{bmatrix}\to\begin{bmatrix}1 & 0 & -\frac{1}{2}\\0 & 1 & -\frac{1}{2}\\0 & 0 & 0\end{bmatrix},$$

得基础解系为 $\boldsymbol{\alpha}_3=\begin{bmatrix}1\\1\\2\end{bmatrix}$.

由于 $\boldsymbol{\alpha}_1,\boldsymbol{\alpha}_2,\boldsymbol{\alpha}_3$ 线性无关,由定理 5.1 可知 $\boldsymbol{A}$ 可对角化,且

$$\boldsymbol{P}=(\boldsymbol{\alpha}_1,\boldsymbol{\alpha}_2,\boldsymbol{\alpha}_3)=\begin{bmatrix}1 & -1 & 1\\1 & 0 & 1\\0 & 1 & 2\end{bmatrix},$$

于是

$$\boldsymbol{P}^{-1}\boldsymbol{A}\boldsymbol{P}=\boldsymbol{\Lambda}=\begin{bmatrix}-2 & & \\ & -2 & \\ & & 4\end{bmatrix}.$$

例 2 设 3 阶方阵 $\boldsymbol{A}=\begin{bmatrix}1 & 4 & 2\\0 & -3 & 4\\0 & 4 & 3\end{bmatrix}$.

(1)求 $\boldsymbol{A}^{100}$;

(2)求 $|15\boldsymbol{E}-\boldsymbol{A}^2|$.

解 $\boldsymbol{A}$ 的特征多项式为

$$|\lambda \boldsymbol{E}-\boldsymbol{A}|=\begin{vmatrix}\lambda-1 & -4 & -2\\ 0 & \lambda+3 & -4\\ 0 & -4 & \lambda-3\end{vmatrix}=(\lambda-1)\begin{vmatrix}\lambda+3 & -4\\ -4 & \lambda-3\end{vmatrix}$$

$$=(\lambda-1)(\lambda-5)(\lambda+5),$$

得 $\boldsymbol{A}$ 的特征值为 $\lambda_1=1,\lambda_2=5,\lambda_3=-5$.

对于 $\lambda_1=1$,解齐次线性方程组 $(\boldsymbol{E}-\boldsymbol{A})\boldsymbol{X}=\boldsymbol{O}$,由

$$\boldsymbol{E}-\boldsymbol{A}=\begin{bmatrix}0 & -4 & -2\\ 0 & 4 & -4\\ 0 & -4 & -2\end{bmatrix}\to\begin{bmatrix}0 & 1 & 0\\ 0 & 0 & 1\\ 0 & 0 & 0\end{bmatrix},$$

得基础解系为 $\boldsymbol{\alpha}_1=\begin{bmatrix}1\\0\\0\end{bmatrix}$.

对于 $\lambda_2=5$,解齐次线性方程组 $(5\boldsymbol{E}-\boldsymbol{A})\boldsymbol{X}=\boldsymbol{O}$,由

$$5\boldsymbol{E}-\boldsymbol{A}=\begin{bmatrix}4 & -4 & -2\\ 0 & 8 & -4\\ 0 & -4 & 2\end{bmatrix}\to\begin{bmatrix}2 & -2 & -1\\ 0 & 2 & -1\\ 0 & 0 & 0\end{bmatrix}\to\begin{bmatrix}1 & 0 & -1\\ 0 & 1 & -\frac{1}{2}\\ 0 & 0 & 0\end{bmatrix},$$

得基础解系为 $\boldsymbol{\alpha}_2=\begin{bmatrix}2\\1\\2\end{bmatrix}$.

对于 $\lambda_3=-5$,解齐次线性方程组 $(-5\boldsymbol{E}-\boldsymbol{A})\boldsymbol{X}=\boldsymbol{O}$,由

$$-5\boldsymbol{E}-\boldsymbol{A}=\begin{bmatrix}-6 & -4 & -2\\ 0 & -2 & -4\\ 0 & -4 & -8\end{bmatrix}\to\begin{bmatrix}1 & 0 & -1\\ 0 & 1 & 2\\ 0 & 0 & 0\end{bmatrix},$$

得基础解系为 $\boldsymbol{\alpha}_3=\begin{bmatrix}1\\-2\\1\end{bmatrix}$.

令

$$\boldsymbol{P}=(\boldsymbol{\alpha}_1,\boldsymbol{\alpha}_2,\boldsymbol{\alpha}_3)=\begin{bmatrix}1 & 2 & 1\\ 0 & 1 & -2\\ 0 & 2 & 1\end{bmatrix},$$

则

$$\boldsymbol{P}^{-1}\boldsymbol{A}\boldsymbol{P}=\boldsymbol{\Lambda}=\begin{bmatrix}1 & & \\ & 5 & \\ & & -5\end{bmatrix}.$$

可得

$$A = P\Lambda P^{-1},$$

所以

$$A^{100} = P\Lambda^{100}P^{-1} = \begin{bmatrix} 1 & 2 & 1 \\ 0 & 1 & -2 \\ 0 & 2 & 1 \end{bmatrix}\begin{bmatrix} 1 & & \\ & 5^{100} & \\ & & 5^{100} \end{bmatrix}\begin{bmatrix} 1 & 2 & 1 \\ 0 & 1 & -2 \\ 0 & 2 & 1 \end{bmatrix}^{-1}$$

$$= \begin{bmatrix} 1 & 2 & 1 \\ 0 & 1 & -2 \\ 0 & 2 & 1 \end{bmatrix}\begin{bmatrix} 1 & & \\ & 5^{100} & \\ & & 5^{100} \end{bmatrix}\frac{1}{5}\begin{bmatrix} 5 & 0 & -5 \\ 0 & 1 & 2 \\ 0 & -2 & 1 \end{bmatrix}$$

$$= \begin{bmatrix} 1 & 0 & 5^{100}-1 \\ 0 & 5^{100} & 0 \\ 0 & 0 & 5^{100} \end{bmatrix}.$$

(2) 由(1)可知 $A \sim \Lambda = \begin{bmatrix} 1 & & \\ & 5 & \\ & & -5 \end{bmatrix}$，由相似矩阵性质可知 $f(A) \sim f(\Lambda)$，且

$$|f(A)| = |f(\Lambda)|.$$

令 $f(x) = 15 - x^2$，则 $f(A) = 15E - A^2$，$f(\Lambda) = 15E - \Lambda^2$，所以

$$|15E - A^2| = |15E - \Lambda^2| = \begin{vmatrix} 15-1 & & \\ & 15-25 & \\ & & 15-25 \end{vmatrix} = \begin{vmatrix} 14 & & \\ & -10 & \\ & & -10 \end{vmatrix} = 1\,400.$$

5.5 实对称矩阵的对角化

5.5.1 实对称矩阵的性质

定义 5.5 设 n 阶实方阵 A，满足

$$A^{\mathrm{T}} = A,$$

则称 A 为 n 阶实对称矩阵.

性质 1

性质 1 实对称矩阵的特征值都是实数.

***证** 设 λ_0 是 A 的任意一个特征值，$\boldsymbol{\alpha} = (x_1, x_2, \cdots, x_n)^{\mathrm{T}}$ 是 A 的对应于特征值 λ_0 的一个特征向量，那么 $A\boldsymbol{\alpha} = \lambda_0\boldsymbol{\alpha}$，令

$$\bar{\boldsymbol{\alpha}} = (\bar{x}_1, \bar{x}_2, \cdots, \bar{x}_n)^{\mathrm{T}},$$

其中 $\bar{x}_i\,(i = 1, 2, \cdots, n)$ 是 x_i 的共轭复数，于是

$$\overline{A\boldsymbol{\alpha}} = \overline{\lambda_0\boldsymbol{\alpha}} = \bar{\lambda}_0\bar{\boldsymbol{\alpha}}.$$

考察等式

$$\bar{\boldsymbol{\alpha}}^{\mathrm{T}}(\boldsymbol{A}\boldsymbol{\alpha})=\bar{\boldsymbol{\alpha}}^{\mathrm{T}}(\boldsymbol{A}^{\mathrm{T}}\boldsymbol{\alpha})=(\boldsymbol{A}\bar{\boldsymbol{\alpha}})^{\mathrm{T}}\boldsymbol{\alpha}=(\bar{\boldsymbol{A}}\bar{\boldsymbol{\alpha}})^{\mathrm{T}}\boldsymbol{\alpha}=(\overline{\boldsymbol{A}\boldsymbol{\alpha}})^{\mathrm{T}}\boldsymbol{\alpha}.$$

左边

$$\bar{\boldsymbol{\alpha}}^{\mathrm{T}}(\boldsymbol{A}\boldsymbol{\alpha})=\bar{\boldsymbol{\alpha}}^{\mathrm{T}}(\lambda_0\boldsymbol{\alpha})=\lambda_0\bar{\boldsymbol{\alpha}}^{\mathrm{T}}\boldsymbol{\alpha},$$

右边

$$(\overline{\boldsymbol{A}\boldsymbol{\alpha}})^{\mathrm{T}}\boldsymbol{\alpha}=(\overline{\lambda_0\boldsymbol{\alpha}})^{\mathrm{T}}\boldsymbol{\alpha}=\bar{\lambda}_0\bar{\boldsymbol{\alpha}}^{\mathrm{T}}\boldsymbol{\alpha},$$

故

$$\lambda_0\bar{\boldsymbol{\alpha}}^{\mathrm{T}}\boldsymbol{\alpha}=\bar{\lambda}_0\bar{\boldsymbol{\alpha}}^{\mathrm{T}}\boldsymbol{\alpha}.$$

因为

$$\bar{\boldsymbol{\alpha}}^{\mathrm{T}}\boldsymbol{\alpha}=(\bar{x}_1,\bar{x}_2,\cdots,\bar{x}_n)\begin{bmatrix}x_1\\x_2\\\vdots\\x_n\end{bmatrix}=x_1\bar{x}_1+x_2\bar{x}_2+\cdots+x_n\bar{x}_n$$

为实数,且不为零,所以 $\lambda_0=\bar{\lambda}_0$,即 λ_0是一个实数.

性质 2 实对称矩阵对应于不同特征值的特征向量是正交的.

证 设 λ_1,λ_2是实对称矩阵 $\boldsymbol{A}$ 的特征值,并且 $\lambda_1\neq\lambda_2$,而 $\boldsymbol{\alpha}_1,\boldsymbol{\alpha}_2$分别是 $\boldsymbol{A}$ 的对应于 λ_1,λ_2的特征向量,即 $\boldsymbol{A}\boldsymbol{\alpha}_1=\lambda_1\boldsymbol{\alpha}_1,\boldsymbol{A}\boldsymbol{\alpha}_2=\lambda_2\boldsymbol{\alpha}_2$.

在 $\boldsymbol{A}\boldsymbol{\alpha}_1=\lambda_1\boldsymbol{\alpha}_1$的两边同时取转置,得到

$$\boldsymbol{\alpha}_1^{\mathrm{T}}\boldsymbol{A}^{\mathrm{T}}=\lambda_1\boldsymbol{\alpha}_1^{\mathrm{T}},$$

由于 $\boldsymbol{A}$ 为实对称矩阵,即 $\boldsymbol{A}^{\mathrm{T}}=\boldsymbol{A}$,上式变为

$$\boldsymbol{\alpha}_1^{\mathrm{T}}\boldsymbol{A}=\lambda_1\boldsymbol{\alpha}_1^{\mathrm{T}},$$

上式两边同时右乘 $\boldsymbol{\alpha}_2$,得

$$\boldsymbol{\alpha}_1^{\mathrm{T}}\boldsymbol{A}\boldsymbol{\alpha}_2=\lambda_1\boldsymbol{\alpha}_1^{\mathrm{T}}\boldsymbol{\alpha}_2,\text{即 }\lambda_2\boldsymbol{\alpha}_1^{\mathrm{T}}\boldsymbol{\alpha}_2=\lambda_1\boldsymbol{\alpha}_1^{\mathrm{T}}\boldsymbol{\alpha}_2,$$

故

$$(\lambda_2-\lambda_1)\boldsymbol{\alpha}_1^{\mathrm{T}}\boldsymbol{\alpha}_2=0,$$

由于 $\lambda_1\neq\lambda_2$,故 $\boldsymbol{\alpha}_1^{\mathrm{T}}\boldsymbol{\alpha}_2=0$,即$(\boldsymbol{\alpha}_1,\boldsymbol{\alpha}_2)=0$,所以 $\boldsymbol{\alpha}_1,\boldsymbol{\alpha}_2$正交.

性质 3 若 λ_0是实对称矩阵 $\boldsymbol{A}$ 的 k 重特征值,则 $\boldsymbol{A}$ 的对应于 λ_0的线性无关特征向量的个数恰好为 k.

证明从略.

由性质 3 可知,n 阶实对称矩阵 $\boldsymbol{A}$ 的每个特征值所对应的线性无关的特征向量个数都等于其重数,即 n 阶实对称矩阵 $\boldsymbol{A}$ 必有 n 个线性无关的特征向量,所以实对称矩阵一定可对角化.

5.5.2 实对称矩阵的相似对角形

定理 5.3 对于任何 n 阶实对称矩阵 $\boldsymbol{A}$,必存在正交矩阵 $\boldsymbol{Q}$,使得

$$Q^{T}AQ=Q^{-1}AQ=\Lambda=\begin{bmatrix}\lambda_1 & & & \\ & \lambda_2 & & \\ & & \ddots & \\ & & & \lambda_n\end{bmatrix},$$

其中 $\lambda_1,\lambda_2,\cdots,\lambda_n$ 为 A 的 n 个特征值.

*证 用数学归纳法证明.

当 $n=1$ 时,结论显然成立. 假设 A 为 $n-1$ 阶实对称矩阵时,结论成立,现证明对 n 阶实对称矩阵定理也成立.

若 A 为 n 阶实对称矩阵,设 η_1 为 A 的实特征向量,且为单位向量,λ_1 为其对应的特征值,则

$$A\eta_1=\lambda_1\eta_1,\ \|\eta_1\|=1,$$

由施密特正交化过程可知,必能找到 $n-1$ 个 n 维实单位向量组 $\eta_2,\eta_3,\cdots,\eta_n$,使得 $\eta_1,\eta_2,\eta_3,\cdots,\eta_n$ 为两两正交的单位向量组.

令 $Q_1=(\eta_1,\eta_2,\eta_3,\cdots,\eta_n)$,则 Q_1 为正交矩阵,且

$$Q_1^{-1}AQ_1=Q_1^{T}AQ_1=\begin{bmatrix}\eta_1^{T}\\ \eta_2^{T}\\ \vdots\\ \eta_n^{T}\end{bmatrix}A(\eta_1,\eta_2,\eta_3,\cdots,\eta_n)$$

$$=\begin{bmatrix}\eta_1^{T}A\eta_1 & \eta_1^{T}A\eta_2 & \cdots & \eta_1^{T}A\eta_n\\ \eta_2^{T}A\eta_1 & \eta_2^{T}A\eta_2 & \cdots & \eta_2^{T}A\eta_n\\ \vdots & \vdots & & \vdots\\ \eta_n^{T}A\eta_1 & \eta_n^{T}A\eta_2 & \cdots & \eta_n^{T}A\eta_n\end{bmatrix}=\begin{bmatrix}\lambda_1 & O\\ O & B_1\end{bmatrix},$$

其中 $B_1=\begin{bmatrix}\eta_2^{T}A\eta_2 & \cdots & \eta_2^{T}A\eta_n\\ \vdots & & \vdots\\ \eta_n^{T}A\eta_2 & \cdots & \eta_n^{T}A\eta_n\end{bmatrix}$ 为 $n-1$ 阶实对称矩阵.

由归纳假设可知,存在 $n-1$ 阶正交矩阵 P,使得

$$P^{T}AP=P^{-1}AP=\begin{bmatrix}\lambda_2 & & & \\ & \lambda_3 & & \\ & & \ddots & \\ & & & \lambda_n\end{bmatrix}.$$

令 $Q_2=\begin{bmatrix}1 & O\\ O & P\end{bmatrix}$,显然 Q_2 为正交矩阵,且

$$Q_2^{\mathrm{T}}\begin{bmatrix}\lambda_1 & O \\ O & B_1\end{bmatrix}Q_2 = Q_2^{-1}\begin{bmatrix}\lambda_1 & O \\ O & B_1\end{bmatrix}Q_2$$

$$= \begin{bmatrix}1 & O \\ O & P^{\mathrm{T}}\end{bmatrix}\begin{bmatrix}\lambda_1 & O \\ O & B_1\end{bmatrix}\begin{bmatrix}1 & O \\ O & P\end{bmatrix} = \begin{bmatrix}\lambda_1 & O \\ O & P^{\mathrm{T}}B_1P\end{bmatrix}$$

$$= \begin{bmatrix}\lambda_1 & & & \\ & \lambda_2 & & \\ & & \ddots & \\ & & & \lambda_n\end{bmatrix}\overset{记}{=}\boldsymbol{\Lambda}.$$

令 $Q = Q_1Q_2$，显然 Q 为正交矩阵，且 $Q^{\mathrm{T}}AQ = \boldsymbol{\Lambda}$. 所以对于任何 n 阶实对称矩阵 A，必存在正交矩阵 Q，使得

$$Q^{\mathrm{T}}AQ = Q^{-1}AQ = \boldsymbol{\Lambda} = \begin{bmatrix}\lambda_1 & & & \\ & \lambda_2 & & \\ & & \ddots & \\ & & & \lambda_n\end{bmatrix},$$

其中 $\lambda_1,\lambda_2,\cdots,\lambda_n$ 为 A 的 n 个特征值.

n 阶实对称矩阵 A 的对角化可按下列步骤进行.

(1)求 A 的特征值. 解特征方程 $|\lambda E - A| = 0$，求出 A 的互异特征值 $\lambda_1,\lambda_2,\cdots,\lambda_s$，其中重数分别为 $k_i(i = 1,2,\cdots,s)$，且 $k_1 + k_2 + \cdots + k_s = n$.

(2)求 A 的特征向量. 对于 A 的每个 k_i 重特征值 $\lambda_i(i = 1,2,\cdots,s)$，解齐次线性方程组 $(\lambda_i E - A)X = O$，求出它的一个基础解系 $\boldsymbol{\alpha}_{i1},\boldsymbol{\alpha}_{i2},\cdots,\boldsymbol{\alpha}_{ik_i}$，即为 λ_i 对应的线性无关的特征向量.

(3)正交化. 用施密特正交化法，将 $\boldsymbol{\alpha}_{i1},\boldsymbol{\alpha}_{i2},\cdots,\boldsymbol{\alpha}_{ik_i}$ 正交化，得到

$$\boldsymbol{\beta}_{i1},\boldsymbol{\beta}_{i2},\cdots,\boldsymbol{\beta}_{ik_i}(i = 1,2,\cdots,s).$$

(4)单位化. 将 $\boldsymbol{\beta}_{i1},\boldsymbol{\beta}_{i2},\cdots,\boldsymbol{\beta}_{ik_i}$ 分别单位化，得到

$$\boldsymbol{\eta}_{i1},\boldsymbol{\eta}_{i2},\cdots,\boldsymbol{\eta}_{ik_i}(i = 1,2,\cdots,s).$$

(5)作出正交矩阵 $Q = (\boldsymbol{\eta}_{11},\boldsymbol{\eta}_{12},\cdots,\boldsymbol{\eta}_{1k_1},\cdots,\boldsymbol{\eta}_{s1},\boldsymbol{\eta}_{s2},\cdots,\boldsymbol{\eta}_{sk_s})$，使得

$$Q^{\mathrm{T}}AQ = Q^{-1}AQ = \boldsymbol{\Lambda} = \begin{bmatrix}\lambda_1 & & & & & & \\ & \ddots & & & & & \\ \underset{k_1个}{\underbrace{\quad}} & & \lambda_1 & & & & \\ & & & \ddots & & & \\ & & & & \lambda_s & & \\ & & & & & \ddots & \\ & & & & & \underset{k_s个}{\underbrace{\quad}} & \lambda_s\end{bmatrix}.$$

例 1 设 3 阶实对称矩阵 $A = \begin{bmatrix}4 & 2 & 2 \\ 2 & 4 & 2 \\ 2 & 2 & 4\end{bmatrix}$，求正交矩阵 Q 和对角形矩阵 $\boldsymbol{\Lambda}$，使得 $Q^{\mathrm{T}}AQ =$

$\boldsymbol{Q}^{-1}\boldsymbol{A}\boldsymbol{Q}=\boldsymbol{\Lambda}$.

解 (1)求 $\boldsymbol{A}$ 的特征值.

$$|\lambda\boldsymbol{E}-\boldsymbol{A}|=\begin{vmatrix}\lambda-4&-2&-2\\-2&\lambda-4&-2\\-2&-2&\lambda-4\end{vmatrix}=\begin{vmatrix}\lambda-8&\lambda-8&\lambda-8\\-2&\lambda-4&-2\\-2&-2&\lambda-4\end{vmatrix}$$

$$=(\lambda-8)\begin{vmatrix}1&1&1\\-2&\lambda-4&-2\\-2&-2&\lambda-4\end{vmatrix}=(\lambda-8)\begin{vmatrix}1&1&1\\0&\lambda-2&0\\0&0&\lambda-2\end{vmatrix}$$

$$=(\lambda-2)^2(\lambda-8),$$

得 $\boldsymbol{A}$ 的特征值为 $\lambda_1=\lambda_2=2,\lambda_3=8$.

(2)求 $\boldsymbol{A}$ 的特征向量,并对其进行正交化、单位化.

对于 $\lambda_1=\lambda_2=2$,解齐次线性方程组 $(2\boldsymbol{E}-\boldsymbol{A})\boldsymbol{X}=\boldsymbol{O}$,由

$$2\boldsymbol{E}-\boldsymbol{A}=\begin{bmatrix}-2&-2&-2\\-2&-2&-2\\-2&-2&-2\end{bmatrix}\to\begin{bmatrix}1&1&1\\0&0&0\\0&0&0\end{bmatrix},$$

得基础解系为 $\boldsymbol{\alpha}_1=\begin{bmatrix}-1\\1\\0\end{bmatrix},\boldsymbol{\alpha}_2=\begin{bmatrix}-1\\0\\1\end{bmatrix}$.

利用施密特正交化法,将 $\boldsymbol{\alpha}_1,\boldsymbol{\alpha}_2$ 正交化得

$$\boldsymbol{\beta}_1=\boldsymbol{\alpha}_1=\begin{bmatrix}-1\\1\\0\end{bmatrix},$$

$$\boldsymbol{\beta}_2=\boldsymbol{\alpha}_2-\frac{(\boldsymbol{\alpha}_2,\boldsymbol{\beta}_1)}{(\boldsymbol{\beta}_1,\boldsymbol{\beta}_1)}\boldsymbol{\beta}_1=\begin{bmatrix}-1\\0\\1\end{bmatrix}-\frac{1}{2}\begin{bmatrix}-1\\1\\0\end{bmatrix}=\begin{bmatrix}-\frac{1}{2}\\-\frac{1}{2}\\1\end{bmatrix},$$

单位化得

$$\boldsymbol{\eta}_1=\frac{\boldsymbol{\beta}_1}{\|\boldsymbol{\beta}_1\|}=\frac{1}{\sqrt{2}}\begin{bmatrix}-1\\1\\0\end{bmatrix},\ \boldsymbol{\eta}_2=\frac{\boldsymbol{\beta}_2}{\|\boldsymbol{\beta}_2\|}=\frac{1}{\sqrt{6}}\begin{bmatrix}-1\\-1\\2\end{bmatrix}.$$

对于 $\lambda_3=8$,解齐次线性方程组 $(8\boldsymbol{E}-\boldsymbol{A})\boldsymbol{X}=\boldsymbol{O}$,由

$$8\boldsymbol{E}-\boldsymbol{A}=\begin{bmatrix}4&-2&-2\\-2&4&-2\\-2&-2&4\end{bmatrix}\to\begin{bmatrix}1&-2&1\\-2&1&1\\0&0&0\end{bmatrix}\to\begin{bmatrix}1&-2&1\\0&-3&3\\0&0&0\end{bmatrix}\to\begin{bmatrix}1&0&-1\\0&1&-1\\0&0&0\end{bmatrix},$$

得基础解系为 $\boldsymbol{\alpha}_3=\begin{bmatrix}1\\1\\1\end{bmatrix}$,单位化得 $\boldsymbol{\eta}_3=\dfrac{\boldsymbol{\alpha}_3}{\|\boldsymbol{\alpha}_3\|}=\dfrac{1}{\sqrt{3}}\begin{bmatrix}1\\1\\1\end{bmatrix}$.

令

$$\boldsymbol{Q}=\begin{bmatrix}-\dfrac{1}{\sqrt{2}} & -\dfrac{1}{\sqrt{6}} & \dfrac{1}{\sqrt{3}}\\ \dfrac{1}{\sqrt{2}} & -\dfrac{1}{\sqrt{6}} & \dfrac{1}{\sqrt{3}}\\ 0 & \dfrac{2}{\sqrt{6}} & \dfrac{1}{\sqrt{3}}\end{bmatrix},$$

则

$$\boldsymbol{Q}^{\mathrm{T}}\boldsymbol{A}\boldsymbol{Q}=\boldsymbol{Q}^{-1}\boldsymbol{A}\boldsymbol{Q}=\boldsymbol{\Lambda}=\begin{bmatrix}2 & & \\ & 2 & \\ & & 8\end{bmatrix}.$$

例 2 设 3 阶实对称矩阵 $\boldsymbol{A}=\begin{bmatrix}1 & -2 & 0\\ -2 & 2 & -2\\ 0 & -2 & 3\end{bmatrix}$,求正交矩阵 $\boldsymbol{Q}$ 和对角形矩阵 $\boldsymbol{\Lambda}$,使得 $\boldsymbol{Q}^{\mathrm{T}}\boldsymbol{A}\boldsymbol{Q}=\boldsymbol{Q}^{-1}\boldsymbol{A}\boldsymbol{Q}=\boldsymbol{\Lambda}$.

解 (1)求 $\boldsymbol{A}$ 的特征值.

$$|\lambda\boldsymbol{E}-\boldsymbol{A}|=\begin{vmatrix}\lambda-1 & 2 & 0\\ 2 & \lambda-2 & 2\\ 0 & 2 & \lambda-3\end{vmatrix}=(\lambda-1)(\lambda-2)(\lambda-3)-4(\lambda-1)-4(\lambda-3)$$

$$=(\lambda+1)(\lambda-2)(\lambda-5),$$

得 $\boldsymbol{A}$ 的特征值为 $\lambda_1=-1,\lambda_2=2,\lambda_3=5$.

(2)求 $\boldsymbol{A}$ 的特征向量.

对于 $\lambda_1=-1$,解齐次线性方程组 $(-\boldsymbol{E}-\boldsymbol{A})\boldsymbol{X}=\boldsymbol{O}$,由

$$-\boldsymbol{E}-\boldsymbol{A}=\begin{bmatrix}-2 & 2 & 0\\ 2 & -3 & 2\\ 0 & 2 & -4\end{bmatrix}\to\begin{bmatrix}-2 & 2 & 0\\ 0 & -1 & 2\\ 0 & 2 & -4\end{bmatrix}\to\begin{bmatrix}1 & -1 & 0\\ 0 & 1 & -2\\ 0 & 0 & 0\end{bmatrix}\to\begin{bmatrix}1 & 0 & -2\\ 0 & 1 & -2\\ 0 & 0 & 0\end{bmatrix},$$

得基础解系为 $\boldsymbol{\alpha}_1=\begin{bmatrix}2\\2\\1\end{bmatrix}$.

对于 $\lambda_2=2$,解齐次线性方程组 $(2\boldsymbol{E}-\boldsymbol{A})\boldsymbol{X}=\boldsymbol{O}$,由

$$2\boldsymbol{E}-\boldsymbol{A}=\begin{bmatrix}1 & 2 & 0\\ 2 & 0 & 2\\ 0 & 2 & -1\end{bmatrix}\to\begin{bmatrix}1 & 2 & 0\\ 0 & -4 & 2\\ 0 & 2 & -1\end{bmatrix}\to\begin{bmatrix}1 & 2 & 0\\ 0 & 2 & -1\\ 0 & 0 & 0\end{bmatrix}\to\begin{bmatrix}1 & 0 & 1\\ 0 & 2 & -1\\ 0 & 0 & 0\end{bmatrix},$$

得基础解系为 $\boldsymbol{\alpha}_2 = \begin{bmatrix} 2 \\ -1 \\ -2 \end{bmatrix}$.

对于 $\lambda_3 = 5$,解齐次线性方程组 $(5\boldsymbol{E} - \boldsymbol{A})\boldsymbol{X} = \boldsymbol{O}$,由

$$5\boldsymbol{E} - \boldsymbol{A} = \begin{bmatrix} 4 & 2 & 0 \\ 2 & 3 & 2 \\ 0 & 2 & 2 \end{bmatrix} \to \begin{bmatrix} 0 & -4 & -4 \\ 2 & 3 & 2 \\ 0 & 1 & 1 \end{bmatrix} \to \begin{bmatrix} 2 & 3 & 2 \\ 0 & 1 & 1 \\ 0 & 0 & 0 \end{bmatrix} \to \begin{bmatrix} 2 & 0 & -1 \\ 0 & 1 & 1 \\ 0 & 0 & 0 \end{bmatrix},$$

得基础解系为 $\boldsymbol{\alpha}_3 = \begin{bmatrix} 1 \\ -2 \\ 2 \end{bmatrix}$.

因为 $\boldsymbol{\alpha}_1, \boldsymbol{\alpha}_2, \boldsymbol{\alpha}_3$ 是对应于不同特征值的特征向量,且 $\boldsymbol{\alpha}_1, \boldsymbol{\alpha}_2, \boldsymbol{\alpha}_3$ 是正交的,所以只需要将其单位化,得

$$\boldsymbol{\eta}_1 = \frac{\boldsymbol{\alpha}_1}{\|\boldsymbol{\alpha}_1\|} = \begin{bmatrix} \frac{2}{3} \\ \frac{2}{3} \\ \frac{1}{3} \end{bmatrix}, \ \boldsymbol{\eta}_2 = \frac{\boldsymbol{\alpha}_2}{\|\boldsymbol{\alpha}_2\|} = \begin{bmatrix} \frac{2}{3} \\ -\frac{1}{3} \\ -\frac{2}{3} \end{bmatrix}, \ \boldsymbol{\eta}_3 = \frac{\boldsymbol{\alpha}_3}{\|\boldsymbol{\alpha}_3\|} = \begin{bmatrix} \frac{1}{3} \\ -\frac{2}{3} \\ \frac{2}{3} \end{bmatrix}.$$

令

$$\boldsymbol{Q} = \begin{bmatrix} \frac{2}{3} & \frac{2}{3} & \frac{1}{3} \\ \frac{2}{3} & -\frac{1}{3} & -\frac{2}{3} \\ \frac{1}{3} & -\frac{2}{3} & \frac{2}{3} \end{bmatrix},$$

则

$$\boldsymbol{Q}^{\mathrm{T}}\boldsymbol{A}\boldsymbol{Q} = \boldsymbol{Q}^{-1}\boldsymbol{A}\boldsymbol{Q} = \boldsymbol{\Lambda} = \begin{bmatrix} -1 & & \\ & 2 & \\ & & 5 \end{bmatrix}.$$

例 3 设 3 阶实对称矩阵 $\boldsymbol{A}$ 的特征值为 0,1,1,而且 $\boldsymbol{A}$ 的对应于特征值 0 的特征向量为 $\boldsymbol{\alpha}_1 = \begin{bmatrix} 0 \\ 1 \\ 1 \end{bmatrix}$,求矩阵 $\boldsymbol{A}$.

解 设特征值 1 对应的特征向量为 $\boldsymbol{\alpha} = \begin{bmatrix} x_1 \\ x_2 \\ x_3 \end{bmatrix}$,由于实对称矩阵不同的特征值对应的特

征向量是正交的，所以$(\boldsymbol{\alpha}_1,\boldsymbol{\alpha})=0$，即$x_2+x_3=0$. 得基础解系为$\boldsymbol{\alpha}_2=\begin{bmatrix}1\\0\\0\end{bmatrix}$，$\boldsymbol{\alpha}_3=\begin{bmatrix}0\\-1\\1\end{bmatrix}$，即为实对称矩阵$\boldsymbol{A}$的对应于二重特征值1的两个线性无关的特征向量，且$\boldsymbol{\alpha}_2,\boldsymbol{\alpha}_3$是正交的.

解法1 令$\boldsymbol{P}=\begin{bmatrix}0&1&0\\1&0&-1\\1&0&1\end{bmatrix}$，则$\boldsymbol{P}$可逆，且$\boldsymbol{P}^{-1}\boldsymbol{AP}=\boldsymbol{\Lambda}=\begin{bmatrix}0&&\\&1&\\&&1\end{bmatrix}$，所以有

$$\boldsymbol{A}=\boldsymbol{P\Lambda P}^{-1}=\begin{bmatrix}0&1&0\\1&0&-1\\1&0&1\end{bmatrix}\begin{bmatrix}0&&\\&1&\\&&1\end{bmatrix}\begin{bmatrix}0&1&0\\1&0&-1\\1&0&1\end{bmatrix}^{-1}$$

$$=\begin{bmatrix}0&1&0\\1&0&-1\\1&0&1\end{bmatrix}\begin{bmatrix}0&&\\&1&\\&&1\end{bmatrix}\begin{bmatrix}0&\frac{1}{2}&\frac{1}{2}\\1&0&0\\0&-\frac{1}{2}&\frac{1}{2}\end{bmatrix}=\begin{bmatrix}1&0&0\\0&\frac{1}{2}&-\frac{1}{2}\\0&-\frac{1}{2}&\frac{1}{2}\end{bmatrix}.$$

解法2 因为$\boldsymbol{\alpha}_1,\boldsymbol{\alpha}_2,\boldsymbol{\alpha}_3$两两正交，只将它们单位化得

$$\boldsymbol{\eta}_1=\frac{\boldsymbol{\alpha}_1}{\|\boldsymbol{\alpha}_1\|}=\begin{bmatrix}0\\\frac{1}{\sqrt{2}}\\\frac{1}{\sqrt{2}}\end{bmatrix},\ \boldsymbol{\eta}_2=\frac{\boldsymbol{\alpha}_2}{\|\boldsymbol{\alpha}_2\|}=\begin{bmatrix}1\\0\\0\end{bmatrix},\boldsymbol{\eta}_3=\frac{\boldsymbol{\alpha}_3}{\|\boldsymbol{\alpha}_3\|}=\begin{bmatrix}0\\-\frac{1}{\sqrt{2}}\\\frac{1}{\sqrt{2}}\end{bmatrix}.$$

令

$$\boldsymbol{Q}=\begin{bmatrix}0&1&0\\\frac{1}{\sqrt{2}}&0&-\frac{1}{\sqrt{2}}\\\frac{1}{\sqrt{2}}&0&\frac{1}{\sqrt{2}}\end{bmatrix},$$

则

$$\boldsymbol{Q}^{\mathrm{T}}\boldsymbol{AQ}=\boldsymbol{\Lambda}=\begin{bmatrix}0&&\\&1&\\&&1\end{bmatrix},$$

所以有

$$\boldsymbol{A}=\boldsymbol{Q\Lambda Q}^{\mathrm{T}}=\begin{bmatrix}0&1&0\\\frac{1}{\sqrt{2}}&0&-\frac{1}{\sqrt{2}}\\\frac{1}{\sqrt{2}}&0&\frac{1}{\sqrt{2}}\end{bmatrix}\begin{bmatrix}0&&\\&1&\\&&1\end{bmatrix}\begin{bmatrix}0&\frac{1}{\sqrt{2}}&\frac{1}{\sqrt{2}}\\1&0&0\\0&-\frac{1}{\sqrt{2}}&\frac{1}{\sqrt{2}}\end{bmatrix}=\begin{bmatrix}1&0&0\\0&\frac{1}{2}&-\frac{1}{2}\\0&-\frac{1}{2}&\frac{1}{2}\end{bmatrix}.$$

特征值和特征向量简史

特征值、特征向量几何意义

在数学史上，英国数学家凯莱(A. Cayley,1821—1895 年)一般被公认为矩阵论的创立者，他首先把矩阵作为一个独立的数学概念提出来.

18 世纪，达朗贝尔(D. Alembert,1717—1783 年)在研究常系数线性微分方程组解时，最早引入对矩阵特征值问题的研究，而法国数学家拉普拉斯(P. S. Laplace,1749—1827 年)在 19 世纪初提出了矩阵的特征值的概念.

1854 年，法国数学家埃尔米特(C. Hermite,1822—1901 年)首次使用了“正交矩阵”这个术语. 1855 年，埃尔米特证明了一些特殊类矩阵的特征值性质，后人称之为埃尔米特矩阵的特征根性质.

1858 年，英国数学家凯莱发表了《矩阵论的研究报告》，文中研究了矩阵的特征方程和特征值的一些基本结果. 之后，数学家克莱伯施(A. Clebsch,1833—1872 年)和布克海姆(A. Buchheim,1835—1874 年)等证明了对称矩阵特征根的性质. 泰伯(H. Taber)引入了矩阵迹的概念并给出了一些相关的结论.

在特征值和特征向量的研究史上，重点介绍下面两位数学家.

第一位是法国数学家柯西(A. L. Cauchy,1789—1857 年)，他首先给出了特征方程的术语，通过对二次曲面、二次型的研究，证明了阶数超过 3 的矩阵有特征值以及任意阶实对称矩阵都有实特征值. 同时，他给出了相似矩阵的概念并证明了相似矩阵有相同的特征值.

第二位是德国数学家弗罗伯纽斯(F. G. Frobenius,1849—1917 年)，他讨论了最小多项式问题，引进了矩阵的秩、不变因子和初等因子以及矩阵的相似变换、合同矩阵、正交矩阵等重要的概念，并讨论了正交矩阵与合同矩阵的一些重要性质.

现在特征值理论已广泛应用于科学技术的各个领域，不仅可以直接解决数学中诸如非线性规划、常微分方程以及其他各类数学计算问题，而且在结构力学、工程设计、计算物理和量子力学中都发挥着重要的作用. 在工程计算中，求解方阵特征值也是最普通的问题之一，如动力系统和结构系统中的振动问题、电力系统的静态稳定性分析、工程设计中的某些临界值的确定等，都可归结为求解方阵特征值的问题.

应用实例

应用案例选讲

1. 工业发展与环保问题

为了定量分析工业发展与环境污染的关系，某地区提出如下的增长模型.

设 x_0 是该地区目前的污染损耗，y_0 是该地区目前的工业产值，一个发展周期后的污染损耗和工业产值分别记为 x_1 和 y_1，它们之间的关系是

$$x_1 = \frac{8}{3}x_0 - \frac{1}{3}y_0,\ y_1 = -\frac{2}{3}x_0 + \frac{7}{3}y_0,$$

即

$$\begin{bmatrix} x_1 \\ y_1 \end{bmatrix} = \begin{bmatrix} \frac{8}{3} & -\frac{1}{3} \\ -\frac{2}{3} & \frac{7}{3} \end{bmatrix} \begin{bmatrix} x_0 \\ y_0 \end{bmatrix}, \text{或 } \boldsymbol{\alpha}_1 = \boldsymbol{A}\boldsymbol{\alpha}_0,$$

其中 $\boldsymbol{\alpha}_1 = \begin{bmatrix} x_1 \\ y_1 \end{bmatrix}, \boldsymbol{\alpha}_0 = \begin{bmatrix} x_0 \\ y_0 \end{bmatrix}, \boldsymbol{A} = \begin{bmatrix} \frac{8}{3} & -\frac{1}{3} \\ -\frac{2}{3} & \frac{7}{3} \end{bmatrix}$.

若当前水平为 $\boldsymbol{\alpha}_0 = \begin{bmatrix} 1 \\ 2 \end{bmatrix}$,则

$$\boldsymbol{\alpha}_1 = \boldsymbol{A}\boldsymbol{\alpha}_0 = \begin{bmatrix} \frac{8}{3} & -\frac{1}{3} \\ -\frac{2}{3} & \frac{7}{3} \end{bmatrix} \begin{bmatrix} 1 \\ 2 \end{bmatrix} = \begin{bmatrix} 2 \\ 4 \end{bmatrix} = 2\begin{bmatrix} 1 \\ 2 \end{bmatrix},$$

即 $\quad \boldsymbol{\alpha}_1 = \boldsymbol{A}\boldsymbol{\alpha}_0 = 2\boldsymbol{\alpha}_0$.

将 n 个发展周期后的污染损耗和工业产值分别记为 x_n 和 y_n,则

$$\boldsymbol{\alpha}_n = \begin{bmatrix} x_n \\ y_n \end{bmatrix} = \begin{bmatrix} \frac{8}{3} & -\frac{1}{3} \\ -\frac{2}{3} & \frac{7}{3} \end{bmatrix}^n \begin{bmatrix} x_0 \\ y_0 \end{bmatrix} = \boldsymbol{A}^n \boldsymbol{\alpha}_0,$$

直接计算 $\boldsymbol{A}^n$ 较为烦琐,现在利用特征值与特征向量进行计算.

由于 $\boldsymbol{A}$ 的特征多项式为

$$|\lambda \boldsymbol{E} - \boldsymbol{A}| = \begin{vmatrix} \lambda - \frac{8}{3} & \frac{1}{3} \\ \frac{2}{3} & \lambda - \frac{7}{3} \end{vmatrix} = \lambda^2 - 5\lambda + 6,$$

得 $\boldsymbol{A}$ 的特征值为 $\lambda_1 = 2, \lambda_2 = 3$.

对于 $\lambda_1 = 2$,由于 $(2\boldsymbol{E} - \boldsymbol{A})\boldsymbol{X} = \boldsymbol{O}$,得 $\boldsymbol{A}$ 的一个特征向量为 $\boldsymbol{\eta}_1 = \begin{bmatrix} 1 \\ 2 \end{bmatrix}$.

对于 $\lambda_2 = 3$,由于 $(3\boldsymbol{E} - \boldsymbol{A})\boldsymbol{X} = \boldsymbol{O}$,得 $\boldsymbol{A}$ 的一个特征向量为 $\boldsymbol{\eta}_2 = \begin{bmatrix} 1 \\ -1 \end{bmatrix}$.

若当前水平 $\boldsymbol{\alpha}_0$ 恰为 $\boldsymbol{\eta}_1 = \begin{bmatrix} 1 \\ 2 \end{bmatrix}$,则

$$\boldsymbol{\alpha}_n = \boldsymbol{A}^n \boldsymbol{\alpha}_0 = \lambda_1{}^n \boldsymbol{\alpha}_0 = 2^n \boldsymbol{\alpha}_0 = \begin{bmatrix} 2^n \\ 2^{n+1} \end{bmatrix}.$$

所以,n 个周期后工业产值达到较高水平 2^{n+1},但有一半被污染损耗 2^n 抵消,造成资源的严重浪费.

若当前水平 $\boldsymbol{\alpha}_0=\begin{bmatrix}11\\19\end{bmatrix}$,而 $\boldsymbol{\alpha}_0=\begin{bmatrix}11\\19\end{bmatrix}=10\boldsymbol{\eta}_1+\boldsymbol{\eta}_2$,则有

$$\boldsymbol{\alpha}_n=\boldsymbol{A}^n\boldsymbol{\alpha}_0=10\lambda_1{}^n\boldsymbol{\eta}_1+\lambda_2{}^n\boldsymbol{\eta}_2=\begin{bmatrix}10\times 2^n+3^n\\20\times 2^{n+1}-3^n\end{bmatrix}.$$

特别地,当 $n=4$ 时,污染损耗 $x_n=241$,工业产值为 $y_n=239$,污染损耗已经超过了产值,经济将出现负增长.

2. **教师职业转换预测问题**

在某城市有 15 万人具有本科以上学历,其中有 1.5 万人是教师,据调查,平均每年有 10% 的人从教师职业转为其他职业,又有 1% 的人从其他职业转为教师职业,试预测 10 年以后这 15 万人中还有多少人在从事教师职业?

用 $\boldsymbol{\alpha}_n$表示第 n 年后从事教师职业和其他职业的人数,则 $\boldsymbol{\alpha}_0=\begin{bmatrix}1.5\\13.5\end{bmatrix}$,用矩阵 $\boldsymbol{A}=\begin{bmatrix}0.90&0.01\\0.10&0.99\end{bmatrix}$表示教师职业和其他职业间的转移情况,其中 $a_{11}=0.90$ 表示每年 90% 的人原来是教师现在还是教师,$a_{21}=0.10$ 表示每年 10% 的人从教师职业转为其他职业.

显然 $\boldsymbol{\alpha}_1=\boldsymbol{A}\boldsymbol{\alpha}_0=\begin{bmatrix}0.90&0.01\\0.10&0.99\end{bmatrix}\begin{bmatrix}1.5\\13.5\end{bmatrix}=\begin{bmatrix}1.485\\13.515\end{bmatrix}$,即 1 年以后,从事教师职业和其他职业的人数分别为 1.485 万以及 13.515 万,又因为

$$\boldsymbol{\alpha}_2=\boldsymbol{A}\boldsymbol{\alpha}_1=\boldsymbol{A}^2\boldsymbol{\alpha}_0,\cdots,\boldsymbol{\alpha}_n=\boldsymbol{A}^n\boldsymbol{\alpha}_0,$$

所以 $\boldsymbol{\alpha}_{10}=\boldsymbol{A}^{10}\boldsymbol{\alpha}_0$.

为计算 $\boldsymbol{A}^{10}$,需要先把 $\boldsymbol{A}$ 对角化,$\boldsymbol{A}=\begin{bmatrix}0.90&0.01\\0.10&0.99\end{bmatrix}$的全部特征值是 $\lambda_1=1,\lambda_2=0.89$,其特征向量为 $\boldsymbol{\eta}_1=\begin{bmatrix}1\\10\end{bmatrix},\boldsymbol{\eta}_2=\begin{bmatrix}1\\-1\end{bmatrix}$. 因为 $\lambda_1\neq\lambda_2$,故 $\boldsymbol{A}$ 可对角化.

令 $\boldsymbol{P}=(\boldsymbol{\eta}_1,\boldsymbol{\eta}_2)=\begin{bmatrix}1&1\\10&-1\end{bmatrix}$,使得 $\boldsymbol{P}^{-1}\boldsymbol{A}\boldsymbol{P}=\begin{bmatrix}1&0\\0&0.89\end{bmatrix}=\boldsymbol{\Lambda}$,则

$$\boldsymbol{A}=\boldsymbol{P}\boldsymbol{\Lambda}\boldsymbol{P}^{-1},\ \boldsymbol{A}^{10}=\boldsymbol{P}\boldsymbol{\Lambda}^{10}\boldsymbol{P}^{-1},$$

所以

$$\boldsymbol{\alpha}_{10}=\boldsymbol{A}^{10}\boldsymbol{\alpha}_0=\boldsymbol{P}\boldsymbol{\Lambda}^{10}\boldsymbol{P}^{-1}\boldsymbol{\alpha}_0=\begin{bmatrix}1&1\\10&-1\end{bmatrix}\begin{bmatrix}1&0\\0&0.89\end{bmatrix}^{10}\begin{bmatrix}1&1\\10&-1\end{bmatrix}^{-1}\begin{bmatrix}1.5\\13.5\end{bmatrix}$$

$$=\frac{1}{11}\begin{bmatrix}1&1\\10&-1\end{bmatrix}\begin{bmatrix}1&0\\0&0.311\,817\end{bmatrix}\begin{bmatrix}1&1\\10&-1\end{bmatrix}\begin{bmatrix}1.5\\13.5\end{bmatrix}=\begin{bmatrix}1.406\,2\\13.593\,8\end{bmatrix}.$$

所以 10 年后,15 万人中仍约有 1.41 万人是教师,约有 13.59 万人从事其他职业.

3. 求解微分方程问题

求解微分方程组$\begin{cases} x_1' = x_1 + x_2, \\ x_2' = 2x_2 + x_3, \\ x_3' = 3x_3. \end{cases}$

解 将方程组表示成矩阵形式 $\boldsymbol{X}' = \boldsymbol{A}\boldsymbol{X}$，其中 $\boldsymbol{X} = \begin{bmatrix} x_1 \\ x_2 \\ x_3 \end{bmatrix}, \boldsymbol{X}' = \begin{bmatrix} x_1' \\ x_2' \\ x_3' \end{bmatrix}$，系数矩阵 $\boldsymbol{A} = \begin{bmatrix} 1 & 1 & 0 \\ 0 & 2 & 1 \\ 0 & 0 & 3 \end{bmatrix}$，且 $\boldsymbol{A}$ 的特征多项式为

$$|\lambda \boldsymbol{E} - \boldsymbol{A}| = (\lambda - 1)(\lambda - 2)(\lambda - 3),$$

故 $\boldsymbol{A}$ 有 3 个互异的特征值 $\lambda_1 = 1, \lambda_2 = 2, \lambda_3 = 3$，因此 $\boldsymbol{A}$ 可对角化.

易求得对应于特征值 $\lambda_1 = 1, \lambda_2 = 2, \lambda_3 = 3$ 的特征向量分别为$\begin{bmatrix} 1 \\ 0 \\ 0 \end{bmatrix}, \begin{bmatrix} 1 \\ 1 \\ 0 \end{bmatrix}, \begin{bmatrix} 1 \\ 2 \\ 2 \end{bmatrix}$.

令 $\boldsymbol{P} = \begin{bmatrix} 1 & 1 & 1 \\ 0 & 1 & 2 \\ 0 & 0 & 2 \end{bmatrix}, \boldsymbol{\Lambda} = \begin{bmatrix} 1 & & \\ & 2 & \\ & & 3 \end{bmatrix}$，则有 $\boldsymbol{P}^{-1}\boldsymbol{A}\boldsymbol{P} = \boldsymbol{\Lambda} = \begin{bmatrix} 1 & & \\ & 2 & \\ & & 3 \end{bmatrix}$.

令 $\boldsymbol{X} = \boldsymbol{P}\boldsymbol{Y}$，$\boldsymbol{Y} = \begin{bmatrix} y_1 \\ y_2 \\ y_3 \end{bmatrix}$，则 $\boldsymbol{X}' = \boldsymbol{P}\boldsymbol{Y}'$，将它们代入 $\boldsymbol{X}' = \boldsymbol{A}\boldsymbol{X}$，得 $\boldsymbol{P}\boldsymbol{Y}' = \boldsymbol{A}\boldsymbol{X}$，则 $\boldsymbol{Y}' = \boldsymbol{P}^{-1}\boldsymbol{A}\boldsymbol{X} = \boldsymbol{P}^{-1}\boldsymbol{A}\boldsymbol{P}\boldsymbol{Y} = \boldsymbol{\Lambda}\boldsymbol{Y} = \begin{bmatrix} 1 & & \\ & 2 & \\ & & 3 \end{bmatrix}\boldsymbol{Y}$，即 $y_1' = y_1$，$y_2' = 2y_2$，$y_3' = 3y_3$，

解得 $y_1 = C_1 e^t$，$y_2 = C_2 e^{2t}$，$y_3 = C_3 e^{3t}$，其中 C_1, C_2, C_3 为任意常数.

所以原方程组的解为 $\boldsymbol{X} = \begin{bmatrix} x_1 \\ x_2 \\ x_3 \end{bmatrix} = \begin{bmatrix} 1 & 1 & 1 \\ 0 & 1 & 2 \\ 0 & 0 & 2 \end{bmatrix}\begin{bmatrix} y_1 \\ y_2 \\ y_3 \end{bmatrix} = \begin{bmatrix} C_1 e^t + C_2 e^{2t} + C_3 e^{3t} \\ C_2 e^{2t} + C_3 e^{3t} \\ 2C_3 e^{3t} \end{bmatrix}$.

习　题　5

(A)

1. 求下列矩阵的特征值和特征向量.

(1) $A=\begin{bmatrix}3 & -1\\ -1 & 3\end{bmatrix}$；　　(2) $A=\begin{bmatrix}1 & 2\\ 2 & 4\end{bmatrix}$；

(3) $A=\begin{bmatrix}-2 & 1 & 1\\ 0 & 2 & 0\\ -4 & 1 & 3\end{bmatrix}$；　　(4) $A=\begin{bmatrix}1 & 2 & 3\\ 2 & 1 & 3\\ 3 & 3 & 6\end{bmatrix}$；

(5) $A=\begin{bmatrix}3 & -1 & 1\\ 2 & 0 & 1\\ 1 & -1 & 2\end{bmatrix}$；　　(6) $A=\begin{bmatrix}1 & 1 & 1\\ 1 & 1 & 1\\ 1 & 1 & 1\end{bmatrix}$.

2. 设3阶方阵 $A=\begin{bmatrix}2 & 1 & 1\\ 1 & 2 & 1\\ 1 & 1 & 2\end{bmatrix}$，向量 $\alpha=\begin{bmatrix}1\\ k\\ 1\end{bmatrix}$ 为 A^{-1} 的特征向量，试求常数 k 及 α 所对应的特征值 λ.

3. 设 n 阶方阵 A 满足 $A^2=E$，试证 A 的特征值只能是1或 -1.

4. 设 n 阶方阵 A 满足 $A^2+2A-3E=O$，试证 A 及 $2E+A$ 均可逆.

5. 设 A 是3阶方阵，且 $|A-E|=0$，$|A+2E|=0$，$|2A+3E|=0$，求 $2A^*-3E$ 的特征值及 $|2A^*-3E|$.

6. 设3阶方阵 A 的特征值为 $1,-1,2$.

(1) 若 $B=A^3-5A^2$，求 B 的特征值；

(2) 若 $C=A^*+6A^{-1}-3E$，求 $|C|$.

7. 已知3阶方阵 $A=\begin{bmatrix}7 & 4 & -1\\ 4 & 7 & -1\\ -4 & -4 & x\end{bmatrix}$，且 A 的特征值为 $\lambda_1=\lambda_2=3$，$\lambda_3=12$.

(1) 试确定 x 的值；

(2) 求 A 的特征向量.

8. 设3阶方阵 $A=\begin{bmatrix}a & -1 & 2\\ 5 & b & 3\\ -1 & 0 & -a\end{bmatrix}$，$|A|=-1$，且 A^* 有一个特征值为 λ_0，属于 λ_0 的一个特征向量为 $\alpha=(-1,-1,1)^{\mathrm T}$，求 a,b 和 λ_0 的值.

9. 下列方阵 A 是否可对角化？若可对角化，试求出可逆矩阵 P，使 $P^{-1}AP$ 为对角形矩阵.

(1) $A=\begin{bmatrix}2&-1\\-1&2\end{bmatrix}$;

(2) $A=\begin{bmatrix}3&1\\5&-1\end{bmatrix}$;

(3) $A=\begin{bmatrix}1&-1&1\\1&3&-1\\1&1&1\end{bmatrix}$;

(4) $A=\begin{bmatrix}-2&0&1\\1&3&1\\-4&0&2\end{bmatrix}$;

(5) $A=\begin{bmatrix}1&2&2\\2&1&2\\2&2&1\end{bmatrix}$;

(6) $A=\begin{bmatrix}2&-1&1\\0&3&-1\\2&1&3\end{bmatrix}$.

10. 方阵 $A=\begin{bmatrix}3&2&-2\\-x&-1&x\\4&2&-3\end{bmatrix}$,问当 x 为何值时,存在可逆矩阵 P,使得 $P^{-1}AP$ 为对角形矩阵?并求出可逆矩阵 P 和对角形矩阵 Λ.

11. 设 3 阶方阵 A 与 B 相似,A 的特征值为 $\frac{1}{3},\frac{1}{4},\frac{1}{5}$,求 $|B^{-1}+E|$.

12. 设方阵 A 与 B 相似,且 $A=\begin{bmatrix}1&-1&1\\2&4&-2\\-3&-3&a\end{bmatrix}$,$B=\begin{bmatrix}2&0&0\\0&2&0\\0&0&b\end{bmatrix}$.

(1)求 a,b 的值;

(2)求可逆矩阵 P,使 $P^{-1}AP=B$.

13. 设二阶方阵 $A=\begin{bmatrix}2&1\\1&2\end{bmatrix}$,

(1)求 A 的特征值和特征向量;

(2)求 A^{100}.

14. 设 3 阶方阵 A 的特征值为 1,2,3,且对应的特征向量分别为 $\alpha_1=(1,1,1)^T$,$\alpha_2=(1,2,4)^T$,$\alpha_3=(1,3,9)^T$,又 $\alpha=(1,1,3)^T$,求 $A^n\alpha$.

15. 下列方阵 A 为实对称矩阵,求正交矩阵 Q,使得 $Q^TAQ=Q^{-1}AQ$ 为对角形矩阵.

(1) $A=\begin{bmatrix}0&-1&1\\-1&0&1\\1&1&0\end{bmatrix}$;

(2) $A=\begin{bmatrix}1&2&1\\2&1&1\\1&1&2\end{bmatrix}$;

(3) $A=\begin{bmatrix}2&2&-2\\2&5&-4\\-2&-4&5\end{bmatrix}$;

(4) $A=\begin{bmatrix}3&2&2\\2&3&2\\2&2&3\end{bmatrix}$.

16. 设 3 阶实对称矩阵 A 的特征值为 6,3,3,且特征值 6 所对应的特征向量为 $\alpha=(1,1,1)^T$,求 A.

17. 设 A 为 n 阶正交矩阵.

(1) 若 $|A|=-1$，试证 -1 是 A 的一个特征值；

(2) 若 λ 是 A 的特征值，试证 $\frac{1}{\lambda}$ 是 A 的一个特征值.

18. 设 n 阶实对称矩阵 A 满足 $A^2=2A$，如果 $r(A)=r<n$，求 A 的特征值.

自测题

(B)

1. 填空题.

(1) 设 A 为 2 阶矩阵，α_1,α_2 为线性无关的 2 维列向量，$A\alpha_1=O$，$A\alpha_2=2\alpha_1+\alpha_2$，则 A 的非零特征值为________.

(2) 若 3 维列向量 α,β 满足 $\alpha^{\mathrm{T}}\beta=2$，其中 α^{T} 为 α 的转置，则矩阵 $\beta\alpha^{\mathrm{T}}$ 的非零特征值为________.

(3) 设 3 阶矩阵 A 的特征值为 1，2，2，其中 E 为 3 阶单位矩阵，则行列式 $|4A^{-1}-E|=$________.

(4) 设 3 阶矩阵 A 的特征值为 2，-2，1，$B=A^2-A+E$，其中 E 为 3 阶单位矩阵，则行列式 $|B|=$________.

(5) 设 $\alpha=(1,1,1)^{\mathrm{T}}$，$\beta=(1,0,k)^{\mathrm{T}}$，若矩阵 $\alpha\beta^{\mathrm{T}}$ 相似于 $\begin{bmatrix}3&0&0\\0&0&0\\0&0&0\end{bmatrix}$，则 $k=$________.

2. 单项选择题.

(1) 已知矩阵 $A=\begin{bmatrix}2&0&0\\0&2&1\\0&0&1\end{bmatrix}$，$B=\begin{bmatrix}2&1&0\\0&2&0\\0&0&1\end{bmatrix}$，$C=\begin{bmatrix}1&0&0\\0&2&0\\0&0&2\end{bmatrix}$，则(　　).

(A) A 与 C 相似，B 与 C 相似　　(B) A 与 C 相似，B 与 C 不相似

(C) A 与 C 不相似，B 与 C 相似　　(D) A 与 C 不相似，B 与 C 不相似

(2) 设 A 为 4 阶实对称矩阵，且 $A^2+A=O$. 若 A 的秩为 3，则 A 相似于(　　).

(A) $\begin{bmatrix}1&&&\\&1&&\\&&1&\\&&&0\end{bmatrix}$　　(B) $\begin{bmatrix}1&&&\\&1&&\\&&-1&\\&&&0\end{bmatrix}$

(C) $\begin{bmatrix}1&&&\\&-1&&\\&&-1&\\&&&0\end{bmatrix}$　　(D) $\begin{bmatrix}-1&&&\\&-1&&\\&&-1&\\&&&0\end{bmatrix}$

(3) 矩阵 $\begin{bmatrix}1&a&1\\a&b&a\\1&a&1\end{bmatrix}$ 与 $\begin{bmatrix}2&0&0\\0&b&0\\0&0&0\end{bmatrix}$ 相似的充分必要条件为(　　).

(A) $a=0,b=2$　　　　　　　　　　(B) $a=0$, b 为任意常数

(C) $a=2,b=0$　　　　　　　　　　(D) $a=2$, b 为任意常数

3. 设 3 阶实对称矩阵 $\boldsymbol{A}$ 的特征值为 $\lambda_1=1,\lambda_2=2,\lambda_3=-2$，且 $\boldsymbol{\alpha}_1=(1,-1,1)^{\mathrm{T}}$ 是 $\boldsymbol{A}$ 的属于 λ_1 的一个特征向量. 记 $\boldsymbol{B}=\boldsymbol{A}^5-4\boldsymbol{A}^3+\boldsymbol{E}$，其中 $\boldsymbol{E}$ 为 3 阶单位矩阵.

(1) 验证 $\boldsymbol{\alpha}_1$ 是矩阵 $\boldsymbol{B}$ 的特征向量，并求 $\boldsymbol{B}$ 的全部特征值与特征向量；

(2) 求矩阵 $\boldsymbol{B}$.

4. 设 $\boldsymbol{A}=\begin{bmatrix}0&-1&4\\-1&3&a\\4&a&0\end{bmatrix}$，正交矩阵 $\boldsymbol{Q}$ 使 $\boldsymbol{Q}^{\mathrm{T}}\boldsymbol{A}\boldsymbol{Q}$ 为对角矩阵，若 $\boldsymbol{Q}$ 的第一列为 $\frac{1}{\sqrt{6}}\begin{bmatrix}1\\2\\1\end{bmatrix}$，求 a, $\boldsymbol{Q}$.

5. 设 $\boldsymbol{A}$ 为 3 阶实对称矩阵，$\boldsymbol{A}$ 的秩为 2，且

$$\boldsymbol{A}\begin{bmatrix}1&1\\0&0\\-1&1\end{bmatrix}=\begin{bmatrix}-1&1\\0&0\\1&1\end{bmatrix}.$$

(1) 求 $\boldsymbol{A}$ 的所有特征值与特征向量；

(2) 求矩阵 $\boldsymbol{A}$.

6. 设 $\boldsymbol{A}$ 为 3 阶矩阵，$\boldsymbol{\alpha}_1,\boldsymbol{\alpha}_2$ 为 $\boldsymbol{A}$ 的分别对应特征值 $-1,1$ 的特征向量，向量 $\boldsymbol{\alpha}_3$ 满足 $\boldsymbol{A}\boldsymbol{\alpha}_3=\boldsymbol{\alpha}_2+\boldsymbol{\alpha}_3$.

(1) 证明 $\boldsymbol{\alpha}_1,\boldsymbol{\alpha}_2,\boldsymbol{\alpha}_3$ 线性无关；

(2) 令 $\boldsymbol{P}=(\boldsymbol{\alpha}_1,\boldsymbol{\alpha}_2,\boldsymbol{\alpha}_3)$，求 $\boldsymbol{P}^{-1}\boldsymbol{A}\boldsymbol{P}$.

7. 证明 n 阶矩阵 $\begin{bmatrix}1&1&\cdots&1\\1&1&\cdots&1\\\vdots&\vdots&&\vdots\\1&1&\cdots&1\end{bmatrix}$ 与 $\begin{bmatrix}0&0&\cdots&1\\0&0&\cdots&2\\\vdots&\vdots&&\vdots\\0&0&\cdots&n\end{bmatrix}$ 相似.

8. 设矩阵 $\boldsymbol{A}=\begin{bmatrix}0&2&-3\\-1&3&-3\\1&-2&a\end{bmatrix}$ 相似于矩阵 $\boldsymbol{B}=\begin{bmatrix}1&-2&0\\0&b&0\\0&3&1\end{bmatrix}$.

(1) 求 a,b 的值；

(2) 求可逆矩阵 $\boldsymbol{P}$，使 $\boldsymbol{P}^{-1}\boldsymbol{A}\boldsymbol{P}$ 为对角形矩阵.

B 答案
详解

第 6 章　二次型

第 6 章
教学要求

二次型的研究源于二次曲线和二次曲面方程转化为标准形的分类问题. 例如,在解析几何中,为了便于研究二次曲线 $a_{11}x^2+2a_{12}xy+a_{22}y^2=a$ 的几何性质,选择适当的线性变换:

$$\begin{cases} x=x'\cos\theta-y'\sin\theta \\ y=x'\sin\theta+y'\cos\theta \end{cases}$$

把方程化为只含平方项的标准形 $b_{11}x'^2+b_{22}y'^2=a'$. 从代数学的观点看,方程 $a_{11}x^2+2a_{12}xy+a_{22}y^2=a$ 的左边是关于变量 x,y 的一个二次齐次多项式,经过非退化的线性变换,化为只含变量 x',y' 平方项的多项式. 同样,在二次曲面的研究中也有类似的问题. 此外,在数学的其他分支及物理、力学、网络计算、最优化理论等领域也常常会遇到此类问题,将它们归为二次型的问题.

本章首先介绍二次型的定义和它的矩阵表示形式,然后介绍化二次型为标准形的方法,最后介绍正定二次型及其判定定理.

6.1　二次型及其矩阵表示

6.1.1　二次型的概念及其矩阵表示

定义 6.1　含有 n 个变量 $x_1,x_2,\cdots,x_n$ 的一个二次齐次多项式

$$\begin{aligned} f(x_1,x_2,\cdots,x_n)=&a_{11}x_1^2+2a_{12}x_1x_2+\cdots+2a_{1n}x_1x_n \\ &+a_{22}x_2^2+2a_{23}x_2x_3+\cdots+2a_{2n}x_2x_n+\cdots+a_{nn}x_n^2 \end{aligned} \tag{1}$$

称为 n 元二次型,简称为二次型. 当系数 a_{ij} 为复数时,称 $f(x_1,x_2,\cdots,x_n)$ 为复二次型,当系数 a_{ij} 为实数时,称 $f(x_1,x_2,\cdots,x_n)$ 为实二次型. 本书只讨论实二次型.

在(1)式中,若取 $a_{ij}=a_{ji}$,则 $2a_{ij}x_ix_j=a_{ij}x_ix_j+a_{ji}x_jx_i$,于是(1)式可写成

$$\begin{aligned} f(x_1,x_2,\cdots,x_n)=&a_{11}x_1^2+a_{12}x_1x_2+\cdots+a_{1n}x_1x_n \\ &+a_{21}x_2x_1+a_{22}x_2^2+\cdots+a_{2n}x_2x_n \\ &+\cdots \\ &+a_{n1}x_nx_1+a_{n2}x_nx_2+\cdots+a_{nn}x_n^2 \\ =&x_1\sum_{j=1}^{n}a_{1j}x_j+x_2\sum_{j=1}^{n}a_{2j}x_j+\cdots+x_n\sum_{j=1}^{n}a_{nj}x_j \\ =&\sum_{i=1}^{n}\sum_{j=1}^{n}a_{ij}x_ix_j. \end{aligned} \tag{2}$$

利用矩阵的乘法,(2)式又可以表示为

$$f(x_1,x_2,\cdots,x_n)=(x_1,x_2,\cdots,x_n)\begin{bmatrix} a_{11} & a_{12} & \cdots & a_{1n} \\ a_{21} & a_{22} & \cdots & a_{2n} \\ \vdots & \vdots & & \vdots \\ a_{n1} & a_{n2} & \cdots & a_{nn} \end{bmatrix}\begin{bmatrix} x_1 \\ x_2 \\ \vdots \\ x_n \end{bmatrix}.$$

若记

$$\boldsymbol{A}=\begin{bmatrix} a_{11} & a_{12} & \cdots & a_{1n} \\ a_{21} & a_{22} & \cdots & a_{2n} \\ \vdots & \vdots & & \vdots \\ a_{n1} & a_{n2} & \cdots & a_{nn} \end{bmatrix},\boldsymbol{X}=\begin{bmatrix} x_1 \\ x_2 \\ \vdots \\ x_n \end{bmatrix},$$

则(2)式可以写成

$$f(x_1,x_2,\cdots,x_n)=\sum_{i=1}^{n}\sum_{j=1}^{n}a_{ij}x_ix_j=\boldsymbol{X}^{\mathrm{T}}\boldsymbol{A}\boldsymbol{X}. \tag{3}$$

(3)式称为二次型的矩阵形式,因为 $a_{ij}=a_{ji}$,所以 $\boldsymbol{A}^{\mathrm{T}}=\boldsymbol{A}$,(3)式中的矩阵 $\boldsymbol{A}$ 必为实对称矩阵且矩阵 $\boldsymbol{A}$ 的主对角线上的元素 a_{ii}是表达(1)式中 x_i^2 项的系数,而 $a_{ij}=a_{ji}$为表达(1)式中 x_ix_j 系数的一半.

例如,二次型$f(x_1,x_2,x_3)=2x_1^2-2x_1x_2+4x_1x_3-2x_2^2+6x_2x_3+3x_3^2$ 的矩阵形式为

$$\begin{aligned} f(x_1,x_2,x_3)&=2x_1^2-2x_1x_2+4x_1x_3-2x_2^2+6x_2x_3+3x_3^2 \\ &=(x_1,x_2,x_3)\begin{bmatrix} 2 & -1 & 2 \\ -1 & -2 & 3 \\ 2 & 3 & 3 \end{bmatrix}\begin{bmatrix} x_1 \\ x_2 \\ x_3 \end{bmatrix}=\boldsymbol{X}^{\mathrm{T}}\boldsymbol{A}\boldsymbol{X} \end{aligned}$$

因此任给一个二次型,可以唯一确定一个实对称矩阵;反之,若给一个实对称矩阵

$$\boldsymbol{A}=\begin{bmatrix} 2 & -1 & 2 \\ -1 & -2 & 3 \\ 2 & 3 & 3 \end{bmatrix},$$

作乘积

$$\begin{aligned} \boldsymbol{X}^{\mathrm{T}}\boldsymbol{A}\boldsymbol{X}&=(x_1,x_2,x_3)\begin{bmatrix} 2 & -1 & 2 \\ -1 & -2 & 3 \\ 2 & 3 & 3 \end{bmatrix}\begin{bmatrix} x_1 \\ x_2 \\ x_3 \end{bmatrix} \\ &=2x_1^2-2x_1x_2+4x_1x_3-2x_2^2+6x_2x_3+3x_3^2, \end{aligned}$$

也可以唯一确定一个二次型. 这样,二次型与对称矩阵之间存在一一对应的关系. 因此,(3)式中的实对称矩阵 $\boldsymbol{A}$ 称为二次型$f(x_1,x_2,\cdots,x_n)$的矩阵;实对称矩阵 $\boldsymbol{A}$ 的秩称为二次型$f(x_1,x_2,\cdots,x_n)$的秩; $f(x_1,x_2,\cdots,x_n)$称为实对称矩阵 $\boldsymbol{A}$ 的二次型.

例 1 设二次型为

$$f(x_1,x_2)=2x_1^2+x_2^2-6x_1x_2,$$

写出二次型的矩阵形式,并求此二次型的秩.

解 二次型矩阵 $\boldsymbol{A}$ 是一个实对称矩阵,其主对角线上的元素 a_{11},a_{22} 分别是 $f(x_1,x_2)$ 中 x_1^2,x_2^2 项的系数,$a_{12}=a_{21}$ 为 $f(x_1,x_2)$ 中 x_1x_2 项系数的一半. 因此,二次型的矩阵为

$$\boldsymbol{A}=\begin{bmatrix}2&-3\\-3&1\end{bmatrix}.$$

所以二次型的矩阵形式为

$$f(x_1,x_2)=2x_1^2+x_2^2-6x_1x_2=\boldsymbol{X}^{\mathrm{T}}\boldsymbol{A}\boldsymbol{X}=(x_1,x_2)\begin{bmatrix}2&-3\\-3&1\end{bmatrix}\begin{bmatrix}x_1\\x_2\end{bmatrix}.$$

二次型矩阵 $\boldsymbol{A}$ 的秩即为二次型的秩,由于 $r(\boldsymbol{A})=2$,所以二次型的秩为 2.

例 2 设二次型为

$$f(x_1,x_2,x_3)=x_1^2-2x_2^2+2x_3^2+3x_1x_2-4x_1x_3,$$

写出二次型的矩阵形式,并求此二次型的秩.

解 二次型的矩阵为

$$\boldsymbol{A}=\begin{bmatrix}1&\frac{3}{2}&-2\\\frac{3}{2}&-2&0\\-2&0&2\end{bmatrix}.$$

所以二次型的矩阵形式为

$$f(x_1,x_2,x_3)=\boldsymbol{X}^{\mathrm{T}}\boldsymbol{A}\boldsymbol{X}=(x_1,x_2,x_3)\begin{bmatrix}1&\frac{3}{2}&-2\\\frac{3}{2}&-2&0\\-2&0&2\end{bmatrix}\begin{bmatrix}x_1\\x_2\\x_3\end{bmatrix}.$$

二次型矩阵 $\boldsymbol{A}$ 的秩即为二次型的秩,由于

$$|\boldsymbol{A}|=\begin{vmatrix}1&\frac{3}{2}&-2\\\frac{3}{2}&-2&0\\-2&0&2\end{vmatrix}=\begin{vmatrix}1&\frac{3}{2}&-2\\\frac{3}{2}&-2&0\\-1&\frac{3}{2}&0\end{vmatrix}=-\frac{1}{2}\neq0,$$

所以 $r(\boldsymbol{A})=3$,故二次型的秩为 3.

6.1.2 二次型的非退化线性变换

定义 6.2 设变量 $x_1,x_2,\cdots,x_n$ 与变量 $y_1,y_2,\cdots,y_n$ 存在如下关系式

$$
\begin{cases}
x_1 = c_{11}y_1 + c_{12}y_2 + \cdots + c_{1n}y_n, \\
x_2 = c_{21}y_1 + c_{22}y_2 + \cdots + c_{2n}y_n, \\
\qquad \cdots\cdots \\
x_n = c_{n1}y_1 + c_{n2}y_2 + \cdots + c_{nn}y_n,
\end{cases} \tag{4}
$$

称此关系式为由变量 $x_1, x_2, \cdots, x_n$ 到变量 $y_1, y_2, \cdots, y_n$ 的一个线性变换(或线性替换).

若记

$$
\boldsymbol{X} = \begin{bmatrix} x_1 \\ x_2 \\ \vdots \\ x_n \end{bmatrix}, \boldsymbol{Y} = \begin{bmatrix} y_1 \\ y_2 \\ \vdots \\ y_n \end{bmatrix}, \boldsymbol{C} = \begin{bmatrix} c_{11} & c_{12} & \cdots & c_{1n} \\ c_{21} & c_{22} & \cdots & c_{2n} \\ \vdots & \vdots & & \vdots \\ c_{n1} & c_{n2} & \cdots & c_{nn} \end{bmatrix},
$$

则线性变换(4)可以表示为矩阵形式

$$\boldsymbol{X} = \boldsymbol{CY}.$$

当 $\boldsymbol{C}$ 为可逆(或非退化)矩阵时,称线性变换 $\boldsymbol{X} = \boldsymbol{CY}$ 为可逆(或非退化)线性变换;当 $\boldsymbol{C}$ 为正交矩阵时,称线性变换 $\boldsymbol{X} = \boldsymbol{CY}$ 为正交变换.

定理 6.1 任何一个二次型 $f(x_1, x_2, \cdots, x_n) = \boldsymbol{X}^{\mathrm{T}}\boldsymbol{AX}$,经过一个非退化线性变换 $\boldsymbol{X} = \boldsymbol{CY}$,仍为一个二次型,并且其秩不变.

证 将线性变换 $\boldsymbol{X} = \boldsymbol{CY}$ 代入(3)中,则有

$$
\begin{aligned}
f(x_1, x_2, \cdots, x_n) &= \boldsymbol{X}^{\mathrm{T}}\boldsymbol{AX} = (\boldsymbol{CY})^{\mathrm{T}}\boldsymbol{A}(\boldsymbol{CY}) \\
&= \boldsymbol{Y}^{\mathrm{T}}\boldsymbol{C}^{\mathrm{T}}\boldsymbol{ACY} = \boldsymbol{Y}^{\mathrm{T}}(\boldsymbol{C}^{\mathrm{T}}\boldsymbol{AC})\boldsymbol{Y} = \boldsymbol{Y}^{\mathrm{T}}\boldsymbol{BY}.
\end{aligned}
$$

其中 $\boldsymbol{B} = \boldsymbol{C}^{\mathrm{T}}\boldsymbol{AC}$,且

$$\boldsymbol{B}^{\mathrm{T}} = (\boldsymbol{C}^{\mathrm{T}}\boldsymbol{AC})^{\mathrm{T}} = \boldsymbol{C}^{\mathrm{T}}\boldsymbol{A}^{\mathrm{T}}\boldsymbol{C} = \boldsymbol{C}^{\mathrm{T}}\boldsymbol{AC} = \boldsymbol{B}.$$

所以矩阵 $\boldsymbol{B}$ 也是对称矩阵. 这表明一个二次型经过非退化线性变换后仍为二次型. 且因为 $\boldsymbol{C}$ 为可逆矩阵,因此

$$r(\boldsymbol{B}) = r(\boldsymbol{C}^{\mathrm{T}}\boldsymbol{AC}) = r(\boldsymbol{A}).$$

定义 6.3 两个 n 元二次型 $\boldsymbol{X}^{\mathrm{T}}\boldsymbol{AX}$ 及 $\boldsymbol{Y}^{\mathrm{T}}\boldsymbol{BY}$,如果其中一个二次型可以通过一个非退化的线性变换化为另一个二次型,则称这两个二次型是等价的.

6.1.3 合同矩阵

定义 6.4 设 $\boldsymbol{A}, \boldsymbol{B}$ 是两个 n 阶方阵,若存在 n 阶可逆矩阵 $\boldsymbol{C}$,使得

$$\boldsymbol{B} = \boldsymbol{C}^{\mathrm{T}}\boldsymbol{AC},$$

则称矩阵 $\boldsymbol{A}$ 与 $\boldsymbol{B}$ 合同,记作 $\boldsymbol{A} \simeq \boldsymbol{B}$.

矩阵的合同是矩阵之间的一个关系,它满足如下性质.

(1)反身性. 任何 n 阶方阵 $\boldsymbol{A}$ 都与自身合同,即 $\boldsymbol{A} \simeq \boldsymbol{A}$.

事实上,因为 $\boldsymbol{A} = \boldsymbol{E}^{\mathrm{T}}\boldsymbol{AE}$,所以 $\boldsymbol{A} \simeq \boldsymbol{A}$.

(2)对称性. 若 $A \simeq B$,则 $B \simeq A$.

事实上,因为 $A \simeq B$,存在可逆矩阵 C,使得 $B = C^{T}AC$,所以

$$A = (C^{T})^{-1}BC^{-1} = (C^{-1})^{T}BC^{-1}, \text{即 } B \simeq A.$$

(3)传递性. 若 $A \simeq B$,$B \simeq C$,则 $A \simeq C$.

事实上,因为 $A \simeq B$,$B \simeq C$,存在可逆矩阵 P_1,P_2,使得 $B = P_1^{T}AP_1$,$C = P_2^{T}BP_2$,所以 $C = P_2^{T}P_1^{T}AP_1P_2 = (P_1P_2)^{T}A(P_1P_2)$,$P_1$,$P_2$ 为可逆矩阵,于是 $A \simeq C$.

性质 若矩阵 A 与矩阵 B 合同,则 $r(B) = r(A)$.

对于两个矩阵 A 与 B,前面曾讲过等价关系和相似关系,回顾前两种关系的定义,不难得到:若两矩阵合同,则两矩阵等价;若两矩阵相似,则两矩阵等价;一般情况下,两矩阵相似不能得出两矩阵合同,两矩阵合同也不能得出两矩阵相似. 只有当可逆矩阵 C 为正交矩阵时,两矩阵合同和相似才是同一件事.

矩阵之间关系

6.2 二次型的标准形和规范形

6.2.1 二次型的标准形

定义 6.5 形如

$$f(x_1,x_2,\cdots,x_n) = d_1x_1^2 + d_2x_2^2 + \cdots + d_nx_n^2$$

的二次型称为二次型的标准形(或法式).

对于任意一个实二次型 $f = X^{T}AX$,都可以经过非退化线性变换 $X = CY$,将其化为标准形. 即有

$$f = X^{T}AX = (CY)^{T}A(CY) = Y^{T}(C^{T}AC)Y = d_1y_1^2 + d_2y_2^2 + \cdots + d_ny_n^2$$

$$= (y_1,y_2,\cdots,y_n)\begin{bmatrix} d_1 & & & \\ & d_2 & & \\ & & \ddots & \\ & & & d_n \end{bmatrix}\begin{bmatrix} y_1 \\ y_2 \\ \vdots \\ y_n \end{bmatrix}.$$

从矩阵的角度来说,就是对于任意一个实对称矩阵 A,一定存在一个可逆矩阵 C,使得 $C^{T}AC$ 为对角形矩阵,即

$$C^{T}AC = \mathrm{diag}(d_1,d_2,\cdots,d_n) = \begin{bmatrix} d_1 & & & \\ & d_2 & & \\ & & \ddots & \\ & & & d_n \end{bmatrix}.$$

由此可见,二次型 $f = X^{T}AX$ 化为标准形的问题,实质上就是使实对称矩阵 A 合同于对角形矩阵,也就是求一个非退化矩阵 C,使得 $C^{T}AC$ 为对角形矩阵. 而二次型的秩等于该对

角形矩阵的秩,即为对角形矩阵主对角线上非零元素的个数.

6.2.2 用正交变换法化二次型为标准形

从5.5节可知,对于任意一个 n 阶实对称矩阵 $\boldsymbol{A}$,一定存在一个 n 阶正交矩阵 $\boldsymbol{Q}$ 使得

$$\boldsymbol{Q}^{-1}\boldsymbol{A}\boldsymbol{Q}=\boldsymbol{Q}^{\mathrm{T}}\boldsymbol{A}\boldsymbol{Q}=\mathrm{diag}(\lambda_1,\lambda_2,\cdots,\lambda_n),$$

其中 $\lambda_1,\lambda_2,\cdots,\lambda_n$ 为 $\boldsymbol{A}$ 的 n 个特征值. 由于实二次型与实对称矩阵之间的一一对应关系,将这个结论用于实二次型中,可知对于任意实二次型 $f=\boldsymbol{X}^{\mathrm{T}}\boldsymbol{A}\boldsymbol{X}$,一定存在正交变换 $\boldsymbol{X}=\boldsymbol{Q}\boldsymbol{Y}$,使得

$$\begin{aligned}\boldsymbol{X}^{\mathrm{T}}\boldsymbol{A}\boldsymbol{X}&=(\boldsymbol{Q}\boldsymbol{Y})^{\mathrm{T}}\boldsymbol{A}(\boldsymbol{Q}\boldsymbol{Y})=\boldsymbol{Y}^{\mathrm{T}}(\boldsymbol{Q}^{\mathrm{T}}\boldsymbol{A}\boldsymbol{Q})\boldsymbol{Y}\\&=(y_1,y_2,\cdots,y_n)\begin{bmatrix}\lambda_1&&&\\&\lambda_2&&\\&&\ddots&\\&&&\lambda_n\end{bmatrix}\begin{bmatrix}y_1\\y_2\\\vdots\\y_n\end{bmatrix}\\&=\lambda_1y_1^2+\lambda_2y_2^2+\cdots+\lambda_ny_n^2.\end{aligned}$$

定理6.2 对于任意一个二次型 $f(x_1,x_2,\cdots,x_n)=\boldsymbol{X}^{\mathrm{T}}\boldsymbol{A}\boldsymbol{X}$,一定存在一个正交矩阵 $\boldsymbol{Q}$,使得经过正交线性替换 $\boldsymbol{X}=\boldsymbol{Q}\boldsymbol{Y}$ 可以将二次型化为标准形

$$\lambda_1y_1^2+\lambda_2y_2^2+\cdots+\lambda_ny_n^2.$$

其中 $\lambda_1,\lambda_2,\cdots,\lambda_n$ 是 $\boldsymbol{A}$ 的全部特征值,而 $\boldsymbol{Q}$ 的列向量就是 $\boldsymbol{A}$ 的相应的两两正交的单位特征向量.

将二次型通过正交变换化为标准形的一般步骤:

(1)写出二次型对应的实对称矩阵 $\boldsymbol{A}$;

(2)求出矩阵 $\boldsymbol{A}$ 的全部特征值及其对应的线性无关的特征向量;

(3)将特征向量正交化,再单位化,得出正交矩阵和正交替换;

(4)写出二次型的标准形,其平方项的系数为 $\boldsymbol{A}$ 的特征值.

例1 用正交变换化二次型

$$f(x_1,x_2,x_3)=4x_1^2+4x_2^2+4x_3^2+4x_1x_2+4x_1x_3+4x_2x_3$$

为标准形,并求出所作的正交变换 $\boldsymbol{X}=\boldsymbol{Q}\boldsymbol{Y}$.

解 所给二次型矩阵就是5.5节例1的实对称矩阵

$$\boldsymbol{A}=\begin{bmatrix}4&2&2\\2&4&2\\2&2&4\end{bmatrix},$$

特征值为 $\lambda_1=\lambda_2=2,\lambda_3=8$. 即存在正交矩阵 $\boldsymbol{Q}$,使得 $\boldsymbol{Q}^{\mathrm{T}}\boldsymbol{A}\boldsymbol{Q}=\boldsymbol{Q}^{-1}\boldsymbol{A}\boldsymbol{Q}=\boldsymbol{\Lambda}$. 其中

$$\boldsymbol{\Lambda}=\begin{bmatrix}2&&\\&2&\\&&8\end{bmatrix},$$

所以二次型的标准形为$f=2y_1^2+2y_2^2+8y_3^2$. 以相应的两两正交单位特征向量为列作矩阵

$$Q=\begin{bmatrix} -\frac{1}{\sqrt{2}} & -\frac{1}{\sqrt{6}} & \frac{1}{\sqrt{3}} \\ \frac{1}{\sqrt{2}} & -\frac{1}{\sqrt{6}} & \frac{1}{\sqrt{3}} \\ 0 & \frac{2}{\sqrt{6}} & \frac{1}{\sqrt{3}} \end{bmatrix},$$

则 Q 为正交矩阵,在正交变换 $X=QY$ 下,有

$$\begin{aligned} f(x_1,x_2,x_3) &= X^{\mathrm{T}}AX=(QY)^{\mathrm{T}}A(QY)=Y^{\mathrm{T}}(Q^{\mathrm{T}}AQ)Y \\ &= (y_1,y_2,y_3)\begin{bmatrix} 2 & & \\ & 2 & \\ & & 8 \end{bmatrix}\begin{bmatrix} y_1 \\ y_2 \\ y_3 \end{bmatrix} \\ &= 2y_1^2+2y_2^2+8y_3^2. \end{aligned}$$

例 2 用正交变换化二次型

$$f(x_1,x_2,x_3)=2x_1^2-4x_1x_2+4x_1x_3+5x_2^2-8x_2x_3+5x_3^2$$

为标准形,并求出所作的正交变换 $X=QY$.

解 所给二次型对应的实对称矩阵为

$$A=\begin{bmatrix} 2 & -2 & 2 \\ -2 & 5 & -4 \\ 2 & -4 & 5 \end{bmatrix}.$$

$$|\lambda E-A|=\begin{vmatrix} \lambda-2 & 2 & -2 \\ 2 & \lambda-5 & 4 \\ -2 & 4 & \lambda-5 \end{vmatrix}=(\lambda-1)^2(\lambda-10),$$

所以 A 的特征值为 $\lambda_1=\lambda_2=1,\lambda_3=10$.

对于 $\lambda_1=\lambda_2=1$,解对应的齐次线性方程组$(E-A)X=O$,即

$$\begin{bmatrix} -1 & 2 & -2 \\ 2 & -4 & 4 \\ -2 & 4 & -4 \end{bmatrix}\begin{bmatrix} x_1 \\ x_2 \\ x_3 \end{bmatrix}=\begin{bmatrix} 0 \\ 0 \\ 0 \end{bmatrix},$$

得基础解系

$$\alpha_1=\begin{bmatrix} 2 \\ 1 \\ 0 \end{bmatrix},\ \alpha_2=\begin{bmatrix} -2 \\ 0 \\ 1 \end{bmatrix},$$

即是 A 的对应于 $\lambda_1=\lambda_2=1$ 的两个线性无关的特征向量. 将 α_1,α_2 正交化,得

$$\beta_1=\alpha_1=\begin{bmatrix} 2 \\ 1 \\ 0 \end{bmatrix},$$

$$\boldsymbol{\beta}_2=\boldsymbol{\alpha}_2-\frac{(\boldsymbol{\alpha}_2,\boldsymbol{\beta}_1)}{(\boldsymbol{\beta}_1,\boldsymbol{\beta}_1)}\boldsymbol{\beta}_1=\begin{bmatrix}-2\\0\\1\end{bmatrix}-\frac{-4}{5}\begin{bmatrix}2\\1\\0\end{bmatrix}=\begin{bmatrix}-\frac{2}{5}\\\frac{4}{5}\\1\end{bmatrix}.$$

再进行单位化,得

$$\boldsymbol{\eta}_1=\begin{bmatrix}\frac{2}{\sqrt{5}}\\\frac{1}{\sqrt{5}}\\0\end{bmatrix},\ \boldsymbol{\eta}_2=\begin{bmatrix}-\frac{2}{3\sqrt{5}}\\\frac{4}{3\sqrt{5}}\\\frac{5}{3\sqrt{5}}\end{bmatrix}.$$

对于 $\lambda_3=10$,解齐次线性方程组 $(10\boldsymbol{E}-\boldsymbol{A})\boldsymbol{X}=\boldsymbol{O}$,即

$$\begin{bmatrix}8&2&-2\\2&5&4\\-2&4&5\end{bmatrix}\begin{bmatrix}x_1\\x_2\\x_3\end{bmatrix}=\begin{bmatrix}0\\0\\0\end{bmatrix},$$

得基础解系

$$\boldsymbol{\alpha}_3=\begin{bmatrix}1\\-2\\2\end{bmatrix},$$

即是 $\boldsymbol{A}$ 的对应于 $\lambda_3=10$ 的特征向量,再单位化,得

$$\boldsymbol{\eta}_3=\begin{bmatrix}\frac{1}{3}\\-\frac{2}{3}\\\frac{2}{3}\end{bmatrix}.$$

于是得到正交矩阵

$$\boldsymbol{Q}=(\boldsymbol{\eta}_1,\boldsymbol{\eta}_2,\boldsymbol{\eta}_3)=\begin{bmatrix}\frac{2}{\sqrt{5}}&-\frac{2}{3\sqrt{5}}&\frac{1}{3}\\\frac{1}{\sqrt{5}}&\frac{4}{3\sqrt{5}}&-\frac{2}{3}\\0&\frac{5}{3\sqrt{5}}&\frac{2}{3}\end{bmatrix},$$

使得

$$\boldsymbol{Q}^{-1}\boldsymbol{A}\boldsymbol{Q}=\boldsymbol{Q}^{\mathrm{T}}\boldsymbol{A}\boldsymbol{Q}=\begin{bmatrix}1&&\\&1&\\&&10\end{bmatrix}.$$

对于实二次型 $f=X^TAX$，将正交变换 $X=QY$ 代入二次型中，则二次型化为标准形

$$f=y_1^2+y_2^2+10y_3^2.$$

例 3 已知二次型 $f(x_1,x_2,x_3)=2x_1^2-2ax_2x_3+3x_2^2+3x_3^2(a>0)$，通过正交变换化为标准形 $f=y_1^2+2y_2^2+5y_3^2$，求参数 a.

解 二次型的矩阵为

$$A=\begin{bmatrix}2&0&0\\0&3&-a\\0&-a&3\end{bmatrix}.$$

由题设，通过正交变换将二次型化为标准形 $f=y_1^2+2y_2^2+5y_3^2$，可知标准形中平方项系数是 A 的 3 个特征值 $\lambda_1=1,\lambda_2=2,\lambda_3=5$.

于是有

$$|A-E|=\begin{vmatrix}1&0&0\\0&2&-a\\0&-a&2\end{vmatrix}=4-a^2=0,$$

所以 $a=\pm2$. 因为 $a>0$，所以 $a=2$.

6.2.3 用拉格朗日配方法化二次型为标准形

对于任何一个二次型 $f=X^TAX$ 都可以利用配方法找到非退化的线性变换 $X=CY$ 将其化为标准形，下面通过具体例题说明这种方法.

例 4 用配方法化实二次型

$$f(x_1,x_2,x_3)=2x_1^2-4x_1x_2-4x_1x_3+5x_2^2-8x_2x_3+5x_3^2$$

为标准形，并求所用的非退化线性变换.

解 因为 f 中含有变量 x_1 的平方项，所以将含有 x_1 的各项归并在一起，配方可得

$$\begin{aligned}f(x_1,x_2,x_3)&=2[x_1^2-2x_1(x_2+x_3)+(x_2+x_3)^2]+3x_2^2-12x_2x_3+3x_3^2\\&=2(x_1-x_2-x_3)^2+3x_2^2-12x_2x_3+3x_3^2,\end{aligned}$$

将含有 x_1 的项配方后，余下各项中不再含有 x_1，继续对含有 x_2 的各项配方，得

$$\begin{aligned}f(x_1,x_2,x_3)&=2(x_1-x_2-x_3)^2+3(x_2^2-4x_2x_3+4x_3^2)-9x_3^2\\&=2(x_1-x_2-x_3)^2+3(x_2-2x_3)^2-9x_3^2.\end{aligned}$$

令

$$\begin{cases}y_1=x_1-x_2-x_3,\\y_2=x_2-2x_3,\\y_3=x_3.\end{cases}$$

即

$$\begin{cases} x_1 = y_1 + y_2 + 3y_3, \\ x_2 = y_2 + 2y_3, \\ x_3 = y_3. \end{cases}$$

记

$$C = \begin{bmatrix} 1 & 1 & 3 \\ 0 & 1 & 2 \\ 0 & 0 & 1 \end{bmatrix},$$

则$|C| = 1 \neq 0$,所求的非退化线性变换为

$$\begin{bmatrix} x_1 \\ x_2 \\ x_3 \end{bmatrix} = \begin{bmatrix} 1 & 1 & 3 \\ 0 & 1 & 2 \\ 0 & 0 & 1 \end{bmatrix} \begin{bmatrix} y_1 \\ y_2 \\ y_3 \end{bmatrix}.$$

于是将二次型化为标准形

$$f = 2y_1^2 + 3y_2^2 - 9y_3^2.$$

例 5 用配方法化二次型

$$f(x_1, x_2, x_3) = 2x_1x_2 + 2x_1x_3 + 6x_2x_3$$

为标准形,并求所用的非退化线性变换.

解 由于二次型中平方项系数全为零,且 x_1x_2 系数不为零,所以先作如下非退化线性变换,使其出现平方项. 令

$$\begin{cases} x_1 = y_1 - y_2, \\ x_2 = y_1 + y_2, \\ x_3 = y_3. \end{cases}$$

记 $C_1 = \begin{bmatrix} 1 & -1 & 0 \\ 1 & 1 & 0 \\ 0 & 0 & 1 \end{bmatrix}$,则$|C_1| = 2 \neq 0$,

作非退化线性变换

$$X = \begin{bmatrix} x_1 \\ x_2 \\ x_3 \end{bmatrix} = \begin{bmatrix} 1 & -1 & 0 \\ 1 & 1 & 0 \\ 0 & 0 & 1 \end{bmatrix} \begin{bmatrix} y_1 \\ y_2 \\ y_3 \end{bmatrix} = C_1 Y.$$

原二次型可以化为

$$\begin{aligned} f(x_1, x_2, x_3) &= 2(y_1 - y_2)(y_1 + y_2) + 2(y_1 - y_2)y_3 + 6(y_1 + y_2)y_3 \\ &= 2y_1^2 - 2y_2^2 + 8y_1y_3 + 4y_2y_3 \\ &= 2(y_1^2 + 4y_1y_3 + 4y_3^2) - 2(y_2^2 - 2y_2y_3 + y_3^2) - 6y_3^2 \\ &= 2(y_1 + 2y_3)^2 - 2(y_2 - y_3)^2 - 6y_3^2. \end{aligned}$$

令

$$\begin{cases}z_1=y_1+2y_3,\\ z_2=y_2-y_3,\\ z_3=y_3.\end{cases}$$

即

$$\begin{cases}y_1=z_1-2z_3,\\ y_2=z_2+z_3,\\ y_3=z_3.\end{cases}$$

记

$$C_2=\begin{bmatrix}1&0&-2\\0&1&1\\0&0&1\end{bmatrix},$$

则 $|C_2|=1\neq0$,作非退化线性变换,即

$$Y=\begin{bmatrix}y_1\\y_2\\y_3\end{bmatrix}=\begin{bmatrix}1&0&-2\\0&1&1\\0&0&1\end{bmatrix}\begin{bmatrix}z_1\\z_2\\z_3\end{bmatrix}=C_2Z.$$

于是得到二次型的标准形为

$$f=2z_1^2-2z_2^2-6z_3^2.$$

这里将实二次型化为标准形经过了两次非退化线性变换 $X=C_1Y,Y=C_2Z$,于是 $X=C_1C_2Z$ 就是将二次型化为标准形所用的非退化线性变换,其中

$$C=C_1C_2=\begin{bmatrix}1&-1&0\\1&1&0\\0&0&1\end{bmatrix}\begin{bmatrix}1&0&-2\\0&1&1\\0&0&1\end{bmatrix}=\begin{bmatrix}1&-1&-3\\1&1&-1\\0&0&1\end{bmatrix}.$$

在二次型的标准形中,系数不为零的平方项的个数是由二次型的秩唯一确定的,它与所作的非退化线性变换无关,至于标准形中平方项的系数,若经过不同的非退化线性变换,就不是唯一确定的.

例如,在例 4 中二次型

$$f(x_1,x_2,x_3)=2x_1^2-4x_1x_2-4x_1x_3+5x_2^2-8x_2x_3+5x_3^2$$

经过非退化线性变换

$$\begin{bmatrix}x_1\\x_2\\x_3\end{bmatrix}=\begin{bmatrix}1&1&3\\0&1&2\\0&0&1\end{bmatrix}\begin{bmatrix}y_1\\y_2\\y_3\end{bmatrix},$$

得到标准形

$$f=2y_1^2+3y_2^2-9y_3^2.$$

而经过另一个非退化线性变换

$$\begin{bmatrix} x_1 \\ x_2 \\ x_3 \end{bmatrix} = \begin{bmatrix} 1 & \frac{1}{2} & 6 \\ 0 & \frac{1}{2} & 4 \\ 0 & 0 & 2 \end{bmatrix} \begin{bmatrix} y_1 \\ y_2 \\ y_3 \end{bmatrix},$$

得到标准形

$$f = 2y_1^2 + \frac{3}{4}y_2^2 - 18y_3^2.$$

这就说明，二次型的标准形不是唯一的，与所作的非退化线性变换有关. 但标准形中所含的正、负平方项的个数是相同的.

6.2.4 二次型的规范形

定义 6.6 形如 $f(x_1, x_2, \cdots, x_n) = x_1^2 + \cdots + x_p^2 - x_{p+1}^2 - \cdots - x_r^2$ 的二次型称为二次型的规范形，其中 $0 \leqslant p \leqslant r \leqslant n$，$r$ 为二次型的秩.

定理 6.3（惯性定理） 秩为 $r(r \leqslant n)$ 的 n 元实二次型经过两个不同的非退化线性变换 $\boldsymbol{X} = \boldsymbol{C}_1\boldsymbol{Y}$，$\boldsymbol{X} = \boldsymbol{C}_2\boldsymbol{Z}$，分别化为规范形

$$f = y_1^2 + y_2^2 + \cdots + y_p^2 - y_{p+1}^2 - \cdots - y_r^2 \text{ 及 } f = z_1^2 + z_2^2 + \cdots + z_q^2 - z_{q+1}^2 - \cdots - z_r^2,$$

则 $p = q$.

证明从略.

通常把二次型的规范形中正平方项的个数 p 称为二次型的正惯性指数，负平方项的个数 $r - p$ 称为二次型的负惯性指数，正惯性指数和负惯性指数之差 $p - (r - p) = 2p - r$ 称为二次型的符号差.

例如，例 2 中二次型 $f(x_1, x_2, x_3) = 2x_1^2 - 4x_1x_2 + 4x_1x_3 + 5x_2^2 - 8x_2x_3 + 5x_3^2$ 的标准形为 $f = y_1^2 + y_2^2 + 10y_3^2$，令

$$\begin{cases} z_1 = y_1, \\ z_2 = y_2, \\ z_3 = \sqrt{10}\,y_3. \end{cases}$$

得到二次型的规范形为 $f = z_1^2 + z_2^2 + z_3^2$，且此二次型的正惯性指数为 3，负惯性指数为 0.

由于二次型与实对称矩阵是一一对应的，所以惯性定理用矩阵的语言来描述就是下面的定理 6.4.

定理 6.4 任何一个实对称矩阵 $\boldsymbol{A}$，必合同于一个对角矩阵

$$\begin{bmatrix} 1 & & & & & & & & \\ & \ddots & & & & & & & \\ & & 1 & & & & & & \\ & & & -1 & & & & & \\ & & & & \ddots & & & & \\ & & & & & -1 & & & \\ & & & & & & 0 & & \\ & & & & & & & \ddots & \\ & & & & & & & & 0 \end{bmatrix}.$$

其中主对角线上非零元素的个数等于 $\boldsymbol{A}$ 的秩，1 与 −1 的个数分别等于 $\boldsymbol{A}$ 的正惯性指数和负惯性指数.

例 6 求二次型 $f(x_1,x_2,x_3)=2x_1^2-4x_1x_2-4x_1x_3+5x_2^2-8x_2x_3+5x_3^2$ 的规范形，并写出所对应的非退化线性变换.

解 本题的二次型就是本节例 4 的二次型，首先将二次型通过非退化线性变换化为标准形，这在例 4 中已经得到，$f=2y_1^2+3y_2^2-9y_3^2$.

对应的非退化线性变换 $\boldsymbol{X}=\boldsymbol{CY}$，其中

$$\boldsymbol{C}=\begin{bmatrix} 1 & 1 & 3 \\ 0 & 1 & 2 \\ 0 & 0 & 1 \end{bmatrix}.$$

再继续作非退化线性变换

$$\begin{cases} z_1=\sqrt{2}y_1, \\ z_2=\sqrt{3}y_2, \\ z_3=3y_3. \end{cases}$$

记作 $\boldsymbol{Z}=\boldsymbol{DY}$，其中 $\boldsymbol{D}=\begin{bmatrix} \sqrt{2} & 0 & 0 \\ 0 & \sqrt{3} & 0 \\ 0 & 0 & 3 \end{bmatrix}$，且 $|\boldsymbol{D}|\neq 0$，于是就得到了 f 的规范形

$$f=z_1^2+z_2^2-z_3^2.$$

6.3 正定二次型和正定矩阵

n 元实二次型 $f(x_1,x_2,\cdots,x_n)=\sum\limits_{i=1}^{n}\sum\limits_{j=1}^{n}a_{ij}x_ix_j$ 是关于变量 $x_1,x_2,\cdots,x_n$ 的一个二次齐次函数，根据函数值的恒正或恒负等情况，把二次型分为正定二次型或负定二次型等，这就是二次型的正定和负定问题. 正定二次型的应用较为广泛，本节将给出正定二次型的定义、

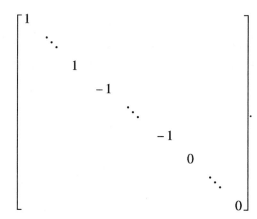

性质及其判定方法.

定义 6.7 设 n 元实二次型 $f(x_1,x_2,\cdots,x_n)=\boldsymbol{X}^{\mathrm{T}}\boldsymbol{A}\boldsymbol{X}$，如果对于任意一组不全为零的实数 $c_1,c_2,\cdots,c_n$，都有 $f(c_1,c_2,\cdots,c_n)>0$，则称 $f(x_1,x_2,\cdots,x_n)=\boldsymbol{X}^{\mathrm{T}}\boldsymbol{A}\boldsymbol{X}$ 为正定二次型，其对应的实对称矩阵 $\boldsymbol{A}$ 称为正定矩阵.

例 1 判断下列二次型是否为正定二次型.

(1) $f(x_1,x_2,x_3,x_4)=x_1^2+x_2^2+x_3^2+x_4^2$；

(2) $f(x_1,x_2,x_3)=x_1^2-x_2^2+x_3^2$；

(3) $f(x_1,x_3)=x_1^2+x_3^2$.

解 (1) 对任意一组不全为零的数 c_1,c_2,c_3,c_4，都有

$$f(c_1,c_2,c_3,c_4)=c_1^2+c_2^2+c_3^2+c_4^2>0,$$

所以 $f(x_1,x_2,x_3,x_4)$ 为正定二次型.

(2) 取 $c_1=0,c_2=1,c_3=0$，$f(c_1,c_2,c_3)=-1<0$，所以 $f(x_1,x_2,x_3)$ 不是正定二次型.

(3) 取 $c_1=0,c_2=1,c_3=0$，$f(c_1,c_2,c_3)=0$，所以 $f(x_1,x_2,x_3)$ 不是正定二次型.

定理 6.5 实二次型 $f(x_1,x_2,\cdots,x_n)=\boldsymbol{X}^{\mathrm{T}}\boldsymbol{A}\boldsymbol{X}$，经过非退化线性变换 $\boldsymbol{X}=\boldsymbol{C}\boldsymbol{Y}$ 化为二次型后，其正定性保持不变.

证 设实二次型 $f(x_1,x_2,\cdots,x_n)=\boldsymbol{X}^{\mathrm{T}}\boldsymbol{A}\boldsymbol{X}$ 是正定二次型，经过非退化线性变换 $\boldsymbol{X}=\boldsymbol{C}\boldsymbol{Y}$，化为 $f=\boldsymbol{X}^{\mathrm{T}}\boldsymbol{A}\boldsymbol{X}=\boldsymbol{Y}^{\mathrm{T}}(\boldsymbol{C}^{\mathrm{T}}\boldsymbol{A}\boldsymbol{C})\boldsymbol{Y}$. 对于任意

$$\boldsymbol{Y}=\begin{bmatrix} y_1 \\ y_2 \\ \vdots \\ y_n \end{bmatrix}\neq\boldsymbol{O},$$

由于 $\boldsymbol{X}=\boldsymbol{C}\boldsymbol{Y}$，且 $\boldsymbol{C}$ 为可逆矩阵，作变换 $\boldsymbol{Y}=\boldsymbol{C}^{-1}\boldsymbol{X}$，所以

$$\begin{aligned} f &= \boldsymbol{Y}^{\mathrm{T}}(\boldsymbol{C}^{\mathrm{T}}\boldsymbol{A}\boldsymbol{C})\boldsymbol{Y}=(\boldsymbol{C}^{-1}\boldsymbol{X})^{\mathrm{T}}(\boldsymbol{C}^{\mathrm{T}}\boldsymbol{A}\boldsymbol{C})(\boldsymbol{C}^{-1}\boldsymbol{X}) \\ &= \boldsymbol{X}^{\mathrm{T}}(\boldsymbol{C}^{-1})^{\mathrm{T}}\boldsymbol{C}^{\mathrm{T}}\boldsymbol{A}\boldsymbol{C}\boldsymbol{C}^{-1}\boldsymbol{X}=\boldsymbol{X}^{\mathrm{T}}\boldsymbol{A}\boldsymbol{X}>0, \end{aligned}$$

故 $f=\boldsymbol{Y}^{\mathrm{T}}(\boldsymbol{C}^{\mathrm{T}}\boldsymbol{A}\boldsymbol{C})\boldsymbol{Y}$ 仍为正定二次型.

定理 6.6 设 n 元实二次型 $f=\boldsymbol{X}^{\mathrm{T}}\boldsymbol{A}\boldsymbol{X}$，则下列命题等价.

(1) $\boldsymbol{X}^{\mathrm{T}}\boldsymbol{A}\boldsymbol{X}$ 是正定二次型.

(2) $\boldsymbol{X}^{\mathrm{T}}\boldsymbol{A}\boldsymbol{X}$ 的正惯性指数 $p=n$.

(3) $\boldsymbol{A}$ 与单位矩阵 $\boldsymbol{E}$ 合同.

(4) 存在可逆矩阵 $\boldsymbol{B}$，使得 $\boldsymbol{A}=\boldsymbol{B}^{\mathrm{T}}\boldsymbol{B}$.

证 (1)⇒(2) 因为二次型 $\boldsymbol{X}^{\mathrm{T}}\boldsymbol{A}\boldsymbol{X}$ 是正定二次型，所以经过非退化线性变换 $\boldsymbol{X}=\boldsymbol{C}\boldsymbol{Y}$ 可以将其化为标准形

$$f=d_1y_1^2+d_2y_2^2+\cdots+d_ny_n^2.$$

由定理 6.5 可知，其标准形仍是正定二次型. 取

$$y_1 = y_2 = \cdots = y_{i-1} = y_{i+1} = \cdots = y_n = 0, y_i = 1,$$

将其代入标准形中，则有 $f = d_i > 0$. 即标准形中平方项系数均大于零，所以正惯性指数 $p = n$.

(2)⇒(3)　由(2)可知，存在可逆矩阵 $\boldsymbol{C}$，使得

$$\boldsymbol{C}^{\mathrm{T}}\boldsymbol{A}\boldsymbol{C} = \begin{bmatrix} d_1 & & & \\ & d_2 & & \\ & & \ddots & \\ & & & d_n \end{bmatrix}, \text{其中 } d_i > 0 (i = 1, 2, \cdots, n).$$

令 $\boldsymbol{D} = \begin{bmatrix} \frac{1}{\sqrt{d_1}} & & & \\ & \frac{1}{\sqrt{d_2}} & & \\ & & \ddots & \\ & & & \frac{1}{\sqrt{d_n}} \end{bmatrix}$，则有 $\boldsymbol{D}^{\mathrm{T}} = \begin{bmatrix} \frac{1}{\sqrt{d_1}} & & & \\ & \frac{1}{\sqrt{d_2}} & & \\ & & \ddots & \\ & & & \frac{1}{\sqrt{d_n}} \end{bmatrix}$.

且 $\boldsymbol{D}$ 为可逆矩阵，此时

$$\boldsymbol{D}^{\mathrm{T}}\boldsymbol{C}^{\mathrm{T}}\boldsymbol{A}\boldsymbol{C}\boldsymbol{D} = \begin{bmatrix} \frac{1}{\sqrt{d_1}} & & & \\ & \frac{1}{\sqrt{d_2}} & & \\ & & \ddots & \\ & & & \frac{1}{\sqrt{d_n}} \end{bmatrix} \begin{bmatrix} d_1 & & & \\ & d_2 & & \\ & & \ddots & \\ & & & d_n \end{bmatrix} \begin{bmatrix} \frac{1}{\sqrt{d_1}} & & & \\ & \frac{1}{\sqrt{d_2}} & & \\ & & \ddots & \\ & & & \frac{1}{\sqrt{d_n}} \end{bmatrix}$$

$$= \begin{bmatrix} 1 & & & \\ & 1 & & \\ & & \ddots & \\ & & & 1 \end{bmatrix} = \boldsymbol{E}.$$

记 $\boldsymbol{P} = \boldsymbol{C}\boldsymbol{D}$，则 $\boldsymbol{P}$ 也是可逆矩阵，并且 $\boldsymbol{P}^{\mathrm{T}}\boldsymbol{A}\boldsymbol{P} = \boldsymbol{E}$，即 $\boldsymbol{A}$ 与单位矩阵 $\boldsymbol{E}$ 合同.

(3)⇒(4)　由 $\boldsymbol{P}^{\mathrm{T}}\boldsymbol{A}\boldsymbol{P} = \boldsymbol{E}$，$\boldsymbol{P}$ 是可逆矩阵，所以 $\boldsymbol{P}^{-1}$ 存在，可得

$$\boldsymbol{A} = (\boldsymbol{P}^{\mathrm{T}})^{-1}\boldsymbol{E}\boldsymbol{P}^{-1} = (\boldsymbol{P}^{-1})^{\mathrm{T}}\boldsymbol{P}^{-1} = \boldsymbol{B}^{\mathrm{T}}\boldsymbol{B},$$

其中 $\boldsymbol{P}^{-1} = \boldsymbol{B}$.

(4)⇒(1)　因为 $\boldsymbol{A}$ 是实对称矩阵，$\boldsymbol{B}$ 是可逆矩阵，则二次型

$$f = \boldsymbol{X}^{\mathrm{T}}\boldsymbol{A}\boldsymbol{X} = \boldsymbol{X}^{\mathrm{T}}(\boldsymbol{B}^{\mathrm{T}}\boldsymbol{B})\boldsymbol{X} = \boldsymbol{X}^{\mathrm{T}}\boldsymbol{B}^{\mathrm{T}}\boldsymbol{B}\boldsymbol{X} = (\boldsymbol{B}\boldsymbol{X})^{\mathrm{T}}(\boldsymbol{B}\boldsymbol{X}).$$

作非退化线性变换 $\boldsymbol{Y} = \boldsymbol{B}\boldsymbol{X}$，即 $\boldsymbol{X} = \boldsymbol{B}^{-1}\boldsymbol{Y}$，二次型可化为

$$f = \boldsymbol{X}^{\mathrm{T}}\boldsymbol{B}^{T}\boldsymbol{B}\boldsymbol{X} = \boldsymbol{Y}^{\mathrm{T}}\boldsymbol{Y} = y_1^2 + y_2^2 + \cdots + y_n^2.$$

对于任意一组不全为零的实数 $c_1, c_2, \cdots, c_n$，即

$$X_0=\begin{bmatrix} c_1 \\ c_2 \\ \vdots \\ c_n \end{bmatrix} \neq O,$$

因为 B 是可逆矩阵,对应有

$$Y_0=BX_0=\begin{bmatrix} y_1 \\ y_2 \\ \vdots \\ y_n \end{bmatrix} \neq O,$$

使得 $X_0^T B X_0 = Y_0^T Y_0 > 0$,故二次型 $f=X^TAX$ 为正定二次型.

推论 实二次型 $f=X^TAX$ 是正定二次型的充分必要条件是 A 的全部特征值都大于零.

例 1 设 A 是正定矩阵,证明 A^{-1} 也是正定矩阵.

证法 1 因为 A 是正定矩阵,所以 A 是可逆的实对称矩阵,即 $A^T=A$. 而 $(A^{-1})^T=(A^T)^{-1}=A^{-1}$,所以 A^{-1} 也是实对称矩阵.

因为 A 是正定矩阵,所以存在可逆矩阵 C,使得 $A=C^TC$.

$$A^{-1}=(C^TC)^{-1}=C^{-1}(C^T)^{-1}=C^{-1}(C^{-1})^T=B^TB.$$

其中 $(C^{-1})^T=B$ 且 B 为可逆矩阵. 由定理 6.6 知,A^{-1} 也是正定矩阵.

证法 2 设 A 的 n 个特征值为 $\lambda_1,\lambda_2,\cdots,\lambda_n$,则 A^{-1} 的特征值为 $\frac{1}{\lambda_1},\frac{1}{\lambda_2},\cdots,\frac{1}{\lambda_n}$. 由于 A 是正定矩阵,$\lambda_i>0$,所以 $\frac{1}{\lambda_i}>0$,由定理 6.6 的推论可知 A^{-1} 是正定矩阵.

有时希望直接用二次型矩阵来判断二次型是否正定,而不需要通过求它的标准形或规范形,为此引入下面的定义和定理.

定义 6.8 设 A 为 n 阶方阵,则位于 A 的左上角的主子式

$$d_i=\begin{vmatrix} a_{11} & a_{12} & \cdots & a_{1i} \\ a_{21} & a_{22} & \cdots & a_{2i} \\ \vdots & \vdots & & \vdots \\ a_{i1} & a_{i2} & \cdots & a_{ii} \end{vmatrix} (i=1,2,\cdots,n)$$

称为 A 的 i 阶顺序主子式.

定理 6.7 (霍尔维茨(Hurwitz)定理) 实二次型 $f(x_1,x_2,\cdots,x_n)=\sum_{i=1}^{n}\sum_{j=1}^{n}a_{ij}x_ix_j=X^TAX$ 是正定二次型的充分必要条件是实对称矩阵 A 的各阶顺序主子式 $d_i>0(i=1,2,\cdots,n)$.

例 2 判断下列实二次型是否为正定二次型.

(1) $f(x_1,x_2,x_3)=4x_1^2+2x_2^2+x_3^2+4x_1x_2-2x_2x_3$;

(2)$f(x_1,x_2,x_3)=5x_1^2+x_2^2+5x_3^2+4x_1x_2-8x_1x_3-4x_2x_3$.

解 (1)二次型矩阵为

$$A=\begin{bmatrix}4 & 2 & 0\\ 2 & 2 & -1\\ 0 & -1 & 1\end{bmatrix},$$

矩阵 A 的各阶顺序主子式为

$$d_1=4>0,d_2=\begin{vmatrix}4 & 2\\ 2 & 2\end{vmatrix}=4>0,d_3=\begin{vmatrix}4 & 2 & 0\\ 2 & 2 & -1\\ 0 & -1 & 1\end{vmatrix}=\begin{vmatrix}4 & 2 & 0\\ 2 & 1 & -1\\ 0 & 0 & 1\end{vmatrix}=0.$$

所以$f(x_1,x_2,x_3)$不是正定二次型.

(2)二次型矩阵为

$$A=\begin{bmatrix}5 & 2 & -4\\ 2 & 1 & -2\\ -4 & -2 & 5\end{bmatrix},$$

矩阵 A 的各阶顺序主子式为

$$d_1=5>0,d_2=\begin{vmatrix}5 & 2\\ 2 & 1\end{vmatrix}=1>0,d_3=\begin{vmatrix}5 & 2 & -4\\ 2 & 1 & -2\\ -4 & -2 & 5\end{vmatrix}=\begin{vmatrix}5 & 2 & -4\\ 2 & 1 & -2\\ 0 & 0 & 1\end{vmatrix}=1>0.$$

所以$f(x_1,x_2,x_3)$为正定二次型.

例 3 当 t 取何值时,实二次型

$$f(x_1,x_2,x_3)=x_1^2+2x_2^2+5x_3^2+2x_1x_2-2x_1x_3+4tx_2x_3$$

是正定二次型.

解 二次型矩阵为

$$A=\begin{bmatrix}1 & 1 & -1\\ 1 & 2 & 2t\\ -1 & 2t & 5\end{bmatrix},$$

因为二次型为正定二次型,矩阵 A 的各阶顺序主子式都大于零,

$$d_1=1>0,d_2=\begin{vmatrix}1 & 1\\ 1 & 2\end{vmatrix}=1>0,$$

$$d_3=\begin{vmatrix}1 & 1 & -1\\ 1 & 2 & 2t\\ -1 & 2t & 5\end{vmatrix}=\begin{vmatrix}1 & 1 & -1\\ 0 & 1 & 2t+1\\ 0 & 2t+1 & 4\end{vmatrix}=(2t+3)(1-2t)>0,$$

得 $-\frac{3}{2}<t<\frac{1}{2}$. 所以当 $-\frac{3}{2}<t<\frac{1}{2}$时,$f(x_1,x_2,x_3)$为正定二次型.

与正定二次型相仿,有以下定义和定理.

定义 6.9　设 n 元实二次型 $f(x_1,x_2,\cdots,x_n)=\boldsymbol{X}^{\mathrm{T}}\boldsymbol{A}\boldsymbol{X}$,如果对于任意一组不全为零的实数 $c_1,c_2,\cdots,c_n$ 有

(1) $f(c_1,c_2,\cdots,c_n)\geqslant 0$,则称 $f(x_1,x_2,\cdots,x_n)$ 为半正定二次型,其对应的实对称矩阵 $\boldsymbol{A}$ 称为半正定矩阵;

(2) $f(c_1,c_2,\cdots,c_n)<0$,则称 $f(x_1,x_2,\cdots,x_n)$ 为负定二次型,其对应的实对称矩阵 $\boldsymbol{A}$ 称为负定矩阵;

(3) $f(c_1,c_2,\cdots,c_n)\leqslant 0$,则称 $f(x_1,x_2,\cdots,x_n)$ 为半负定二次型,其对应的实对称矩阵 $\boldsymbol{A}$ 称为半负定矩阵;

(4) 若二次型 $f(x_1,x_2,\cdots,x_n)$ 既不是正定、半正定二次型,也不是负定、半负定二次型,则称 $f(x_1,x_2,\cdots,x_n)$ 为不定二次型,其对应的实对称矩阵 $\boldsymbol{A}$ 称为不定矩阵.

对于负定二次型,有相应的定理.

定理 6.8　设二次型 $f=\boldsymbol{X}^{\mathrm{T}}\boldsymbol{A}\boldsymbol{X}$ 为 n 元实二次型,则下列命题等价.

(1) $\boldsymbol{X}^{\mathrm{T}}\boldsymbol{A}\boldsymbol{X}$ 是负定二次型.

(2) $\boldsymbol{X}^{\mathrm{T}}\boldsymbol{A}\boldsymbol{X}$ 的负惯性指数 $r-p=n$.

(3) $\boldsymbol{A}$ 与单位矩阵 $\boldsymbol{E}$ 合同.

(4) 存在可逆矩阵 $\boldsymbol{B}$,使得 $\boldsymbol{A}=-\boldsymbol{B}^{\mathrm{T}}\boldsymbol{B}$.

证明从略.

推论　实二次型 $f=\boldsymbol{X}^{\mathrm{T}}\boldsymbol{A}\boldsymbol{X}$ 是负定二次型的充分必要条件是 $\boldsymbol{A}$ 的全部特征值都小于零.

定理 6.9　实二次型 $f(x_1,x_2,\cdots,x_n)=\sum\limits_{i=1}^{n}\sum\limits_{j=1}^{n}a_{ij}x_ix_j=\boldsymbol{X}^{\mathrm{T}}\boldsymbol{A}\boldsymbol{X}$ 是负定二次型的充分必要条件是实对称矩阵 $\boldsymbol{A}$ 的奇数阶顺序主子式全小于零,偶数阶顺序主子式全大于零.

证明从略.

二次型简史

二次型简史

二次型的系统研究是从 18 世纪开始的,它起源于对二次曲线和二次曲面的分类问题的讨论,将二次曲线和二次曲面的方程变形,选有主轴方向的轴作为坐标轴以简化方程的形状,这个问题用线性代数的观点看,就是化二元二次型和三元二次型为标准形的问题.

1826 年柯西在其著作《无穷小计算在其几何中的应用》中给出结论:当方程是标准形时,二次曲面用二次型的符号来进行分类. 然而,那时并不太清楚,在化简成标准形时,为何总是得到同样数目的正项和负项. 西尔维斯特回答了这个问题,他给出了 n 个变量的二次型的惯性定律,但没有证明. 这个定律后被雅克比重新发现和证明. 1801 年,高斯在《算术研究》中引进了二次型的正定、负定、半正定和半负定等术语. 柯西在别人著作的基础上,着手研究化简变数的二次型问题,并证明了特征方程在直角坐标系的任何变换下的不变性. 后来,他又证明了 n 个变量的两个二次型能用同一个线性变换同时化成平方和.

1851 年，西尔维斯特在研究二次曲线和二次曲面的切触和相交时考虑了这种二次曲线和二次曲面束的分类. 在他的分类方法中引进了初等因子和不变因子的概念，但他没有证明“不变因子组成两个二次型的不变量的完全集”这一结论.

1858 年，维尔斯特拉斯对同时化两个二次型成平方和给出了一个一般的方法，并证明，如果二次型之一是正定的，那么即使某些特征根相等，这个化简也是可能的. 维尔斯特拉斯比较系统地完成了二次型的理论并将其推广到双线性型.

二次型这个较古老的课题，即使到了今天仍然有着极为广泛的应用，例如，在工程设计优化、信号处理、物理、微分几何和统计学等诸多领域中经常出现.

应用实例

应用案例选讲

向量经过正交变换并不改变大小，这一性质保证了平面几何体的形状是不会发生变化的. 同样地，由于向量本身的性质，空间几何体由向量表示后，作正交变换而得到的新的空间几何体也不会改变形状. 所以，在解决一些几何问题时，通过正交变换能解决得更加便捷.

1. 判断二次曲线的形状

化简二次曲线并判断曲线的类型所用的坐标变换就是二次型中的非退化线性替换，因此可以利用二次型判断二次曲线的形状.

例 判别二次曲线 $x^2+4y^2-2-2xy+2x=0$ 的形状.

解 设 $f(x,y)=x^2+4y^2-2-2xy+2x$，令 $g(x,y,z)=x^2+4y^2-2z^2-2xy+2xz$，则 $f(x,y)=g(x,y,1)$，对 $g(x,y,z)$ 作非退化线性变换

$$\begin{cases} x_1=x-y+z, \\ y_1=y+\dfrac{z}{3}, \\ z_1=z. \end{cases}$$

即

$$\begin{cases} x=x_1+y_1-\dfrac{4z}{3}, \\ y=y_1-\dfrac{z_1}{3}, \\ z=z_1, \end{cases}$$

则 $g(x,y,z)=x_1^2+3y_1^2-\dfrac{10}{3}z_1^2$，从而 $f(x,y)=g(x,y,1)=x_1^2+3y_1^2-\dfrac{10}{3}=0$，即

$$\frac{3}{10}x_1^2+\frac{9}{10}y_1^2=1.$$

故曲线 $x^2+4y^2-2-2xy+2x=0$ 表示椭圆.

2. 证明不等式

证明思路：首先构造二次型，然后利用二次型正定性的定义或等价条件，判断该二次型

(矩阵)为正定矩阵,从而得到不等式.

例 证明 $9x^2+y^2+3z^2>2yz-4xy-2xz$,其中 x,y,z 是不全为零的实数.

证 设二次型 $f(x,y,z)=9x^2+y^2+3z^2-2yz+4xy+2xz$,则二次型矩阵为

$$A=\begin{bmatrix}9 & 2 & 1\\ 2 & 1 & -1\\ 1 & -1 & 3\end{bmatrix}.$$

因为矩阵 A 的各阶顺序主子式:

$$d_1=9>0,\ d_2=\begin{vmatrix}9 & 2\\ 2 & 1\end{vmatrix}=5>0,\ d_1=\begin{vmatrix}9 & 2 & 1\\ 2 & 1 & -1\\ 1 & -1 & 3\end{vmatrix}=1>0,$$

所以 A 是一个正定矩阵,$f(x,y,z)$ 为正定二次型,因为 x,y,z 是不全为零的实数,所以 $f>0$. 故 $9x^2+y^2+3z^2>2yz-4xy-2xz$.

3. 多元函数极值问题

在实际问题中有时会遇到求三元以上函数的极值问题,对此可由二次型的正定性加以解决. 下面先介绍相关定义和定理.

定义 1 设 n 元函数 $f(X)=f(x_1,x_2,\cdots,x_n)$ 在 $X=(x_1,x_2,\cdots,x_n)^{\mathrm{T}}\in\mathbf{R}^n$ 的某个邻域内有一阶、二阶连续偏导数. 记 $\nabla f(X)=\left(\dfrac{\partial f(X)}{\partial x_1},\dfrac{\partial f(X)}{\partial x_2},\cdots,\dfrac{\partial f(X)}{\partial x_n}\right)$, $\nabla f(X)$ 称为函数 $f(X)$ 在 $X=(x_1,x_2,\cdots,x_n)^{\mathrm{T}}$ 处的梯度. 满足 $\nabla f(X)=0$ 的点称为函数 $f(X)$ 的驻点.

定义 2 $H(X)=\left(\dfrac{\partial^2 f(X)}{\partial x_i\partial x_j}\right)=\begin{pmatrix}\dfrac{\partial^2 f(X)}{\partial x_1^2} & \dfrac{\partial^2 f(X)}{\partial x_1\partial x_2} & \cdots & \dfrac{\partial^2 f(X)}{\partial x_1\partial x_n}\\ \vdots & \vdots & \cdots & \vdots\\ \dfrac{\partial^2 f(X)}{\partial x_n\partial x_1} & \dfrac{\partial^2 f(X)}{\partial x_n\partial x_2} & \cdots & \dfrac{\partial^2 f(X)}{\partial x_n^2}\end{pmatrix}$ 称为函数 $f(X)=f(x_1,x_2,\cdots,x_n)$ 在 $X=(x_1,x_2,\cdots,x_n)^{\mathrm{T}}\in\mathbf{R}^n$ 处的黑塞(Hessian)矩阵. 显然,$H(X)$ 是由 $f(X)$ 的 n^2 个二阶偏导数构成的 n 阶实对称矩阵.

定理 设函数 $f(X)$ 在点 X_0 的某个邻域内具有一阶、二阶连续偏导数,且 $\nabla f(X_0)=\left(\dfrac{\partial f(X_0)}{\partial x_1},\dfrac{\partial f(X_0)}{\partial x_2},\cdots,\dfrac{\partial f(X_0)}{\partial x_n}\right)=0$,则

(1) 当 $H(X_0)$ 为正定矩阵时,$f(X_0)$ 为 $f(X)$ 的极小值;

(2) 当 $H(X_0)$ 为负定矩阵时,$f(X_0)$ 为 $f(X)$ 的极大值;

(3) 当 $H(X_0)$ 为不定矩阵时,$f(X_0)$ 不是 $f(X)$ 的极值.

例 求三元函数 $f(x,y,z)=x^2+2y^2+3z^2+2x+4y-6z$ 的极值.

解 先求驻点. 由

$$\begin{cases} f_x = 2x + 2 = 0, \\ f_y = 4y + 4 = 0, \\ f_z = 6z - 6 = 0, \end{cases}$$

得驻点为 $P(-1,-1,1)$.

因为 $f''_{xx} = 2, f''_{xy} = 0, f''_{xz} = 0, f''_{yy} = 4, f''_{yz} = 0, f''_{zz} = 6$，所以黑塞矩阵为 $\boldsymbol{H} = \begin{bmatrix} 2 & 0 & 0 \\ 0 & 4 & 0 \\ 0 & 0 & 6 \end{bmatrix}$，可知 $\boldsymbol{H}$ 是正定的，所以 $f(x,y,z)$ 在点 $P(-1,-1,1)$ 处取得极小值 $f(-1,-1,1)=6$.

习　题　6

(A)

1. 写出下面二次型的矩阵，并求二次型的秩.

(1) $f(x_1,x_2,x_3) = 2x_1^2 + 3x_2^2 - 2x_3^2 - 4x_1x_2 - 4x_2x_3$;

(2) $f(x_1,x_2,x_3) = 2x_1^2 + 2x_2^2 + 2x_3^2 + 2x_1x_2 + 2x_1x_3 + 4x_2x_3$;

(3) $f(x_1,x_2,x_3) = 2x_1^2 + x_2^2 + 6x_1x_2 + 2x_1x_3$.

2. 写出下列实对称矩阵对应的二次型.

(1) $\boldsymbol{A} = \begin{bmatrix} 2 & 1 \\ 1 & 2 \end{bmatrix}$;　　(2) $\boldsymbol{A} = \begin{bmatrix} 0 & 1 \\ 1 & 0 \end{bmatrix}$;

(3) $\boldsymbol{A} = \begin{bmatrix} 1 & 0 & 0 \\ 0 & 1 & 0 \\ 0 & 0 & 1 \end{bmatrix}$;　　(4) $\boldsymbol{A} = \begin{bmatrix} 0 & 1 & 2 \\ 1 & 0 & -1 \\ 2 & -1 & 0 \end{bmatrix}$.

3. 用正交变换化下列二次型为标准形，并求出所用的正交变换.

(1) $f = 2x_1^2 + x_2^2 - 4x_1x_2 - 4x_2x_3$;

(2) $f = x_1^2 + 4x_2^2 + 4x_3^2 - 4x_1x_2 + 4x_1x_3 - 8x_2x_3$.

4. 用配方法化下列二次型为标准形，并求出所用的非退化线性变换.

(1) $f = 2x_1^2 + 4x_1x_2 - 2x_2^2$;

(2) $f = x_1^2 + 2x_2^2 + 3x_3^2 + 2x_1x_2 + 4x_2x_3$.

5. 判断下列二次型是否为正定二次型.

(1) $f = x_1^2 + 2x_2^2 + 6x_3^2 + 2x_1x_2 + 2x_1x_3 + 6x_2x_3$;

(2) $f = x_1^2 - 2x_2^2 - 2x_3^2 + 4x_1x_2 + 4x_1x_3$.

6. 当 t 为何值时，下列二次型为正定二次型.

(1) $f = 2x_1^2 + 2x_2^2 + tx_3^2 + 2x_1x_2 - 2x_1x_3 + 4x_2x_3$;

(2) $f = x_1^2 + 2x_2^2 + 8x_3^2 + tx_1x_2 + 4x_2x_3$.

7. 设 $\boldsymbol{A}$ 与 $\boldsymbol{B}$ 均为 n 阶正定矩阵,试证 $k\boldsymbol{A}(k>0)$,$\boldsymbol{A}^*$ 及 $\boldsymbol{A}+\boldsymbol{B}$ 都是正定矩阵.

8. 设 $\boldsymbol{A}$ 为3阶实对称矩阵,如果对于任意的3维列向量 $\boldsymbol{X}$,都有 $\boldsymbol{X}^{\mathrm{T}}\boldsymbol{A}\boldsymbol{X}=\boldsymbol{O}$,试证 $\boldsymbol{A}=\boldsymbol{O}$.

9. 设 $\boldsymbol{A}$ 为 n 阶正定矩阵,证明 $|\boldsymbol{A}+\boldsymbol{E}|>1$.

10. 设 $\boldsymbol{A}$ 为 n 阶实对称矩阵,且 $\boldsymbol{A}$ 的任意特征值 λ 满足条件 $|\lambda|<2$,证明 $2\boldsymbol{E}+\boldsymbol{A}$ 为正定矩阵.

自测题

(B)

1. 填空题.

(1) 二次型 $f(x_1,x_2,x_3)=x_1^2+3x_2^2+x_3^2+2x_1x_2+2x_1x_3+2x_2x_3$,则 f 的正惯性指数为______.

(2) 设二次型 $f(x_1,x_2,x_3)=x_1^2-x_2^2+2ax_1x_3+4x_2x_3$ 的负惯性指数为1,则 a 的取值范围为______.

(3) 若二次曲面的方程 $x^2+3y^2+z^2+2axy+2xz+2yz=4$ 经过正交变换化为 $y_1^2+4z_1^2=4$,则 a 的值为______.

(4) 设二次型 $f(x_1,x_2,x_3)=\boldsymbol{x}^{\mathrm{T}}\boldsymbol{A}\boldsymbol{x}$ 的秩为1,$\boldsymbol{A}$ 的各行元素之和为3,则 f 在正交变换 $\boldsymbol{x}=\boldsymbol{Q}\boldsymbol{y}$ 下的标准形为______.

2. 单项选择题.

(1) 设矩阵 $\boldsymbol{A}=\begin{bmatrix}2&-1&-1\\-1&2&-1\\-1&-1&2\end{bmatrix}$,$\boldsymbol{B}=\begin{bmatrix}1&0&0\\0&1&0\\0&0&0\end{bmatrix}$,则 $\boldsymbol{A}$ 与 $\boldsymbol{B}$(　　).

(A) 合同,且相似　　(B) 合同,但不相似

(C) 不合同,但相似　　(D) 既不合同,也不相似

(2) 设 $\boldsymbol{A}=\begin{bmatrix}1&2\\2&1\end{bmatrix}$,则在实数域上与 $\boldsymbol{A}$ 合同的矩阵是(　　).

(A) $\begin{bmatrix}-2&1\\1&-2\end{bmatrix}$　　(B) $\begin{bmatrix}2&-1\\-1&2\end{bmatrix}$　　(C) $\begin{bmatrix}2&1\\1&2\end{bmatrix}$　　(D) $\begin{bmatrix}1&-2\\-2&1\end{bmatrix}$

(3) 设二次型 $f(x_1,x_2,x_3)$ 在正交变换 $\boldsymbol{x}=\boldsymbol{P}\boldsymbol{y}$ 下的标准形为 $2y_1^2+y_2^2-y_3^2$,其中 $\boldsymbol{P}=(\boldsymbol{e}_1,\boldsymbol{e}_2,\boldsymbol{e}_3)$,若 $\boldsymbol{Q}=(\boldsymbol{e}_1,-\boldsymbol{e}_3,\boldsymbol{e}_2)$,则 $f(x_1,x_2,x_3)$ 在正交变换 $\boldsymbol{x}=\boldsymbol{Q}\boldsymbol{y}$ 下的标准形为(　　).

(A) $2y_1^2-y_2^2+y_3^2$　　(B) $2y_1^2+y_2^2-y_3^2$

(C) $2y_1^2-y_2^2-y_3^2$　　(D) $2y_1^2+y_2^2+y_3^2$

(4) 设 $\boldsymbol{A}$ 为3阶实对称矩阵,如果二次曲面方程

$$(x,y,z)\boldsymbol{A}\begin{bmatrix}x\\y\\z\end{bmatrix}=1,$$

在正交变换下的标准方程的图形如下图所示,则 $\boldsymbol{A}$ 的正特征值的个数为(　　).

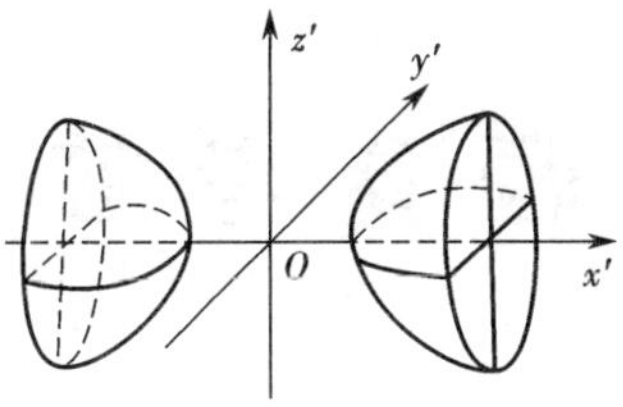

(A)0　　(B)1　　(C)2　　(D)3

3. 设二次型$f(x_1,x_2,x_3)=ax_1^2+ax_2^2+(a-1)x_3^2+2x_1x_3-2x_2x_3$.

(1)求二次型f的矩阵的所有特征值;

(2)若二次型f的规范形为$y_1^2+y_2^2$,求a的值.

4. 已知$\boldsymbol{A}=\begin{bmatrix}1&0&1\\0&1&1\\-1&0&a\\0&a&-1\end{bmatrix}$,且$f(x_1,x_2,x_3)=\boldsymbol{x}^{\mathrm{T}}(\boldsymbol{A}^{\mathrm{T}}\boldsymbol{A})\boldsymbol{x}$的秩为2.

(1)求实数a的值;

(2)求正交变换$\boldsymbol{x}=\boldsymbol{Q}\boldsymbol{y}$,将二次型$f$化为标准形.

5. 设二次型$f(x_1,x_2,x_3)=2(a_1x_1+a_2x_2+a_3x_3)^2+(b_1x_1+b_2x_2+b_3x_3)^2$,记

$$\boldsymbol{\alpha}=\begin{bmatrix}a_1\\a_2\\a_3\end{bmatrix},\boldsymbol{\beta}=\begin{bmatrix}b_1\\b_2\\b_3\end{bmatrix},$$

(1)证明二次型f对应的矩阵$2\boldsymbol{\alpha}\boldsymbol{\alpha}^{\mathrm{T}}+\boldsymbol{\beta}\boldsymbol{\beta}^{\mathrm{T}}$;

(2)若$\boldsymbol{\alpha},\boldsymbol{\beta}$正交且均为单位向量,证明$f$在正交变换下的标准形为$2y_1^2+y_2^2$.

6. 已知二次型$f(x_1,x_2,x_3)=\boldsymbol{x}^{\mathrm{T}}\boldsymbol{A}\boldsymbol{x}$在正交变换$\boldsymbol{x}=\boldsymbol{Q}\boldsymbol{y}$下的标准形为$y_1^2+y_2^2$,且$\boldsymbol{Q}$的第3列为$\left[\frac{\sqrt{2}}{2},0,\frac{\sqrt{2}}{2}\right]^{\mathrm{T}}$.

(1)求矩阵$\boldsymbol{A}$;

(2)证明$\boldsymbol{A}+\boldsymbol{E}$为正定矩阵,其中$\boldsymbol{E}$为3阶单位矩阵.

B答案
详解

习 题 参 考 答 案

习 题 1

(A)

1. (1) -2;(2)1;(3)0;(4) -1.

2. (1)1;(2)9;(3)0;(4)0.

3. (1) $x=3$ 或 $x=1$;(2) $x=-1$ 或 $x=1$.

4. $a>2$ 或 $a<-2$.

5. (1)4;(2)4;(3)4;(4)8.

6. $-a_{14}a_{21}a_{32}a_{43}$.

7. (1)是,$-$;(2)是,$+$;(3)不是;(4)是,$-$.

8. (1) -24;(2)12;(3)240;(4) $(-1)^{\frac{n(n-1)}{2}}n!$.

9. (1) -32;(2)160;(3) a^4-3a^2+1;(4) x^4-y^4;

   (5) $x_2x_3x_4+x_1x_2x_3x_4+x_1x_3x_4+x_1x_2x_4+x_1x_2x_3$;(6) a^4.

10. (1) $(x+n-1)(x-1)^{n-1}$;(2) a^n-a^{n-2};(3) $(-1)^{n+1}n$;(4) $4^{n+1}-3^{n+1}$.

11. (1) $x_1=\sqrt{3},x_2=-\sqrt{3},x_3=-3$;(2) $x_1=2,x_2=-1,x_3=1$.

12. (1)114;(2) -21.

13. 略.

14. (1) $x_1=-\dfrac{13}{17},x_2=\dfrac{11}{17}$;

    (2) $x_1=\dfrac{3}{4},x_2=\dfrac{21}{4},x_3=-1$;

    (3) $x_1=\dfrac{63}{5},x_2=\dfrac{2}{5},x_3=-5$;

    (4) $x_1=-\dfrac{4}{11},x_2=\dfrac{7}{11},x_3=-\dfrac{2}{11},x_4=\dfrac{10}{11}$.

15. (1)当 $\lambda\neq1$ 且 $\lambda\neq3$ 时仅有零解;(2)当 $\lambda=1$ 或 $\lambda=3$ 时有非零解.

16. $k\neq1$ 且 $k\neq-1$.

(B)

1. (1) -12;(2) $a=-1$ 或 $a=2$;(3) $\lambda^4+\lambda^3+2\lambda^2+3\lambda+4$;(4) -28;

   (5) $(-1)^{n-1}(n-1)$.

2. (1)B;(2)A;(3)B;(4)C;(5)C;(6)B.

3. (1) $-2(x^3+y^3)$;(2) x^2y^2;(3) $2^{n+1}-2$;(4) $-2(n-2)!$.

4. 略.

5. $f(x)=-3+5x^2+2x^3$.

6. $\lambda=1$ 或 $\mu=0$.

习 题 2

(A)

1. (1) $\begin{bmatrix} 1 & 0 & -2 & 1 \\ 0 & 1 & 1 & -3 \\ -2 & -1 & 3 & 3 \end{bmatrix}$;(2) $\begin{bmatrix} 8 & -5 & 9 & -2 \\ 15 & 3 & 8 & 1 \\ -1 & 2 & -1 & 4 \end{bmatrix}$.

2. (1) $\begin{bmatrix} 0 & 2 \\ -4 & 0 \\ -2 & -4 \end{bmatrix}$;(2) $\begin{bmatrix} 2 & 0 & 4 \\ 4 & -2 & 0 \end{bmatrix}$.

3. (1) (-6);(2) $\begin{bmatrix} -1 & 2 \\ 2 & -4 \\ -1 & 2 \end{bmatrix}$;(3) $\begin{bmatrix} 0 & 3 \\ 3 & 1 \\ 1 & 2 \end{bmatrix}$;(4) $\begin{bmatrix} 5 & 3 & 10 \\ 5 & 9 & 6 \\ 2 & 5 & 11 \end{bmatrix}$.

4. $\begin{bmatrix} 5 & -2 \\ -6 & 7 \end{bmatrix}$.

5. 当 n 阶方阵 $\boldsymbol{A},\boldsymbol{B}$ 满足 $\boldsymbol{AB}=\boldsymbol{BA}$ 即 $\boldsymbol{A},\boldsymbol{B}$ 可交换时,3 个等式成立.

6. 略.

7. (1) $\begin{bmatrix} 1 & 0 \\ -1 & 1 \\ -2 & 2 \\ -1 & 0 \end{bmatrix}$;(2) $\begin{bmatrix} -1 & 0 & 0 & 0 \\ -3 & 0 & 0 & 0 \\ -2 & 0 & 0 & 0 \\ 0 & 10 & 7 & 9 \end{bmatrix}$.

8. (1) $\begin{bmatrix} -5 & 2 \\ 3 & -1 \end{bmatrix}$;(2) $\begin{bmatrix} 8 & -5 \\ -3 & 2 \end{bmatrix}$;

(3) $\begin{bmatrix} \frac{1}{9} & \frac{2}{9} & \frac{2}{9} \\ \frac{2}{9} & \frac{1}{9} & -\frac{2}{9} \\ \frac{2}{9} & -\frac{2}{9} & \frac{1}{9} \end{bmatrix}$;(4) $\begin{bmatrix} \frac{1}{2} & \frac{1}{2} & -\frac{1}{2} \\ 1 & 0 & -1 \\ -\frac{1}{2} & -\frac{1}{2} & \frac{3}{2} \end{bmatrix}$.

9. $A^2=\begin{bmatrix}53&16&0&0\\16&5&0&0\\0&0&41&16\\0&0&64&25\end{bmatrix}$; $|A|=-3$; $A^{-1}=\begin{bmatrix}\frac{1}{3}&-\frac{2}{3}&0&0\\-\frac{2}{3}&\frac{7}{3}&0&0\\0&0&-3&2\\0&0&8&-5\end{bmatrix}$.

10. (1)略;(2)$\begin{bmatrix}1&\frac{1}{2}&0\\-\frac{1}{3}&1&0\\0&0&2\end{bmatrix}$.

11. $\begin{bmatrix}2&0&1\\0&3&0\\-1&0&2\end{bmatrix}$.

12. (1)证略,$(A-2E)^{-1}=A+E$;(2)证略,$A^{-1}=\frac{1}{3}(A-E)$.

13. (1)$\begin{bmatrix}-14&33\\6&-13\end{bmatrix}$;(2)$\begin{bmatrix}2&-1&1\\2&0&1\\1&1&-1\end{bmatrix}$;(3)$\begin{bmatrix}-3&-3\\-12&-11\\-29&-26\end{bmatrix}$.

14. $a=4$.

15. 略.

16. (1)$\begin{bmatrix}1&0&0&0\\0&1&0&0\\0&0&0&0\end{bmatrix}$;(2)$\begin{bmatrix}1&0&0&0\\0&1&0&0\\0&0&0&0\\0&0&0&0\end{bmatrix}$.

17. (1)2;(2)2;(3)4.

18. 略.

(B)

1. (1)2;(2)3;(3)1;(4) −27;(5)2;(6) −1.

2. (1)D;(2)B;(3)B;(4)A;(5)C;(6)B.

3. 略.

4. (1)$a=0$;(2)$\begin{bmatrix}3&1&-2\\1&1&-1\\2&1&-1\end{bmatrix}$.

5. 略.

6. 略.

习 题 3

(A)

1. (1) $(11,6,-2,-11)^{\mathrm{T}}$;(2) $(7,3,2,-16)^{\mathrm{T}}$.

2. (1)不对;(2)不对;(3)不对;(4)对;(5)不对;(6)不对;(7)不对;(8)对;(9)不对.

3. (1)线性相关;(2)线性无关;(3)线性相关;(4)线性无关;(5)线性无关;(6)线性相关;(7)线性相关.

4. (1)线性无关;(2)线性相关.

5. (1)秩为3,该向量组本身是它的一个极大无关组;
   (2)秩为2,$\boldsymbol{\alpha}_1,\boldsymbol{\alpha}_2$是向量组的一个极大无关组;
   (3)秩为3,$\boldsymbol{\alpha}_1,\boldsymbol{\alpha}_2,\boldsymbol{\alpha}_4$是向量组的一个极大无关组;
   (4)秩为3,$\boldsymbol{\alpha}_1,\boldsymbol{\alpha}_2,\boldsymbol{\alpha}_3$是向量组的一个极大无关组.

6. 提示:只需证明$\boldsymbol{\alpha}_r$可由向量组$\boldsymbol{\alpha}_1,\boldsymbol{\alpha}_2,\cdots,\boldsymbol{\alpha}_{r-1},\boldsymbol{\beta}$线性表示.

7. (1) V_1是向量空间;(2) V_2不是向量空间;(3) V_3是向量空间.

8. 提示:只需证明向量组$\boldsymbol{\beta}_1,\boldsymbol{\beta}_2,\boldsymbol{\beta}_3,\boldsymbol{\beta}_4$线性无关.

9. (1)过渡矩阵$\boldsymbol{P}=\begin{bmatrix}2&3&4\\0&-1&0\\-1&0&-1\end{bmatrix}$;(2) $(1,-2,1)^{\mathrm{T}}$.

10. $(1,-1,-3)^{\mathrm{T}}$.

11. (1) $\boldsymbol{\eta}_1=\dfrac{1}{\sqrt{2}}(1,0,1)^{\mathrm{T}},\boldsymbol{\eta}_2=\dfrac{1}{\sqrt{6}}(1,2,-1)^{\mathrm{T}},\boldsymbol{\eta}_3=\dfrac{1}{\sqrt{3}}(-1,1,1)^{\mathrm{T}}$;

    (2) $\boldsymbol{\eta}_1=\dfrac{1}{\sqrt{3}}(1,-1,1)^{\mathrm{T}},\boldsymbol{\eta}_2=\dfrac{1}{\sqrt{6}}(-1,1,2)^{\mathrm{T}},\boldsymbol{\eta}_3=\dfrac{1}{\sqrt{2}}(1,1,0)^{\mathrm{T}}$.

12. $\boldsymbol{\eta}_1=\dfrac{1}{2}(1,-1,1,-1)^{\mathrm{T}},\boldsymbol{\eta}_2=\dfrac{1}{\sqrt{6}}(2,1,0,1)^{\mathrm{T}}$.

13. (1)不是正交矩阵;(2)不是正交矩阵;(3)正交矩阵;(4)正交矩阵.

14. 提示:只需证明$(\boldsymbol{B}^{-1}\boldsymbol{A}\boldsymbol{B})^{\mathrm{T}}=\boldsymbol{B}^{-1}\boldsymbol{A}\boldsymbol{B}$.

15. (1)是;(2)不是;(3)是.

16. $\begin{bmatrix}0&-1&0\\1&1&1\\0&1&1\end{bmatrix}$.

17. $\begin{bmatrix}1&1\\0&1\end{bmatrix}$.

(B)

1. (1) -1或-2;(2) $\dfrac{2\pi}{3}$;(3) 6;(4) $\pm\dfrac{1}{\sqrt{6}}(2,-1,-1)^{\mathrm{T}}$;(5) $\begin{bmatrix}1&0&1\\2&2&0\\0&3&3\end{bmatrix}$.

2. (1)A;(2)B;(3)C;(4)A;(5)D;(6)A.

3. (1)$a=5$;(2)$\boldsymbol{\beta}_1=2\boldsymbol{\alpha}_1+4\boldsymbol{\alpha}_2-\boldsymbol{\alpha}_3,\boldsymbol{\beta}_2=\boldsymbol{\alpha}_1+2\boldsymbol{\alpha}_2,\boldsymbol{\beta}_3=5\boldsymbol{\alpha}_1+10\boldsymbol{\alpha}_2-2\boldsymbol{\alpha}_3$.

4. 当 $a=0$ 或 $a=-10$ 时,向量组线性相关. 当 $a=0$ 时,α_1是向量组的一个极大无关组,且 $\boldsymbol{\alpha}_2=2\boldsymbol{\alpha}_1,\boldsymbol{\alpha}_3=3\boldsymbol{\alpha}_1,\boldsymbol{\alpha}_4=4\boldsymbol{\alpha}_1$;当 $a=-10$ 时,$\boldsymbol{\alpha}_1,\boldsymbol{\alpha}_2,\boldsymbol{\alpha}_3$是向量组的一个极大无关组,且有 $\boldsymbol{\alpha}_4=-\boldsymbol{\alpha}_1-\boldsymbol{\alpha}_2-\boldsymbol{\alpha}_3$.

5. (1)提示:只需证明向量组$\boldsymbol{\beta}_1,\boldsymbol{\beta}_2,\boldsymbol{\beta}_3$线性无关;(2)当 $k=0$ 时,$\boldsymbol{\xi}=t\boldsymbol{\alpha}_1-t\boldsymbol{\alpha}_3\ (t\neq 0)$.

6. 提示:$\boldsymbol{\alpha},\boldsymbol{\beta}$ 线性相关,不妨设 $\boldsymbol{\alpha}=k\boldsymbol{\beta}$,$r(\boldsymbol{\alpha}\boldsymbol{\alpha}^{\mathrm{T}}+\boldsymbol{\beta}\boldsymbol{\beta}^{\mathrm{T}})=r((1+k^2)\boldsymbol{\beta}\boldsymbol{\beta}^{\mathrm{T}})\leqslant r(\boldsymbol{\beta})$.

习 题 4

(A)

1. (1)$\begin{cases}x_1=3,\\x_2=2,\\x_3=1;\end{cases}(2)\begin{cases}x_1=1,\\x_2=2,\\x_3=3.\end{cases}$

2. 略.

3. $a=3$.

4. (1)$\begin{cases}x_1=-1+t,\\x_2=1-2t,\\x_3=t,\end{cases}$ t 为任意常数.

(2)$\begin{cases}x_1=-1-t_1-2t_2,\\x_2=-3-t_1-5t_2,\\x_3=t_1,\\x_4=t_2,\end{cases}$ t_1,t_2为任意常数.

(3)$\begin{cases}x_1=2,\\x_2=3,\\x_3=1.\end{cases}$

(4)$\begin{cases}x_1=-3t_1+\dfrac{7}{5}t_2+\dfrac{1}{5}t_3+\dfrac{3}{5},\\x_2=t_1,\\x_3=\dfrac{1}{5}t_2-\dfrac{2}{5}t_3+\dfrac{4}{5},\\x_4=t_2,\\x_5=t_3,\end{cases}$ t_1,t_2,t_3为任意常数.

5. (1)$b\neq 2$;(2)$b=2,a=1$ 时,$\boldsymbol{\beta}=-(2k+1)\boldsymbol{\alpha}_1+(k+2)\boldsymbol{\alpha}_2+k\boldsymbol{\alpha}_3$,$k$ 为任意常数;$b=2$,$a\neq 1$ 时,$\boldsymbol{\beta}=-\boldsymbol{\alpha}_1+2\boldsymbol{\alpha}_2$.

6. 略.

7. (1) $\boldsymbol{\eta}=k_i\begin{bmatrix}3\\1\\5\\0\end{bmatrix}+k_2\begin{bmatrix}0\\1\\0\\1\end{bmatrix}$, k_1,k_2为任意常数；

(2) $\boldsymbol{\eta}=k\begin{bmatrix}\frac{4}{3}\\-3\\\frac{4}{3}\\1\end{bmatrix}$, k 为任意常数；

(3) $\boldsymbol{\eta}=k_1\begin{bmatrix}-\frac{3}{2}\\\frac{7}{2}\\1\\0\end{bmatrix}+k_2\begin{bmatrix}-1\\-2\\0\\1\end{bmatrix}$, k_1,k_2为任意常数；

(4) $\boldsymbol{\eta}=k\begin{bmatrix}-\frac{3}{2}\\\frac{7}{2}\\1\\0\end{bmatrix}$, k 为任意常数.

8. $\boldsymbol{\eta}_1=\begin{bmatrix}0\\-1\\1\\0\end{bmatrix},\boldsymbol{\eta}_2=\begin{bmatrix}0\\-1\\0\\1\end{bmatrix}\quad dimV=2.$

9. $\boldsymbol{X}=\boldsymbol{\xi}^*+\boldsymbol{\eta}=\begin{bmatrix}2\\3\\4\\5\end{bmatrix}+k\begin{bmatrix}3\\4\\5\\6\end{bmatrix}$, k 为任意常数.

10. (1) $\boldsymbol{X}=\begin{bmatrix}0\\0\\0\\1\end{bmatrix}+k_1\begin{bmatrix}2\\1\\0\\0\end{bmatrix}+k_2\begin{bmatrix}-1\\0\\1\\0\end{bmatrix}$, k_1,k_2为任意常数.

(2) $\boldsymbol{X}=\begin{bmatrix}2\\-1\\0\\0\end{bmatrix}+k_1\begin{bmatrix}-1\\-2\\1\\0\end{bmatrix}+k_2\begin{bmatrix}1\\-2\\0\\1\end{bmatrix}$, k_1,k_2为任意常数.

(3) $\boldsymbol{X}=\begin{bmatrix}3\\-8\\0\\6\end{bmatrix}+k\begin{bmatrix}-1\\2\\1\\0\end{bmatrix}$, k 为任意常数.

(4) $\boldsymbol{X}=\begin{bmatrix}-1\\-3\\0\\0\end{bmatrix}+k_1\begin{bmatrix}-8\\-13\\1\\0\end{bmatrix}+k_2\begin{bmatrix}5\\9\\0\\1\end{bmatrix}$, k_1,k_2为任意常数.

11. $\lambda\neq1$ 且 $\lambda\neq-2$,方程组有唯一解;$\lambda=-2$,方程组无解;$\lambda=1$ 时,通解为

$$\begin{bmatrix}-2\\0\\0\end{bmatrix}+k_1\begin{bmatrix}-1\\1\\0\end{bmatrix}+k_2\begin{bmatrix}-1\\0\\1\end{bmatrix},\ k_1,k_2 \text{ 为任意常数.}$$

12. 当 $a=1,b=3$ 时有解,并有无穷多解,$\boldsymbol{X}=\begin{bmatrix}-2\\3\\0\\0\\0\end{bmatrix}+k_1\begin{bmatrix}1\\-2\\1\\0\\0\end{bmatrix}+k_2\begin{bmatrix}1\\-2\\0\\1\\0\end{bmatrix}+k_3\begin{bmatrix}5\\-6\\0\\0\\1\end{bmatrix}$,

k_1,k_2,k_3为任意常数;当 $a\neq1$ 或 $b\neq3a$ 时,方程组无解.

(B)

1. (1) -1;(2) -2;(3)1.

2. (1)D;(2)C;(3)B;(4)B;(5)D.

3. (1) $\boldsymbol{\eta}=k\begin{bmatrix}-1\\2\\3\\1\end{bmatrix}$, k 为任意常数;(2) $\boldsymbol{B}=\begin{bmatrix}2-c_1 & 6-c_2 & -1-c_3\\-1+2c_1 & -3+2c_2 & 1+2c_3\\-1+3c_1 & -4+3c_2 & 1+3c_3\\c_1 & c_2 & c_3\end{bmatrix}$, c_1,c_2,c_3为任意常数.

4. 当 $a=0$ 时,通解为 $\boldsymbol{\eta}=k_1\begin{bmatrix}-1\\1\\0\\0\end{bmatrix}+k_2\begin{bmatrix}-1\\0\\1\\0\end{bmatrix}+k_3\begin{bmatrix}-1\\0\\0\\1\end{bmatrix}$,$k_1,k_2,k_3$为任意常数.

当 $a=-10$ 时，通解为 $\boldsymbol{\eta}=k\begin{bmatrix}1\\2\\3\\4\end{bmatrix}$, k 为任意常数.

5. $k\begin{bmatrix}1\\-2\\1\\0\end{bmatrix}+\begin{bmatrix}1\\1\\1\\1\end{bmatrix}$, k 为任意常数.

6. (1)$1-a^4$;(2)$a=-1$, $\boldsymbol{X}=k\begin{bmatrix}1\\1\\1\\1\end{bmatrix}+\begin{bmatrix}0\\-1\\0\\0\end{bmatrix}$, k 为任意常数.

7. (1)$\lambda=-1$, $a=-2$;(2)$\boldsymbol{X}=k\begin{bmatrix}1\\0\\1\end{bmatrix}+\begin{bmatrix}\frac{3}{2}\\-\frac{1}{2}\\0\end{bmatrix}$, k 为任意常数.

8. (1)略;(2)$a=2$, $b=-3$, $\boldsymbol{X}=\begin{bmatrix}2\\-3\\0\\0\end{bmatrix}+k_1\begin{bmatrix}-2\\1\\1\\0\end{bmatrix}+k_2\begin{bmatrix}4\\-5\\0\\1\end{bmatrix}$, k_1,k_2为任意常数.

9. $a=1$ 时，$\boldsymbol{\xi}=k\begin{bmatrix}1\\0\\-1\end{bmatrix}$，$k$ 为任意常数. $a=2$ 时，$\boldsymbol{\xi}=\begin{bmatrix}0\\1\\-1\end{bmatrix}$.

10. $a=2$, $b=1$, $c=2$.

11. 略.

习　题　5

(A)

1. (1)$\lambda_1=2$，对应的全部特征向量为 $k_1\boldsymbol{\alpha}_1=k_1\begin{bmatrix}1\\1\end{bmatrix}$，其中 k_1为任意不为零的常数；

$\lambda_2=4$，对应的全部特征向量为 $k_2\boldsymbol{\alpha}_2=k_2\begin{bmatrix}-1\\1\end{bmatrix}$，其中 k_2为任意不为零的常数.

(2)$\lambda_1=0$，对应的全部特征向量为 $k_1\boldsymbol{\alpha}_1=k_1\begin{bmatrix}-2\\1\end{bmatrix}$，其中 k_1为任意不为零的常数；

$\lambda_2=5$,对应的全部特征向量为 $k_2\boldsymbol{\alpha}_2=k_2\begin{bmatrix}1\\2\end{bmatrix}$,其中 k_2 为任意不为零的常数.

(3) $\lambda_1=\lambda_2=2$,对应的全部特征向量为 $k_1\boldsymbol{\alpha}_1+k_2\boldsymbol{\alpha}_2=k_1\begin{bmatrix}1\\4\\0\end{bmatrix}+k_2\begin{bmatrix}1\\0\\4\end{bmatrix}$,其中 k_1,k_2 为任意不全为零的常数;$\lambda_3=-1$,对应的全部特征向量为 $k_3\boldsymbol{\alpha}_3=k_3\begin{bmatrix}1\\0\\1\end{bmatrix}$,其中 k_3 为任意不为零的常数.

(4) $\lambda_1=0$,对应的全部特征向量为 $k_1\boldsymbol{\alpha}_1=k_1\begin{bmatrix}1\\1\\-1\end{bmatrix}$,其中 k_1 为任意不为零的常数;

$\lambda_2=-1$,对应的全部特征向量为 $k_2\boldsymbol{\alpha}_2=k_2\begin{bmatrix}1\\-1\\0\end{bmatrix}$,其中 k_2 为任意不为零的常数;

$\lambda_3=9$,对应的全部特征向量为 $k_3\boldsymbol{\alpha}_3=k_3\begin{bmatrix}1\\1\\2\end{bmatrix}$,其中 k_3 为任意不为零的常数.

(5) $\lambda_1=\lambda_2=2$,对应的全部特征向量为 $k_1\boldsymbol{\alpha}_1=k_1\begin{bmatrix}1\\1\\0\end{bmatrix}$,其中 k_1 为任意不为零的常数;

$\lambda_3=1$,对应的全部特征向量为 $k_2\boldsymbol{\alpha}_2=k_2\begin{bmatrix}0\\1\\1\end{bmatrix}$,其中 k_2 为任意不为零的常数.

(6) $\lambda_1=\lambda_2=0$,对应的全部特征向量为 $k_1\boldsymbol{\alpha}_1+k_2\boldsymbol{\alpha}_2=k_1\begin{bmatrix}-1\\1\\0\end{bmatrix}+k_2\begin{bmatrix}-1\\0\\1\end{bmatrix}$,其中 k_1,k_2 为任意不全为零的常数;

$\lambda_3=3$,对应的全部特征向量为 $k_3\boldsymbol{\alpha}_3=k_3\begin{bmatrix}1\\1\\1\end{bmatrix}$,其中 k_3 为任意不为零的常数.

2. 当 $k=-2$ 时,$\boldsymbol{\alpha}$ 所对应的特征值 $\lambda=1$;当 $k=1$ 时,$\boldsymbol{\alpha}$ 所对应的特征值 $\lambda=\frac{1}{4}$.

3. 略.

4. 略.

5. $2A^* - 3E$ 的特征值为 3，-6 -7；$|2A^* - 3E| = 126$.

6. (1)B 的特征值为 -4，-6，-12；(2) $|C| = 7$.

7. (1)$x = 4$. (2)$\lambda_1 = \lambda_2 = 3$，其对应的特征向量为 $k_1\boldsymbol{\alpha}_1 + k_2\boldsymbol{\alpha}_2 = k_1\begin{bmatrix} -1 \\ 1 \\ 0 \end{bmatrix} + k_2\begin{bmatrix} 1 \\ 0 \\ 4 \end{bmatrix}$，其中 k_1, k_2 为任意不全为零的常数；$\lambda_3 = 12$，其对应的全部特征向量为 $k_3\boldsymbol{\alpha}_3 = k_3\begin{bmatrix} -1 \\ -1 \\ 1 \end{bmatrix}$，其中 k_3 为任意不为零的常数.

8. $a = 2, b = -3, \lambda_0 = 1$.

9. (1)A 可对角化，且可逆矩阵 $P = \begin{bmatrix} 1 & -1 \\ 1 & 1 \end{bmatrix}$；

(2)A 可对角化，且可逆矩阵 $P = \begin{bmatrix} 1 & -1 \\ 1 & 5 \end{bmatrix}$；

(3)A 可对角化，且可逆矩阵 $P = \begin{bmatrix} -1 & 1 & -1 \\ 1 & 0 & 1 \\ 0 & 1 & 1 \end{bmatrix}$；

(4)A 不可对角化；

(5)A 可对角化，且可逆矩阵 $P = \begin{bmatrix} -1 & -1 & 1 \\ 1 & 0 & 1 \\ 0 & 1 & 1 \end{bmatrix}$；

(6)A 不可对角化.

10. 当 $x = 0$ 时 A 可对角化，且 $P = \begin{bmatrix} 1 & 1 & 1 \\ -2 & 0 & 0 \\ 0 & 2 & 1 \end{bmatrix}$，$\Lambda = \begin{bmatrix} -1 & & \\ & -1 & \\ & & 1 \end{bmatrix}$.

11. $|B^{-1} + E| = 120$.

12. (1)$a = 5, b = 6$；(2)可逆矩阵 $P = \begin{bmatrix} -1 & 1 & 1 \\ 1 & 0 & -2 \\ 0 & 1 & 3 \end{bmatrix}$.

13. (1)A 的特征值为 $\lambda_1 = 1$，其对应的特征向量为 $k_1\boldsymbol{\alpha}_1 = k_1\begin{bmatrix} 1 \\ -1 \end{bmatrix}$，其中 k_1 为任意不为零的常数；$\lambda_2 = 3$，其对应的特征向量为 $k_2\boldsymbol{\alpha}_2 = k_2\begin{bmatrix} 1 \\ 1 \end{bmatrix}$，其中 k_2 为任意不为零的常数.

(2)$A^{100} = \begin{bmatrix} \frac{1}{2}(1 + 3^{100}) & \frac{1}{2}(3^{100} - 1) \\ \frac{1}{2}(3^{100} - 1) & \frac{1}{2}(1 + 3^{100}) \end{bmatrix}$.

14. $A^n\boldsymbol{\alpha}=\begin{bmatrix}2-2^{n+1}+3^n\\2-2^{n+2}+3^{n+1}\\2-2^{n+3}+3^{n+2}\end{bmatrix}$.

15. (1) $Q=\begin{bmatrix}-\frac{1}{\sqrt{2}} & \frac{1}{\sqrt{6}} & -\frac{1}{\sqrt{3}}\\ \frac{1}{\sqrt{2}} & \frac{1}{\sqrt{6}} & -\frac{1}{\sqrt{3}}\\ 0 & \frac{2}{\sqrt{6}} & \frac{1}{\sqrt{3}}\end{bmatrix}$,则 $Q^{\mathrm{T}}AQ=Q^{-1}AQ=\Lambda=\begin{bmatrix}1 & & \\ & 1 & \\ & & -2\end{bmatrix}$;

(2) $Q=\begin{bmatrix}-\frac{1}{\sqrt{2}} & -\frac{1}{\sqrt{6}} & \frac{1}{\sqrt{3}}\\ \frac{1}{\sqrt{2}} & -\frac{1}{\sqrt{6}} & \frac{1}{\sqrt{3}}\\ 0 & \frac{2}{\sqrt{6}} & \frac{1}{\sqrt{3}}\end{bmatrix}$,则 $Q^{\mathrm{T}}AQ=Q^{-1}AQ=\Lambda=\begin{bmatrix}-1 & & \\ & 1 & \\ & & 4\end{bmatrix}$;

(3) $Q=\begin{bmatrix}-\frac{2}{\sqrt{5}} & \frac{2}{3\sqrt{5}} & \frac{1}{3}\\ \frac{1}{\sqrt{5}} & \frac{4}{3\sqrt{5}} & \frac{2}{3}\\ 0 & \frac{5}{3\sqrt{5}} & -\frac{2}{3}\end{bmatrix}$,则 $Q^{\mathrm{T}}AQ=Q^{-1}AQ=\Lambda=\begin{bmatrix}1 & & \\ & 1 & \\ & & 10\end{bmatrix}$;

(4) $Q=\begin{bmatrix}-\frac{1}{\sqrt{2}} & -\frac{1}{\sqrt{6}} & \frac{1}{\sqrt{3}}\\ \frac{1}{\sqrt{2}} & -\frac{1}{\sqrt{6}} & \frac{1}{\sqrt{3}}\\ 0 & \frac{2}{\sqrt{6}} & \frac{1}{\sqrt{3}}\end{bmatrix}$,则 $Q^{\mathrm{T}}AQ=Q^{-1}AQ=\Lambda=\begin{bmatrix}1 & & \\ & 1 & \\ & & 7\end{bmatrix}$.

16. $A=\begin{bmatrix}4 & 1 & 1\\1 & 4 & 1\\1 & 1 & 4\end{bmatrix}$.

17. 略.

18. $\lambda_1=\lambda_2=\cdots=\lambda_r=2,\lambda_{r+1}=\lambda_{r+2}=\cdots=\lambda_n=0$.

(B)

1. (1)1;(2)2;(3)3;(4)21;(5)2.

2. (1)B;(2)D;(3)B.

3. (1) $\boldsymbol{B}$ 对应于特征值 -2 的特征向量为 $c_1\begin{bmatrix}1\\-1\\1\end{bmatrix}$,$c_1$为任意非零常数,$\boldsymbol{B}$ 对应于特征值 1 的特征向量为 $c_2\begin{bmatrix}1\\1\\0\end{bmatrix}+c_3\begin{bmatrix}-1\\0\\1\end{bmatrix}$,$c_2,c_3$为任意不全为零的常数.

(2) $\boldsymbol{B}=\begin{bmatrix}0&1&-1\\1&0&1\\-1&1&0\end{bmatrix}$.

4. $a=-1,\boldsymbol{Q}=\begin{bmatrix}\frac{1}{\sqrt{6}}&\frac{1}{\sqrt{2}}&\frac{1}{\sqrt{3}}\\\frac{2}{\sqrt{6}}&0&-\frac{1}{\sqrt{3}}\\\frac{1}{\sqrt{6}}&-\frac{1}{\sqrt{2}}&\frac{1}{\sqrt{3}}\end{bmatrix},\boldsymbol{Q}^{\mathrm{T}}\boldsymbol{AQ}=\begin{bmatrix}2&&\\&-4&\\&&5\end{bmatrix}$.

5. (1) $\boldsymbol{A}$ 的所有特征值为 $-1,1,0$,所有的特征向量为 $c_1\begin{bmatrix}1\\0\\-1\end{bmatrix},c_2\begin{bmatrix}1\\0\\1\end{bmatrix},c_3\begin{bmatrix}0\\1\\0\end{bmatrix}$,其中 c_1,c_2,c_3为任意非零常数;

(2) $\boldsymbol{A}=\begin{bmatrix}0&0&1\\0&0&0\\1&0&0\end{bmatrix}$.

6. (1)略;(2) $\boldsymbol{P}^{-1}\boldsymbol{AP}=\begin{bmatrix}-1&0&0\\0&1&1\\0&0&1\end{bmatrix}$.

7. 略.

8. (1) $a=4,b=5$;(2) $\boldsymbol{P}=\begin{bmatrix}2&-3&-1\\1&0&-1\\0&1&1\end{bmatrix},\boldsymbol{P}^{-1}\boldsymbol{AP}=\begin{bmatrix}1&&\\&1&\\&&5\end{bmatrix}$.

习 题 6

(A)

1. (1)二次型矩阵为$\begin{bmatrix}2&-2&0\\-2&3&-2\\0&-2&-2\end{bmatrix}$, 二次型的秩为 3.

(2)二次型矩阵为$\begin{bmatrix}2&1&1\\1&2&2\\1&2&2\end{bmatrix}$，二次型的秩为2.

(3)二次型矩阵为$\begin{bmatrix}2&3&1\\3&1&0\\1&0&0\end{bmatrix}$，二次型的秩为3.

2. (1)二次型为$f(x_1,x_2)=2{x_1}^2+2{x_2}^2+2x_1x_2$；

(2)二次型为$f(x_1,x_2)=2x_1x_2$；

(3)二次型为$f(x_1,x_2,x_3)={x_1}^2+{x_2}^2+{x_3}^2$；

(4)二次型为$f(x_1,x_2,x_3)=2x_1x_2+4x_1x_3-2x_2x_3$.

3. (1)正交变换$\boldsymbol{X}=\begin{bmatrix}x_1\\x_2\\x_3\end{bmatrix}=\boldsymbol{QY}=\begin{bmatrix}\frac{2}{3}&\frac{1}{3}&\frac{2}{3}\\\frac{1}{3}&\frac{2}{3}&-\frac{2}{3}\\-\frac{2}{3}&\frac{2}{3}&\frac{1}{3}\end{bmatrix}\begin{bmatrix}y_1\\y_2\\y_3\end{bmatrix}$，标准形为$f=y_1^2-2y_2^2+4y_3^2$.

(2)正交变换$\boldsymbol{X}=\begin{bmatrix}x_1\\x_2\\x_3\end{bmatrix}=\boldsymbol{QY}=\begin{bmatrix}\frac{2}{\sqrt5}&-\frac{2}{3\sqrt5}&\frac{1}{3}\\\frac{1}{\sqrt5}&\frac{4}{3\sqrt5}&-\frac{2}{3}\\0&\frac{5}{3\sqrt5}&\frac{2}{3}\end{bmatrix}\begin{bmatrix}y_1\\y_2\\y_3\end{bmatrix}$，标准形为$f=9y_3^2$.

4. (1)标准形为$f=2y_1^2-4y_2^2$. 非退化线性变换为$\begin{bmatrix}x_1\\x_2\end{bmatrix}=\begin{bmatrix}1&1\\0&1\end{bmatrix}\begin{bmatrix}y_1\\y_2\end{bmatrix}$.

(2)标准形为$f=y_1^2+y_2^2-y_3^2$. 非退化线性变换为$\begin{bmatrix}x_1\\x_2\\x_3\end{bmatrix}=\begin{bmatrix}1&-1&2\\0&1&-2\\0&0&1\end{bmatrix}\begin{bmatrix}y_1\\y_2\\y_3\end{bmatrix}$.

5. (1)$f(x_1,x_2,x_3)$是正定二次型.

(2)$f(x_1,x_2,x_3)$不是正定二次型.

6. (1)当$t>\frac{14}{3}$时,$f(x_1,x_2,x_3)$为正定二次型.

(2)当$-\sqrt6<t<\sqrt6$时,$f(x_1,x_2,x_3)$为正定二次型.

7. 略.

8. 略.

9. 略.

10. 略.

(B)

1. (1)2;(2) $-2\leqslant a\leqslant 2$;(3)1;(4)$3y_1^2$.

2. (1)B;(2)D;(3)A;(4)B.

3. (1)所有的特征值为 $a,a-2,a+1$;(2)$a=2$.

4. (1)$a=-1$;(2)正交变换$\begin{bmatrix}x_1\\x_2\\x_3\end{bmatrix}=\begin{bmatrix}-\frac{1}{\sqrt{3}} & -\frac{1}{\sqrt{2}} & \frac{1}{\sqrt{6}}\\-\frac{1}{\sqrt{3}} & \frac{1}{\sqrt{2}} & \frac{1}{\sqrt{6}}\\-\frac{1}{\sqrt{3}} & 0 & \frac{2}{\sqrt{6}}\end{bmatrix}$,标准形为 $2{y_1}^2+6{y_2}^2$.

5. 略.

6. (1)$\begin{bmatrix}\frac{1}{2} & 0 & \frac{1}{2}\\0 & 1 & 0\\-\frac{1}{2} & 0 & \frac{1}{2}\end{bmatrix}$. (2)略.

参 考 文 献

[1] 张乃一,曲文萍,刘九兰. 线性代数[M]. 天津:天津大学出版社,2000.

[2] 肖马成. 线性代数[M]. 北京:高等教育出版社,2009.

[3] 同济大学数学系. 线性代数及其应用[M]. 北京:高等教育出版社,2004.

[4] DAVID C LAY. 线性代数及其应用[M]. 北京:电子工业出版社,2010.

[5] 同济大学数学系. 工程数学线性代数[M]. 北京:高等教育出版社,1981.

[6] 北京大学数学系几何与代数教研室代数小组. 高等代数[M]. 北京:高等教育出版社,1983.

[7] 邓泽清,邹庭荣. 大学数学线性代数及其应用[M]. 北京:高等教育出版社,2015.

[8] 吴建荣,谷建胜. 线性代数[M]. 3 版. 北京:高等教育出版社,2009.